动物寄生虫病诊断与防治

DONGWU JISHENGCHONGBING ZHENDUAN YU FANGZHI（第3版）

主　编：聂　奎

副主编：吴莉萍　邹丰才　周作勇

重庆大学出版社

内容提要

本书共设5篇19章，分别讲述寄生虫与宿主，寄生虫病的流行与危害，寄生虫病的诊断与控制，人兽共患寄生虫病，寄生虫免疫学，动物的吸虫病、绦虫病、线虫病、棘头虫病、蜱螨病和昆虫病，动物原虫病的病原形态、发育与传播、症状与病变、诊断、治疗与预防，常用抗寄生虫药物等。本书从临床兽医师的角度进行编写，力求新颖、简练、实用，并结合相关科研成果和生产实践，具有很强的实用性和可操作性。书中每章有导读、学习要点，每篇有目标测试题、复习思考题及知识拓展，并进行了实践技能训练——动物重要寄生虫病的病例分析。

本书除供高职高专畜牧兽医专业及相关专业的学生学习使用外，还可以供临床兽医工作者以及动物饲养人员参考。

图书在版编目(CIP)数据

动物寄生虫病诊断与防治 / 聂奎主编. --3版. --
重庆：重庆大学出版社，2020.7(2023.1重印)
高职高专畜牧兽医类专业系列教材
ISBN 978-7-5624-7423-4

Ⅰ.①动… Ⅱ.①聂… Ⅲ.①动物疾病—寄生虫病—诊疗—高等职业教育—教材 Ⅳ.①S855.9

中国版本图书馆CIP数据核字(2020)第125838号

高职高专畜牧兽医类专业系列教材
动物寄生虫病诊断与防治
(第3版)

主　编　聂　奎
副主编　吴莉萍　邹丰才　周作勇
责任编辑：袁文华　　版式设计：袁文华
责任校对：谢　芳　　责任印制：赵　晟

*

重庆大学出版社出版发行
出版人：饶帮华
社址：重庆市沙坪坝区大学城西路21号
邮编：401331
电话：(023) 88617190　88617185(中小学)
传真：(023) 88617186　88617166
网址：http://www.cqup.com.cn
邮箱：fxk@cqup.com.cn (营销中心)
全国新华书店经销
重庆市正前方彩色印刷有限公司印刷

*

开本：787mm×1092mm　1/16　印张：18.25　字数：444千
2020年7月第3版　2023年1月第9次印刷
ISBN 978-7-5624-7423-4　定价：45.00元

Farming

编委会

编委会

《动物寄生虫病诊断与防治》
第 3 版

顾　问： 向仲怀（中国工程院院士）

主　编： 聂　奎（西南大学动物科技学院）

副主编： 吴莉萍（内江职业技术学院）
邹丰才（云南农业大学动物科学技术学院）
周作勇（西南大学荣昌校区动医系）

编　者： 刘秀玲（河南商丘职业技术学院）
魏秋玉（河南信阳农业高等专科学校）
苟清碧（西南科技大学生命科学与工程学院）
周荣琼（西南大学荣昌校区动医系）
禹泽中（玉溪农业职业技术学院）
胡友兰（重庆市农委动物防疫检疫处）
杨建发（云南农业大学动物科学技术学院）
曾　政（重庆市动物疫病预防控制中心）
罗洪林（西南大学动物科技学院）
吴茂霞（西双版纳职业技术学院）
杨　靖（新疆农业职业技术学院）
向金梅（湖北生物科技职业学院）
王申峰（河南农业职业学院）
王晓平（湘西民族职业技术学院）

Preface
第3版编者序

随着我国畜牧兽医职业教育的迅速发展，有关院校对具有畜牧兽医职业教育特色教材的需求也日益迫切，根据国发〔2005〕35号《国务院关于大力发展职业教育的决定》和教育部《普通高等学校高职高专教育指导性专业目录专业简介》，重庆大学出版社针对畜牧兽医类专业的发展与相关教材的现状，在2006年3月召集了全国开设畜牧兽医类专业精品专业的高职院校教师以及行业专家，组成这套"高职高专畜牧兽医类专业系列教材"编委会，经各方努力，这套"以人才市场需求为导向，以技能培养为核心，以职业教育人才培养必需知识体系为要素，统一规范并符合我国畜牧兽医行业发展需要"的高职高专畜牧兽医类专业系列教材得以顺利出版。

几年的使用已充分证实了它的必要性和社会效益。目前，重庆大学出版社再次组织教材编委会，增加了参编单位及人员，使教材编委会的组成更加全面和具有新气息，参编院校的教师以及行业专家针对这套"高职高专畜牧兽医类专业系列教材"在使用中存在的问题以及近几年我国畜牧兽医业快速发展的需要进行了充分的研讨，并对教材编写的架构设计进行统一，明确了统稿、总纂及审阅。通过这次研讨与交流，教材编写的教师将这几年的一些好的经验以及最新的技术融入到了这套再版教材中。可以说，本套教材内容新颖，思路创新，实用性强，是目前国内畜牧兽医领域不可多得的实用性实训教材。本套教材既可作为高职高专院校畜牧兽医类专业的综合实训教材，也可作为相关企事业单位人员的实务操作培训教材和参考书、工具书。本套再版教材的主要特点有：

第一，结构清晰，内容充实。本教材在内容体系上较以往同类教材有所调整，在学习内容的设置、选择上力求内容丰富、技术新颖。同时，能够充分激发学生的学习兴趣，提高他们的理解力，强调对学生动手能力的培养。

第二，案例选择与实训引导并用。本书尽可能地采用最新的案例，同时针对目前我国畜牧兽医业存在的实际问题，使学生对畜牧兽医业生产中的实际问题有明确和深刻的理解和认识。

第三，实训内容规范，注重其实践操作性。本套教材主要在模板和样例的选择中，注意集系统性、工具性于一体，具有"拿来即用""改了能用""易于套用"等特点，大大提高了实训的可操作性，使读者耳目一新，同时也能给业界人士一些启迪。

值这套教材的再版之际，感谢本套教材全体编写老师的辛勤劳作，同时，也感谢重庆大学出版社的专家、编辑及工作人员为本书的顺利出版所付出的努力！

高职高专畜牧兽医类专业系列教材编委会

2020年5月

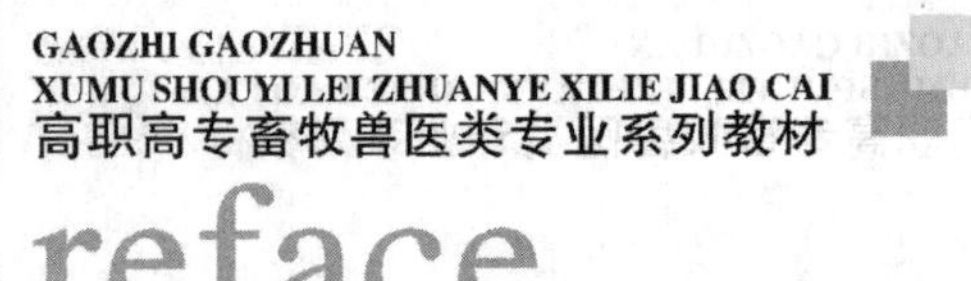

Preface 第3版前言

本书自2006年出版后，得到了广大读者的喜爱，并中肯地提出了许多宝贵意见。同时近些年我国养殖业发展十分迅速，动物的寄生虫病的发生及控制也发生了相应的变化，对教材的编写也提出了更高的要求。根据2010年4月重庆大学出版社教材编委会昆明会议的精神，对本书进行修订。

本书的修订，我们不仅增加了参编单位及编写人员，开展了编写的专题讨论会。更为重要的是在丰富编写内容的同时，对文字进行了较大幅度的精简，使该书更加新颖、简练，并在各章节后增加了实践技能训练——病例分析内容，还有目标测试、复习思考及知识拓展，力求更加符合畜牧兽医类高职高专的教学要求和满足基层畜牧兽医技术人员和畜禽养殖人员的学习需要。

遗憾的是，无论我们多么努力，科学是永无止境的，本书定有值得完善之处，敬祈有关专家、同仁，特别是广大读者的不吝赐教，谢谢！

编　者

2020年5月

目录

第1篇 动物寄生虫病学总论

第2篇 动物蠕虫病

第3篇 动物外寄生虫病

第4篇 动物原虫病

第1篇　动物寄生虫病学总论

第1章

寄生虫学基本概念与原理

本章导读：本章以动物寄生虫学的基本原理为主要学习内容，要求重点掌握寄生虫学的定义，两类(种)生物间生活的一些基本类型，特别是寄生现象的含义、内容和寄生虫与宿主的类型的概念和意义，深刻理解寄生虫对寄生生活和生态环境的适应与调节、寄生虫与宿主的相互关系；了解寄生虫的分类及命名规则。

1.1 动物寄生虫学的定义、内容和范围

动物寄生虫学是专门研究寄生虫与动物宿主之间相互关系的一门学科。

广义上讲，寄生生物是一些具有能寄居在别的生物体(宿主)并从宿主获取食物作为营养来源及作为生长发育和繁殖的场所的生物，包括细菌、病毒、立克次氏体以及寄生虫。但一般文献所提及的寄生虫，是指特定的一类寄生动物。

人类很早就对寄生虫有了一定的认识，埃及草纸书中就有蠕虫病的记载，考古发现的埃及法老木乃伊肾中钙化的血吸虫虫卵证实了早在公元前1 000多年前就有血吸虫病的流行；我国史学家司马迁的《史记》在公元前1世纪就记述了蛲虫病的诊治，《内经 · 灵枢》中称蛔虫为“蛟蛕”，《金匮要略》记载蛔虫为“蚘”，隋巢元方所著的《诸病源候论》所述的“寸白虫”即是绦虫。对畜禽寄生虫病的认识，魏贾思勰在《齐民要术》中对羊疥螨有清楚的记载：“羊有疥者，间别之；不别，相污染，或能合群致死。”《司牧安骥集》《元亨疗马集》等书也对多种动物的寄生虫病防治作了较详细的论述。

动物寄生虫病学是以寄生于动物的寄生虫及其所引起的疾病进行研究的一门综合性学科，主要含生物学和兽医学内容；一方面研究各种寄生虫的形态学、分类学、生理学、生物学和生态学的问题；另一方面研究由寄生虫感染所致疾病及其控制。根据其研究对象和内容的不同形成了医学寄生虫学、兽医寄生虫学、鱼类寄生虫学及植物线虫学；根据寄生虫的动物分类，寄生虫学可分为原虫学、蠕虫学、昆虫学和蜱螨学。兽医寄生虫学分畜禽蠕虫学、畜禽蜘蛛昆虫学和畜禽原虫学。

1.2　寄生虫学的基本原理

1.2.1　寄生生活的起源

寄生生活的起源是一个比较复杂的问题,至今尚不能肯定,但许多事实间接地表明,寄生生活是在特定的自然条件下经历了漫长年代从自由生活演化而来的。因此推测寄生虫的起源有两条途径:一是从共生生活转为寄生生活;另一条是从自由生活通过兼性寄生到寄生。

1)自由生活—寄生生活

从一些动物的生物学特征中可见从自由生活到寄生生活的痕迹。从自由生活进化到寄生生活,最重要的是生物体在生理结构上产生的先适应现象,使它们可能在其他动物的某些部位生存,并且逐渐地改变其适应性。

2)自由生活—兼性生活—寄生生活

一般认为无肠涡虫是最原始的扁形动物,吸虫类可能是从自由生活的单肠类涡虫到半自由生活的切头涡虫,因此,在自由生活的涡虫和寄生的吸虫的祖先之间存在一种中间形式。尖尾类、蛔虫类及圆线虫显然是从营兼性生活的杆形类线虫演化而来的。

1.2.2　寄生虫生活史及其类型

寄生虫发育的整个过程被称为寄生虫的生活史。了解寄生虫的生活史是认识寄生虫的感染、致病以及对寄生虫病的诊断及防治的重要基础。

根据寄生虫在发育中是否需要中间宿主将其生活史类型分为直接型(不需要中间宿主)和间接型(需要中间宿主)。有些寄生虫完成一代的发育需要无性生殖和(或)有性生殖两种生殖方式,这种无性世代与有性世代的交替称为世代交替,如住肉孢子虫、华枝睾吸虫等。

1.2.3　两类(种)生物间的关系及基本类型

自然界的生物种类繁多,生物间相互关系比较复杂。两类(种)生物在一起生活的现象也很普遍。凡是两种生物在一起生活的现象,统称为共生。在共生现象中,根据其利害关系可分为以下几种方式:

1)互利共生

两种生物在共同的生活过程中,双方相互依赖、互有裨益,一旦分离,双方都不能正常地生活,这种关系叫互利共生。如寄居于反刍动物瘤胃内的纤毛虫和反刍动物的关系。反刍动物为纤毛虫提供了居住的场所、营养和保护,而纤毛虫可分解纤维素,有助于反刍动物对纤维素的消化利用。《吕氏春秋·不广》中记载的“蛩蟨与蛩蛩距虚”也是一个很好的例子。

2)片利共生(共栖)

两种生物共同生活在一起,其中一方得益,另一方得不到益处,但彼此不招致危害,这种关系称为片利共生或共栖。如海洋内的膝壶,定居在海洋内的各种软体动物身上,借助于软体动物的运动而捕食，但软体动物也不受害。

3）寄生

由于有些生物不能独立生活，为维持个体的生存及种系的繁衍，就必须获得食物和生活场所，而暂时或永久地生活在另一种生物的体表或体内，同时使后一生物受到一定程度的损害，甚至引起该生物死亡，把这种一方得益，另一方受害的现象称为寄生现象或寄生。得益的一方称为寄生虫，受害的一方称为宿主。

可以看出，寄生现象的定义有一定的人为色彩。因为有一些寄生物在某些情况下，是作为共栖物存在的，是没有致病性的，只有当它们的数量异常增多时，或当宿主和寄生物发生某种生理变化时，这种寄生物才由共栖物转化为病原体。

在动物界有20个不同纲的生物营寄生生活，蠕虫类有8 000多种，其中吸虫3 000多种、绦虫1 500多种、线虫3 000多种；昆虫有1 500多种；原虫有3 000多种。所以说，寄生现象很普遍，就家畜而言，每种家畜的体表、体内都有可能存在多种寄生虫寄生。

4）掠夺

掠夺是动物界存在着的另一种生活方式，即肉食动物的生活方式，与寄生现象的概念完全不同。肉食动物在较短的时间内摄取其捕获物的整个身体或肢解其某些部分，并常常致死对方。因此，肉食动物的身体往往比它们的捕获物要大或强壮，但其捕获物繁殖率低、个体数目少。所以，肉食动物对捕获物的"依赖"与寄生虫依赖其宿主有着本质的不同。

1.2.4 寄生虫与宿主的类型

寄生虫与宿主在所形成的长期寄生生活过程中，寄生虫与宿主间的类型呈多样性。

1）寄生虫的类型

（1）根据寄生虫寄生时间的长短分

①暂时性寄生虫：只在需求食物的时候与宿主接触，其余时间营自由生活，这类寄生虫称为暂时性寄生虫。如蚊、虻等。

②永久性寄生虫：长期地、往往是终生地寄生在宿主体内，离开宿主便不能生存。如寄生在各种动物小肠的蛔虫。

（2）根据寄生虫寄生部位的不同分

①外寄生虫：可暂时地或永久地生活在宿主的体表或表皮内，如蜱、螨、虱、蚊类等。

②内寄生虫：寄生于宿主的内部器官或组织内，通常属于永久性的寄生虫。如旋毛虫，成虫寄生于肠组织，幼虫寄生于同一宿主的肌肉。

（3）根据寄生虫对宿主的选择性分

①专性寄生虫：某种寄生虫只寄生在某一特定的宿主。如牛囊尾蚴只寄生于牛，后圆线虫只寄生于猪，鸡的艾美尔球虫只寄生于鸡。

②多宿主寄生虫：某种寄生虫对宿主的选择性并不严格，往往有一定的宿主范围。如一种寄生虫既可以寄生于动物，又可以寄生于人，因此就把这种寄生虫称为人兽共患的寄生虫，把这种寄生虫所引起的疾病叫人兽共患寄生虫病。

（4）根据寄生虫发育中有无中间宿主分

①土源性寄生虫：其发育史中不需要中间宿主就可完成由一个宿主到另一个宿主的

传播、发育过程。这类寄生虫又叫直接发育型寄生虫，如蛔虫、艾美尔球虫等。

②生物源性寄生虫：其发育史中需要中间宿主才能完成由一个世代到下一个世代的传播发育过程，这类寄生虫又叫间接发育型寄生虫。如寄生于猪肺的后圆线虫需要蚯蚓才能完成其整个发育过程。

2）宿主类型

有些寄生虫在其发育过程中只有一个宿主，而有些寄生虫则需要两个或三个宿主。根据寄生虫发育过程中宿主作用的不同，可将宿主分为以下类型：

①**终末宿主**：寄生虫的成虫或有性繁殖阶段寄生的宿主称为终末宿主。

②**中间宿主**：寄生虫的幼虫或无性繁殖阶段寄生的宿主称为中间宿主。如肝片吸虫的成虫寄生在牛、羊的胆管内，幼虫寄生在椎实螺的体内，故牛、羊是肝片吸虫的终末宿主，椎实螺是其中间宿主；再如弓形虫在家畜、犬和人的体内进行无性繁殖，只在猫体内进行有性繁殖，故猫是弓形虫的终末宿主，家畜、犬和人等是其中间宿主。

③**补充宿主**：某些寄生虫在幼虫期的发育过程中需要两个中间宿主，其前期幼虫所需宿主称为第一中间宿主，后期幼虫所需宿主称为补充宿主或第二中间宿主。如矛形双腔吸虫的前期幼虫寄生在陆地螺体内，陆地螺是其第一中间宿主，后期幼虫囊蚴寄生在蚂蚁体内，蚂蚁则是其补充宿主。

④**保虫宿主**：在多宿主寄生虫中，寄生虫所寄生于少数的或不太重要的宿主，称为保虫宿主。如肝片吸虫，可寄生于牛羊和多种野生草食动物，这些带虫的野生草食动物就是牛、羊肝片吸虫的保虫宿主，即是牛、羊的感染来源；又如日本分体吸虫可寄生于人和耕牛，从人血吸虫病的流行角度看，耕牛是保虫宿主，它们是人的重要感染来源。因此，保虫宿主一词，说明从防治该寄生虫病角度出发，是区别宿主的主次予以不同对待的一种相对观念。

⑤**贮藏宿主**：又称传递宿主。有时某些寄生虫的感染性幼虫进入一个并非它们生理上所需要的动物体内，在这个动物体内可长期存活，并不发育和繁殖，但保持着对宿主的感染力，这种动物被称为贮藏宿主或传递宿主。如寄生在家禽和某些野鸟类气管中的比翼线虫，其感染性虫卵（含 3 期幼虫）可在蚯蚓和某些昆虫体内贮藏，家禽和野鸟吞食这些蚯蚓或昆虫而感染。

1.2.5　寄生虫对寄生生活和生态环境的适应与调节

寄生虫的生态环境有宿主的和外界自然性的，寄生虫的发育受着双重因素的影响，因此，寄生虫必须具备既可以在外环境生存又可以在动物宿主新环境立足的生理生化条件生存。寄生虫在从一个发育阶段转变为寄生于宿主的另一个发育阶段就要能维持它的寄生关系，可以说寄生虫在它的一生中充满了“坎坷与艰辛”。

1）寄生虫对寄生生活的适应和调节

漫长的寄生生活，使寄生虫在适应它们所寄生的环境、保持自身种群的繁衍的过程中产生了一系列的形态和生理生化上重大变化，主要表现有以下几种形式：

（1）寄生虫的形态、生理生化的改变适应

寄生虫与大多数自由生活动物相比，在很大程度上依赖无氧代谢，所以消化道的寄生蠕虫能适应非常低的氧环境，同时能抵抗消化液的消化和流动对寄生的不利影响，因此表现在体形、繁殖能力等方面的变化，其巨大的生殖力就是寄生虫的一大特征，如一条犬蛔虫的雌虫每天可产多达30万个卵，并可持续几个月。

(2)某些在自由生活时的重要器官退化和消失

由于寄生虫营寄生生活后，不需致力于摄取动、植物作为食物就可获有丰富的营养供给，同时也无需时刻防御自然界天敌的袭击。因此，一些在自由生活时的感觉、运动和消化器官出现退化和消失，如蠕虫成虫无眼点，也无附肢，绦虫、棘头虫无胃肠道等，虽然部分吸虫有简单的消化道，但其肠中的酶类也十分单一。

(3)适应寄生生活的器官结构高度发达

寄生虫除在体形上的适应性改变外，还出现发达的附着器官结构，如吸盘顶突、头棘、体棘等。吸血的外寄生虫，如蜱的消化道长度增加，在吸饱血后，身体变大数倍或数十百倍，可耐饥数年之久。绦虫、棘头虫虽没有消化器官但体壁起到了替代作用。另外，为了种族繁衍，绝大多数寄生虫的生殖器官都非常发达。

2)自然环境对寄生虫的影响

寄生虫在自然的外界环境中发育受到多种因素的影响，其中最主要的是温度、湿度、光照、氧气、土壤、植被及动物群落等。

①**温度**:寄生虫和其他动物一样对环境温度的变化有较强的反应，一般说来，寄生虫都有各自所需的最适温度，蛔虫卵内幼虫的最适发育温度是30～33 ℃，在1～4 ℃可存活3个月。

②**湿度**:不同种的寄生虫或同种的不同发育阶段对湿度的需要和对干燥的抵抗力都不同。蛔虫卵在相对湿度小于50%时发育受到抑制，在干燥的室温环境下存活2～3周。

③**光照**:肝片吸虫毛蚴的孵出与光线有关，光照能刺激毛蚴大量孵出，黑暗延迟孵化。但在干燥并有强烈阳光照射下，蛔虫卵只能存活1～2 h。紫外线亦能使许多寄生蠕虫的各期幼虫致死。

④**土壤**:土壤是许多土源性寄生虫发育的介质和场所，所以它的影响主要是土壤的性质及其温度、湿度。

⑤**植物**:植物除通过影响环境中的温度和湿度外，同时它是许多寄生虫附着体，并通过宿主动物摄食植物而感染宿主。

⑥**动物群落**:有许多寄生虫种类在发育过程中不止需要一个宿主，如中间宿主、补充宿主、终末宿主及携带者或传播媒介之间必须存在一定的生态关系，这些动物群落往往形成特定关系的生态群。

1.2.6　寄生虫与宿主的相互关系

寄生虫与宿主的相互关系主要包括寄生虫对宿主的致病作用和宿主抗寄生虫的作用两个方面。

1)寄生虫对宿主的致病作用

寄生虫在宿主的细胞、组织、器官等处寄生，以其生物学过程通过机械性、毒素性、营养性的损伤作用及带入其他病原等方式给宿主造成伤害。其损害主要有:

(1)机械性损伤作用

①某些寄生虫幼虫要到达最后的寄生部位，需在侵入宿主体内经一定的移行途径，

在此过程中,穿透各组织器官形成“虫道”引起出血、组织损伤和炎症。如肝片吸虫童虫穿过肝包膜而留下的损伤;禽类血吸虫尾蚴引起人的皮炎。

②寄生虫以虫体的头棘、吻突、吸盘等附着器官对附着的组织产生损伤。大量虫体的集聚造成阻塞并可能引发穿孔,如蛔虫引起的肠阻塞、肠破裂;巨吻棘头虫常引起猪小肠穿孔;棘球蚴以它庞大的体积严重压迫牛、羊的肝、肺、脑,多头蚴压迫脑、脊髓,并刺激寄生的组织或器官。此外部分虫体吸附在肠、气管黏膜和法氏囊及泄殖腔,造成上皮细胞变性、萎缩、坏死和机械性阻止消化道吸收消化物质引起腹泻和呼吸困难等症。

③细胞内的寄生原虫,以其无性生殖(尤以裂体生殖)破坏宿主细胞,如鸡的艾美尔球虫、疟原虫引起出血和贫血黄疸。

(2)营养性损伤作用(掠夺营养)

①寄生虫吸取动物宿主血液、组织液:犬钩虫每天平均吸血0.05 ml,捻转血矛线虫每条每天吸血0.05~0.08 ml,硬蜱雄虫吸血后体重增加15~25倍,而雌虫可达50~250倍,蠕形螨、痒螨吸取宿主细胞内容物和皮肤的渗出液。

②食取组织:肝片吸虫童虫食取肝细胞肝胆管上皮细胞,疥螨食取角质组织。

③竞争性夺取宿主的营养物质:寄生虫所需的营养,相当部分靠寄生虫从宿主获得的营养中竞争性夺取,如阔节裂头绦虫的寄生因夺取了大量的VB_{12}而引起人恶性贫血。

(3)毒素的损伤作用

寄生虫除特有的分泌性毒素外,虫体在动物体内的发育过程中,其新陈代谢产物和排泄物也能成为毒素。某些寄生蠕虫、原虫能分泌各种不同的酶类、抗凝物质、溶血素及细胞坏死物质等,产生溶液胞、抗消化、抗凝血以及致组织坏死作用,使动物宿主中毒而发生各种生理机能障碍,甚至死亡。如虻蠓、蚋等吸血昆虫吸血分泌含有毒素的唾液所引起的急性坏死性皮炎,莫尼茨绦虫的代谢产物引发牛羊的夏秋季“脑炎”。

(4)带入其他病原

由于寄生虫的幼虫在外界环境中发育,常在侵入宿主时把许多病原带进宿主体内导致继发性感染。而相当一部分寄生虫自身就是另一些寄生虫的传播者,如蚊类传播丝虫病和疟原虫病,虻传播伊氏锥虫病,蠓、蚋传播住白细胞虫病,蜱传播巴贝斯焦虫病、泰勒焦虫病。

2)宿主对寄生虫的影响

宿主对寄生虫的侵入产生的防御反应,主要表现为固有的抵抗力,包括宿主饮食或营养状态)和后天获得性免疫,力图阻止虫体的入侵,影响(抑制)寄生虫的寄生、生长、发育及繁殖,杀灭和排出已侵入的虫体,其中对寄生虫的主要作用为免疫反应。

宿主的抵抗力(免疫)作用详见第3章。

1.2.7　寄生虫的分类及命名规则

1)寄生虫的分类系统和命名规则

全世界对动植物命名采用的统一规则,是根据瑞典人林奈1758年提出的,给予每一种动植物一个正式名称,即科学名,也称为双名制命名法。

法则规定:每一种动植物的科学名由两个拉丁字或拉丁化文字组成。前为属名,用主格单数名词,第一字母大写;后为种名,用名词或形容词,第一个字母小写;最后用命名

人和命名年代(论文正式发表的年份)。寄生虫的命名同样遵循这一规则,如:

"属名+种名+命名人+命名年代"

肝片吸虫:*Fasciola hepatica* Linnaeus, 1758

猪蛔虫:*Ascris suum* Goeze,1782

如果是某一属的未定种,在属名后加 sp.,如 *Trichostrongylus* sp. 表示毛圆属线虫的一个未定种。

如果有两个或两个以上的未定种,就在属名后加 spp.,如 *Protostrongylus* spp. 表示原圆属的几个未定种。

2)兽医寄生虫的分类

在动物分类中,有界(kingdom)、门(phylum)、纲(class)、目(order)、科(family)、属(genus)、种(species) 7 个基本阶元。另外,有时还有一些"中间"阶元。见图 1.1。

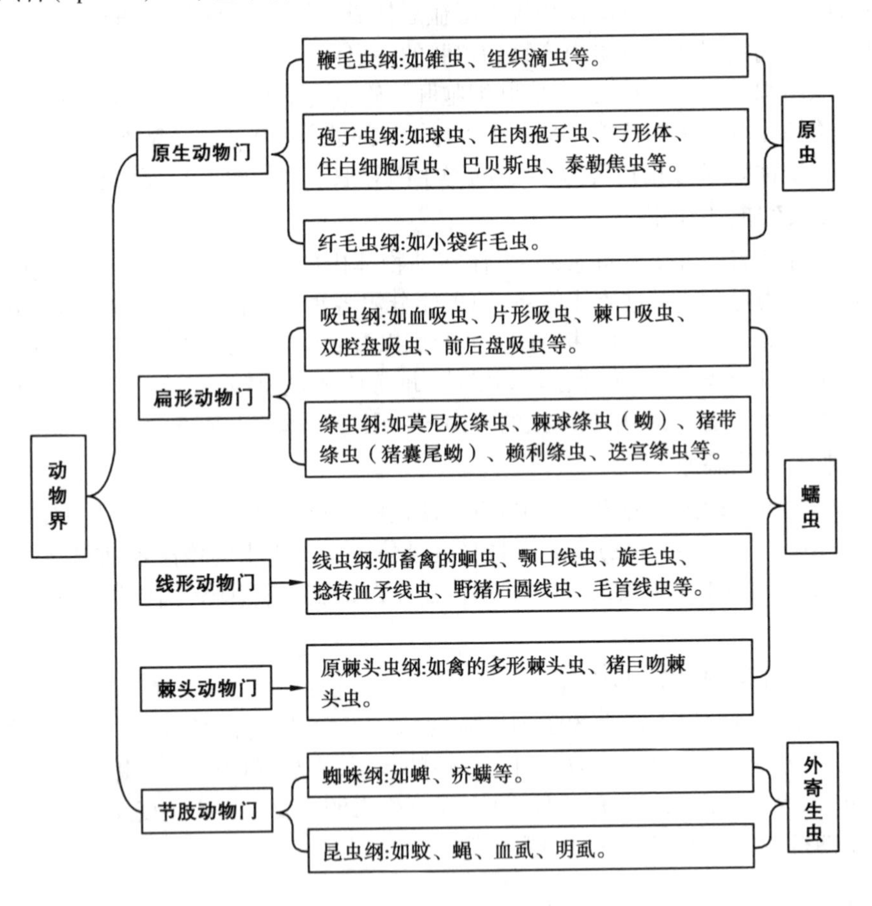

图 1.1 动物分类

【学习要点】

①共生现象是两生物一种常见的生物现象,根据双方的利益关系及生理上的联系,有共栖、寄生、掠夺现象等。

②寄生虫与宿主的类型(本章学习的重点内容)。

③寄生虫是以一系列生物学过程,如机械性、毒素性、营养性和带入其他病原的方式造成对宿主的损害,这也是寄生虫的致病机制。

④了解寄生虫的双名法命名规则,了解动物寄生虫的内容。

第2章

动物寄生虫病学基础知识

本章导读:通过了解寄生虫病对动物和人类的危害性及国内外流行的现状,明确动物寄生虫病防治工作中面临的形势和任务。本章以动物寄生虫病的流行病学为学习基点,深刻理解动物寄生虫病流行的发生规律,重点掌握动物寄生虫病的诊断方法、动物寄生虫病的药物治疗以及寄生虫病的预防与控制措施。

2.1 动物寄生虫病学的内容与任务

按动物的疾病病因,有化学性、物理性和生物性因素,因此动物的疾病大体可以区分为普通病、传染病与寄生虫病两大类。人类对疾病的认识是与社会的进步和科学技术的发展密切相关的:

①在个体农业经济时期,家畜以役用为主,分散饲养,兽医以治疗内外科疾病为主。

②随着畜牧业商品生产的发展,畜产品及畜禽输出输入的增加,畜禽传染病的传播与流行随之增多。当时,人们通俗把传染病喻为“土匪”,而把寄生虫病喻为“小偷”。于是,防治动物传染病的传播与流行成为主要课题。

③随后一些烈性传染病逐渐得到控制与消灭,而曾被掩盖着的寄生虫病的危害就变得格外突出,养殖业遭受寄生虫病的经济损失超过传染病所带来的损失。之后,人类对动物寄生虫病的危害性开始有所认识,但远远没有放到应有的位置。

寄生虫通过机械性、毒素性、营养性等方式损害动物宿主所引起的疾病称为动物寄生虫病。动物寄生虫病主要有三大类:动物原虫病、动物蠕虫病和外寄生虫病。

动物寄生虫病的病原种类甚多,分布很广,不仅严重影响动物的生长、发育,削弱其生产性能,降低产品质量,而且可引起大批死亡,造成巨大的经济损失。有些寄生虫不仅可以寄生于畜禽和野生动物,亦可寄生于人体,即发生人兽共患寄生虫病。

动物寄生虫病学是从兽医学的角度研究寄生虫寄生于动物、尤其是畜禽所引起的疾病的一门兽医临床学科,它包括寄生虫生物学特征,寄生虫病流行病学、发病机制和病理变化、临床表现、诊断、治疗和预防与控制。因此,本门学科与动物检疫和食品卫生紧密相关,在保护人民健康方面具有极其重要的意义。

2.2　动物寄生虫病的危害

寄生虫病仍是危害人、畜健康的重要疾病。世界卫生组织（WHO）把六种热带病——疟疾、血吸虫病、丝虫病、锥虫病、利什曼原虫病和麻风病作为优先进行防治和研究的疾病，其中除麻风病外，其余全为寄生虫病。当前，严重危害畜禽的隐孢子虫病、弓形体病和粪类圆线虫病也成为重要的、感染人的动物源性疾病。在我国，猪囊虫病、旋毛虫病、消化道线虫病、球虫病、螨病等仍然是危害养殖业的重要疾病。必须正视的是，我国动物寄生虫病学的研究与防治水平仍然较低，还不能满足现代化畜牧业的发展需求。

2.2.1　对畜牧业的危害

畜禽寄生虫病主要表现在引起动物死亡和降低其生产性能。

1）畜禽寄生虫病以急性暴发性的形式发生，引起畜禽动物批量死亡

鸡球虫病常致雏鸡发病，其死亡率高达80%～100%，我国西北部牧区绵羊的线虫病引起羊的死亡率达50%。

2）寄生虫病呈慢性经过，降低畜禽的生产性能

①造成畜禽生长发育受阻或停滞，降低饲料报酬。猪蛔虫感染后猪只生长率可降低30%，羔羊球虫病可使羔羊生长率降低15%；许多寄生虫可使动物成为侏儒。

②降低畜禽的生产能，如产肉、产奶、产蛋、产毛、使役能力和繁殖性能下降，寿命缩短。感染猪蛔虫的猪平均每天可少长肉100 g，绵羊的痒螨病可使绵羊的产毛量下降，奶牛肝片吸虫病可使奶产量大幅度下降，家禽的绦虫病、前殖吸虫病致产蛋量下降甚至停止，耕牛的前后盘吸虫病、肝片吸虫病等可使其耕作使役力下降。

③造成畜禽产品质量降低或废弃。旋毛虫、猪囊虫、住肉孢子虫造成肉的品质下降甚至废弃处理。墨西哥1980年因猪囊尾蚴造成的损失约4 300万美元。我国某省1983年在经营商品中发现仅囊虫猪一项共损失1 000余万元。皮蝇蛆、蠕形螨造成牛羊皮张穿孔而致皮张质量降低、肝片吸虫致牛羊肝脏废弃。

④造成畜禽的抗病力下降，并发其他疾病。

毋庸置疑，畜牧业因寄生虫病而遭受的损失，是难以估计的。除寄生虫给畜牧业造成直接的重大损失外，用于防治畜禽寄生虫病的药品费用也十分惊人，仅美国每年用于防治鸡的球虫病的药物费用开支就高达数亿美元。

2.2.2　对人类社会的危害

1）寄生虫对人类健康的影响

据世界卫生组织（WHO）1975—1995年资料报告，全球疟疾的发病人数为3亿～5亿，每年死于疟疾的人数为220万～250万人；感染血吸虫的人数约2亿人，每年死于血吸虫病的人数为50万～100万人；钩虫感染者约13亿；蛔虫感染者约13亿；鞭虫感染者约9亿；机会致病性寄生虫的感染也成为艾滋病病人的主要死亡原因之一。

我国20世纪90年代初完成的全国人体寄生虫病调查发现，我国人体寄生虫的总感染率仍高达62.6%，蛔虫的估计感染人数达5.22亿（平均感染率47.3%），鞭虫的估计全国感染人数达2.13亿（平均感染率19.3%），感染华枝睾吸虫者近3 000万人。

2）寄生虫对社会经济发展的影响

寄生虫感染不仅危害患者的生命，而且给患者在经济上、精神上造成的损失无法估量，也给社会经济发展带来巨大的损失，如劳动力的丧失，工作效率的降低，额外的治疗费用及预防费用等。

特别应注意的是，一些人兽共患的寄生虫病，如弓形体病婴儿多为脑水肿、畸形、呆痴、视网膜缺陷，不仅对本人造成无法医治的伤害，也给家庭、社会带来巨大而沉重的负担。据估计，我国妇女每年可能生育8万～10万名弓形虫病患儿，台湾每万名新生儿中有13名为先天性弓形虫感染者，美国每年也有近3 300个新生儿感染弓形虫病。我国的血吸虫病流行曾严重阻碍流行区经济的发展，我国曾因包虫病每年损失4亿元人民币；贫穷国家往往经济落后又因卫生、健康教育、资金投入等方面的不足，为寄生虫病发生及流行创造了条件，并且由于要治疗和控制寄生虫病，政府又不得不投进大笔资金、人力。总之，寄生虫病对社会经济发展的影响是严重而深远的。

2.3 动物寄生虫病的流行病学

2.3.1 动物寄生虫病流行病学的概念及内容

1）动物寄生虫病流行病学的概念

动物寄生虫病的流行病学是研究畜禽群体中发生寄生虫病的发病原因和条件、传播途径、发生发展规律、流行过程及其转归等方面特征的科学。

2）寄生虫病流行病学的组成内容

寄生虫病的流行需要3个基本要素：

①寄生虫：某种寄生虫病的流行一定要有该种寄生虫的存在，而且这种病原必须在数量和毒力上达到一定的程度，方可导致宿主的发病并在宿主群体内流行。

②易感动物：对某一寄生虫有易感性的动物。

③传播途径：寄生虫到达易感动物所经过的途径。

以上3个基本要素形成流行的锁链，缺一不可。在防制寄生虫病的流行时，打破其锁链的任何一环（如消灭病原体、切断传播途径或保护易感动物），可终止寄生虫病的流行。

3）流行病学的影响因素

寄生虫病的流行因素有自然因素、生物因素和社会因素：

自然因素：包括气候、雨水、日照时间和地理位置；

生物因素：包括传播媒介和中间宿主；

社会因素：包括经济水平、教育、科学、生活习惯等。

影响流行病学的因素涉及多方面，包括寄生虫与宿主和影响其相互关系的外界环境的总和。外界环境又包括生物与非生物两个方面。人类的活动对“寄生虫—宿主”关系及其周围环境起着巨大的影响，自然与寄生虫病的流行密切相关。寄生虫病流行病学的任务是制订防制和消灭寄生虫病的规划及具体措施。寄生虫病流行病学的因素主要有以下方面：

(1)寄生虫感染性幼虫或虫卵感染宿主到它们成熟排卵所需的时间

通过检测排卵，可推断最初感染的时间及其虫体在宿主体内移行过程的长短。

(2)寄生虫在宿主体内的寄生期限

寄生虫在宿主体内的寄生时间长短，显示对外界环境污染的程度。如，有钩绦虫(猪带绦虫)寄生于人的小肠可达几年乃至十几年，它可以随病人的粪便长期向外界散布病原，并使许多猪感染囊尾蚴；羊的莫尼茨绦虫的寿命只有2～6个月，一般为3个月，而且它的感染主要在夏季。

(3)虫卵和幼虫在发育过程中所要求的外界条件以及在自然界保持存活、发育和感染能力的期限

包括温度、湿度、光照、土壤性质和各种化学药品对其发育的影响等。如，猪蛔虫卵壳很厚，对外界环境和各种消毒剂都有较强的耐受性，在外界保持生命力和感染性可达5年之久。牛羊的仰口线虫卵和幼虫要求在温暖潮湿的环境中才能迅速发育。

(4)中间宿主的生物学和生态学特性

许多寄生虫需要有中间宿主。如，许多吸虫的中间宿主是螺类，因此，研究螺的分布、密度、生活习性、栖息地、每年的出没时间及越冬地点等，就可得知宿主感染的大体时间。

(5)贮藏宿主、保虫宿主及传播媒介的种类及分布

一些野生动物、兔以及某些啮齿类动物，可以作为肝片吸虫的保虫宿主，在制定防制措施时，必须考虑当地保虫宿主的存在，因为它们不断向外界排放虫卵引起牛羊肝片吸虫病的流行。动物的梨形虫以蜱为传播媒介，伊氏锥虫以虻或螫蝇为传播媒介，牛马的腹腔丝虫以蚊为传播媒介，这类疾病总是随着传播媒介的有无、出没而呈现明显的地区性和季节性。

(6)寄生虫的感染来源和传播途径

弄清楚寄生虫的感染来源、感染阶段、感染方式对寄生虫病的控制十分重要。寄生虫是以感染性虫卵或是幼虫感染宿主、还是以卵囊感染宿主的？是经口、皮肤感染，还是经接触感染？是否需要中间宿主或传播媒介的传播？等等。如猪通过掘土吞食土壤中金龟子幼虫或成虫感染棘头虫；鸡感染赖利绦虫是因为啄食了中间宿主——蝇类、蚂蚁和甲虫；牛因蜱的叮咬而感染梨形虫，等等。各种寄生虫的感染都有其感染来源，而且循着一定的途径，只有了解这些情况，才能做到有的放矢。

(7)宿主动物的状况

动物的营养、品种、年龄、体质、卫生条件、饲养管理等因素与寄生虫病的流行密切相关。一般地讲，幼龄、营养不良、体质较差的动物，寄生虫的感染率高、感染强度大，发病率和死亡率均较高，值得注意的是，成年动物多为带虫者。另外，外来品种，或从外地引进的家畜,进入某种寄生虫病的疫区则易发病。如从外地引进的新品种牛进入环形泰勒虫病疫区,在疾病流行时则无一幸免,而且死亡率高。而当地的土种牛,即使发病,症状也轻微。

(8)**人为因素**

人不科学的行为和生活习性往往会加重人类自身和家畜寄生虫病的发生和流行。如,无厕所或粪便管理不严,容易造成猪、牛囊尾蚴病的流行。肉品检验不严格可引起猪囊虫病和旋毛虫病的流行。

(9)**自然状况**

温度、湿度、纬度、海拔高度、日照、地形、气候、河流、降雨量等自然状况与寄生虫的分布和寄生虫病的流行关系很大。不同的自然环境,影响着植被和动物区系的不同,尤其需要中间宿主(动物区系的一部分)的寄生虫,总是以中间宿主的存在为前提。如日本血吸虫只在我国长江流域及其南方某些有钉螺存在的地区流行,而我国北方就没有该寄生虫的存在。

总之,寄生虫病的流行病学内容非常广泛,每一项研究都要结合当地的实际情况,对各种寄生虫病进行分析,掌握准确的流行病学资料,以指导当地寄生虫病的防治工作。

4)寄生虫病流行的特点

寄生虫病是生物病原性疾病,寄生虫病的流行病学是以病原生物学和生态学为依据的,因此,应该明确:在一定时间,每一种(类)寄生虫必定占有一定的空间,拥有一定的数量。寄生虫病流行所表现出的基本特征是:地方性、季节性和自然疫源性。

研究寄生虫病流行病学需要从生态、经济和社会的多角度来综合分析,从而根据不同地区、不同时期、不同畜禽种群和寄生虫病的危害程度和流行情况,制订相应的防治措施。

2.3.2 寄生虫的传播途径

了解寄生虫如何侵入宿主体,对采取有效的措施,防制家畜感染有很重要的意义。一般地讲,每一种寄生虫进入宿主的途径是一定的,其侵入宿主的途径有5个方面:

1)经口感染

这是寄生虫感染最常见的一种途径,与我国俗话说的“病从口入”很相似。

许多寄生虫须在外界发育到感染性阶段方可侵袭(感染)家畜。因此,感染性阶段有的是虫卵(如猪蛔虫的感染性虫卵),有的是幼虫(如肝片吸虫的囊蚴,捻转血矛线虫的3期幼虫),有的是卵囊(如艾美尔球虫的孢子化卵囊)。当感染性阶段的虫卵、幼虫、卵囊随污染的饲草或饮水被家畜家禽吞食之后,即遭到感染。如牛羊吃草时,吞食了含有似囊尾蚴的地螨可以感染莫尼茨绦虫等;猪吞食了含有感染性幼虫的蚯蚓就会感染猪肺线虫。

2)经皮肤感染

寄生虫经皮肤致感染的两种方式:

①感染性幼虫主动钻入皮肤使家畜感染。如各种仰口线虫(钩虫)的3期幼虫、血吸

虫的尾蚴和牛皮蝇蛆的1期幼虫。

②通过吸血昆虫——传播媒介吸血时以接种的方式感染宿主。如硬蜱吸血时传播梨形虫病，蚊传播疟疾(疟原虫病)等。

3)接触感染

通过病畜和健康家畜接触，也可因健康动物生活在被患病动物污染的场所及接触过被污染的饲具等而获得感染。如螨病；又如马媾疫锥虫通过交配传播。

4)经胎盘感染

属于垂直传播疾病的一种方式。有些种类的寄生虫的幼虫在移行的时候，或某些寄生于血液的虫体可通过胎盘进入未出生的胎儿体内使胎儿得到感染。如血液性原虫弓形虫和牛巴贝斯虫可通过胎盘感染；有些种类的钩虫和蛔虫如牛新蛔虫，移行时通过胎盘得以感染(可在初生犊牛小肠内找到成虫)；在禽类，感染弓形虫的雌禽产蛋中会有弓形虫，这种蛋孵出的雏禽体内就含有弓形虫，这种感染方式叫经卵感染。

5)自体感染

这是一种特殊的寄生虫感染的方式。少数寄生虫寄生于宿主体内，其排出的虫卵或幼虫无须到达外界，即在原动物宿主体内再使宿主遭受感染，如旋毛虫、猪囊虫和短小膜壳绦虫。

2.4　人兽共患寄生虫病

为保护人类健康，兽医承担着肉、乳之类动物性食品和其他畜产品有关方面的卫生监督与检验的责任，因此，防治人兽共患寄生虫病在公共卫生上具有重要意义。

2.4.1　人兽共患寄生虫病概念

据世界卫生组织和粮农组织(WHO/FAO)专家组对人兽共患病(Zoonoses)的定义，是指那些在人和脊椎动物之间自然传播的疾病或感染(1959)。

人兽共患寄生虫病是在人类和兽类之间由共同的寄生虫引起自然传播，在流行病学上又相关联的寄生虫病或感染。

2.4.2　人兽共患寄生虫病的分类

人兽共患寄生虫病的寄生虫病原是多宿主性的，既能适应兽类寄生又能使人类感染，既能适应于人类寄生，又能使兽类感染，因此根据寄生虫的分类位置、生活史特征、寄生虫病的传播等，可将人兽共患寄生虫病分为以下几类：

1)按病原体的生物属性分

人兽共患原虫病、人兽共患蠕虫病、人兽共患外寄生虫病。

2)按病原体贮藏宿主分

①人传人兽共患病(人源性人兽共患病)：由人类传给人类或兽类，称人源性人兽(畜)共患病)，人→动物，动物偶感。如犬阿米巴。

②兽传人兽共患病(兽源性人兽共患病):兽→人,人偶感。如狂犬病、旋毛虫病。由兽类传给人类,称为动物源性人兽共患病,这类寄生虫从发育角度上看时往往成了死角,如旋毛虫、棘球蚴。

③互传人兽共患病(双源、互源性人兽共患病):人兽间均可传播,如日本血吸虫病。

④人传兽人兽共患病(真性人兽共患病):必须人、兽分作终末宿主和中间宿主,才能完成发育史,如猪、牛带绦虫病。

3)按病原体的发育史分

①直接人兽共患病(直接传播性人兽共患病):直接由已感染兽类或人类宿主传播给其他易感的兽类或人类宿主。完成生活史只需一个宿主,如旋毛虫、疥螨等。在此过程中,病原没有或很少有繁殖及发育的变化。

②循环性人兽共患寄生虫病(循环、周生性人兽共患病):需两个或两个以上脊椎动物才能完成生活史,直接由已感染兽类或人类宿主传播给其他易感的兽类或人类宿主。在此过程中,病原体没有或很少有繁殖及发育的变化,如猪带绦虫病、细粒棘球绦虫病、旋毛虫病。

③媒介性人兽共患寄生虫病(后生、媒介、中间性人兽共患病):寄生虫生物性地借助无脊柱动物传播,兽类或人类都可能遭受感染,实质是寄生虫的多宿主性所致,需脊椎动物与无脊椎动物共同参与才能完成生活史,如梨形虫病、华枝睾吸虫病等。

④污染人兽共患病(腐生、腐物性人兽共患病):需脊椎动物和一个非动物性滋生、积聚地才能完成生活史,如钩虫幼虫移行症等。具有一兽类或人类宿主与一发育场所,如各种幼虫移行症。

4)其他

有的学者从生产和经济的角度的分类:对人兽危害大或分布广的人兽共患寄生虫病;对人兽危害小或分布小的人兽共患寄生虫病;人偶然传播的人兽共患寄生虫病。

【学习要点】

①畜禽寄生虫病多为慢性消耗性疾病。寄生虫病给畜禽养殖业造成巨大经济损失,同时引起人类严重病患。

②寄生虫病是生物源性疾病,表现为地方性和季节性的流行,寄生虫病流行受生物因素、自然因素和社会因素的影响。

③掌握寄生虫的传播途径。

④了解人兽共患寄生虫病是人兽共患病的重要组成部分。

第3章
寄生虫感染的免疫

本章导读：本章主要学习内容为寄生虫免疫学基础、寄生虫免疫的特点、寄生虫免疫逃避机理及抗寄生虫感染免疫的应用。通过了解寄生虫特异性免疫、非特异性免疫及变态反应、寄生虫在宿主体内存活的可能机理、寄生虫疫苗等内容，要求掌握寄生虫免疫的基本规律和特点。重点要求对寄生虫在宿主体内的存活机理有较深刻的理解。

3.1 寄生虫免疫学基础

动物对寄生虫感染的免疫是指动物机体对入侵的寄生虫所表现出的一种识别、清除和试图保持机体免受寄生虫侵害，保持机体平衡的一种生理学反应。执行这种功能的是动物机体的免疫系统。

动物对寄生虫的免疫机制要比微生物复杂得多，一方面是寄生虫为多细胞真核生物；另一方面，寄生虫的生活史复杂，抗原物质具有阶段性和种属性，而且还形成了很多逃避宿主免疫监视的复杂机制，如抗原变异、抗原伪装、解剖位置隔离等。

3.1.1 寄生虫抗原特点

1）种属、阶段性

寄生虫在不同的发育阶段既具有共同抗原，又具有各发育阶段的特异性抗原。而且，共同抗原可以存在于不同科、属、种或者株的寄生虫之间。因此，寄生虫间的抗原交叉性比较普遍。这种抗原交叉性使得对寄生虫血清学检测结果的判断变得十分困难，对临床诊断和防治产生不利影响。但也可利用这个特点，进行寄生虫免疫保护性研究。

2）免疫保护性

寄生虫抗原具有免疫原性和反应原性，因此，筛选并获取适宜的抗原来免疫宿主，则可使动物机体获得一定的免疫力；另外，在不同科、属、种寄生虫之间存在交叉抗原，亦可利用交叉抗原来打破种属的界限，从而使寄生虫抗原的选择范围扩大。

3）多源性

寄生虫具有的多种不同抗原，可以是活寄生虫释放的具有生理活性的分泌抗原，也可是寄生虫虫体结构成分组成的结构抗原。但这些不同来源和不同成分的抗原诱导宿主产生免疫应答的机制和效果也存在很大的差异,使得研究寄生虫的免疫机制的工作变得异常的艰难。

3.1.2 宿主对寄生虫免疫应答的类型及效应机制

动物宿主对抗寄生虫的防御系统分为特异性免疫和非特异性免疫。特异性免疫又称获得性免疫,是宿主的免疫系统对寄生虫特异性抗原的识别、作用和清除的过程,最终导致宿主产生体液免疫、细胞免疫和记忆反应;非特异性免疫又称固有免疫或天然免疫,是宿主在进化过程中天然获得的对寄生虫的免疫力,具有种特异性。特异性免疫和非特异性免疫是完整免疫系统不可分割的两个方面,没有固有免疫的细胞或因子介导,就不会出现有效的特异性免疫应答。

1)寄生虫感染的固有免疫

固有免疫是动物机体在长期的进化过程中建立起来的天然防御能力,它的产生不依赖于与任何寄生虫的接触,受遗传因素的控制,具有相对的稳定性,并且随动物种类的不同而有很大的差别,在宿主抵抗寄生虫感染中发挥着重要作用。

(1)皮肤、黏膜和胎盘的天然屏障作用

动物机体表面的皮肤具有致密的角质层,可以防止某些寄生虫入侵,另外,皮肤分泌物中含有的抗体、补体和溶菌酶也能有效地阻止寄生虫的感染;消化道中胃分泌的胃酸可以抑制某些寄生虫的某一阶段的发育,同时胃黏膜上的黏膜免疫系统可阻止寄生虫的感染;血胎屏障的存在,可在一定程度上阻止寄生虫由母体传染给下一代。

(2)吞噬细胞的吞噬作用

宿主体内具有大量能抵御寄生虫感染的吞噬细胞,包括单核细胞、巨噬细胞、中性粒细胞和嗜酸性粒细胞。这些吞噬细胞具有将入侵的寄生虫及其产生的损伤细胞和坏死组织吞噬、消化和清除的强大功能。分子固有免疫学研究发现,机体的免疫受体在杀灭病原和启动特异性免疫方面有着极其重要的作用。

(3)补体系统的作用

补体作为动物体内抵御寄生虫感染的重要因素,参与了宿主的固有免疫机制,并协同细胞免疫而发挥着重要作用。寄生虫可以直接激活补体系统而发挥对虫体的杀伤作用,如某些动物的正常血清能溶解另一些动物的致病性锥虫。

(4)体液因素的作用

机体对寄生虫感染的防御能力亦受机体生理状况的影响,尤其是机体激素水平的高低,如处于妊娠期或泌乳期的动物,其激素水平升高,可加重体内原有寄生虫感染。

2)寄生虫感染的特异性免疫

特异性免疫是由寄生虫抗原刺激机体免疫系统并通过不同类型的细胞和分子相互协调而发挥作用的一种防御能力,它不仅具有杀伤或清除寄生虫的能力,还具有免疫记忆功能。但是,宿主的免疫系统在发挥免疫效应的过程中也可能损伤自身的组织,产生对宿主本身有害的免疫病理变化。

(1)消除性免疫

消除性免疫是指动物感染某种寄生虫并获得对该寄生虫的免疫力后,虫体从动物体内被完全清除,同时临床症状消失。如感染利什曼原虫的犬,病愈后虫体完全消失,并获得持久的特异性免疫。

(2)非消除性免疫

非消除性免疫亦称带虫免疫,见后3.2.1。

(3)缺少有效的获得性免疫

少数寄生虫种类在感染宿主后,宿主对此产生不了有效的获得性免疫应答,如人体感染利什曼原虫后,虫体在巨噬细胞中寄生,破坏免疫系统,使得宿主很少自愈,只有用药物治愈后,才有获得性免疫效应出现。

3)寄生虫性变态反应

变态反应是免疫系统对再次进入机体的抗原作出的因过于强烈或不适当而导致组织器官损伤的一类反应的总称。根据变态反应中所参与的细胞、活性物质、损伤组织器官的机制和产生反应所需要的时间,将其分为四型:过敏反应型(Ⅰ)、细胞毒型(Ⅱ)、免疫复合物型(Ⅲ)和迟发型(Ⅳ),前三者由抗体介导,迟发型则由细胞介导。

(1)过敏反应型(Ⅰ)变态反应

动物中的过敏反应主要见于蠕虫感染。其反应机制为:蠕虫的变应原刺激机体产生以IgE为主的抗体,IgE结合于肥大细胞和嗜碱性粒细胞表面使细胞处于致敏状态,当相同的反应原再次进入机体与附着在细胞表面的IgE结合时,导致致敏细胞出现脱颗粒现象。从颗粒中释放出组织胺、5-羟色胺及激肽等血管活性介质,这些介质具有使平滑肌收缩、血管通透性提高、血管扩张及腺体分泌的作用,可使机体迅速出现局部或全身过敏反应症状。

(2)细胞毒型(Ⅱ)变态反应

细胞毒型变态反应又称抗体依赖性细胞毒变态反应,抗体与附着在细胞或器官表面的抗原结合,在补体及吞噬细胞等的相互作用下,导致细胞或器官损伤。在这个过程中,补体具有双重作用:一是通过经典和旁路途径溶解被抗体结合的靶细胞;二是补体系统调理抗原抗体复合物,促进巨噬细胞的吞噬作用。如锥虫和巴贝斯虫释放的抗原物质与红细胞表面结合,吞噬细胞释放的活性颗粒将宿主自身红细胞当作异物而溶解,造成贫血。

(3)免疫复合物型(Ⅲ)变态反应

通常抗原与抗体结合会形成抗原抗体复合物,一般情况下它们会被吞噬系统及时清除而不影响机体的正常机能。但在某些状态下可由变态反应造成细胞组织的损伤,主要机理是:抗原抗体免疫复合物沉积于局部组织和血管壁,激活补体系统,产生白细胞趋化因子,释放舒血管物质,提高血管通透性并聚集多形细胞,释放蛋白溶解酶,造成血管壁及邻近组织的损伤。如血吸虫感染所造成的肾脏病变,就属于这类变态反应。

(4)迟发型(Ⅳ)变态反应

经典的迟发型变态反应是指在12 h或更长的时间后产生的变态反应。与前面三种类型的变态反应的不同在于它是由具有特定细胞表面标志的 T 淋巴细胞参与的，这些 T 细胞在被抗原致敏后再次接触到这种抗原时才能引发迟发型变态反应。其发生机制为：寄生虫抗原致敏淋巴细胞，致敏的淋巴细胞与巨噬细胞相互作用产生各种可溶性淋巴因子，这些因子一方面调节各种免疫反应，另一方面活化巨噬细胞，使之迁移并滞留于抗原聚集部位，加剧局部免疫应答。如血吸虫虫卵在组织中沉积，发生以虫卵肉芽肿为特征的免疫性病理变化。

3.2 寄生虫免疫的特点

寄生虫由于其自身的特点而有别于微生物，其产生的免疫反应特点也有别于微生物，主要有以下几个方面：

3.2.1 带虫免疫

带虫免疫是指寄生虫感染宿主后，宿主虽可获得一定的对此寄生虫再次感染的免疫力，但对体内存在的寄生虫不能完全清除，而是保持体内有很少寄生虫的感染状态。如用药物驱除体内寄生虫后，宿主的免疫力也随之消失；又如用药物从牛体内驱除巴贝斯焦虫后，牛体原来所获得的对巴贝斯焦虫的免疫力也随之消失。

狭义上讲：在原虫感染中，机体感染原虫（如疟原虫）后对该种原虫的再感染具有抵抗力，但不能将体内已有的原虫全部清除，只能将其数量降低到较低水平，称之为带虫免疫。

3.2.2 伴随免疫

伴随免疫，也是一种带虫免疫。但狭义上指机体感染蠕虫后，所产生的免疫力仅对再感染（童虫的侵入）有一定的抵抗力，而对体内成虫则不产生影响。如体内成虫消失，免疫力也消失。大多数蠕虫感染属于这种类型。

3.2.3 自愈现象

寄生虫感染和有过敏反应的动物往往伴随 IgE 水平升高，但高水平 IgE 不一定导致过敏反应，因为过敏反应受遗传和环境因素的影响。目前认为在寄生蠕虫免疫中比较特殊的自愈现象属于过敏反应，即动物感染寄生虫后，当再次受到同种寄生虫感染时，出现的原有寄生虫与新感染寄生虫被完全清除的现象。如绵羊感染毛圆线虫和牛感染胎生网尾线虫的过程中，常伴有虫体几乎全部被排除体外的现象。

3.3 寄生虫在免疫宿主中存活机理

寄生虫侵入免疫功能正常的宿主体内，能逃避宿主的免疫效应，而在宿主体内发育、繁殖和生存，这种现象称为免疫逃避。

如果寄生虫毒力太强，就会致死宿主，寄生虫也不能生存。所以在长期的进化过程中,只有能与宿主保持协调关系的寄生虫才会存活下来。绝大多数寄生虫为了能在宿主体内生活并繁殖,已进化出很多逃避宿主免疫攻击的策略,形成了多种免疫逃避的方式。

3.3.1　解剖学位置隔离

某些寄生虫在长期的进化过程中形成了自己独特的组织或细胞亲和性,可以利用宿主的某些特殊部位来保护自己,免受宿主免疫系统的攻击。

1)免疫局限位点内寄生

眼组织、胎盘、小脑、睾丸、胸腺等组织具有其特殊的生理结构,它们与免疫系统相对隔离,不存在免疫反应,这些区域称为免疫局限位点。某些寄生虫适应了在这些部位的寄生,使自身不受免疫系统的攻击而长期寄生下来。如寄生在牛眼中的丝虫;寄生在鼠脑部的弓首蛔虫的幼虫;寄生在胎儿中的弓形虫等都属于这种情况。

2)细胞内寄生

通常情况下,宿主的免疫系统难以直接作用于细胞内的寄生虫,并且寄生虫的抗原如果不能被呈递,宿主的免疫系统就不能获得免疫信号,寄生在细胞内的寄生虫就能有效逃避宿主的免疫攻击而成功地寄生在宿主体内。如刚地弓形虫、巴贝斯虫等正是利用宿主的细胞膜作为天然屏障逃避了宿主免疫系统的攻击。另外,某些寄生虫甚至能寄生在免疫细胞如巨噬细胞内,从而逃避免疫应答,如泰勒焦虫可侵入淋巴母细胞。

3)管腔内寄生

寄生于肠道或生殖道的寄生虫很少受到血液中抗体的作用,所以能逃避大多数免疫反应的攻击。另外,即使寄生虫抗原能致敏淋巴组织,诱导特异性免疫,但因肠腔缺乏补体和巨噬细胞,宿主对肠道寄生虫只产生低效率的免疫反应,往往使寄生虫能长期的在肠道内寄生。再则,肠道的蠕动能排空肠腔内寄生虫抗原,使之很少或不能与免疫细胞接触,从而避免了宿主免疫系统的攻击。

4)宿主包囊内寄生

寄生虫在宿主组织内寄生时形成包囊将自身包围,形成对宿主免疫系统的有效隔离屏障。如旋毛虫、囊尾蚴、棘球蚴等有很厚的囊壁包裹,机体的免疫系统无法作用于包囊内虫体而使囊内寄生虫得以存活。

3.3.2　虫体抗原的改变

1)抗原变异

寄生虫的不同发育阶段有不同的特异性抗原,即使在同一发育阶段,某些虫种的抗原亦可产生改变,不断形成很多新的变异抗原,使宿主的免疫应答不能跟上这种改变,从而避开了宿主的免疫作用。目前认为寄生虫抗原变异是寄生虫逃避免疫的重要途径,其机制是编码表面抗原的基因在不断发生变化,使表达的蛋白抗原也不断的改变,致使宿主免疫系统无法及时识别变异后的抗原,从而逃避宿主免疫系统的攻击。如非洲锥虫显示出“移动靶”的机制,枯氏锥虫虫体表面的糖蛋白膜抗原不断更新等。

2)分子模拟与伪装

寄生虫体表能表达与宿主组织抗原相似的成分从而逃避宿主的免疫应答,这种现象称为分子模拟。而某些寄生虫能将宿主的抗原分子镶嵌在虫体体表,或用宿主抗原包被自身,达到逃避免疫作用的目的,这种现象称为抗原伪装。这两种情况下,宿主都不能识别寄生虫的抗原,寄生虫也就成功地逃避了免疫攻击。如曼氏血吸虫肺期童虫表面被宿主血型抗原(A,B 和 H)和组织相容性抗原(MHC)包被,宿主免疫系统不能识别虫体而使其逃避了免疫攻击。

3)表膜脱落与更新

多数蠕虫和原虫具有脱落和更新虫体表面抗原的能力,这种抗原释放出来就与宿主所产生的特异性抗体结合,形成抗原抗体复合物,将免疫应答引离虫体,达到逃避宿主特异性免疫应答的目的。如锥虫、疟原虫、血吸虫和很多线虫的幼虫都具有这种能力。

3.3.3 抑制宿主的免疫应答

许多寄生虫在感染宿主期间或感染后能对宿主产生免疫抑制作用,同时也增加了宿主对其他病原体感染的敏感性。如鼠感染疟原虫后,会增加其体内锥虫的毒性。这种免疫抑制作用通常是通过抑制体液免疫、细胞免疫和释放免疫因子等途径来实现的。主要表现为:

1)特异性 B 细胞克隆的耗竭

某些寄生虫感染早期能诱发宿主产生大量 IgG,但产生了许多无特异性的 IgG 和自身抗体,使免疫系统不能产生针对寄生虫的任何有效反应,因此无明显免疫保护作用。至感染晚期,虽有抗原刺激,但与抗原反应的特异性 B 细胞的耗竭,不能分泌抗体,抑制了宿主的免疫应答,甚至出现继发性免疫缺陷。

2)抑制性 T 细胞(Ts)的激活

抑制性 T 细胞的激活可抑制免疫活性细胞的分化和增殖,从而使宿主出现免疫抑制。动物实验证实,感染利什曼原虫、锥虫和血吸虫小鼠有特异性 Ts 的激活,导致淋巴细胞分化减少,不能满足免疫反应的需要,从而产生免疫抑制。

3)虫源性淋巴细胞毒性因子

有些寄生虫的分泌排泄物中某种成分具有直接的淋巴细胞毒性作用,或可抑制淋巴细胞激活。如感染旋毛虫幼虫小鼠血清、肝片吸虫的分泌排泄物(ES)和枯氏锥虫分泌排泄物中分离出的 30 KD 和 100 KD 蛋白质、克氏锥虫分泌的蛋白酶等均可使淋巴细胞凝集而不被杀伤。

4)封闭抗体的产生

有些寄生虫抗原诱导的抗体可结合在虫体表面,不仅对宿主不产生保护作用,反而阻断保护性抗体与之结合,即使宿主体内具有高滴度抗体水平,也对再感染无保护能力,这类抗体称为封闭抗体。已证实在曼氏血吸虫、丝虫和旋毛虫感染宿主中存在封闭抗体。

3.4　抗寄生虫感染免疫的应用

寄生虫感染动物体后,在整个生长、发育、繁殖到死亡的寄生过程中,其产生的分泌物、排泄物和虫体死后的崩解产物在宿主体内均起着抗原的作用,诱导动物机体产生免疫应答。因此,可以利用寄生虫的这些抗原作为诊断和疫苗制作的抗原候选。

3.4.1　免疫诊断

寄生虫免疫诊断是通过检测动物感染寄生虫后所出现的相应抗体或抗原而做出诊断的方法,如间接血凝法(IHA)、酶联免疫吸附试验(ELISA)、皮内变态反应(ID)、琼脂扩散试验(AGF)、间接荧光抗体试验(IFAT)、单克隆诊断技术等,这些方法简便、快捷、敏感、特异。但由于寄生虫结构复杂,阶段特异性抗原多样,加上一些寄生虫表膜抗原不断发生变异,因此,寄生虫病的免疫诊断不如病毒等的病原诊断可靠,其假阳性或假阴性结果较多。而对于一些只有解剖动物或检查活组织才能发现病原体的寄生虫来讲,如猪囊尾蚴病、棘球蚴病、旋毛虫病、住肉孢子虫病等,免疫学诊断仍是较有效的方法。此外,在寄生虫病的流行病学调查中,免疫学方法较其他方法有不可替代的优越性。

3.4.2　抗寄生虫疫苗

虽然寄生虫疫苗的应用比细菌和病毒的疫苗少,但经过努力研究,国内外已经有一些成功的寄生虫疫苗诞生,主要有以下几种:

1)寄生虫虫体疫苗

(1)活虫疫苗

①弱毒苗:即采用物理、化学或生物学方法使寄生虫致病力减弱,但仍具有免疫活性的活虫疫苗。致病力减弱的虫体在易感动物体内可以存活甚至繁殖,但不致病,从而起到抗原激活机体内的免疫系统作用,可对同类或遗传上类似病原的感染起到抵抗的作用。目前,已有鸡球虫弱毒苗在生产上应用;捻转血矛线虫、毛圆线虫、网尾线虫和一些绦虫也已有弱毒苗初步研制成功;通过冻融、辐射等方法处理血吸虫童虫制成疫苗也获得较好免疫保护效果的报道。但总体来看,可以进行临床应用的致弱苗种类还很有限,需要加大研究力度。

②强毒苗:即通过控制寄生虫感染的数量,使宿主感染一定数量未致弱的寄生虫的方法来达到既能预防再感染,又不至于引起宿主发病的目的,这样的虫苗称为强毒苗。目前市售的强毒苗主要有由几种鸡艾美尔球虫卵囊混合而成的球虫苗 Coccivac 和 Immucox。

(2)虫体抗原疫苗

这类疫苗主要是用虫体提取物作为抗原并加入免疫佐剂而制成。如旋毛虫成虫可溶性抗原和弗氏佐剂制备而成的疫苗,猪囊虫全虫匀浆灭活苗等。

(3)异种虫体疫苗

这类疫苗主要是利用寄生虫之间存在的交叉抗原可诱导交叉免疫保护的原理来制

备疫苗。如旋毛虫抗原接种小鼠后能诱导抗日本血吸虫感染的免疫效应，这样就可以用旋毛虫抗原来制备抗日本血吸虫疫苗。

2）分泌抗原疫苗

寄生虫的分泌或代谢产物具有很强的免疫原性，可以制备疫苗。有两种途径可以获得这类抗原，一是在具备成功的培养技术的前提下，从培养液中提取有效抗原，如牛和犬的巴贝斯虫苗；二是从发病动物体内直接提取抗原，如从患泰勒焦虫病的牛血清中提取的抗原可以免疫其他易感牛。

3）组织细胞疫苗

利用细胞工程技术对寄生虫具有免疫原性的某些细胞进行培养后建立细胞系，然后将培养的细胞灭活后制成疫苗。如我国研究成功的猪囊尾蚴细胞灭活油乳剂苗，免疫猪后的保护率可达到99%以上。

4）基因工程疫苗

基因工程苗或重组抗原苗是利用基因重组技术在表达载体上（主要是大肠杆菌工程菌、酵母和一些改造过的真核细胞）合成大量的蛋白质（重组抗原），再经过必要的处理制备而成的疫苗。如血吸虫重组基因工程苗、猪囊虫病基因工程苗和微小牛蜱基因工程苗。

5）DNA 疫苗

这类疫苗是将含有病原生物重要基因的质粒 DNA 作为抗原直接接种到动物体内，激活免疫系统产生抵抗病原侵入或致病的免疫力。带有病原体抗原基因的质粒 DNA 直接导入宿主细胞，可激发针对编码抗原的特异性细胞免疫应答（和/或）体液免疫应答，极大地发挥机体的免疫功能。近年来，寄生虫 DNA 疫苗研究主要涉及吸虫、绦虫、线虫以及原虫的多个虫种。

6）化学合成疫苗

这类疫苗主要是通过化学反应合成一些被认为可对人或动物有免疫保护作用的小分子抗原，再制备成疫苗免疫动物。主要有合成肽苗和合成多糖苗。如根据疟原虫不同发育时期表达的表面抗原序列而人工合成的多肽苗 SPf66。

【学习要点】

①寄生虫抗原具有种属、阶段性、免疫保护性和多源性等特点。

②寄生虫免疫主要有特异性免疫和非特异性免疫两种系统。

③寄生虫的免疫逃避机制主要是：解剖学隔离、虫体抗原的改变、抑制宿主的免疫应答等。

④对寄生虫免疫特点的认识有助于寄生虫疫苗的研究。

第4章 动物寄生虫病的诊断与防制

本章导读：本章主要介绍常用动物寄生虫诊断方法、寄生虫病控制措施等内容，重点掌握动物寄生虫病的综合防制措施。

4.1 动物寄生虫病的诊断方法

动物寄生虫病的诊断不仅是治疗病畜禽的依据，而且也是掌握当地各种寄生虫病流行情况，进行药物试验所必需的手段。

在动物体内发现寄生虫，并不一定就是寄生虫病。当寄生虫感染数量较少时，一般不引起明显的临床症状，如牛羊消化道线虫等；有些条件性致病性寄生虫，在动物机体免疫功能正常的情况下也不致病。因此，寄生虫病的确诊，除了病原体检查外，还应结合流行病学资料、临床症状、病理解剖变化等进行综合考虑。

4.1.1 流行病学调查

寄生虫病要在动物群体中流行，必须要具备其流行的3个环节、外界环境因素和社会因素。因此，在诊断寄生虫病时应该全面了解畜禽体的饲养环境条件、管理方式、发病季节、流行状况、中间宿主或传播者及其他类型宿主的存在和活动规律等，统计感染率和感染强度，在统计和综合分析的基础上，得出所发生的可能寄生虫病，为进一步诊断提供依据。

4.1.2 临床症状观察

多数寄生虫病只引起患畜禽出现贫血、消瘦、下痢、幼畜生长发育不良等共同症状，无特异性症状。但对具有典型临床症状的，如双芽巴贝斯虫病引起患牛高热、贫血、黄疸和血红蛋白尿；疥螨病引起患畜发生剧痒、消瘦，患部皮肤脱落、结痂；患脑多头蚴病的牛羊出现转圈运动等神经症状等，可作为诊断的重要依据。

4.1.3 实验室病原检查

实验室诊断是根据查明动物体内外存在的寄生虫成虫、幼虫或虫卵、卵囊，对寄生虫病进行确诊。主要采集动物的粪、尿、血液、骨髓、脑脊液及分泌物和有关病变组织进行检查，必要时可接种实验动物，然后检查实验动物是否有虫体或主要病变而建立诊断。常用的方法有粪便检查法（包括虫卵检查法、幼虫培养法、毛蚴孵化法等）、血液涂片法、分泌物及组织液检查法和体表外寄生虫检查法等。

4.1.4 药物治疗性诊断

在初步怀疑的基础上，采用针对一些寄生虫的特效药对畜禽进行驱虫试验，然后观察疾病是否好转，或检查排出的粪便中有无虫体、虫卵或卵囊并检查鉴定，从而达到确诊目的。

4.1.5 剖检诊断

该方法既能定性（即能准确地测知感染的寄生虫种类）又能定量（即能了解每种寄生虫的感染强度），还可以明确寄生虫对宿主危害的严重程度，尤其适合于对群体寄生虫病的诊断。根据不同剖解目的，可分为 3 种：完全剖解法、个别器官剖解法和个别虫种采集法。

4.1.6 免疫学诊断

目前，已经有多种免疫诊断技术用于寄生虫病临床的诊断。如间接血凝法（IHA）、酶联免疫吸附试验（ELISA）、琼脂扩散试验（AGF）、间接荧光抗体试验（IFAT）、单克隆诊断技术、胶体金技术等。尽管如此，目前在临床诊断上，免疫诊断依然只作为辅助诊断手段。

4.1.7 分子生物学诊断

如今，许多分子生物学技术已应用于寄生虫病的诊断和流行病学调查。如 DNA 限制性内切酶酶切图谱分析、限制性 DNA 片段长度多态性分析（RFLP）、DNA 探针技术、聚合酶链式反应（PCR）、随机扩增多态性 DNA（RAPD）、核酸序列分析等。这些技术具有灵敏性高、特异性强的优点，为诊断寄生虫病和探索寄生虫的系统进化过程及亚种和虫株鉴别提供了新的更可靠的手段。

4.2 动物寄生虫病的防制措施

动物寄生虫病的防制是一个极其复杂的事情，必须贯彻“预防为主，防重于治”的方针，采取综合性防制措施，并且应根据寄生虫病的种类和流行情况，有所侧重地采取防制措施。

4.2.1　动物寄生虫病的治疗

对动物寄生虫病的控制,目前在生产实践中更多的还是应用药物预防或治疗各种寄生虫感染,也就是通常所说的驱虫。动物的驱虫具有双重意义,其一是杀灭或驱除动物体内外的寄生虫后,使宿主得到康复;其二是杀灭寄生虫后,减少了宿主动物向自然界散布病原体的机会,从而避免其他畜禽感染。

1)治疗性驱虫

采用各种驱寄生虫药物对潜在感染或已经发病的动物进行治疗,达到驱除或杀灭动物体内外寄生虫、恢复健康的目的。这种措施可以在一年中的任何时候采用,主要应根据畜禽发病的症状和检查结果来选用适宜的药物,治愈病畜。

2)预防性驱虫

根据"预防为主"原则,采用药物针对有寄生虫寄生的动物群体所进行的一种定期性的驱虫措施。这种驱虫方式并不强调动物是否已经发病,都施用抗寄生虫药物,主要目的是防止寄生虫病在畜禽中流行和爆发。

(1)**定期预防性驱虫**

根据寄生虫的流行规律,在每年的一定时间进行一次或多次驱虫。对于大多数寄生虫,通常采用一年两次的预防性驱虫,一次在秋末冬初进行,这是最重要的一次,既可保护动物的安全越冬,又能减少第二年牧场的污染;另一次是在冬末春初进行。

(2)**长期给药预防**

长期在饲料或饮水中加入一定分量的抗寄生虫药物,让动物服用,达到预防寄生虫病的目的。如为防止鸡球虫病的发生,可在雏鸡的饲料和饮水中加入抗球虫药让其长期服用。值得注意的是,长期应用某种抗寄生虫药物很容易使寄生虫产生耐药性,所以,最好能在一定时间内交叉使用某两种或几种抗寄生虫药物。

4.2.2　动物寄生虫病的预防与控制

1)防制原则

寄生虫病有不同的流行特点和传播方式,防制措施也有所差异,但总的来说,它们的流行都必须具备传染源、易感动物和传播途径3个环节,因此,其防制也应遵循这一原则。

(1)**控制感染源**

控制寄生虫感染源是防止寄生虫病流行的重要环节。主要注意几个方面:在疫区,对患病动物应及时进行治疗,并对动物群体进行定期的治疗性和预防性驱虫,驱除动物体内外寄生虫;在非疫区,应尽量不从疫区引进动物,严格采取隔离、检疫和治疗措施,防止传染源的传入。除此之外,还应对各种保虫宿主和传播媒介加以控制。

(2)**切断传播途径**

因地制宜地、有针对性地采取相应措施杀灭环境中寄生虫,阻断寄生虫的发育,减少感染性寄生虫与宿主接触的机会以阻断其传播过程。主要包括:粪便的发酵处理;饲料、饮水、圈舍和环境卫生合格;合理的饲养方式;严格的检验检疫;控制和消灭中间宿主和传播媒介。

(3)保护易感动物

采取措施保护易感动物,增强动物的抵抗力,减少感染的机会是寄生虫病防制的重要一环。主要措施是保证动物的营养水平均衡,加强卫生管理,减少其他疾病的发生,同时,应人为的使用一些可以应用的疫苗,提高动物的特异性免疫力。

2)防制措施

对动物寄生虫病的防制,总的来说,应从"预防为主,防重于治"的方针出发,多方面着手,采取综合防制措施,经长期的不懈努力才能控制和消灭寄生虫病。应主要从以下几方面落实:

(1)药物防治

目前,对动物寄生虫病的防治主要采用药物治疗和预防。由于寄生虫生活发育的特殊性,很难将其消灭,而在宿主体内或体表阶段是寄生虫生活史中比较容易突破的环节,因此,如果能正确地选择驱虫方式、时机和药物的话,一般能收到很好的灭虫效果。一般来说,主要采取治疗性驱虫和预防性驱虫两种方式进行,但在具体实施时,应结合寄生虫的流行病学规律和当地的实际情况,才能事半功倍。对于药物选择来说,则应该考虑和处理好抗寄生虫药物、虫体和宿主三者的关系,根据动物种类、寄生虫种类和患畜机体状况及寄生虫病的发展程度,合理选择抗寄生虫药物,并配合应用其他药物以减轻副作用,增强动物机体的抵抗力。

(2)杀灭中间宿主和传播虫媒

许多寄生虫需中间宿主的参与才能发育成熟,许多则需传播虫媒才能感染宿主,因此,采取必要的措施控制中间宿主和传播虫媒,切断其生活史,是防治寄生虫病的一个重要策略。

①改变滋生环境:采取各种有效措施人为地破坏寄生虫的中间宿主和传播虫媒的生活环境,使其不能存活下来。如为了消灭淡水螺,可结合农田基本建设和草场改良,开辟排水沟,排干低洼积水等措施;为了消灭蜱、蚊、蝇、蠓等传播者,可清除粪便、污水,铲除杂草及砍去灌木丛等。

②物理方法:采用各种有效的物理方式将中间宿主和传播虫媒的生存环境破坏,从而切断传播途径。如用土埋、火烧的方法灭螺;用开水浸烫、填塞缝隙来灭蜱等。

③化学方法:将化学药品施放在寄生虫中间宿主和传播虫媒生活的环境中,从而切断传播途径。如用硫酸铜溶液消灭猪舍周围土壤环境中的蚯蚓;用有机磷类、菊酯类杀灭蚊、蝇、蠓等传播者。但应注意化学药品易造成环境污染,应严格按要求控制使用。

④生物方法:采用天敌来控制其繁殖所需的中间宿主,如喂鸭、养鱼可控制淡水螺的数量等。

(3)加强饲养管理

①注意饲料和饮水卫生:饲料和饮水中很容易混有感染性寄生虫或带有感染性寄生虫的中间宿主,应防止饲料和饮水的污染。如不用生的或半生的鱼、虾、蟹、昆虫饲喂动物;废弃的动物内脏或组织应该煮熟后才喂给动物;人也应该注意饮食卫生,不吃生的或夹生的猪、牛肉及其他动物食品;避免动物饮用不流动的死水,不在水源旁堆放粪便、垃

圾等。

②注意圈舍和环境卫生:加强圈舍和周围环境管理,每天应清除动物排出的粪便,清除运动场和圈舍周围的杂草等;注意圈舍的通风和光照,保持圈舍清洁、干燥;注意圈舍中动物的饲养密度。

③安全放牧:采取科学的放牧措施,避免动物感染寄生虫。如在感染季节不应在低洼潮湿地带或水边放牧,不应在早晨和傍晚放牧;在牧区,最好能实施轮牧政策。

④分群饲养:将幼年动物和成年动物分开饲养;从外地引进的动物,应采取隔离措施饲喂一段时间,确定无寄生虫感染后才能合群饲养。

⑤改变不良饲养方式:不良的饲养方式是引发某些寄生虫病的罪魁祸首。如饲喂猪时改放养为圈养方式可防止猪囊虫病的发生;改生喂饲料为煮熟后喂养可以预防猪姜片吸虫病;改放牧为舍喂,可减少很多寄生虫的感染几率等。

(4)健全兽医卫生检疫制度

健全兽医卫生检疫制度是防制动物寄生虫病的重要措施。目前的兽医卫生检疫制度还存在一些不足,已经建立的制度在执行的时候又往往落实不到位,这给我国畜牧业的发展带来很大的危害,因此应加大力度制定并落实相关制度,做到逢宰必检,逢检必严。

(5)加强免疫接种

目前,可用于动物寄生虫病预防的疫苗有鸡球虫强毒苗和弱毒苗、牛巴贝斯分泌排泄抗原苗、牛巴贝斯基因工程苗、牛环形泰勒焦虫裂殖体胶冻细胞苗、胎生网尾线虫弱毒苗,等等。应用这些疫苗对动物进行免疫接种,可在一定程度上产生特异性抵抗力,防止寄生虫的感染。

(6)生物防治

动物寄生虫的生物防治就是采用寄生虫的某些自然天敌来控制寄生虫的种群数量,使之处于无致病水平。研究比较多的是捕食线虫性真菌,它们是线虫的天敌,以线虫为营养物,可使环境中的感染性幼虫的密度大大降低,进而减少对动物的污染,达到控制线虫病的目的。

总之,动物寄生虫病的防制涉及寄生虫、宿主、中间宿主、传播媒介、社会因素和自然因素等很多环节,必须采取综合性措施,并动员相关组织和机构,制定相应法令并真正落实到实处,才能收到良好效果。

【学习要点】

①寄生虫病的诊断方法主要有流行病学调查、临床症状观察、实验室病原检查、治疗性诊断、剖检诊断、免疫学诊断、分子生物学诊断等。

②对动物的寄生虫病可采取治疗性驱虫和预防性驱虫两种方式,但主要从"防重于治"的原则出发,将疾病控制在"未病"阶段。

③对寄生虫病的防制主要从控制传染源、切断传播途径、保护易感动物三条途径着手,着重在提高动物抵抗力,保护畜禽不受感染,同时注意消灭中间宿主和传播媒介。

第1篇【目标测试题】

一、名词解释

寄生虫病　内寄生虫　外寄生虫　生物源性寄生虫　土源性寄生虫　带虫者　终末宿主　中间宿主　补充宿主　自身感染　自愈现象　带虫免疫　治疗性驱虫　预防性驱虫

二、选择题

1. 寄生于畜禽体内的寄生虫，称为(　　)。
   ①外寄生虫　②内寄生虫　③暂时性寄生虫　④超寄生虫
2. 寄生性幼虫或原虫的无性繁殖阶段所寄生的宿主是(　　)。
   ①中间宿主　②终末宿主　③保虫宿主　④带虫宿主
3. 在寄生虫病的自愈现象中，参与反应的抗体是(　　)。
   ①IgG　②IgE　③IgM　④IgA
4. 寄生虫的成虫或有性繁殖阶段寄生的宿主称之为(　　)。
   ①保虫宿主　②带虫宿主　③终末宿主　④中间宿主
5. 下列哪种宿主不是寄生虫的正常宿主(　　)。
   ①贮藏宿主　②保虫宿主　③补充宿主　④终未宿主
6. 人兽共患寄生虫病中的病兽是寄生虫的(　　)。
   ①终末宿主　②转续宿主　③贮藏宿主　④传播媒介
7. 寄生虫感染期的定义是(　　)。
   ①寄生虫感染宿主的阶段　②寄生虫感染终末宿主的阶段
   ③寄生虫感染中间宿主的阶段　④寄生虫的幼虫阶段
8. 直接发育型的寄生虫是(　　)。
   ①超寄生虫　②暂时性寄生虫　③土源性寄生虫　④生物源性寄生虫
9. 影响寄生虫病流行的自然因素是(　　)。
   ①传播媒介　②中间宿主　③环境气温　④医疗水平
10. 寄生虫病经胎盘感染属于(　　)。
   ①垂直传播　②水平传播　③接触传播　④媒介传播

三、填空题

1. 动物寄生虫病主要有__________、__________和__________。
2. 寄生虫对动物宿主的致病作用主要有__________、__________、__________和__________。
3. 寄生虫病流行的基本环节(三要素)是__________、__________。
4. 寄生虫病流行病学的影响因素有__________、__________和__________。
5. 寄生虫病流行的基本特征是__________、__________和__________。
6. 寄生虫抗原的特点有__________、__________和__________。
7. 寄生虫免疫的特点有__________、__________和__________。
8. 抗寄生虫感染免疫的应用主要在__________和__________两方面。
9. 寄生虫病的综合性防制原则包括__________、__________、__________。

10. 寄生虫感染阶段侵袭动物宿主的途径有__________、__________、__________、__________和__________等。

四、问答题

1. 什么叫寄生虫生活史？其生活史分哪两种类型？举例说明。了解寄生虫的生活史有什么实践意义？

2. 寄生虫有哪些主要类型？

3. 简述动物寄生虫对宿主的致病作用和危害的主要表现(畜禽寄生虫对动物宿主的危害方式)。

4. 简述寄生虫病对畜牧业生产的危害及公共卫生意义(对人类社会的危害)。

5. 动物寄生虫病的传播和流行条件有哪些？影响寄生虫病传播的因素是什么？

6 简述动物寄生虫侵入动物体的途径与方式(感染途径)。

7. 什么是人兽共患性寄生虫病？你学过的寄生虫中哪些属于人兽共患性寄生虫？

8. 试述动物寄生虫病的诊断原则和方法。

9. 试述动物寄生虫病的综合防制措施。

第1篇【复习思考题】

1. 查阅相关资料,结合本篇所学知识,分析为什么寄生虫病仍是我国当前畜牧业发展和人民公共卫生的主要问题？作为兽医专业的学生,如何为我国的动物寄生虫病防治工作做出应有贡献？

2. 查阅文献,结合本书所介绍的知识,试述寄生虫感染的免疫特点和免疫类型。研究寄生虫感染的免疫有何意义？

3. 查阅文献,谈谈什么是幼虫移行症？试述幼虫移行症的临床类型。

第1篇【知识拓展】

自然疫源地及自然疫源性疫病

自然疫源地(Natural epidemic focus)是指在自然界某些野生动物中长期保存某种传染性病原体的地区。在自然疫源地内,某种疫病的病原体可以通过特殊媒介(主要是吸血节肢动物)感染宿主动物(主要是野生脊椎动物),长期在自然界循环,并不用依赖于人延续其后代,但在一定条件下能传染给人造成人间流行。而人和动物的感染和流行,对其在自然界的保存来说不是必要的,这种现象称为自然疫源性。

自然疫源地类型一般可分为自然疫源地带、独立自然疫源地和基础疫源地等类型。

前苏联学者 E. H. 巴甫洛夫斯基在调查了远东森林脑炎流行病学特征后,在1939年5月全苏科学院大会上做“传染病和寄生虫病的自然疫源性”的报告中首次提出了“自然疫源地学说”。

自然疫源性疫病(Natural focal disease)是指具有自然疫源性的疾病,称为自然疫源性疾病。

由于疾病的疫源性与病原体在地理生态系中的循环相关，因此，自然疫源性疾病具有明显的地区性，季节性的特点，并受人畜经济活动的影响。自然疫源性疾病有以下特点：①地区性。不同的生态景观有不同的生物群落，流行的自然疫源性疾病也就不同。如蜱传回归热只在荒漠中出现；鼠疫的典型自然疫源地多存在于草原、半荒漠、荒漠地区。②季节性。传染源的动物种类不同其发病季节不同。如森林脑炎是由森林脑炎病毒引起的，蜱是传播媒介，蜱最活跃的时期出现在 5 ~ 8 月（北半球），因此这个时期是蜱媒脑炎发病率最高的季节。③人类经济活动对自然疫源性疾病有明显的影响。如垦荒、水利建设等改变了原来的生物群落，使病原体赖以生存、循环的宿主、媒介发生改变，因而导致自然疫源地的消灭或产生新的疫源地。

自然疫源性疾病进入人类社会，与社会经济及技术的发展、生态环境的破坏、人群特征变化、人类不良行为方式以及卫生保健政策等许多社会因素有密切关系。如由于开垦荒地、砍伐森林、修建水坝等人类活动，可以接触某些动物，使一些本来在动物间传播的病原微生物传给了人类，并造成人间传播。捕食野生动物的嗜好让一些本来在野生动物的传染病能进入人类社会。不科学地喂养宠物、不讲卫生、不健康的生活方式更是传播许多动物源性传染病的罪魁祸首。

自然疫源性疾病对人类的危害十分严重，这是由于人类一般对自然疫源性疾病缺乏特异性免疫力，一旦人感染这些动物性疫病后，造成的病理损伤也非常严重，并且其传染过程、传播方式、流行过程、临床表现等与动物感染后并不完全相同，而且感染后难以控制，容易蔓延。从 2003 年我国发生 SARS 的传染力来看，SARS 流行时，病人的临床过程很凶险，特别在每一个新出现的疫区，都集中出现了一些危重病例。这支持了 SARS 是来源于动物的观点。啮齿动物感染森林脑炎等病毒后往往无症状，鼠患鼠疫后表现为淋巴系统的受害和致死性的败血症，不发生肺鼠疫，但人感染后则发生腺鼠疫、败血症以及肺鼠疫。肺鼠疫在人之间通过空气飞沫传播引起肺鼠疫流行，但在动物之间则不发生空气飞沫的传播。牛、马患炭疽常发生败血症，人患炭疽则主要是皮肤型炭疽。人类埃博拉出血热的临床表现也较动物凶险得多。动物感染了 SARS-CoV 后可以不一定像人类那样出现呼吸系统的临床表现。

近三十年出现的新传染病多数是自然疫源性疾病，人类过去没有很多的认识，无论在治疗和预防都相对空白。加上容易蔓延、临床表现凶险，这些自然疫源性疾病给人类社会带来极大的恐慌，给人类社会带来不稳定的因素，如埃博拉出血热、禽流感病、疯牛病、SARS 等，因此应引起人们的密切关注。

自然疫源性疾病的治疗原则制定关键在了解引起疾病的病原体。对很多新发现的传染病的病原体了解不多，给治疗带来一定困难。一般来说，细菌、螺旋体、立克次体等引起的疾病都有特效治疗，而病毒、朊毒体等病原引至的缺乏特效治疗，因此对症治疗更显得重要。

第2篇　动物蠕虫病

第5章 动物蠕虫病概论

本章导读:本章主要讲述蠕虫的形态及其对寄生生活的适应性变化,蠕虫的主要分类观点和蠕虫病的流行特点等。要求在理解蠕虫的基本生物学特点的基础上,掌握动物蠕虫病的防制。

5.1 动物蠕虫病绪论

蠕虫是指借助肌肉的收缩而使身体做蠕形运动的一类多细胞无脊椎动物。在动物分类上,包括了扁形动物门、线形动物门和棘头动物门所属的各种寄生虫。由蠕虫引起的动物疾病称为动物蠕虫病。

动物蠕虫学则主要研究寄生蠕虫的形态、生活史、免疫、流行情况及蠕虫引起宿主发病的病理变化、临床症状、诊断方法、治疗和综合性防制措施等。

5.1.1 寄生蠕虫的形态和生物学特征

1)蠕虫的形态

蠕虫是具有三胚层的一类多细胞动物,身体呈叶片状、带状或线状,两侧对称,缺少真正的肢体,没有体腔或具有假体腔。多数寄生性蠕虫寄生在宿主的内部组织器官(如消化道、肝、肾、肌肉、血管等)内。

2)对寄生生活适应的变化

寄生蠕虫在长期的寄生生活过程中,其形态结构及生理机能等方面都发生以下几个方面的变化:

(1)形态结构的适应

①运动器官和结构的适应:运动结构在不同的寄生环境中有不同的适应方式,如日本血吸虫的毛蚴周身具有纤毛,尾蚴具有适应于在水中游动的分叉尾端,这些结构都是便于寻找到宿主;又如吸虫在体壁形成的吸盘,有利于吸附在组织或官腔内获得营养并不被排走。

②消化器官退化或消失:随着寄生环境的营养来源和营养物质的改变,寄生蠕虫消化器官的作用减弱,导致了这些器官的退化或消失。如绦虫、棘头虫的消化器官完全消

失，但是体表渗透作用弥补了吸收宿主营养的功能。蛔虫有消化器官但很简单，取食宿主肠道内半消化物质，可直接吸收。

③生殖器官十分发达：寄生蠕虫在完成生活史过程中，势必有大量个体难以存活，只有大量繁殖才能保证寄生关系的成立，这就促使其加强生殖器官的发育。如绦虫的成熟节片里几乎被生殖器官充满；一条蛔虫身体中最发达的器官就是生殖器官，雌蛔虫受精后，子宫内充满受精卵。

④产生自身保护性结构：寄生虫体表具有的角质层能防止宿主消化酶的消化作用。为繁殖或度过不良环境，感染新宿主，原虫往往能形成包囊。多数寄生虫虫卵的多层结构也具有保护作用。

(2)**生理机能的适应**

①分泌多种适应于寄生的酶类：寄生蠕虫首先能分泌某些特殊的酶类，包括多种溶组织酶，以帮助寄生虫进入宿主体内或吸取血液；其次还能分泌多种抗消化酶类以中和宿主的消化酶，起保护作用；再次，某些寄生虫还能分泌一些特殊的黏液或化合物，如华枝睾吸虫由细胞间质在体表分泌的非生物活性物质能防止宿主消化液的侵蚀。

②感觉机能退化：绦虫没有特殊的感觉器官。蛔虫仅在唇片上的唇乳突和雄虫泄殖孔前后的乳突有感觉功能。但研究表明，它们存在一种趋性，可以使宿生虫定居到寄主一定部位的组织或器官。

③呼吸机能单一且弱化：大多数寄生蠕虫在宿主体内，其生存环境多为缺氧环境。因此，体内寄生蠕虫没有呼吸器官，呼吸作用大多采用厌氧式方法，即依靠自身体内某些酶分解糖原，产生有机酸和二氧化碳，并由此提供能量。

④高生殖率：寄生虫的生殖机能异常旺盛，其一是产卵能力强，如每条雌性猪蛔虫每天产卵约 20 万粒，若受精卵充满子宫，有人估计约有 2 000 万粒；其二是幼虫阶段能进行无性生殖，如有的吸虫一条毛蚴进入中间宿主体内通过无性生殖可增殖到数万条尾蚴。

⑤更换寄主：寄生蠕虫的发育过程中需要更换宿主，即由一个宿主过渡到另一个宿主。避免了因繁殖过多易造成宿主的死亡而不利于寄生虫的生存，同时也是种系繁衍的需要，因此出现寄生虫幼体生活于中间宿主、成体生活在终末宿主的现象。如日本血吸虫幼虫生活于钉螺，成虫寄居于人体。猪带绦虫的中间宿主为猪，终末宿主寄于人体。

(3)**免疫逃避功能的形成**

动物蠕虫在宿主体内寄生的同时也不断遭到宿主的免疫攻击，在两者长期相互适应过程中，寄生虫产生了逃避宿主免疫攻击的能力。(见第 3 章)

(4)**基因变异**

寄生蠕虫在新环境变化的压力下当基因突变有助于生物体生存时，突变基因便会固定于基因组中。其表型变化可以仅因调控或结构基因序列的微小变化而产生，但某些基因的变异可改变寄生虫的生理功能和致病能力，如台湾的日本血吸虫与大陆的日本血吸虫具有较大的遗传距离，可由人兽共患株演化为亲动物株。

5.1.2　蠕虫学的内容

动物蠕虫学研究的范围非常广泛，对其分类存在两种不同的观点：

1)按 K. И 斯克里亚平的观点分类

根据传播特征及防制特点,可将蠕虫分为土源性蠕虫和生物源性蠕虫。

土源性蠕虫在生活史中不需要中间宿主,排出的虫卵或幼虫在土壤中发育至感染阶段,人和动物与污染的土壤接触,可经皮肤感染,污染的食物、饮水经口感染。绝大部分线虫,如钩虫、蛔虫、毛首线虫都属于此类。

生物源性蠕虫在发育中需要中间宿主,幼虫在中间宿主体内(经发育或兼有增殖)发育至感染期,动物食入带有感染期寄生虫的中间宿主或经媒介昆虫叮咬而感染,所有的吸虫、棘头虫、大部分的绦虫和少数线虫属于此类。

2)按动物分类系统的分类

按动物分类系统来分类,寄生性蠕虫分在以下 3 个动物门:

(1)扁形动物门

这个分类阶元中的蠕虫虫体多呈叶状或带状,两侧对称,缺体腔,消化道退化或缺乏,排泄系统有焰细胞,大多数种类是雌雄同体,营自由生活或寄生生活。可分为两个不同的纲:

①吸虫纲:虫体无体节,多呈叶状,消化系统简单,无循环系统,除血吸虫外,大多数是雌雄同体。生活史复杂,需要中间宿主,成虫主要寄生于脊椎动物体内。

②绦虫纲:虫体分节,多呈带状,无消化系统,雌雄同体,生活史复杂,需要中间宿主,成虫多寄生于动物的消化道内。

(2)线形动物门

虫体多呈圆柱体、线状,左右对称,不分节,具有假体腔和简单的消化系统。雌雄异体,生活史或复杂或简单,营自由生活或寄生生活。

(3)棘头虫动物门

虫体多呈圆筒状,两侧对称,不分节,雌雄异体,无消化系统,靠体表吸取营养,具假体腔,生殖器官悬浮在假体腔内,头部具吻突,上有数列小棘,生活史复杂,需要节肢动物为中间宿主,成虫寄生于脊椎动物体内。

5.2 动物蠕虫病的流行特点

寄生蠕虫的种类繁多,对动物造成的危害各有差异,因此动物蠕虫病的流行表现出以下的特点:

1)地区性和季节性

寄生虫在体外发育阶段受到外界环境如温度、湿度、雨水、光照、中间宿主和传播媒介等的影响,因此导致了动物蠕虫病的地区性和季节性。一般来说,生物源性蠕虫病受区域影响较大,它们不仅受自然条件的影响,还受到中间宿主分布的制约。如日本血吸虫病在我国主要分布在洞庭湖、鄱阳湖的长江流域等淡水区域,这与中间宿主的分布密切相关。在牧区的动物寄生线虫病常表现出春季发病高潮,即牛羊的许多种线虫,在冬末春初时感染强度和感染率特别高,并引起大批死亡。

2)发病缓慢、病程长

蠕虫在感染宿主后,其数量在短期内不会发生较大的改变,而且发育成熟的时间也较长,只有当宿主所感染的寄生性蠕虫发育成熟并达到一定数量时,宿主才表现一定的临床症状。因此,蠕虫病一般发病缓慢,多呈慢性经过,当感染虫数不多或宿主体质强壮时,往往不表现临床症状而成为所谓的带虫者。

3)感染率高、发病率低

在畜牧业生产中,畜禽往往都感染有寄生性蠕虫,只是感染的蠕虫种类有差异而已。但多数畜禽都因所感染的蠕虫的数量不多或本身抵抗力较强而不表现出发病症状。

4)很少有特征性症状

动物感染寄生性蠕虫往往不是单一感染,而是同时感染多种蠕虫,因此所表现的临床症状也是多种寄生性蠕虫共同作用的反映。一般来说主要出现贫血、消瘦、拉稀、水肿和生长发育受阻等一般症状,很少出现某种特异性的临床症状。

5)严重危害年幼畜禽

一般来说,幼年畜禽感染蠕虫后引起的疾病较严重。如猪蛔虫主要侵害6月龄以内的猪,成年猪则很少发病。

总之,蠕虫的种类繁多,分布广泛,畜禽感染普遍,尽管感染后多数不表现明显的临床症状,但阻碍畜禽的生长发育,降低饲料报酬,造成重大的直接和间接经济损失。因此,动物蠕虫病的诊治,对于养殖业的健康发展,维护人类健康有着重要意义。对蠕虫病的诊断有很多的方法可供选择,但主要还是以查获病原体(成虫、幼虫、虫卵)为最确实的手段。

5.3　动物蠕虫病的实验诊断技术

动物患蠕虫病时,往往缺少特征症状。仅依靠临床症状,很难对家畜蠕虫病做出肯定的诊断,因此在很大程度上需依赖于实验室的检查。实验室检查方法是在被检家畜的粪、尿、血液等的内容物中,寻找虫卵、幼虫、虫体或虫体碎片,并根据所发现的虫卵做出正确诊断。

值得注意的是,一个正确的诊断,必须进行全面的、综合的分析和考虑。如实验室检查发现虫卵等,只能说明该受检畜体内已有某种寄生虫的寄生,但它是否是受检畜呈现疾病的主要原因,则还需要对该病的流行病学、症状、病理等各方面作综合的分析和判断。

5.3.1　蠕虫虫卵检查法

蠕虫大部分寄生于动物的消化道、呼吸道,它们的虫卵通常和粪便、尿液一同排出;另外,在鸟禽类,泌尿生殖器官内的寄生虫排出的虫卵等也同样出现在粪便中,因此,虫卵检查法是诊断这类蠕虫病的主要方法。

在作粪便、尿液检查时,粪尿样一定要新鲜,一般应是新排出的,或直接经动物直肠采粪。盛粪便的容器要干净,并防止污染及干燥。

根据所采取的方法不同,可分为直接涂片法、漂浮法、沉淀法和锦纶筛兜淘洗法。

1)直接涂片法

本法是检查虫卵的最简单方法,但如果粪便中虫卵数量少时则不易查到。

(1)操作方法

①取1~2滴清水,滴在载玻片;

②用火柴梗或牙签取黄豆大小的粪便与载玻片上的清水混匀,并除去较粗的粪渣;

③将粪液涂成薄膜,薄膜的厚度以透过涂片隐约可见书上的字迹为宜;

④盖上盖玻片,置于低倍镜下检查。

(2)注意事项

①该法对虫卵含量低的粪便检出率低,故每个样品必须检查3~5片。

②检查虫卵时,先用低倍镜顺序观察盖玻片下所有部分,发现疑似虫卵物时,再用高倍镜仔细观察。因一般虫卵(特别是线虫卵)色彩较淡,镜检时视野宜稍暗一些(聚光器下移)。

2)漂浮法

原理:利用比重比虫卵大的溶液,将虫卵浮集于液体表面。常用饱和盐水(即在1 000 ml沸水中加入380 g食盐)做漂浮液。此外,饱和硫酸镁溶液、饱和硫酸锌溶液(饱和度为1 000 ml水中溶解920 g硫酸锌)和饱和蔗糖溶液(饱和度为1 000 ml水中溶解1 280 g蔗糖)也可。

(1)操作方法

①取粪便10 g,加饱和盐水100 ml,用玻棒搅匀;

②经40~60目铜筛过滤,滤液滤到另一胶杯中,静置30 min;

③用直径5~10 mm的铁丝圈,与液面平行接触以蘸取表面液膜,抖落于载玻片上,加盖玻片检查(见图5.1)。

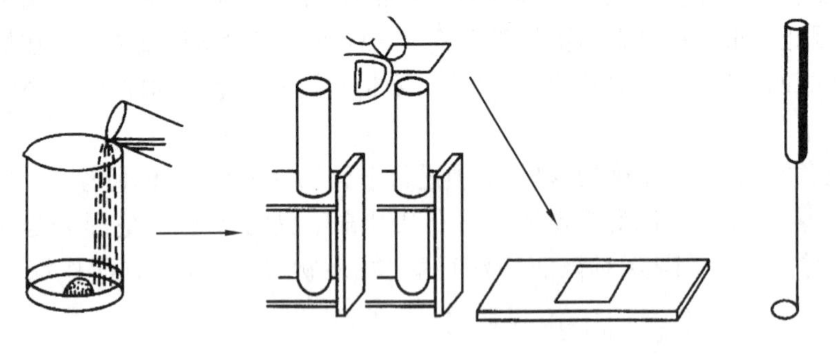

图5.1 漂浮法示意图(引自秦建华,李国清等,2005)

(2)注意事项

①漂浮时间:饱和盐水漂浮法漂浮时间为30 min左右较为适宜;

②静置滤液的容器选择:选口径相当的类似三角瓶的器皿,如已使用完的青链霉素药瓶;

③用漂浮法检查多例粪便时，对蘸取漂浮液面的铁丝圈，每次使用前，需先在酒精灯上烧，避免相互污染，影响结果的准确性。

3)沉淀法

原理:利用虫卵的比重比水大，将虫卵沉积于水底，然后反复洗去粪尿中的色素部分，收集沉淀物观察。

(1)操作方法

①取粪便 5 g，加清水 100 ml，用玻棒搅匀；

②通过 60 目铜筛过滤到另一杯中，静置 30 min；

③倾去上层液，保留沉渣，再加水混匀，再静置 30 min；

④倾去上层液，保留沉渣；如此反复操作直到上层液体透明，最后倾去上层液；

⑤吸取沉渣，涂片镜检。

(2)注意事项

①每次粪检宜多看几片，以提高检出率。

②可将滤过的液体进行离心(一般转速 2 000 ~3 000 r/min)，可加快实验进度。

4)锦纶网筛兜淘洗法

原理:利用虫卵体积与网筛孔径大小关系，较大孔径网筛除去渣滓物并让虫卵滤过到孔径小的网筛中，收集小孔径网筛中的沉淀物观察。

(1)操作方法

①取粪便 5 ~10 g，加水搅匀；

②通过 40 或 60 目铜筛过滤，其滤液再经 120 ~260 目锦纶筛兜过滤(可将两筛上下重叠放置)；

③对锦纶筛兜中的过滤物继续加水冲洗，直到洗出液变清为止；

④挑取 260 目锦纶筛兜中的粪渣抹片检查。

(2)注意事项

此法取决于锦纶筛的密度，因此应注意所检查虫卵的大小。

附:虫卵计数法

虫卵计数法是测定每克家畜粪便中的虫卵数，而以此推断家畜体内某种寄生虫的数量的方法，有时用于使用驱虫药前后虫卵数量的对比，以检查驱虫效果。方法有多种，这里介绍目前常用的 3 种方法。

1)麦克马斯特氏法

本法只适用于可被饱和盐水漂浮起来的各种虫卵。

(1)计数室的构造

计数室是由两片载玻片制成，制作时为了使用方便，常将其一片切去一条，使之较另一片窄一些。在较窄的玻片上刻以 1 cm 见方的划度两个，后选取厚度为 1.5 mm 的玻片切成小条垫于两玻片间，以环氧树脂粘合(见图 5.2)。

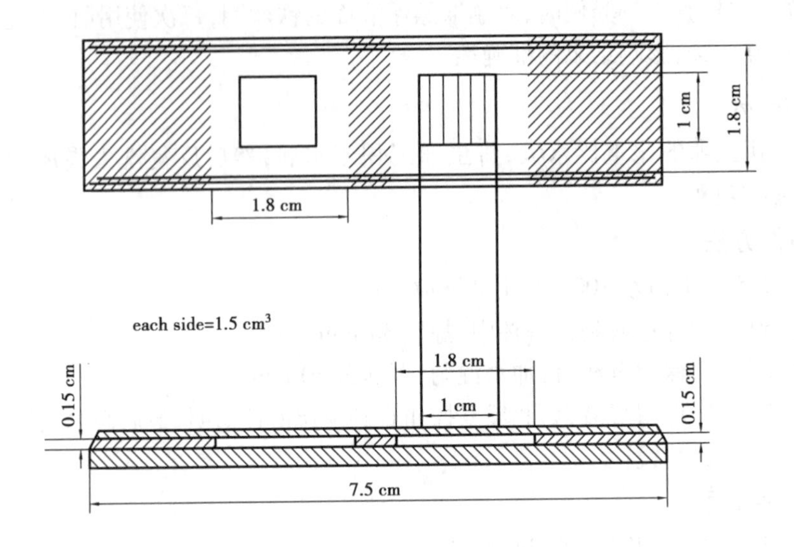

图5.2　麦克马斯特氏计数法示意图(引自秦建华,李国清等,2005)

(2)**操作方法**

①取粪便2 g,置研钵中,加入10 ml饱和食盐水,搅匀;

②再加饱和食盐水50 ml,充分振荡混匀后用60目铜筛过滤;

③将滤液振荡混匀后立即吸取粪液充满麦克马斯特计数板两个计数室;

④置于显微镜台上,静置2~3 min;

⑤检计数两个计数室的虫卵数。

该小室中的容积为$1\ cm \times 1\ cm \times 0.15\ cm = 0.15\ cm^3$,内含粪$[2/(10+50)] \times 0.15 = 0.005$ g,两个计数室则为0.01 g。故数得的虫卵数乘以100即为每克粪便中的虫卵数(OPG值)。

公式:$OPG = a \times 100$,a代表两个计数室的虫卵数值。

2)斯陶尔氏法

本法适用于大部分虫卵的计数。操作如下:

①在一小玻璃容器上容量为56 ml和60 ml处各作一个标记;

②先取0.4%(或0.1 mol/L)的氢氧化钠溶液注入容器内到56 ml处;再加入被检粪便使液体升到60 ml处;

③加入一些玻璃珠,振荡使粪便完全破碎混匀;

④用吸管吸取粪液0.15 ml,滴于2~3张载玻片上,覆以盖玻片;在显微镜下循序检查,统计其中虫卵总数;

⑤因0.15 ml粪液中实际含原粪量是$0.15 \times 4/60 = 0.01$ g,因此,所得虫卵总数乘100即为每克粪便中的虫卵数(EPG)(见图5.3)。

3)片形吸虫卵的计数法

片形吸虫卵在粪便中量少,比重大,因此,要求采用特殊的方法,而对于牛、羊又有所不同。对于羊,操作如下:

①取羊粪10 g,置于300 ml的容量瓶中;加入少量1.6%的氢氧化钠溶液,静置过夜;

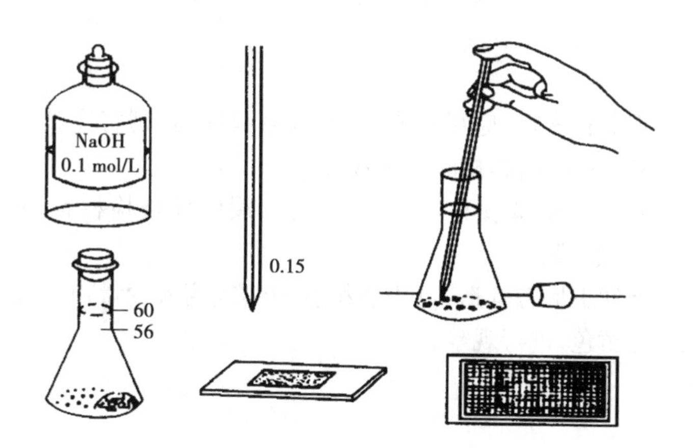

图 5.3　斯陶尔氏法示意图（引自秦建华,李国清等,2005）

②次日,将粪块搅碎,再加入 1.6% 的氢氧化钠溶液到 300 ml 刻度处;

③摇匀,立即吸取此粪液 7.5 ml 注入到一离心管内;在离心机内以 1 000 ~ 1 500 r/min的转速,离心 2 min;

④倾去上层液体,换加饱和盐水;再次离心后,再倾去上层液体。如此反复操作,直到上层液体完全清澈为止;

⑤倾去上层液体,将沉渣全部分别滴于数张载玻片上;检查全部所制的载玻片,统计其虫卵总数,以总数乘以 4,即为每克粪便中的肝片形吸虫虫卵数。

在进行牛的肝片形吸虫虫卵的计数时,操作步骤同上,但用粪量改为 30 g。加入离心管中的粪液量为 5 ml,因此,最后计得虫卵总数乘以 2,即为每克粪便中虫卵总数。

5.3.2　蠕虫幼虫检查法

1)线虫幼虫分离法

反刍兽网尾线虫的虫卵在新排出的粪便中已变为幼虫,类圆线虫的虫卵随粪便排出后很快就孵出幼虫。对粪便中幼虫的检查最常用的方法是漏斗幼虫分离法,即贝尔曼法和平皿法。

(1)贝尔曼法

贝尔曼法主要用于生前诊断一些肺线虫病,即从粪便中分离肺线虫的幼虫,建立生前诊断。也可用于从粪便培养物中分离第 3 期幼虫或从被检畜禽的某些组织中分离幼虫。其分离装置如图 5.4。

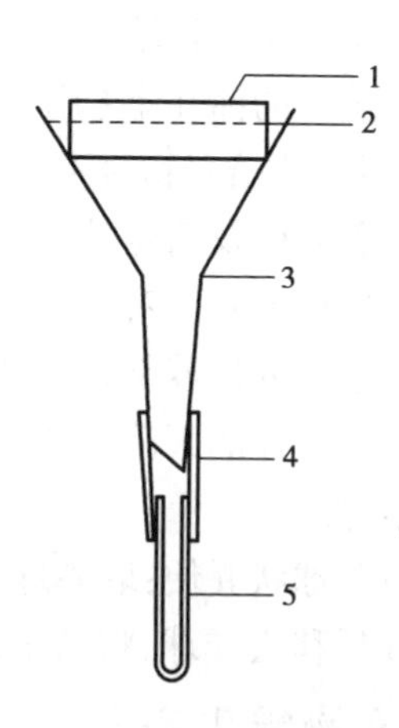

图 5.4　贝尔曼幼虫分离装置示意图

（引自孔繁瑶,1997）

1. 铜丝网筛　2. 水平面　3. 玻璃漏斗　4. 乳胶管　5. 试剂管

操作方法

①取粪便 15 ~ 20 g,放在漏斗内的金属筛上;

②漏斗下接一短橡皮管,管下再接一小试管;

③加入 40 ℃ 温水至淹没粪球为止,静置 1 ~ 3 h;

④拔取底部小试管,吸取管底沉淀物,进行

镜检。

注意事项

①若是检查组织器官材料,应尽量撕碎,但检查粪便时,则将完整粪球放入,不必弄碎,以免渣子落入小试管底部,镜检时不易观察;

②温水必须充满整个小试管和乳胶管,并使其浸泡住被检材料(使水不致流出为止),中间不得有气泡或空隙;

③为了静态观察幼虫形态构造,可用酒精灯加热或滴入少量卢戈氏碘液,将载片上的幼虫杀死并染成棕黄色,进行观察。

(2)**平皿法**

操作方法

①取新鲜粪便适量,弄碎置培氏皿中央堆成半球状,顶部略高出;

②在培氏皿内边缘加水少许(如粪便稀可不必加水),加盖盖好使粪与培氏皿接触;

③放入 25 ~ 30 ℃的温箱内培养(夏天放置室内亦可);

④每日观察粪便是否干燥,要保持适宜的湿度;

⑤经 7 ~ 15 d,第 3 期幼虫出现,幼虫从粪便中出来,爬到培氏皿的盖上或四周;

⑥用胶帽吸管吸上生理盐水把幼虫冲洗下来,滴在载玻片上覆以盖片,在显微镜下进行观察。

注意事项

①培养皿及培养基的选择:培养幼虫时如无培养皿,将小平皿(去掉盖)加上粪便放于大平皿中央,大平皿内加少许水,然后用大平皿盖盖上,即可进行培养。

也可用两个塑料杯,即先将一个塑料杯(上大下小)一截为二,较小的底部用针扎许多小孔,装满待培养粪便,上用双层纱布蒙上,再把截下的那部分套上(头向下),使纱布绷紧;然后在另一个塑料杯内加少量水,把需要培养的粪便杯套在该杯上(纱布面朝下),外面套上塑料袋进行培养即可。培养好后,用幼虫分离法分离幼虫,即把装粪便的小杯放在分离装置的漏斗上(用三角量筒也可),同时把塑料杯内的水也倒入(用水冲洗几次)。注意在放培养物时不要使粪便散开。

②培养温度及培养基的选择:培氏皿内,在 25 ~ 30 ℃的温箱中进行培育。培氏皿内须预先放好培养基。对于线虫卵,以及吸虫卵、绦虫卵和棘头虫卵,可用水或生理盐水做培养基。最好的培养基是灭菌的粪便或粪汁,尤以后者为佳。

粪便和粪汁的灭菌方法是 100 ℃的温度下煮沸 2 h。粪汁接种虫卵或幼虫之前,须先用棉絮过滤。

③对于球状粪便:取粪球 3 ~ 10 个,放于培氏皿或表面玻璃上;加少量 40 ℃温水,10 ~ 15 min 后移去粪球;将留下的液体在低倍镜下检查。

2)毛蚴孵化法

毛蚴孵化法是专门用来诊断血吸虫病的,其原理是将含有血吸虫卵的粪便在适宜的温度条件下进行孵化,毛蚴从虫卵内孵出来后,借着蚴虫向上、向光、向清的特性,进行观察,做出诊断。其方法有多种,如常规沉淀孵化法、棉析毛蚴孵化法、塑料杯顶管孵化法、尼纶筛网集卵孵化法等,这里只介绍常规沉孵法(又称沉淀孵化法或沉孵法)。

操作方法

①取新鲜粪便 100 g,置 500 ml 容器内;加水调成糊状,通过 40~60 目铜筛过滤至另一个容器内;

②加水至九成满,静置沉淀 30 min;之后将上清液倒掉,再加清水搅匀,沉淀 20 min;如此反复 3~4 次(这可用离心方法加快实验,1 000~1 500 r/min,离心 2 min);

③将上述反复淘洗后的沉淀材料(或离心沉淀物)加 30 ℃的温水置于三角烧杯中,瓶口用中央插有玻璃管的胶塞塞上(或用搪瓷杯加硬纸片盖上倒插试管的办法),杯内的水量以至杯口 2 cm 处为宜,且使玻璃管或试管中必须有一段漏出的水柱;

④放入 25~35 ℃的温箱中孵化;

⑤30 min 后开始观察水柱内是否有毛蚴,如没有,以后每 1 h 观察 1 次,共观察数次。任何一次发现毛蚴,即可停止观察。

毛蚴为灰白色,折光性强的核形小虫,多在距水面 4 cm 以内的水中作水平或略倾斜的直线运动。应在光线明亮处,衬以黑色背景用肉眼观察,必要时可借助于放大镜。观察时应与水虫区别,毛蚴大小较一致,水虫则大小不一。显微镜下观察,毛蚴呈前宽后窄的三角形,水虫多呈鞋底状。

值得推荐的是,用锦纶筛(筛绢孔径为 260 目)集卵的办法来取代上述的反复水洗沉淀或离心沉淀,可加快实验进程。

5.3.3 蠕虫虫体检查法

1)粪便内蠕虫虫体检查法

在消化道内寄生的绦虫常以孕卵节片(孕节)排出体外,也有的受驱虫药的影响或超敏反应而排出体外。粪便中的节片和虫体,其中较大型者,通过肉眼观察即可发现,然后可用镊子或挑针挑出。对较小的,应先将粪便收集于盆(桶)内,加入 5~10 倍清水,搅匀,静置沉淀,而后倾去上清液,重新加入清水,搅拌沉淀,反复操作,直到上层液清澈为止。最后将上层液倾去,取沉渣置大玻皿内,先后在白色和黑色背景上,以肉眼或借助于放大镜寻找虫体,发现虫体时,用挑针或毛笔挑出供检查。

2)动物剖解虫体检查法

对死亡动物或抽取一定量的患病动物进行剖解,观察组织器官的病理变化,特别注意在病变部位检出虫体或虫卵。

(1)蠕虫学完全剖解法

完全剖解法常作为寄生虫区系调查。在家畜死亡或宰杀前,先采血制作血片染色检查,观察血液中有无寄生虫。

再仔细检测动物体表,观察有无体表寄生虫,特别注意看皮肤有无结节。禽类应剥取泄殖腔周围的皮肤,检查有无包囊。

剖开腹腔,先搜集胸水、腹水,沉淀后观察,然后依次将消化系统、呼吸系统、生殖系统、泌尿系统、心脏和大的动脉、静脉血管分开,劈开颅骨对脑进行检查,检查脊髓、眼和结膜腔、鼻腔和鼻窦、唇、颊和舌,采取全身具有代表性的肌肉进行检查。对各个系统进行依次检查:

①消化系统的检查：先将肝、胰取下，再将食道、胃、小肠、大肠、盲肠分别结扎后分离（结扎时充分展开肠系膜，对光镜检有无血吸虫）。

食道应剖开检查食道黏膜下是否有虫体寄生，应注意有无筒线虫。

胃和各肠段应分别置于容器内，剖开，加水，将其内容物冲入水中。仔细检查洗净的胃及肠黏膜上是否附着虫体，并用小刀刮取肠胃黏膜，将刮下物置解剖镜下观察。洗下物应多加水反复洗涤沉淀，等液体清透后，分批少量沉渣进行检查，最好放于白色和黑色的背景上寻找虫体。

对于禽类应注意肌胃和腺胃的检查，分离肌胃角质膜，黏膜面可能发现华首科、裂口科线虫。腺胃黏膜内，检查有无紫红色斑点，这可能是四棱科线虫。

肝和胰用剪刀沿胆管和胰管剪开，检查有无虫体，然后将其剪成小块，再用贝尔曼法分离，检查沉淀液有无虫体。

②呼吸系统的检查：用剪刀将鼻喉支气管切开，寻找虫体，用小刀刮气管的黏膜，刮下物在解剖镜下检查，肺组织按肝脏处理方法。

③泌尿系统的检查：切开肾，先对肾盂作肉眼检查，再刮取肾盂黏膜检查，最后将肾实质切成薄片，压于两玻片间，在镜下检查。剪开输尿管、膀胱、尿道，检查其黏膜，并注意黏膜下有无包囊。收集尿液，用反复沉淀法处理，检查有无猪有齿肾线虫。

④生殖器官的检查：切开并刮下黏膜，涂片镜检，怀疑为马媾疫或牛胎儿毛滴虫时，应涂片染色后油镜检查。对于禽类，剪开输卵管，检查有无前殖吸虫。

⑤脑和脊髓的检查：切开颅腔，先用肉眼检查有无多头蚴，再切成薄片检查有无丝虫蚴。

⑥眼的检查：结膜和结膜腔以冲洗法处理检查，剖开眼球，将前房水收集于器皿中，在镜下检查。禽类还要冲洗眼窝，可能发现嗜眼吸虫等。

⑦心和主要血管的检查：剖开将内容物洗入生理盐水中，用反复沉淀法检查有无血吸虫等。

⑧膈脚肌的检查：特别是猪，应先用肉眼检查，见有小白点状可疑物，应剪取置玻片间压薄，在显微镜下检查有无包囊，可能为旋毛虫包囊。

（2）蠕虫学个别器官、个别寄生虫的剖解法

为了一些特殊的目的，常常对某一器官进行检查，找出全部虫体，而对其他器官则不进行检查。

为了单独研究某种寄生虫病，往往根据这种寄生虫的寄生特性进行采集。

（3）寄生虫虫体样本的采集

通过剖解获得虫体是诊断的依据，因此收集寄生虫虫体样本就特别重要。

①吸虫的采集：在动物脏器或冲洗沉淀物中，若发现吸虫，应用弯头解剖针或毛笔将虫体挑出（不宜采用镊子夹取，以避免使虫体变形），挑出的虫体，放入生理盐水中，洗净血迹、粪渣、黏膜等。有些虫体肠管内含有大量食物，可以在生理盐水中透洗过夜，使食物消化或排出。

②绦虫的采集：绦虫的头节多吸附在宿主肠管壁，采集时不能用力拉，应将附有虫体的肠段剪下，连同虫体浸入水中，虫体会自行脱落，体节也会自行伸直。

③线虫的采集：剖解动物后发现虫体，应用弯头解剖针或毛笔将虫体挑出，放入生理

盐水中。线虫的雄虫一般较小,而在虫体鉴定时,常需要依据雄虫的形态特征作为依据,因此,采集时不要忽视了小的虫体。对一些口囊特别大或有发达胶合伞的虫体,如圆线虫、钩虫等其口囊或胶合伞含有大量杂质,妨碍了以后的观察,应在固定保存前用毛笔或振荡洗去。

【学习要点】

①蠕虫是具有三胚层的一类多细胞动物,身体呈叶片状、带状或线状,两侧对称、缺少真正的肢体,没有体腔或仅具有假体腔。

②蠕虫为适应其在宿主的寄生生活,发生了包括形态结构、生理机能、免疫逃避功能和基因变异等的适应性进化。

③动物蠕虫病具有地区性和季节性,发病缓慢,病程长,感染率高,发病率低,主要危害年幼畜禽等特点,在防制该类疾病上应抓住特点,因地制宜,解决生产实际问题。

第6章 动物的吸虫病

本章导读:本章要求以吸虫的发育类型与主要寄生吸虫的形态特征比较为学习思路,深刻理解吸虫病流行的发生规律,重点掌握吸虫病诊断、药物治疗与控制。

6.1 吸虫概论

吸虫隶属于扁形动物门、吸虫纲,包括单殖吸虫、盾殖吸虫和复殖吸虫三大类。寄生于畜禽的吸虫以复殖吸虫为主,主要寄生于畜禽肠道、肝脏、胰脏、肠系膜静脉及输卵管等部位。

6.1.1 吸虫的形态

1)外观形态及结构

复殖吸虫具有扁形动物所具有的形态特征,如叶状、有吸盘等,主要特征如下:

①外部形态:多呈叶状,卵圆形、圆筒形或圆锥形。体表常由具皮棘的外皮层所覆盖,背腹扁平,两侧对称。颜色为乳白色、淡红色或棕色。

②具有肌肉杯状吸盘:这是吸虫最特殊的结构,包括口吸盘、腹吸盘和生殖吸盘。

③生殖系统发达:除分体科吸虫(血吸虫)外,多为雌雄同体,有较复杂的生殖器官,生殖孔通常位于腹吸盘的前缘或后缘处。

④有较简单的消化器官:口、前咽、咽、食道和两支盲端的肠管,无肛门。

⑤体腔:无体腔或具有假体腔,各系统的器官位居其腔中。

2)体壁结构

复殖吸虫的体壁由皮层和肌层所组成,又称皮肌囊;皮层从外向内包括3层:外质膜、基质和基质膜。皮层与肌层下的皮层细胞相连。肌肉有3层:外环肌、中斜肌和内纵肌。见图6.1。

3)内部结构

(1)**消化系统**

消化系统包括口、前咽、咽、食道及肠管几部分。

口通常在虫体前端口吸盘的中央,少数在腹面。前咽短小或缺,无前咽时,口后即为咽。肠管常分为左右两条盲管,称为盲肠,无肛门。绝大多数吸虫的两条肠管不分枝,但有的吸虫肠管分枝,如肝片形吸虫;有的左右两条后端合成一条,如血吸虫;有的末端连接成环状如嗜气管吸虫;有些种类的肠非常退化,如部分异形科的吸虫。

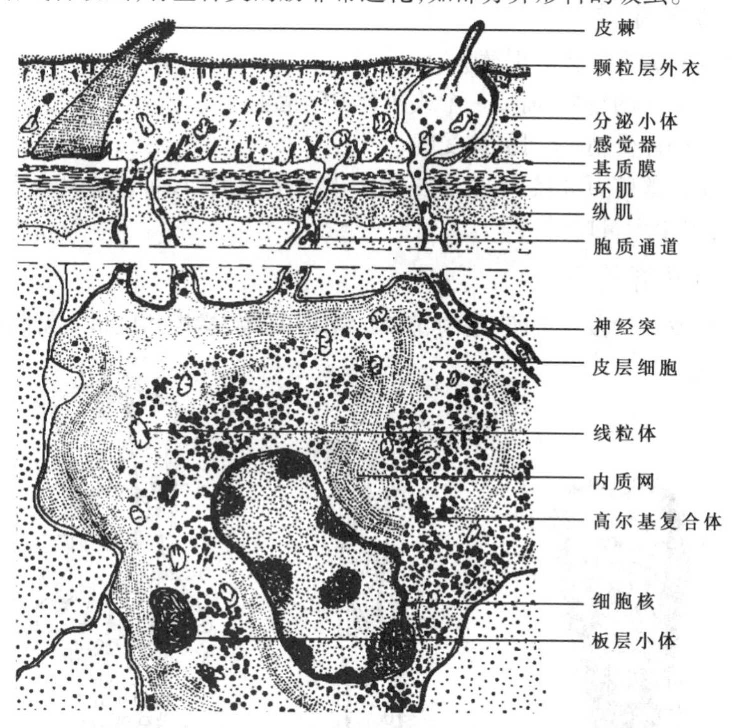

图6.1　吸虫的皮层结构(引自陈淑玉,1994)

(2)生殖系统

生殖系统发达,除分体吸虫外,皆雌雄同体。

①雄性生殖系统:包括睾丸、输出管、输精管、贮精囊、射精管、前列腺、雄茎、雄茎囊和生殖孔等。

②雌性生殖系统:包括卵巢、输卵管、卵模、受精囊、梅氏腺、卵黄腺、子宫及生殖孔等。

(3)排泄系统

由焰细胞、毛细管、集合管、排泄总管、排泄囊和排泄孔等组成。焰细胞布满虫体的各部分,位于毛细管的末端,为凹形细胞,在凹入处有一束纤毛,纤毛颤动时很像火焰跳动,因而得名。焰细胞的数目与排列,在分类上具有一定的意义。

(4)淋巴系统

淋巴系统由体侧2~4对纵管及分枝与淋巴窦相接。淋巴系统可能具有营养物质的输送功能。没有淋巴系统的吸虫,由实质间充满液体代替了部分或全部淋巴系统的作用。

(5)神经系统

吸虫在咽两侧各有一个神经节,相当于神经中枢。从两个神经节各发出前后3对神经干,分布于背、腹和侧面。向后延伸的神经干,在几个不同的水平上皆有神经环相连。由前后神经干发出的神经末梢分布于口吸盘、咽及腹吸盘等器官。在皮层中有许多感觉器。

6.1.2 吸虫的发育特点

1)吸虫的发育特点

①有性世代和无性世代的更替。

②不同性质宿主的轮换,需要一个或两个中间宿主。

③吸虫既可同体受精,又可异体受精。

④复殖吸虫的繁殖力极强,不仅成虫能产出大量的虫卵,而且幼虫在中间宿主体内营无性繁殖,可产生大量尾蚴。

2)吸虫的发育阶段

复殖吸虫的发育阶段有虫卵、毛蚴、胞蚴、雷蚴、尾蚴、囊蚴和成虫。见图6.2。

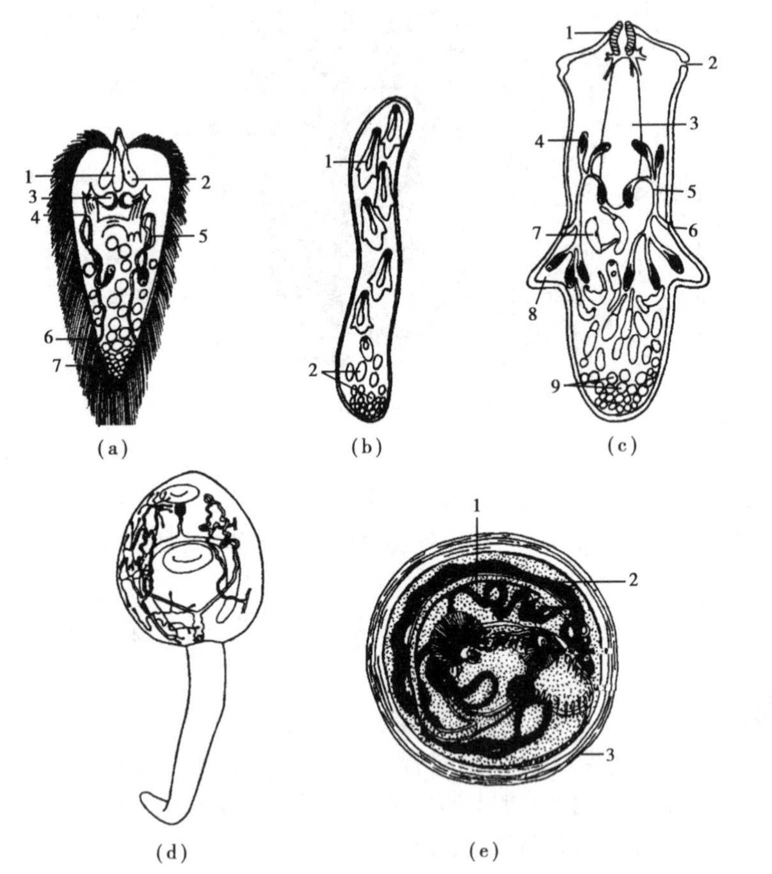

图6.2 复殖目吸虫的各期幼虫(引自孔繁瑶,1997)

(a)毛蚴:1.头腺 2.穿刺腺 3.神经元 4.神经中枢 5.排泄管 6.排泄孔 7.胚细胞;
(b)胞蚴:1.子胞蚴 2.胚细胞;
(c)雷蚴:1.咽 2.产孔 3.肠管 4.焰细胞 5.排泄管 6.排泄孔 7.尾蚴 8.足突 9.胚细胞;
(d)尾蚴;
(e)囊蚴:1.盲肠 2.侧排泄管 3.囊壁

①虫卵:多呈椭圆形或卵圆形,大部分有卵盖,颜色灰白,或淡黄至棕色。

②毛蚴:体形近似等边三角形,多被纤毛,运动活泼。游于水中的毛蚴遇到适宜的中间宿主,即利用其头腺钻入螺体内发育为胞蚴。

③胞蚴:呈包囊状,内含胚细胞、胚团及简单的排泄器,逐渐发育,在体内生成雷蚴。

④雷蚴:呈包囊状,雷蚴逐渐发育为尾蚴,尾蚴成熟后由产孔排出而逸出螺体,游于水中。

⑤尾蚴:不同种类吸虫尾蚴形态不完全一致。尾蚴能在水中活跃地运动,小部分吸虫的尾蚴直接经皮肤钻入终末宿主体内,移行到寄生部位,大部分种类吸虫的尾蚴会形成囊蚴。

⑥囊蚴:由尾蚴通过其附着物或在第二中间宿主体内形成包囊后发育而成,体呈圆形或卵圆形。囊蚴进入终末宿主的消化道内,囊壁被胃肠的消化液溶解,幼虫即破囊而出,经移行,到达寄生部位,发育为成虫。

3)吸虫的发育过程

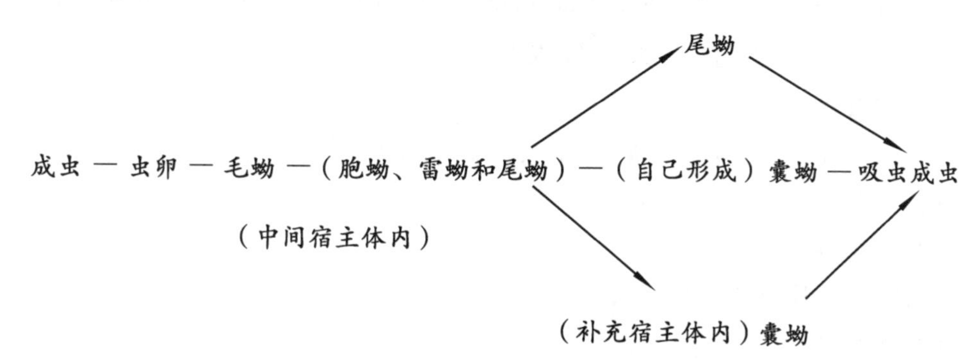

4)吸虫的生活史类型

(1)**只需一个中间宿主**

①在中间宿主体内经母胞蚴、子胞蚴和尾蚴发育(无雷蚴),尾蚴直接经皮肤侵入终末宿主,如分体科吸虫。

②在中间宿主体内经母胞蚴,母、子雷蚴和尾蚴,尾蚴在外界自由结囊,囊蚴被终末宿主经口吃入而感染,如片形科、同盘科、腹盘科、腹袋科、环肠科、背孔科及真杯科的吸虫。

(2)**需要两个中间宿主**

①补充宿主为昆虫、甲壳类、软体动物,在第一中间宿主体内有两代胞蚴,子胞蚴直接发育成尾蚴(无雷蚴),如前殖科、双腔科、棘口科、鸮形科(杯尾属)、短咽科的吸虫。

②补充宿主为鱼类、蛭和虾类,在第一中间宿主体内有胞蚴、雷蚴和尾蚴,如后睾科、鸮形科(异幻属)的吸虫。

6.1.3　吸虫的分类及寄生的主要种类

吸虫属于扁形动物门、吸虫纲。习惯上,纲下分为3个目:单殖目、盾腹目和复殖目。吸虫纲的种类有10 000~15 000种,与兽医有关的复殖吸虫分列于下:

1)无盘类(没有吸盘)

环肠科

主要寄生于家禽呼吸道,如舟形嗜气管吸虫、谢氏平体吸虫等。

2)单盘类(只有口吸盘)

背孔科

主要寄生于反刍动物及鹿等野生动物小肠,如印度槽盘吸虫、背孔吸虫。

3)分体类(雌雄异体)

分体科

①分体属:人兽共患病原,主要寄生在人、家畜以及啮齿类动物的门静脉系统,如日本血吸虫。

②东毕属:主要寄生在哺乳动物和鸟类的门静脉系统,如土耳其斯坦乌毕吸虫。

4)对盘类(腹吸盘在虫体后端)

(1)**同盘科**

主要寄生于反刍动物的瘤胃、真胃、肝脏胆管、家禽的肠道、犬的消化道等,如广东殖盘吸虫、鹿同盘吸虫。

(2)**腹袋科**

主要寄生于反刍动物的瘤胃,如长形菲策吸虫。

(3)**腹盘科**

主要寄生于哺乳动物的消化道,如埃及腹盘吸虫。

5)全盘类(虫体分为前后两部)

鸮形科

主要寄生于鸟禽等的肠道,如角杯尾吸虫。

6)棘口类(在口吸盘周围有角质化棘)

棘口科

主要寄生于家禽直肠和盲肠,如卷棘口吸虫。

7)双盘类

(1)**片形科**

主要寄生于各种反刍兽的肝胆管,如肝片吸虫和大片吸虫。

(2)**双腔科**

①双腔属:主要寄生于牛、羊、猪、马、兔等动物的肝脏胆管,如中华双腔吸虫。

②阔盘属:主要寄生于牛、羊、猪和人的胰脏,如胰阔盘吸虫。

(3)**后睾科**

主要寄生于人、猪、狗等动物的胆囊、胆管,如华支睾吸虫、截形微口。

(4)**前殖科**

主要寄生于家禽的直肠、输卵管,如前殖吸虫。

6.2　人兽共患吸虫病

6.2.1　日本血吸虫病

日本血吸虫病是由分体科、分体属的日本分体吸虫(*Schistosoma japonicum*)寄生在人兽门静脉系统(肠系膜静脉系统)的一种危害严重的人兽共患病。主要分布在日本、中国和东南亚地区,在我国主要集中于长江流域的省、市和自治区。

【病原形态】 日本分体吸虫为雌雄异体。口吸盘在体前端,腹吸盘较大,在口吸盘后不远处。雄虫体壁两侧向腹面卷起形成抱雌沟,有椭圆形睾丸7枚,在腹吸盘下排列成单行。雌虫较雄虫细长、常居雄虫的抱雌沟内,卵巢呈椭圆形,位于虫体中部偏后方两侧肠管之间。虫卵椭圆形,淡黄色,卵壳较薄,无卵盖,在其侧方有一小刺,卵内含毛蚴。见图6.3。

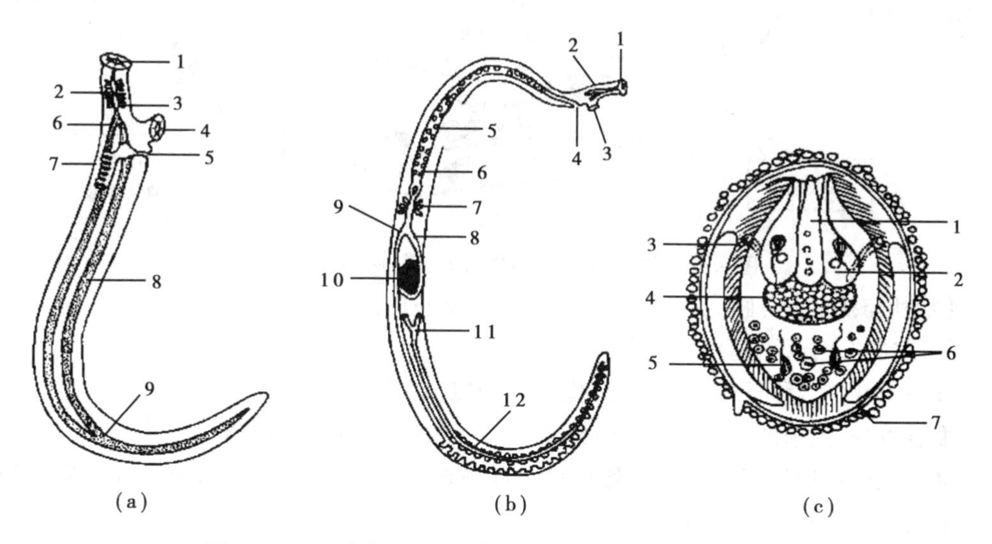

图6.3　日本分体吸虫雄、雌虫和虫卵(引自孔繁瑶,1997)

(a)雄虫:1.口吸盘　2.食道　3.腺群　4.腹吸盘　5.生殖孔　6.肠管　7.睾丸　8.肠管　9.合一的肠管;

(b)雌虫:1.口吸盘　2.肠管　3.腹吸盘　4.生殖孔　5—6.虫卵与子宫　7.梅氏腺　8.输卵管　9.卵黄管　10.卵巢　11.肠管合并处　12.卵黄腺;

(c)虫卵:1.头腺　2.穿刺腺　3.神经突　4.神经元　5.焰细胞　6.胚细胞　7.卵膜

【发育与传播】 成虫寄生于人和动物的门静脉和肠系膜静脉内,雌雄虫交配后,在血管内产卵,虫卵一部分随血流到肝脏;另一部分逆血流到肠黏膜下层静脉末梢,沉积到肠壁;虫卵随粪便排出,在适宜温度和湿度条件下,虫卵孵出毛蚴,毛蚴进入钉螺体内发育,形成母胞蚴—子胞蚴—尾蚴,尾蚴成熟后,离开钉螺,在水中游动,可经皮肤、口或者胎盘途径感染人畜。进入宿主体内随血液循环到肠系膜静脉内寄生，之后发育为成虫。见图6.4。

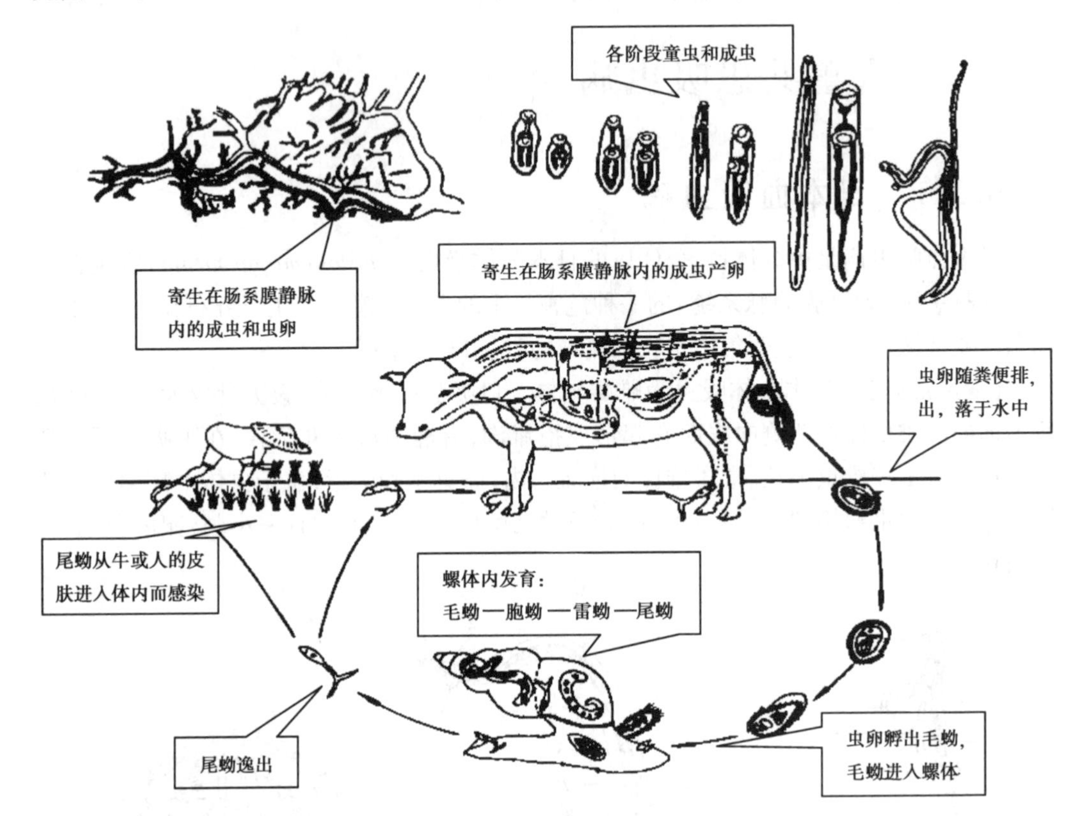

图6.4 日本分体吸虫的生活史(引自孔繁瑶,1997)

【症状与病变】 血吸虫对家畜及人等终末宿主的损伤主要表现为：

①尾蚴的入侵，引起尾蚴性皮炎。

②童虫在体内移行时，其分泌与代谢产物以及死亡崩解产物，可使童虫移行经过的器官血管发炎，受损的毛细血管发生栓塞、破裂，产生局部的细胞浸润和点状出血。

③成虫机械损伤(静脉管炎，死亡虫体导致血管栓塞，静脉压升高—瘀血—肝、脾肿大—肝硬化—腹水)和夺取营养。

④虫卵沉积堵塞血管及虫卵所引起的免疫病理反应——何搏礼现象(肠组织坏死、溃疡，增生变厚及息肉)。

人畜感染日本血吸虫后的主要表现为食欲不振，体温升高，贫血，慢性者下痢，粪便含血，腹水，母牛常出现流产现象。

6.2.2 姜片吸虫病

姜片吸虫病是由片形科、姜片属的布氏姜片吸虫(*Fasciolopsis buski*)寄生于猪、人、兔等小肠内的一种吸虫病，主要流行于亚洲的温带和亚热带地区，在我国主要分布在长江流域以南各省。

【病原形态】 新鲜虫体呈肉红色，虫体大、肥厚，形似斜切的姜片，故称姜片吸虫。

腹吸盘强大,与口吸盘十分靠近。两条肠管弯曲但不分枝,伸达虫体后端。两个分枝睾丸前后排列在虫体后部的中央。卵巢1个、分枝,位于虫体中部稍偏前方。虫卵椭圆形或卵圆形,淡黄色,卵壳薄,卵盖不太明显,一个胚细胞(卵细胞)常靠近卵盖的一端,卵黄细胞均匀地分布在卵壳内。见图6.5。

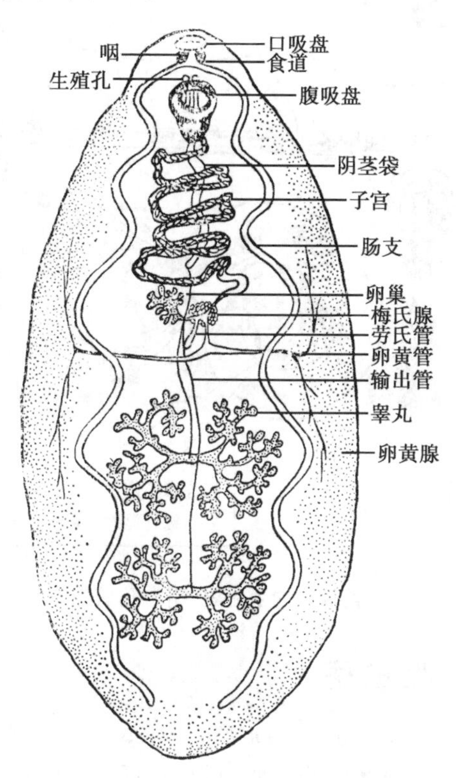

图6.5　布氏姜片吸虫

(引自赵慰先,1993)

【发育与传播】　姜片吸虫需要一个中间宿主——扁卷螺,并以水生植物为媒介物完成其发育史。虫卵随粪便排出,落入水中,毛蚴逸出后侵入螺体,发育为胞蚴、母雷蚴、子雷蚴和尾蚴,尾蚴从扁卷螺体内逸出后,附在水浮莲、水仙、满江红、浮萍等多种水生植物上形成囊蚴。猪吞吃有囊蚴的水生植物而遭到感染。囊蚴进入猪体内约需3个月发育至成虫,虫体在猪体内的寿命为9~13个月,在人体内的寿命可达4年以上。见图6.6。

【症状与病变】　姜片吸虫主要以强大的吸盘紧紧吸住肠黏膜,引起肠炎、肠黏膜脱落,出血甚至发生脓肿;感染强度高时造成肠道的机械性阻塞,甚至引起肠破裂或肠套叠而致动物死亡。虫体吸取宿主的大量营养,病畜呈现贫血、消瘦和营养不良。猪感染后出现食欲减退,发育不良,被毛无光泽,眼黏膜苍白,粪便稀薄,混有黏液。有的猪出现体温略有升高,但精神状况良好。

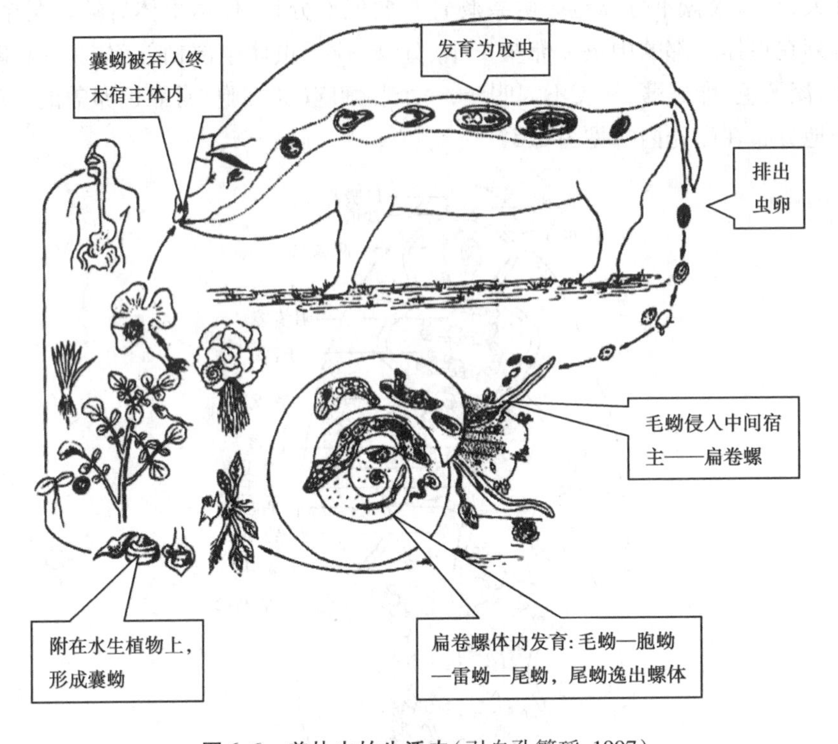

图 6.6　姜片虫的生活史(引自孔繁瑶,1997)

6.2.3　华枝睾吸虫病

华枝睾吸虫病是由华支睾吸虫(*Clonorchis sinensis*)寄生于猪、狗、猫等动物或人的胆囊和胆管内所引起的一种人兽共患寄生虫病。流行地域广泛,我国除青海、甘肃、内蒙古、新疆、西藏、宁夏等少数干寒地区未见报道外,其余省市均有不同程度的流行。

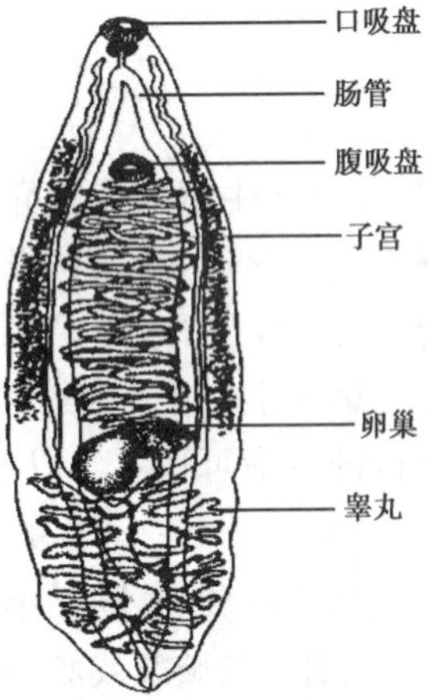

【病原形态】　虫体背腹扁平,呈叶状,前端稍尖,后端较钝,体被无棘,透明。口吸盘略大于腹吸盘,腹吸盘位于体前端 1/5 处,肠管分两支伸达虫体后端。雌雄同体,睾丸分枝,前后排列在虫体的后 1/3 处。卵巢分叶,位于前睾之前。子宫从卵模处开始盘绕而上,开口于腹吸盘前缘的生殖孔,其内充满虫卵。虫卵小,黄褐色,内含成熟的毛蚴,上端有卵盖,下端有一小突起。见图 6.7。

图 6.7　华枝睾吸虫成虫
(引自孔繁瑶,1997)

【发育与传播】　华枝睾吸虫成虫寄生于人、猪、犬、猫等动物的肝脏胆管内,虫卵随粪便排出,进入水中,被第一中间宿主——淡水螺吞食后,在螺的消化道中孵出毛蚴。毛蚴进入螺的淋巴系统,发育为胞蚴、雷蚴和尾蚴。成熟的尾蚴离开螺体游入水中,如遇到适宜的第二中间宿主——某些淡水鱼和虾,即钻入其肌肉内,形成囊蚴。终末宿主吞食含有囊蚴的鱼、虾而受感染,并发育至幼虫,幼虫在十二指肠破囊而出,然后通过移行进入肝胆管,约经一个月发育为成虫并开始产卵。

【症状与病变】 宿主感染华枝睾吸虫后,多表现为隐性感染,临床症状不明显。严重感染时,由于虫体在胆管内寄生吸血,病猪表现为食欲减退、下痢,出现腹水及轻度黄疸等;虫体破坏胆管上皮,引起卡他性胆管炎及胆囊炎,可使肝组织脂变、增生和肝硬变。

6.2.4　片形吸虫病

片形吸虫病是牛、羊等动物的主要寄生虫病之一,其病原体为片形科、片形属的肝片吸虫(*Fasciola hepatica*)和大片吸虫(*F. gigantica*)。前者存在于全国各地,尤以我国北方较为普遍,后者在华南、华中和西南地区较常见。主要寄生于各种反刍动物的肝脏胆管中,兔、猪、马属动物及人也可被感染。该病能引起急性或慢性肝炎和胆管炎,并伴发全身性中毒现象和营养障碍,危害相当严重。

【病原形态】

①肝片形吸虫:背腹扁平,外观呈树叶状。虫体前端有一呈三角形的锥状突,其底部有一对"肩"。口吸盘呈圆形,位于椎状突的前端。腹吸盘较口吸盘稍大,位于其稍后方。生殖孔位于口吸盘、腹吸盘之间。雄性生殖器官的两个睾丸成分枝状,前后排列于虫体的中后部。雌性生殖器官的卵巢,呈鹿角状,位于腹吸盘后的右侧。虫卵较大,长卵圆形,黄色或黄褐色,卵盖不明显。卵内充满卵黄细胞和一个胚细胞。

②大片形吸虫:虫体呈长叶状。体长与宽之比约为5∶1,虫体两侧缘比较平行,后端钝圆。"肩"部不明显。腹吸盘较口吸盘约大1.5倍。肠管和睾丸的分枝更多且复杂,虫卵为黄褐色,长卵圆形。见图6.8。

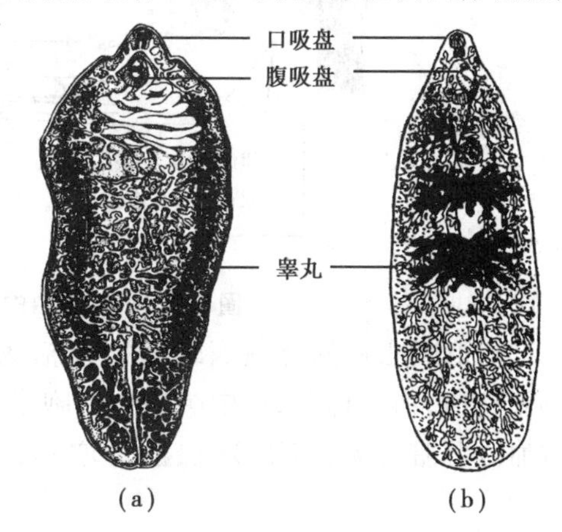

图6.8　片形吸虫成虫

(a)肝片形吸虫;(b)大片形吸虫

(引自陈心陶,1985)

【发育与传播】 反刍动物主要为片形吸虫的终末宿主,中间宿主为椎实螺科的淡水螺,在我国最常见的为小土窝螺。虫卵在温度(25~26 ℃)、氧气、水分及光线条件下,经10~20 d,孵化出毛蚴,毛蚴遇到螺后钻入其体内进行无性繁殖,经胞蚴、母雷蚴、子雷蚴和尾蚴几个发育阶段,最后尾蚴逸出螺体。尾蚴在水中或附着在水生植物上脱掉尾部,形成囊蚴。终末宿主饮水或吃草时,连同囊蚴一起吞食而被感染。囊蚴在十二指肠脱囊,童虫有三条途径到达肝脏,一部分童虫穿过肠壁,到达腹腔,由肝包膜钻入到肝脏(长驱直入);另一部分童虫钻入肠黏膜,经肠系膜静脉进入肝脏(肝肠循环);还有一部分童虫经胆管在十二指肠开口处钻入(逆流而上),经移行到达胆管。见图6.9。

【症状与病变】 片形吸虫主要造成宿主渐进性消瘦、贫血、食欲不振、被毛粗乱、眼睑、颌下水肿,有时也发生胸、腹下水肿。后期可能卧地不起,最后死亡。

片形吸虫病的症状可分为急性和慢性两种类型。急性型主要发生在夏末和秋季,多发于绵羊,是由于短时间内随草吃进大量囊蚴所致。患畜食欲大减或废绝,精神沉郁,可视黏膜苍白,红细胞数和血红蛋白显著降低,体温升高,偶尔有腹泻,通常在出现症状后3~5 d内死亡;慢性型多发于冬、春季。

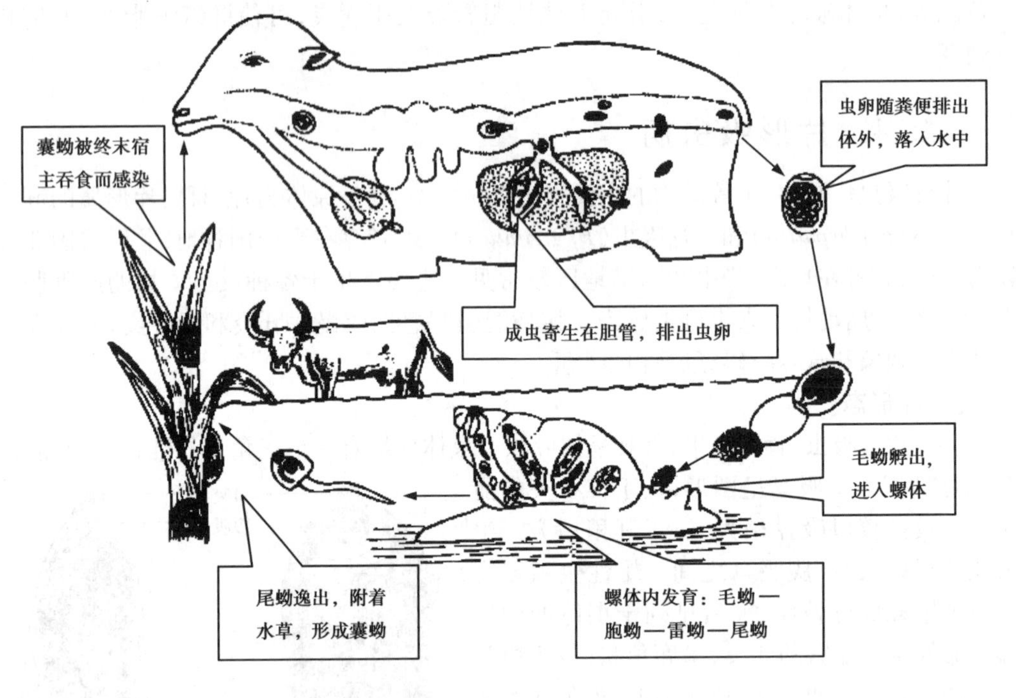

图6.9 肝片吸虫的生活史(引自孔繁瑶,1997)

片形吸虫病的急性病理变化包括肠壁和肝组织的严重损伤、出血、出现肝肿大。黏膜苍白,血液稀薄,血中嗜酸性细胞增加。慢性感染则引起慢性胆管炎、慢性肝炎和贫血。肝脏肿大,实质变硬,胆管增粗,常凸出于肝表面,胆管内有磷酸(钙、镁)盐等沉积。

6.2.5 双腔吸虫病

双腔吸虫病是由双腔科、双腔属的矛形双腔吸虫(*Dicrocoelium lanceatum*)、东方双腔吸虫(*D. orientalis*)或中华双腔吸虫(*D. chinensis*)寄生于反刍动物牛、羊、骆驼和鹿的胆管和胆囊内引起的一种以胆管炎、肝硬变、代谢障碍和营养不良为特点的寄生虫病。可感染马属动物、猪、犬、兔、猴及其他动物,偶见于人。该病分布广泛,我国各地均有发生。

【病原形态】

①矛形双腔吸虫:虫体狭长呈矛形,棕红色。口吸盘后是咽、食道和两支简单的肠管。腹吸盘大于口吸盘,位于体前端1/5处。睾丸两个,圆形或边缘具缺刻,前后排列或斜列于腹吸盘的后方。卵巢圆形,居于后睾之后。卵黄腺位于体中部两侧。子宫弯曲,充满虫体的后半部,内含大量虫卵。虫卵似卵圆形,褐色,具卵盖,内含毛蚴。

②中华双腔吸虫:与矛形双腔吸虫相似,但虫体较宽扁,其前方体部呈头锥形,后两侧作肩样突。睾丸两个,呈圆形,边缘不整齐或稍分叶,左右并列于腹吸盘后。见图6.10。

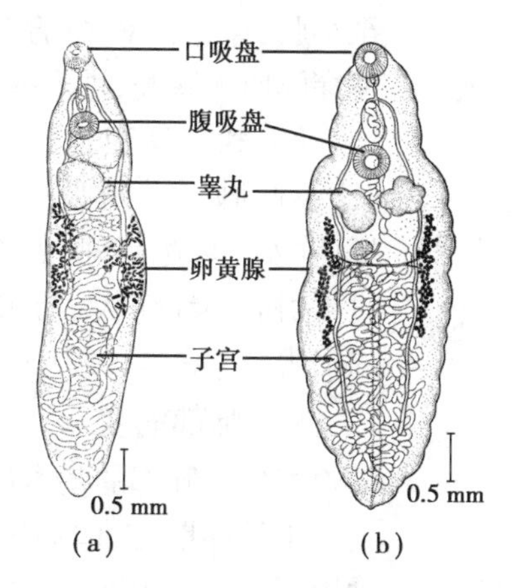

图 6.10　双腔吸虫成虫

(引自唐仲璋,唐崇惕,1978)

(a)矛形双腔吸虫;(b)中华双腔吸虫

【发育与传播】　双腔吸虫在其生活史中,需要两个中间宿主,第一中间宿主为陆地螺类,第二中间宿主为蚂蚁。

成虫在终末宿主的胆管或胆囊内产卵,虫卵随胆汁进入肠道,随粪便排至外界。虫卵被第一中间宿主吞食后,在其内孵出毛蚴,进而发育为母胞蚴、子胞蚴和尾蚴。尾蚴从子胞蚴的产孔逸出后,移行至陆地螺的呼吸腔,形成含尾蚴群囊的黏性球后从螺的呼吸腔排出,粘在植物或其他物体上。当含有尾蚴的黏性球被蚂蚁吞食后,尾蚴在其体内很快形成囊蚴。牛、羊等家畜吃草时吞食了含囊蚴的蚂蚁而感染。囊蚴在终末宿主的肠内脱囊,由十二指肠经总胆管到达胆管或胆囊内寄生。

【症状与病变】　多数牛、羊症状轻微或不表现症状。一般表现为慢性消耗性疾病的临床特征,如精神沉郁、食欲不振、渐进性消瘦、可视黏膜黄染、贫血、颌下水肿、腹泻、行动迟缓、喜卧等,严重的病例可导致死亡。由于虫体的机械性刺激和毒素作用,可引起胆管卡他性炎症、胆管壁增厚、肝肿大等病理变化。

6.2.6　并殖吸虫病

并殖吸虫病是由卫氏并殖吸虫(*Paragonimus westermani*)引起的一种重要的人兽共患寄生虫病。主要寄生在犬、猫、人及多种动物的肺组织内,主要分布于东亚及东南亚诸国。在我国则主要以东北、华北、华南、西南等地为主。

【病原形态】　虫体呈深红色,肥厚,腹面扁平,背面隆起,体表被有小棘,以单棘为主。口、腹吸盘大小略同,睾丸分枝,左右并列于虫体后 1/3 处。卵巢分叶,位于腹吸盘的右侧。卵黄腺由许多密集的卵黄滤泡组成,分布于虫体两侧。子宫内充满虫卵与卵巢左右相对。虫卵呈金黄色,椭圆形。见图 6.11。

【发育与传播】　成虫寄生肺脏,排出的虫卵可进入呼吸道,随痰或咽下随粪便排出,进入水中发育至毛蚴,毛蚴自卵内孵出侵入第一中间宿主川卷螺体内,在螺体经胞蚴、雷蚴(二代)发育繁殖成尾蚴。尾蚴自螺体逸入水中,遇第二中间宿主溪蟹等甲壳类后侵入其体内形成囊蚴。人及动物捕食含活囊蚴的溪蟹等甲壳类而被感染。囊蚴在体内移行至小肠,穿过肠壁,发育为童虫,童虫经腹腔,部分虫体穿隔肌入胸腔,进入肺组织发育为成虫。

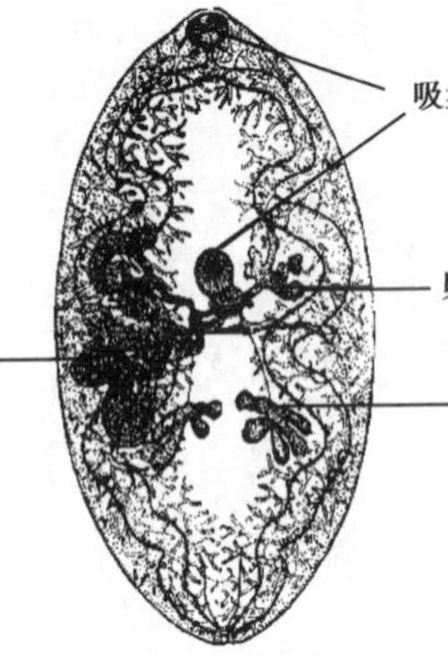

【症状与病变】 卫氏并殖吸虫主要寄生于肺脏,引起肺型并殖吸虫病,主要症状表现为精神不振、阵发性咳嗽、呼吸困难、腹泻,寄生于脑部及脊髓时可引起神经症状。童虫在体内移行引起相应部位的损害。

图6.11 卫氏并殖吸虫的成虫
(引自陈心陶,1985)

(1)**肺部病变**

寄生在肺部的基本病理变化有:

①脓肿期:虫体周围炎性渗出及坏死、出血,脓肿周围肉芽组织增生形成脓肿壁。

②囊肿期:脓肿组织内有褐色黏稠物形成,其周围纤维组织增生形成囊肿。

③纤维瘢期:囊肿内含物被吸收或因支气管相通而排出,囊肿由肉芽组织填充而纤维化,形成瘀痕为愈合期或称瘢痕期。

(2)**其他组织器官病变**

虫体常移行至肺以外的其他组织器官引起病变。

①脑型:病情严重,称脑肺吸虫病。临床上表现为头痛、癫痫、瘫痪等。

②皮肤型:以游走性皮下包块或结节为特点。

③腹型:出现腹痛、腹泻、血便等。

6.3 牛、羊吸虫病

牛、羊除感染日本血吸虫、双腔吸虫、肝片吸虫外,还感染其他一些吸虫。

6.3.1 前后盘吸虫病

前后盘吸虫病是由前后盘科的前后盘属、殖盘属、腹袋属、菲策属及卡妙属等多种前后盘吸虫寄生于牛、羊等反刍动物的瘤胃、真胃、小肠和胆管壁上引起的疾病。成虫一般危害不严重,但大量童虫寄生在真胃、小肠、胆管和胆囊时,可引起严重的疾病,甚至死亡。

本虫的分布遍及全国各地,在我国南方,牛羊都有不同程度的寄生,感染率和感染强度甚高,有的虫体多达万个以上。

【病原形态】 前后盘吸虫的种类繁多,虫体大小、颜色、形状及器官构造因种类不同而有差异。前后盘吸虫呈圆柱状,或梨形、圆锥形等,大小从几毫米到20多毫米不等。有两个吸盘,口吸盘位于虫体的前端,腹吸盘位于虫体的末端或亚末端,故名前后盘吸虫;一般口、腹吸盘之比为1∶2,虫体多呈深红或呈乳白色。有的种类具有腹袋。缺咽,有食道,有两条肠管。睾丸分叶,常位于卵巢之前。卵黄腺发达,位于虫体两侧。虫卵呈椭圆形,淡灰色,较大。见图6.12。

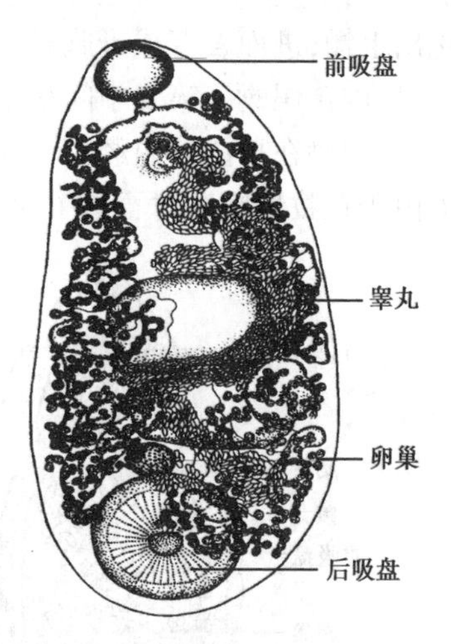

图 6.12　鹿前后盘吸虫成虫
（引自孔繁瑶，1997）

【发育与传播】　前后盘吸虫的发育史与肝片吸虫相似。成虫在牛、羊的瘤胃内产卵，卵随粪便排出体外。虫卵在外界适宜的环境条件下孵出毛蚴；毛蚴进入水中，遇到中间宿主——扁卷螺，便钻入其体内，发育成为胞蚴、雷蚴和尾蚴；尾蚴离开螺体后，附着在水草上形成囊蚴。牛、羊由于吞食含有囊蚴的水草而受感染。囊蚴到达肠道后，童虫从囊内游离出来。童虫在附着瘤胃黏膜之前先在小肠、胆管、胆囊和真胃内移行、寄生数十天，最后到瘤胃中发育为成虫。

【症状与病变】　成虫一般危害轻微，主要是由于童虫在移行期间引起小肠、胆囊、真胃和前胃的损伤。主要症状表现为：出血性胃肠炎，顽固性拉稀，粪便呈粥样或水样，常有腥臭。病牛消瘦，颌下水肿、严重时发展到整个头部以至全身。牛羊逐渐消瘦，高度贫血，黏膜苍白，卧地不起，病程拖长后出现恶病质状态，最终因衰竭而死亡。

6.3.2　阔盘吸虫病

阔盘吸虫病是由歧腔科、阔盘属中的胰阔盘吸虫（*Eurytrema panereaticum*）、腔阔盘吸虫（*E. coelomaticum*）和枝睾阔盘吸虫（*E. claolorchis*）寄生在牛、羊等反刍动物的胰管引起的疾病。阔盘吸虫也可寄生在人的胰脏（胰管）内。由于虫体刺激胰腺而产生炎症反应，结缔组织增生及机能紊乱，患畜呈现下痢、贫血、消瘦、水肿等症状，严重时可引起死亡。

阔盘吸虫主要分布于亚洲、欧洲及南美洲。在我国各地均有报道，但以东北、西北牧区及内蒙古的广大草原上流行较广，危害较大。我国以胰阔盘吸虫分布最广。

【病原形态】

①胰阔盘吸虫：虫体扁平、半透明状，长卵圆形，体长 8 ~ 16 mm，宽 5 ~ 5.8 mm。口吸盘较腹吸盘大。咽小，食道短。睾丸两个，圆形或略分叶，左右排列在腹吸盘水平线的稍后方。生殖孔开口于肠管分叉处的后方。卵巢位于睾丸之后，虫体中线附近，受精囊呈圆形，在卵巢附近。子宫弯曲，在虫体的后半部，内充满棕色的虫卵。卵黄腺呈颗粒状，位于虫体中部两侧。虫卵呈黄棕色或深褐色，椭圆形，两侧稍不对称，一端有卵盖，大小为（42 ~ 50）μm ×（26 ~ 33）μm，内含一个椭圆形的毛蚴。

②腔阔盘吸虫：虫体呈短椭圆形，体后端具一明显的尾突。卵巢圆形，大多数边缘完整，少数有缺刻或分叶。睾丸呈圆形或边缘有缺刻。

③枝睾阔盘吸虫：呈前端尖、后端钝的瓜子形。长 4.49 ~ 7.9 μm，宽 2.17 ~ 3.07 μm。腹吸盘小于口吸盘。卵巢分叶 5 ~ 6 瓣。睾丸大而分枝。见图 6.13。

【发育与传播】　阔盘吸虫的发育需要两个中间宿主。第一中间宿主为陆生螺类，胰阔盘吸虫第二中间宿主为中华草螽，腔阔盘吸虫第二中间宿主为红脊草螽、尖头草螽，枝睾阔盘吸虫第二中间宿主为针蟋。

成熟的虫卵从终末宿主随粪便排出体外，被第一中间宿主蜗牛吞食后在蜗牛体内孵化出毛蚴,进而发育成母胞蚴、子胞蚴和尾蚴,子胞蚴移行从蜗牛的气孔排出,形成圆形的囊,内含尾蚴。第二中间宿主草螽吞食从蜗牛体内排出的含有大量尾蚴的子胞蚴黏团后,子胞蚴在草螽体内经23~30 d的发育,尾蚴即从子胞蚴中孵出,发育成为囊蚴。牛、羊由于在牧地吃草时吞食了含有囊蚴的草螽而受感染。

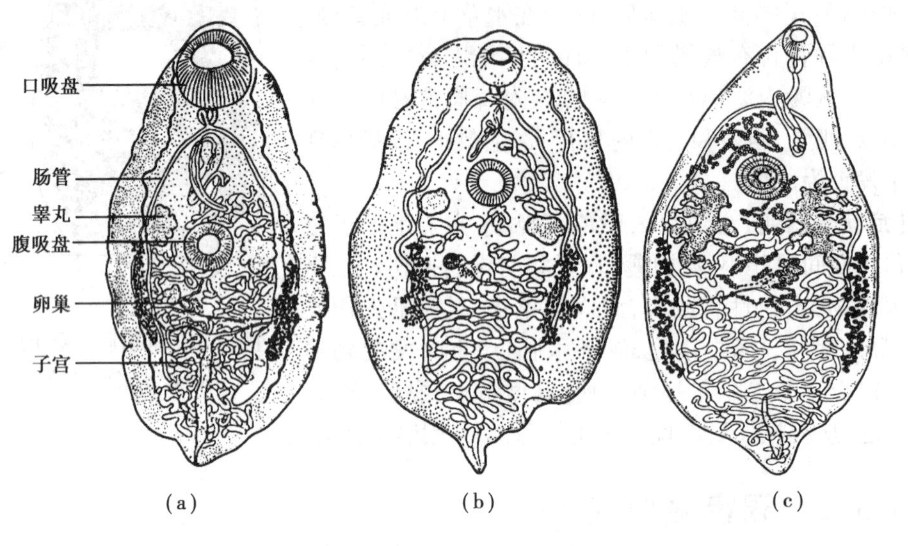

图6.13　阔盘吸虫的成虫(引自唐仲璋,1985)
(a)胰阔盘吸虫;(b)腔阔盘吸虫;(c)枝睾阔盘吸虫

【症状与病变】　胰阔盘吸虫寄生在牛、羊的胰管中,由于虫体的机械性刺激和毒性物质的作用,使胰管发生慢性增生性炎症,致使胰管增厚,管腔狭小,严重感染时,引起管腔闭塞,可使动物胰脏功能异常,引起消化不良。动物表现为消瘦,营养不良,下痢,贫血和水肿,粪便常含有黏液,严重时引起动物死亡。

6.4　家禽吸虫病

6.4.1　前殖吸虫病

前殖吸虫病是指由前殖科、前殖属的卵圆前殖吸虫(*Prosthogonimus ovatus*),透明前殖吸虫(*P. pellucidus*)、楔形前殖吸虫(*P. cuneatus*)、鲁氏前殖吸虫(*P. rudolphi*)、鸭前殖吸虫(*P. anatinus*)寄生在鸡、鸭、鹅、野鸭及其他鸟类的输卵管、直肠、法氏囊和泄殖腔,常引起输卵管炎、病禽产畸形蛋的一种吸虫病。前殖吸虫偶见寄生于蛋内。本病呈世界性分布。在我国分布较广,许多省、市、自治区均有报道,以华东、华南地区多见。

【病原形态】

①卵圆前殖吸虫:虫体呈梨形状,前端狭,后端钝圆,口吸盘小呈椭圆形,位于虫体前端,腹吸盘较大,位于虫体前1/3处。生殖孔开口于口吸盘的左侧。盲肠末端终止于虫体后1/4处。睾丸两个,呈椭圆形,位于虫体的后半部。卵巢位于腹吸盘的背面,分叶。卵黄腺位于虫体的两侧。子宫环不但越出肠管,其上行支还分布于腹吸盘与肠叉之间,形成腹吸盘环。虫卵棕褐色,壳薄。见图6.14(a)。

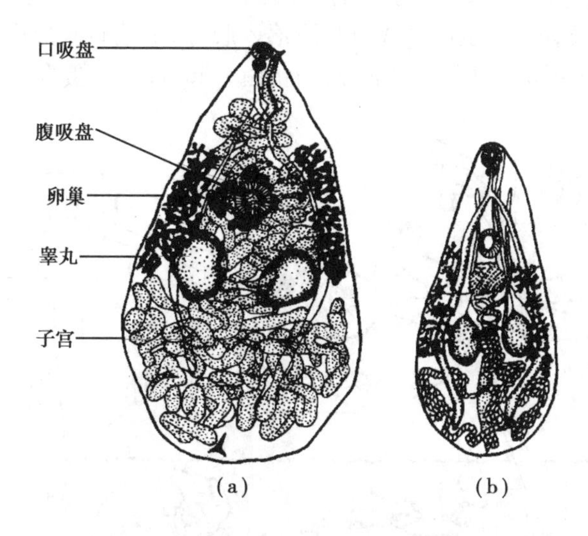

图6.14　前殖吸虫的成虫(引自 Monnig)

(a)卵圆前殖吸虫;(b)透明前殖吸虫

②楔形前殖吸虫:呈梨形,口吸盘略小于腹吸盘。咽呈球状,盲肠末端伸达虫体后部1/5处。睾丸呈卵圆形。贮精囊越过肠叉。卵巢有3叶以上。卵黄腺自腹吸盘向后,伸达睾丸之后。子宫越出盲肠之外。

③透明前殖吸虫:呈椭圆形,口吸盘为球形,腹吸盘圆形,位于虫体前1/3处,等于或略大于口吸盘。盲肠的末端伸达虫体后部。睾丸呈卵圆形。贮精囊呈旋曲的囟状,伸达肠叉的位置。卵巢有3~4叶,位于腹吸盘与睾丸之间。子宫越出肠管的外侧。虫卵深褐色,具卵盖,另一端有小刺。见图6.14(b)。

④鲁氏前殖吸虫:呈椭圆形,具有口吸盘和腹吸盘。睾丸位于虫体中部的两侧。贮精囊伸过肠叉。卵巢分为5叶。卵黄腺前端起自腹吸盘,后端越过睾丸,伸达肠管的末端。子宫分布于两盲肠之间。

⑤家鸭前殖吸虫:呈梨形,口吸盘与腹吸盘的比例为1∶1.5。盲肠的末端在虫体后1/4处。睾丸大小为0.27 mm×0.21 mm,贮精囊囟状,伸达肠叉与腹吸盘之间。卵巢小,有5叶,位于腹吸盘与睾丸之间,卵黄腺每侧有7簇。子宫环不越出肠管。

【发育与传播】　前殖吸虫的发育需要两个中间宿主,第一中间宿主为淡水螺,第二中间宿主为各种蜻蜓的成虫及其稚虫。成虫产出的虫卵随粪便排出,被第一中间宿主螺蛳吞食(或虫卵遇水孵出毛蚴),发育为胞蚴和尾蚴,成熟的尾蚴离开螺体游于水中,被蜻蜓稚虫吃入,在其肌肉中形成囊蚴。家禽由于啄食含有囊蚴的蜻蜓稚虫或成虫而感染。囊壁被家禽的消化液所溶解,童虫脱囊而出,经肠进入泄殖腔,再转入输卵管或腔上囊。

前殖吸虫病多为地方性流行,其流行季节与蜻蜓出现的季节是一致的。在我国江湖河流交错的地区,适宜于各种淡水螺的孳生和蜻蜓的繁殖,当家禽在水边放养或水禽下水时,含虫卵的粪便排入水中,同时家禽因捕食蜻蜓而感染,从而造成本病的自然流行。见图6.15。

【症状与病变】　前殖吸虫寄生在家禽的输卵管内,以吸盘和体表的小刺刺激输卵管黏膜,并破坏腺体的正常机能,产生畸形蛋、软壳蛋、无壳蛋或排出石灰质等。严重时,可能造成输卵管壁破裂，卵子、蛋白质或石灰质落入腹腔，引起腹膜炎而死亡。有时虫体离开输卵管，随卵黄经输卵管的卵黄腺部分，与蛋白一起，包裹入蛋内。

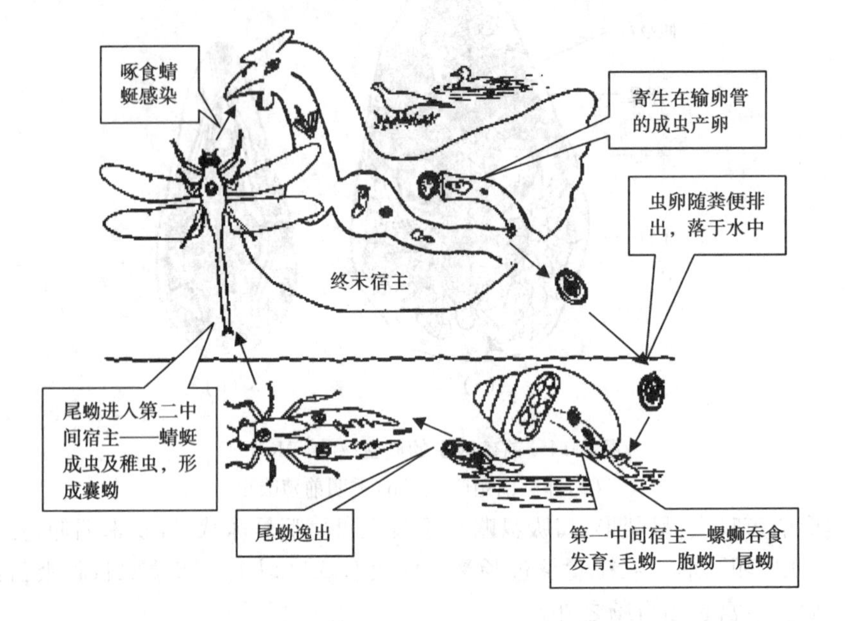

图 6.15　前殖吸虫的生活史(引自孔繁瑶，1997)

临床上，主要见鸡表现出症状，鸭的症状不甚明显。初期患鸡症状不明显，食欲、产蛋和活动均正常，但开始产薄壳蛋，轻压即破。随后产蛋率下降，逐渐产出畸形蛋。由于病情发展，患鸡消瘦，羽毛脱落，产蛋停止，常停留在鸡巢内，有时从泄殖腔排出卵壳的碎片或流出类似石灰水样的液体。有的见腹部膨大，腹部与肛周羽毛脱落。后期患鸡泄殖腔常突出，肛门边缘高度潮红，重病鸡可能死亡。

前殖吸虫病的主要病变是输卵管炎，输卵管黏膜充血、极度增厚，在管壁上可找到虫体。此外，尚能引起腹膜炎。

6.4.2　环肠吸虫病

环肠吸虫病主要是由环肠科的舟状嗜气管吸虫(*Tracheophilus cymbiun*)寄生于家鸭及野鸭的气管、支气管，也偶见于鼻腔引起的疾病。在我国的许多省、市均有报道。

【病原形态】　虫体活时呈暗红色或粉红色，两端钝圆，椭圆形。缺少口、腹吸盘，肠管在体后合并成“肠弧”，肠管内侧有许多盲突。睾丸和卵巢均为圆形，卵巢位于肠弧之内的右侧与两个睾丸呈三角形排列，肠弧外侧为卵黄腺。子宫位于肠管内侧的整个空隙。虫卵呈卵圆形，内含毛蚴。

【发育与传播】　舟状嗜气管吸虫的发育需要一个中间宿主——淡水螺。虫卵多由鸭的呼吸道进入口腔，经胃肠道，随粪便排出体外。虫卵在水中孵出毛蚴，钻入扁卷螺和椎实螺体内发育至尾蚴，尾蚴在螺体内形成囊蚴。家鸭取食含囊蚴的螺类而受感染。童虫经血液循环而入肺，再由肺转入气管，发育为成虫。

【症状与病变】　虫体阻塞禽类气管，引起禽类咳嗽、气喘，患禽因窒息而死亡。

6.4.3 棘口吸虫病

棘口吸虫病是指由棘口科各属的多种吸虫寄生于家禽直肠和盲肠内的一种疾病。棘口科共有51个属500多种。代表属为棘口属，常见种类为卷棘口吸虫（*Echinostoma revolutum*）、宫川卷棘口吸虫等。宿主除鸡、鸭、鹅、野鸭和若干其他鸟类外，在哺乳类动物中，猪、猫、家鼠、兔和人均有感染。我国江浙、福建、两广、云南、四川以及天津等地的家禽，患此病者均甚普遍。

【病原形态】 卷棘口吸虫，活的虫体呈淡红色，长叶状，体表有小刺。口吸盘位于虫体前端，在其周围有许多角质小刺排列形成领状的头冠。睾丸呈长椭圆形，前后排列，位于卵巢后方。卵巢呈圆形或扁圆形，位于虫体中央或中央稍前，向后发出输卵管至卵模，与子宫相接。子宫弯曲在卵巢的前方，子宫内充满虫卵。卵黄腺发达，分布在腹吸盘后方的两侧，伸达虫体后端。虫卵椭圆形，金黄色，前端有卵盖，内含卵细胞。见图6.16。

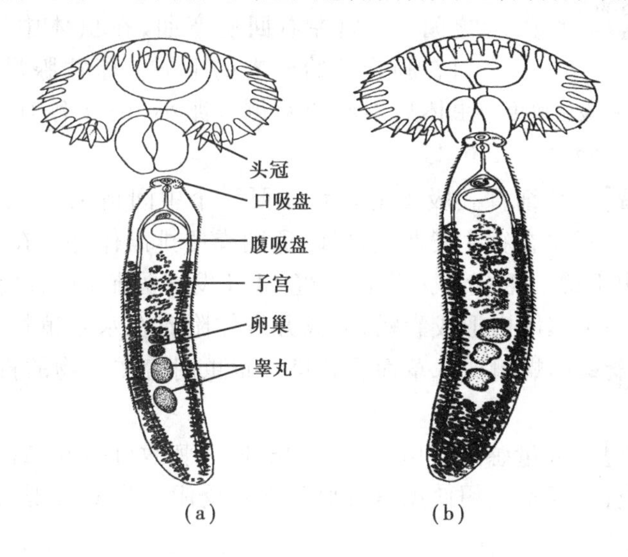

图6.16　棘口吸虫成虫与头冠放大（引自汪溥钦，1956）

（a）卷棘口吸虫；（b）宫川棘口吸虫

【发育与传播】 卷棘口吸虫的发育需要两个中间宿主。第一中间宿主为淡水螺，即椎实螺、扁卷螺；第二中间宿主有淡水螺、蛙类、淡水鱼。

虫卵随粪便排至外界，落于水中的虫卵（31～32 ℃）下，孵出毛蚴。毛蚴在水中游动，遇到第一中间宿主时，即侵入其体内，经无性繁殖形成胞蚴、雷蚴及尾蚴，尾蚴成熟后离开螺体，游到水中，遇第二中间宿主，即侵入其体内形成囊蚴。终末宿主吞食含有囊蚴的淡水螺、蛙类、淡水鱼而感染。囊蚴进入动物的消化道后，童虫脱囊而出，吸附在终末宿主的直肠和盲肠上发育为成虫。

卷棘口吸虫在我国各地普遍流行，对雏禽的危害性较大。由于螺和蝌蚪多与水生植物一起孳生，故以浮萍或水草作饲料的家禽容易感染。

【症状与病变】 少量寄生时危害并不严重，但雏禽严重感染时危害较大。由于虫体的机械性刺激和毒素作用，使消化机能障碍，食欲减退，下痢，粪便中混有黏液，贫血，消瘦，生长发育受阻，严重的因衰竭而死亡。剖检时可见有出血性肠炎。许多虫体附在直肠和盲肠黏膜上,引起黏膜的损伤和出血。

6.4.4 背孔吸虫病

背孔吸虫病是指由背孔科、背孔属的纤细背孔吸虫等寄生于家禽的盲肠和直肠内引起家禽消瘦、下痢及运动失调的吸虫病。该病普遍分布在我国各地,水禽中以家鸭、家鹅、野生水鸭和天鹅等较为常见,在南方家鸡也很常见。

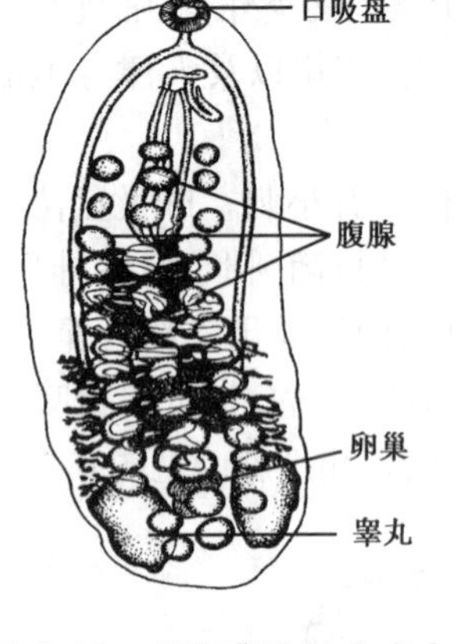

图6.17 纤细背孔吸虫成虫
(引自汪溥钦,1980)

【病原形态】 纤细背孔吸虫虫体呈长椭圆形,前端稍尖,后端钝圆,活体呈淡红色。口吸盘圆形,腹吸盘和咽缺失。腹面有3行腹腺,中行有14~15个腹腺,两侧行各14~17个,腹腺呈椭圆形或长椭圆形。睾丸分叶,左右排列在虫体的后端。卵巢分叶,在两睾丸之间。子宫左右回旋弯曲,在虫体中后部。生殖孔开口在肠管开始分支的下方。卵黄腺呈颗粒状,分布在虫体后半部的两侧。卵小,两端各有1条卵丝。见图6.17。

【发育与传播】 纤细背孔吸虫的发育需要一个中间宿主——淡水螺(萝卜螺、扁卷螺、椎实螺)。成虫在宿主肠腔内产卵,卵随粪便排出体外。在外界适宜的环境下,3~4 d后孵出毛蚴。毛蚴进入螺体后经11 d发育为胞蚴,后变为雷蚴和尾蚴。成熟的尾蚴在同一个螺体内形成囊蚴,或离开螺体附着在水生植物上形成囊蚴。家禽由于啄食含有囊蚴的螺蛳或水草而受感染。童虫附着在动物的盲肠黏膜上,约经3周发育为成虫。

【症状与病变】 大量感染时由于虫体的机械性刺激可引起雏鸭、雏鹅盲肠黏膜糜烂,卡他性肠炎;其毒素作用使患禽贫血和发育受阻。患禽表现为消瘦、下痢及运动失调。

6.4.5 后睾吸虫病

后睾吸虫病是指由后睾科对体属的鸭对体吸虫(*Amphimerus anatis*)、次睾属的东方次睾吸虫(*Metorchis orentalis*)和台湾次睾吸虫(*M. taiwanensis*)以及后睾属的鸭后睾吸虫(*Opisthorchis anatis*)寄生在鸭肝、胆管及胆囊内引起的疾病。一月龄以上的雏鸭感染率很高,感染强度可多达数百条,有的鸭胆囊全为虫体塞满。对鸭有一定的危害性,鸡、鹅偶见感染。该病在我国分布很广,东北、天津、江苏(苏州)、上海、福州和广州等处均有报道。

【病原形态】

①鸭对体吸虫:多寄生在鸭的胆管内,是鸭肝内的一种大型吸虫。体窄长,后端尖细。口吸盘位于虫体的前端,腹吸盘较小,两条肠管伸达虫体后端。生殖孔位于腹吸盘的前缘,睾丸呈长圆形,分叶或不分叶,前后排列在虫体的后方,卵巢分叶,位于睾丸之前。子宫位于肠支间,卵呈卵圆形,顶端有小盖,另端有个小突起。见图6.18。

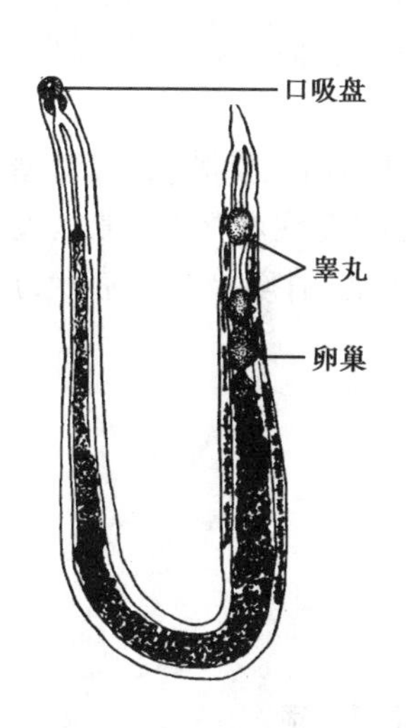

图6.18　鸭对体吸虫成虫
（引自孔繁瑶，1997）

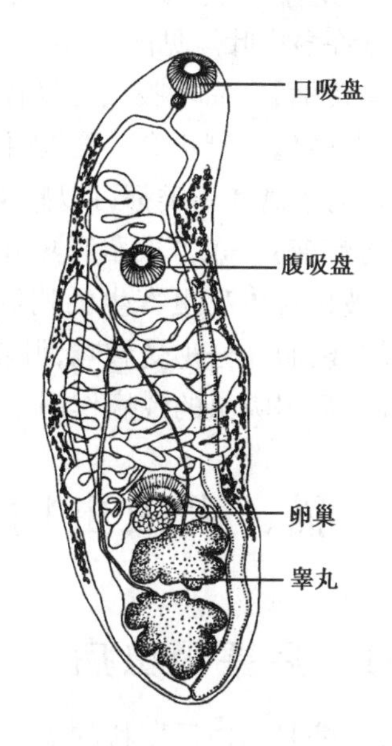

图6.19　东方次睾吸虫成虫
（引自陈佩惠等，1995）

②东方次睾吸虫：主要寄生于鸭、鸡和野鸭的胆管和胆囊内，呈叶状。口吸盘位于虫体前端，腹吸盘位于虫体前1/4的中央。睾丸分叶，前后排列于虫体的后端。生殖孔位于腹吸盘的直前方。卵巢椭圆形，位于睾丸的前方。子宫弯曲，在卵巢前方，伸达腹吸盘上方，后端止于前睾丸的前缘，内充满虫卵。见图6.19。

③台湾次睾吸虫：寄生于家鸭胆管和胆囊内，虫体小而细长，前后两端较窄长。口吸盘与腹吸盘近于等大。睾丸呈圆形或椭圆形，前后排列在虫体的后端。卵巢呈圆形或椭圆形，位于睾丸的前方。子宫弯曲到前睾丸的前缘，伸向腹吸盘与卵黄腺开始之间的距离内，受精囊发达。虫卵呈椭圆形，前端有卵盖，后端有一个小突起。见图6.20。

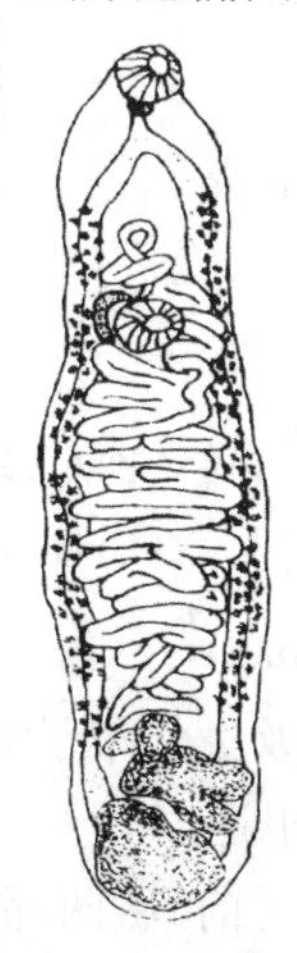

图6.20　台湾次睾吸虫
（引自陈佩惠，唐仲璋，1981）

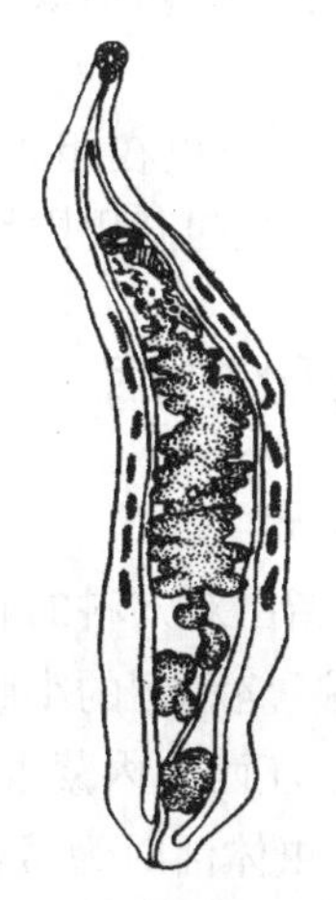

图6.21　鸭后睾吸虫成虫
（引自汪溥钦，1975）

④鸭后睾吸虫：寄生于家鹅、鸭和其他野禽的肝脏胆管内。虫体较长，前端与后端较细。腹吸盘小于口吸盘。肠管伸达虫体的后端。生殖孔在腹吸盘之前，睾丸呈圆形或椭

圆形,卵巢分许多小叶。见图6.21。

【发育与传播】 后睾吸虫的发育需要两个中间宿主。第一中间宿主为纹沼螺,第二中间宿主为麦穗鱼及爬虎鱼。囊蚴主要寄生于鱼的肌肉和皮层,呈椭圆形。除家禽之外,其他食鱼的水禽和鸟类都可以感染。

【症状与病变】 东方次睾吸虫和台湾次睾吸虫引起鸭胆囊肿大,囊壁增厚,胆汁变质或消失。被鸭对体吸虫寄生的鸭肝,表现不同程度的炎症和坏死,常呈橙黄色,有花斑,胆管被堵塞,胆汁分泌受影响,肝功能破坏;表现贫血、消瘦等全身症状,严重感染时死亡率很高。后睾吸虫的致病作用与鸭对体吸虫相似。

6.5 猫、犬吸虫病

6.5.1 后睾吸虫病

后睾吸虫病是指由后睾科的猫后睾吸虫寄生于猫、犬、猪的胆管内引起的疾病,有的地方人的感染也较普遍。主要分布于东欧、西伯利亚及中国。

【病原形态】 虫体较长,前端与后端较细,体表光滑,与华枝睾吸虫很相似。但睾丸呈裂状分叶,前后斜列于虫体1/4处。虫卵呈浅棕黄色,长椭圆形,内含毛蚴。见图6.22。

【发育与传播】 后睾吸虫的发育需要两个中间宿主。第一中间宿主为淡水螺,第二中间宿主为淡水鱼。虫卵随宿主粪便排到体外,被第一中间宿主淡水螺吞食后,孵出毛蚴,后发育为胞蚴、雷蚴和尾蚴,约经两个月尾蚴从螺体逸出,钻入第二中间宿主淡水鱼体内形成囊蚴。猫吞食含囊蚴的鱼类而遭感染。

【症状与病变】 吸虫在胆管内可引起胆管上皮细胞炎性反应、增生、纤维化与门脉周围性肝硬化。

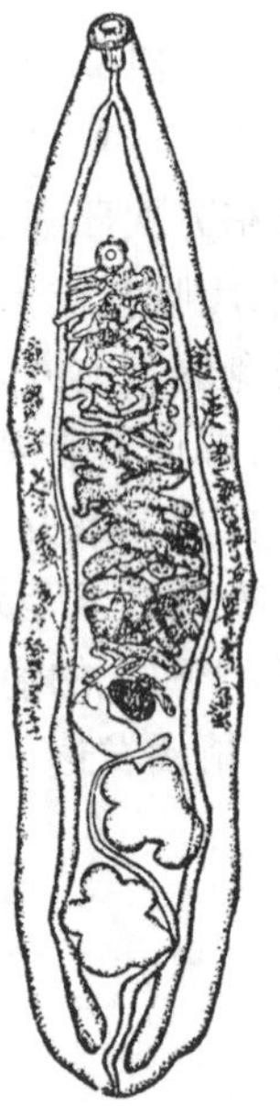

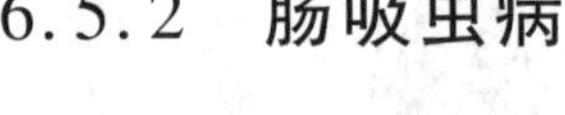

6.5.2 肠吸虫病

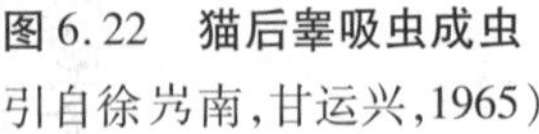

图6.22 猫后睾吸虫成虫
(引自徐岗南,甘运兴,1965)

1)双穴吸虫病

双穴吸虫病是指由双穴科的有翼翼形吸虫(*Alaria alata*)寄生于犬、猫、狐、狼、貉和貂的小肠中引起的疾病。双穴吸虫分布于世界各地,在我国的黑龙江、吉林、北京、江西和内蒙古等省、市及自治区均有报道。

【病原形态】 虫体活时为黄褐色。虫体明显地区分为前、后两部,前体扁平而长,后体较短呈圆柱状,前、后体结合处向内凹陷。口吸盘位于体前端,两侧有一对耳状的"触角",腹吸盘不发达、位于前体前1/5处。黏着器呈长圆形,中间具有较深的纵沟,位于前体腹面后2/3处。睾丸两个,形似哑铃,前后横列于后体的中部。卵巢呈球形,位于前、后体结合处的中央。子宫先上后下的盘曲,再经两睾丸间,开口于体后端的生殖腔内。

卵黄腺由细小褐色颗粒组成，分布于前体两侧。虫卵金黄色，卵圆形，内含受精卵及卵黄细胞。见图6.23。

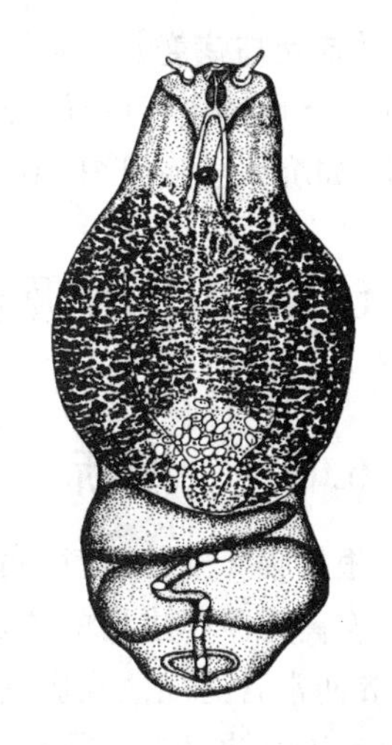

图6.23　双穴吸虫成虫
（引自王裕卿，1990）

【发育与传播】　发育需要两个中间宿主：第一中间宿主为扁卷螺类；第二中间宿主为青蛙、蟾蜍及其蝌蚪。毛蚴自虫卵孵出，游于水中，钻入淡水螺体内发育为胞蚴，由胞蚴直接生成尾蚴。尾蚴于水中侵入蝌蚪或蛙类的肌肉内变为中尾蚴，是介于尾蚴与囊蚴之间的幼虫型。终末宿主吞食含中尾蚴的蛙类而遭感染。童虫或经过腹腔和胸腔的长期移行或经血循环到达肺部，再经气管、咽而到达小肠内变为成虫。

本吸虫的生活史中还可能有转续宿主，即幼虫进入不适宜宿主体内时，长期处于停滞状态，不发育为成虫。这类宿主有大鼠、小鼠、蛇和鸟类等，它们可因吞食青蛙和蟾蜍而感染中尾蚴。终末宿主吞食含中尾蚴的转续宿主而遭感染，10 d内即变为成虫。

【症状与病变】　严重感染时可引起卡他性十二指肠炎，一般无多大危害。人亦可成为本吸虫的转续宿主，当人吃了未熟的青蛙时，在脑、心、肾、肝、肺、淋巴结、脊髓和胃内可能有大量的中尾蚴；肺大面积出血时可能因窒息而死亡。

2）异形吸虫病

异形吸虫病是指由异形科、横川后殖吸虫（*Metagonimus yokogawai*）寄生于犬、猫、猪、人及鹈鹕的小肠中引起的疾病，是一种人兽共患的吸虫病。分布于巴尔干和东亚诸国，我国的东北三省、北京、上海、江西、浙江、广东、四川及台湾等省、市均有报道。

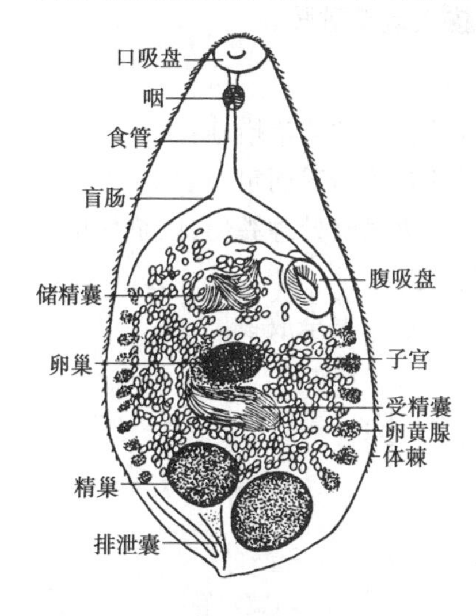

图6.24　横川后殖吸虫的成虫
（引自徐岗南，甘运兴，1965）

【病原形态】　虫体呈梨形或椭圆形，前端稍尖，后端钝圆。体表布满鳞棘。口吸盘似球形，腹吸盘里椭圆形，位于体前1/3处右侧。前咽极短，食道较长。盲肠伸达体后端。睾丸类圆形，斜列于体后端。卵巢呈球形。位于贮精囊的后方。受精囊发达，呈椭圆形，位于卵巢的略右侧。卵黄腺由褐色的大颗粒组成，呈扇形分布于体后1/3处的两侧。子宫盘曲于生殖孔与睾丸之间的空隙中，内充满着虫卵。虫卵为黄色或深黄色，有卵盖，内含毛蚴。见图6.24。

【发育与传播】　发育需要两个中间宿主：第一中间宿主为短沟螺类淡水螺，如放逸短沟蜷；第二中间宿主为淡水鱼类，如鳟鱼及麦穗鱼等。虫卵被淡水螺吞食后在螺体内发育为胞蚴、两代雷蚴和尾蚴。尾蚴离开螺体，游于水中，遇鱼即在其鳃和鳞下结囊为囊蚴，终末宿主吞食含囊蚴的鱼类而遭感染。

【症状与病变】 异形吸虫侵入肠黏膜引起炎症反应及组织轻度脱落，压迫性萎缩和坏死。严重感染者可导致间歇性或出血性腹泻。虫卵沉积于组织中可引起慢性或急性损伤，如沉积于脑组织，则后果严重。

6.6 动物吸虫病的诊断与防治

6.6.1 诊断

根据临床症状、流行病学资料、死后剖检、实验诊断等进行综合判定。

畜禽感染吸虫后的主要临床表现是慢性消瘦、贫血和水肿，寄生在消化道的出现下痢、粪便常含有黏液或血液，寄生在呼吸道的表现为咳嗽，严重时引起动物死亡。

动物吸虫病的流行病学特点是有1～2个中间宿主，除血吸虫通过尾蚴经皮肤感染外，其他多由囊蚴经口感染。

实验诊断有粪便检查、免疫学诊断（如环卵沉淀法、ELISA、IHA）和死后剖检方法。

6.6.2 治疗与预防

1）治疗药物

常用的驱虫药物有（用法及用量见第19章驱吸虫药）：丙硫咪唑（抗蠕敏）、吡喹酮、三氯苯咪唑（肝蛭净）、氯氰碘柳胺钠（富基华）、六氯对二甲苯（血防846，海涛尔）、三氯苯丙酰嗪（海涛林）、羟氯柳胺、氯苯碘柳胺（碘醚柳胺）、氯碘酰胺。

2）防治措施

根据吸虫的生活史和本病的流行病学特点，采取综合性的防治措施：

①预防性驱虫：驱虫的时间和次数可根据流行区的具体情况而定。

②粪便无害处理：在流行区，加强人畜粪便管理，生物发酵处理粪便，以杀死虫卵。

③消灭中间宿主：采取一切可行措施，消灭中间宿主。

④加强饲养管理：防止病原传入，注意饮水和饲草卫生，安全放牧。

6.7 实践技能训练——病例分析

奶牛肝片吸虫病的诊断

1）发病情况及临床症状

某地一奶牛专业户，饲养荷斯坦奶牛200多头，偶尔在附近放养，一年四季都饲喂青绿饲草，部分牛只消瘦，可视黏膜苍白，被毛粗乱，精神和食欲差等，体温38.5～39.6 ℃，呼吸和脉搏正常，产乳量下降；有的牛只具有腹泻，便秘，眼睑、颌下、胸腹下部出现水肿等症状，有时病牛发生间隙性瘤胃膨胀，出现顽固性消化不良，食欲时好时坏，大便稀软。请当地兽医诊治，皆以瘤胃臌胀、前胃弛缓或消化不良、腹泻（使用抗生素和驱线虫药——伊维菌素)进行治疗,结果无效,未使用过驱吸虫的药物。病程近1个月,病情严重的2头牛只死亡,即请诊治。

2)病理剖解变化

对病死奶牛的剖检,发现病牛肝脏肿大,肝表面见胆管索状凸起,切开胆管时,刀面有切入沙粒感觉,其内腥臭,有蠕动、数厘米长的叶片状虫体。再将肝撕成小块,用清水反复冲洗,至上部液体清亮为止,倒去上清液,将沉渣倒入盘内,收集到大量叶片状、棕红色的虫体。

3)流行病调查

偶尔放养,一年四季饲喂青绿饲草,放牧和割饲草地自然环境内有小河沟和水塘等,发现里面有大量锥实螺、扁卷螺等淡水螺。

4)实验室诊断

实验室诊断主要对粪便及胆汁作虫卵检查。采用离心沉淀法,在粪便及胆囊的胆汁中检出大量、具有黄色或黄褐色的虫卵,卵壳橘黄色,一端有一个卵盖,卵内含有许多卵细胞的卵圆形或椭圆形吸虫卵。

5)用药诊断

临床用药情况:使用抗生素和驱线虫药物,但无效。

6)诊断结论

根据病牛的临床症状(消瘦、腹泻、下颌水肿,体温、呼吸基本正常),流行病学资料(放牧、饲喂青绿饲草、有淡水螺),临床用药情况(抗生素和驱线虫药物无效),剖检发现大型叶片状虫体,沉淀法检出大量吸虫卵,确诊此奶牛群患肝片形吸虫病。

注:需对虫体进行鉴定,以及用驱肝片吸虫的有效药物进行治疗。

【学习要点】

①吸虫的形态特征:背腹扁平,两侧对称,呈叶状卵圆形、圆筒形或圆锥形。具有特殊结构——吸盘,有较复杂的生殖器官,除分体科吸虫外,皆为雌雄同体;有简单的消化器官。

②掌握各种吸虫寄生在何种动物以及在动物的寄生部位,并掌握重要吸虫的形态特征。

③了解吸虫的发育及吸虫病的传播与流行,重点掌握吸虫的发育特点(几个发育阶段、两种发育类型)。

发育阶段:吸虫经过成虫—虫卵—毛蚴—(胞蚴、雷蚴和尾蚴)—囊蚴—成虫等几个阶段;吸虫有两种发育类型:需要一个或两个中间宿主。

一个中间宿主的:日本血吸虫(钉螺)、姜片吸虫(扁卷螺)、肝片吸虫(椎实螺科的淡水螺)、前后盘吸虫、环肠吸虫、背孔吸虫。

两个中间宿主的:华枝睾吸虫(淡水螺、淡水鱼、虾)、双腔吸虫(陆地螺类、蚂蚁)、阔盘吸虫(陆地螺、草螽或草螽)、并殖吸虫(川卷螺、溪蟹等甲壳动物)、棘口吸虫(淡水螺和蛙类)、前殖吸虫(淡水螺、蜻蜓)、后睾吸虫(淡水螺、麦穗鱼及爬虎鱼)、双穴吸虫(扁卷螺类,青蛙、螗蜍及蝌蚪)、异形吸虫(淡水螺、淡水鱼类)。

④除日本血吸虫经皮肤感染外,其他吸虫都为经口感染。

⑤动物吸虫病的诊断:根据临床症状、流行病学、病理变化作出初步诊断,结合剖检动物发现虫体或对粪便作实验室检查,查出虫卵即可确诊,也可应用免疫学方法做早期诊断。

⑥对动物吸虫病的控制主要以药物为主、定期驱虫,结合粪便处理(堆积发酵)、加强饲养管理,防止畜禽动物如猫犬、家禽生食淡水鱼类、鸡群啄食蜻蜓及其稚虫等中间宿主,加强饲养管理,注意牧草、饮水的卫生,如不生喂水生植物。

第7章 动物的绦虫病

本章导读：本章主要讲述绦虫的形态特征、发育类型，动物的重要绦虫蚴病、绦虫病及其诊断与控制。要求深刻理解绦虫病流行的发生规律，重点掌握绦虫蚴病和绦虫病的诊断、药物治疗与控制。

7.1 绦虫概论

7.1.1 绦虫的形态和发育

绦虫病是由扁形动物门、绦虫纲的多节绦虫亚纲所属的各种绦虫寄生于动物体内引起的一类蠕虫病。

【病原形态】 虫体扁平、叶状或带状、白色、两侧对称、分节、雌雄同体。大小因种类而异，由数毫米至数米不等。

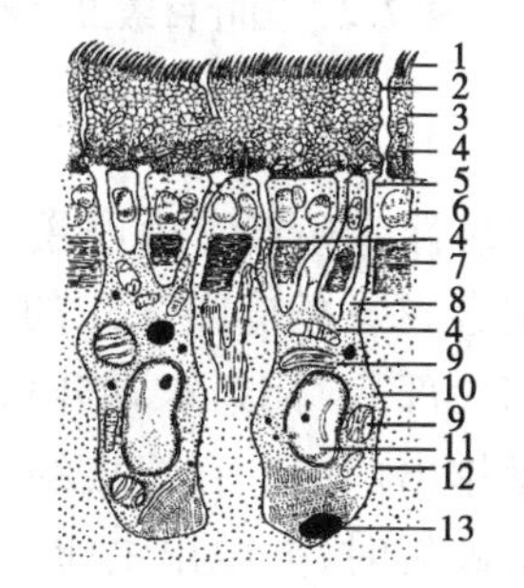

图7.1 绦虫体壁的电镜结构
（引自孔繁瑶，1997）
1. 微绒毛 2. 孔道 3. 皮层 4. 线粒体 5. 基膜 6. 环肌 7. 纵肌 8. 连接管 9. 内质网 10. 电子致密细胞 11. 核 12. 实质 13. 板层小体

绦虫虫体由头节、颈节与体节构成。头节呈球形或梭形，其上有不同的附着器官（吸盘、吸钩、吻突等）。头节主要有两种类型：

①吸盘型：具有4个圆盘或杯状吸盘，排列在头节前端侧面，如带科绦虫、裸头科绦虫等都具有吸盘型头节。

②吸槽型：头节背、腹面内陷形成浅沟状或沟状，如假叶目绦虫具有吸槽型头节。

颈节位于头节之后，是生长体节的部位，较头节细，不分节。

体节因发育不同可分为3类，前端靠颈的节片内部性器官尚未成熟，称为未成熟节片或幼节；幼节逐渐发育，性器官发育成熟而成为成熟节片或成节；后端的节片子宫高度发育并充满虫卵，称为孕卵节片或孕节。

幼节、成节、孕节之间没有明显的界限，可以看出是一个连续发育的过程。

①体壁:其结构与吸虫相似,由皮层、肌肉组织和实质组织构成。见图7.1。

②消化系统:绦虫无消化系统,靠体壁吸收营养物质。

③排泄系统:绦虫体节两侧有纵排泄管,每侧有背、腹两条,位于腹侧的较大。

④生殖系统:除个别外,绦虫均为雌雄同体。其生殖器官特别发达,每个节片中都有雄性和雌性生殖器官各一组或两组。见图7.2和图7.3。

雄性生殖器官有一至数百个睾丸,呈圆形和椭圆形,连接着输出管、输精管、雄茎囊,贮精囊、射精管及雄茎的大部分都包含在雄茎囊内,雄茎囊及阴道分别在上下位置向生殖腔共同开口为生殖孔,生殖孔可位于节片的侧缘,也可位于节片的腹面中央,因种属不同而异。

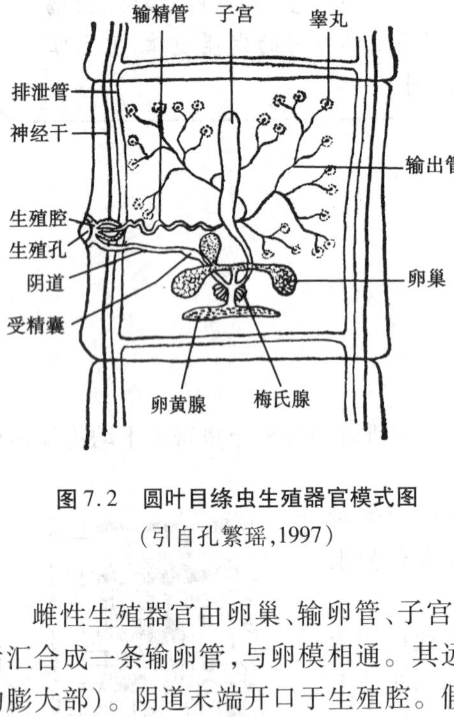

图7.2 圆叶目绦虫生殖器官模式图
(引自孔繁瑶,1997)

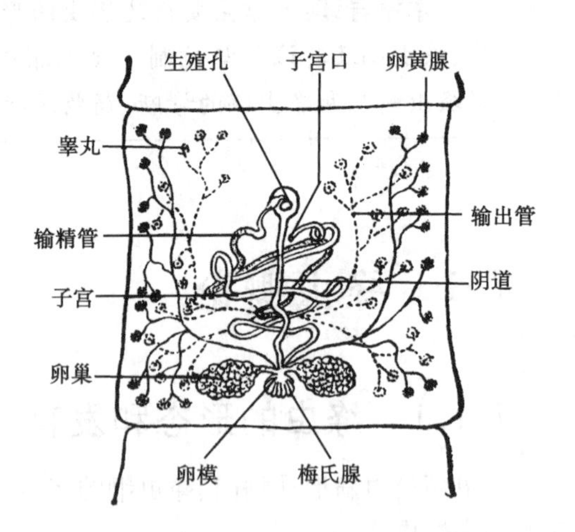

图7.3 假叶目绦虫生殖器官模式图
(引自孔繁瑶,1997)
上:雌性生殖器官;下:雄性生殖器官

雌性生殖器官由卵巢、输卵管、子宫、阴道和阴门等组成。卵巢一般呈两瓣状,先后汇合成一条输卵管,与卵模相通。其远端通连阴道(包括受精囊——受精囊为阴道的膨大部)。阴道末端开口于生殖腔。假叶目绦虫的子宫有孔通向外界,虫卵成熟后自动排出。圆叶目绦虫的子宫为盲囊状,向外无开口,虫卵不能自动排出,须等到孕节脱落破裂时,方散出虫卵。

【发育】 各种绦虫的发育都需要一个或两个中间宿主,才能完成其整个生活史。圆叶目绦虫通常需要一个中间宿主,假叶目绦虫需两个中间宿主。

圆叶目绦虫的中间宿主为某些脊椎动物和无脊椎动物。其整个生活史可分为虫卵、中绦期和成虫3个时期。虫卵无卵盖,卵内含有一个六钩蚴。圆叶目绦虫的幼虫分为两种:似囊尾蚴和囊尾蚴。无脊椎动物体内的绦虫蚴通常称为似囊尾蚴;脊椎动物体内的绦虫蚴通常称为囊尾蚴。囊尾蚴为半透明的囊体,有多头蚴、棘球蚴、链状囊尾蚴等。

假叶目绦虫的发育包括:虫卵、钩毛蚴(或称钩球蚴)、原尾蚴、裂头蚴(实尾蚴)、成虫这几个阶段。其发育过程需两种中间宿主,第一中间宿主是甲壳纲节肢动物如剑水蚤,第二中间宿主是鱼、蛙类或脊椎动物(包括猪等)。假叶目绦虫有子宫孔,其虫卵可经子宫孔排出。见图7.4。

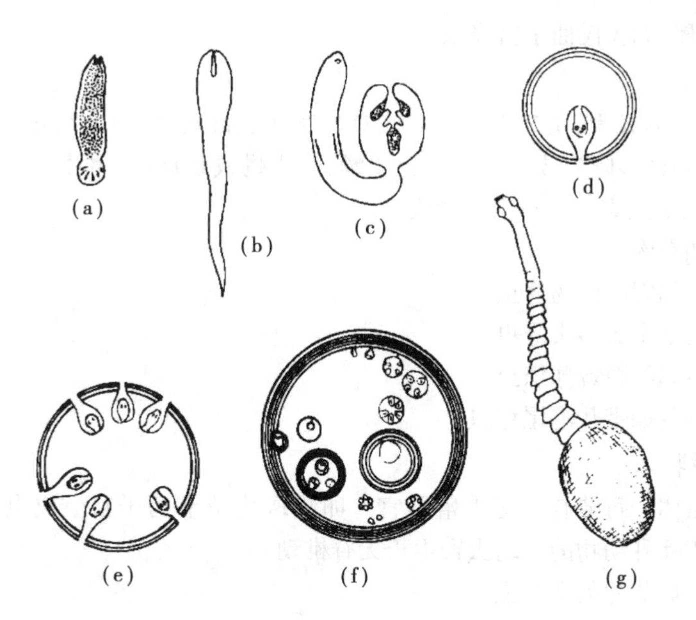

图7.4　各种类型绦虫中绦期的结构模式图(引自孔繁瑶,1997)
(a)原尾蚴;(b)裂头蚴;(c)似囊尾蚴;(d)囊尾蚴;(e)多头蚴;(f)棘球蚴;(g)链尾蚴

7.1.2　绦虫的分类及主要的寄生种类

绦虫属于扁形动物门的绦虫纲,绦虫纲又分为单节绦虫亚纲和多节绦虫亚纲。其中多节绦虫亚纲的圆叶目和假叶目的绦虫与家畜和人类有关。

1)假叶目

头节一般为双槽型。睾丸众多,分散排列。卵通常有盖,在第一中间宿主体内发育为原尾蚴,在第二中间宿主体内发育为实尾蚴,成虫大多数寄生于鱼类。

双叶槽科:大、中型虫体,头节上有吸槽、分节明显。生殖孔和子宫孔同在腹面。成虫主要寄生于鱼类,有的也见于爬行类、鸟类和哺乳动物。

①双叶槽属:如宽节双叶槽绦虫。

②迭宫属:如曼氏迭宫绦虫。

③舌形绦属:如肠舌形绦虫。

2)圆叶目

头节上有4个吸盘。生殖孔在体节侧缘,无子宫孔。与人畜有关的圆叶目的分科如下:

(1)裸头科

大、中型虫体,头节上有吸盘,无顶突和小钩。成虫寄生于哺乳动物。

①莫尼茨属:如扩张莫尼茨绦虫、贝氏莫尼茨绦虫。

②裸头属:如叶状裸头绦虫。

③副裸头属:如侏儒副裸头绦虫。

④无卵黄腺属:如中点无卵黄腺绦虫。

⑤曲子宫属：如盖氏曲子宫绦虫。

(2)**带科**

虫体大小差异较大，头节上有4个吸盘。睾丸数目众多，卵巢双叶，子宫为管状，孕节子宫有主干和许多侧分枝。幼虫为囊尾蚴、多头蚴或棘球蚴，寄生于草食动物或杂食动物(包括人)，成虫寄生于食肉动物或人。

①带属：如有沟绦虫。

②带吻属：如肥胖带吻绦虫。

③多头属：如多头多头绦虫。

④棘球属：如细粒棘球绦虫。

⑤泡尾带属：如带状泡尾绦虫。

(3)**戴文科**

中、小型虫体。每节有一套生殖器官。卵袋取代孕节的子宫。成虫一般寄生于鸟类，亦有寄生于哺乳动物的。幼虫寄生于无脊椎动物。

①戴文属：如节片戴文绦虫。

②赖利属：如四角赖利绦虫。

(4)**双壳科**

中、小型虫体，头节上有4个吸盘。每节有一套或两套生殖器官。睾丸数目众多，孕节子宫为横的袋状或分叶。为鸟类和哺乳动物的寄生虫。

复孔属：如犬复孔绦虫。

(5)**膜壳科**

中、小型虫体。有一套生殖器官，睾丸大，一般不超过4个，孕节子宫为横管。成虫寄生于脊椎动物，通常以无脊椎动物为中间宿主。

①膜壳属：如微小膜壳绦虫。

②剑带属：如矛形剑带绦虫。

③皱褶属：如片形皱褶绦虫。

(6)**中绦科**

中、小型虫体，头节上有4个突出的吸盘，但无顶突。生殖孔位于腹面的中线上。成虫寄生于鸟类和哺乳动物。

中绦属：如线中绦虫。

7.2 动物绦虫蚴病

7.2.1 猪囊尾蚴病

猪囊尾蚴病的病原是寄生在人体小肠内猪带绦虫(*Taenia solium*)的幼虫——猪囊尾蚴(*Cysticercus cellulosae*)寄生于人、猪各部横纹肌及心脏、脑、眼等器官中引起的一种寄生虫病。该病的危害十分严重，不仅影响养猪业的发展，造成重大经济损失，也给人体健康带来严重威胁。

【病原形态】　猪囊尾蚴俗称猪囊虫。成熟的猪囊尾蚴，外形椭圆，约黄豆大，为半透明的包囊，囊内充满液体，囊壁上有一个圆形黍粒大的乳白色小结，其内有一个内翻的头节，头节上有4个圆形的吸盘，有顶突和小钩。

成虫称猪带绦虫，或链状带绦虫，因其头节的顶突上有小钩，因此又称为有钩绦虫。成虫体长2~5 m，整个虫体有700~1 000个节片。头节圆球形，顶突上有角质小钩，顶突的后外方有4个吸盘。颈节细小，成节中含有一套生殖器官，睾丸数目众多，分散于节片的背侧。卵巢除分两叶外，还有1个副叶。孕节子宫侧枝数为7~16。虫卵为圆形或略为椭圆形，其内有1个六钩蚴。见图7.5。

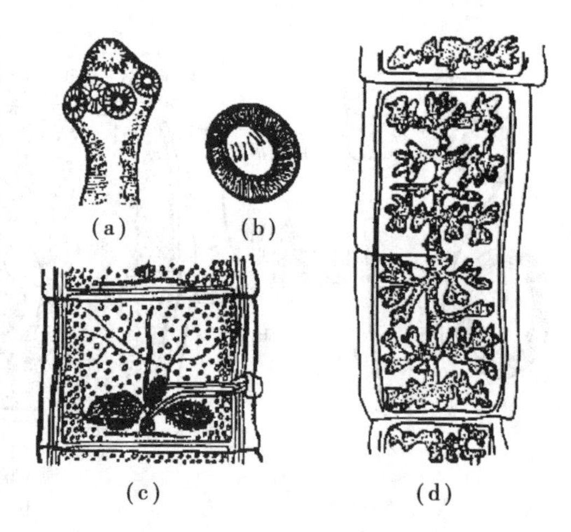

图7.5　猪带绦虫成虫和虫卵

(引自杨光友，2005)

(a)头节；(b)虫卵；(c)成节；(d)孕节

【发育与传播】　猪、野猪是最主要的中间宿主，人是猪带绦虫的唯一终末宿主。成虫寄生于人的小肠，幼虫猪囊尾蚴寄生于猪、人各部横纹肌及心脏、脑、眼等器官。中间宿主(主要是猪)吞食了虫卵或孕节，在胃肠消化液的作用下，六钩蚴破壳而出，进入淋巴管及血管，随血循环带到全身各处肌肉及心、脑等处，发育为具有感染力的成熟囊尾蚴。人误食了未煮熟的或生的含囊尾蚴的猪肉后即可感染有钩绦虫病。有猪囊虫的猪肉俗称米猪肉，以前，我国部分地区民间有人误认为米猪肉吃起来有糯性因而认为比正常猪肉更好吃。特别值得一提的是，当患有钩绦虫的患者在恶心、呕吐的时候，在小肠内的孕节(虫卵)则可逆行至胃内，导致人感染猪囊尾蚴病(自体感染)。

【症状与病变】　猪感染后一般无明显症状，感染严重的猪只营养不良、生长受阻和肌肉水肿等，由于病猪不同部位的肌肉水肿，两肩显著外展，臀部异常肥胖宽阔，头部呈大胖脸形，或前胸、后躯及四肢异常肥大，从背面观整个猪体呈哑铃或葫芦形，前面看呈狮子头形体形。病猪走路前肢僵硬，后肢不灵活，左右摇摆，似“醉酒状”。某些器官严重感染时可出现相应的症状，如呼吸困难，声音嘶哑，吞咽困难，视力消失及一些神经症状。

7.2.2　牛囊尾蚴病

牛囊尾蚴病的病原体是寄生在人小肠中的牛带绦虫(*Taeniarhynchus saginatus*，亦称牛肉绦虫、肥胖带绦虫、无钩绦虫等)的中绦期——牛囊尾蚴(*Cysticercus bovis*)。黄牛、牦牛等是无钩绦虫的主要中间宿主，人是终末宿主。

【病原形态】　牛囊尾蚴外形与猪囊尾蚴相似，具一个半透明的椭圆形囊泡，内含一个乳白色小头节，头节上有4个吸盘，但没有顶突和钩，这是与猪囊尾蚴的主要区别。

成虫牛带绦虫链体较猪带绦虫长，有3~10 m。头节有4个吸盘、无顶突和钩，成熟节片中含有一套生殖器官，生殖孔不规则地交替排列于链体两侧，成节中的睾丸数目为600~980个。卵巢分两大叶，无副叶。孕节子宫每侧有15~35个分枝。虫卵近圆形，大小为 49 ~58 μm,胚膜甚厚,具辐射纹,内有 1 个六钩蚴。见图 7.6。

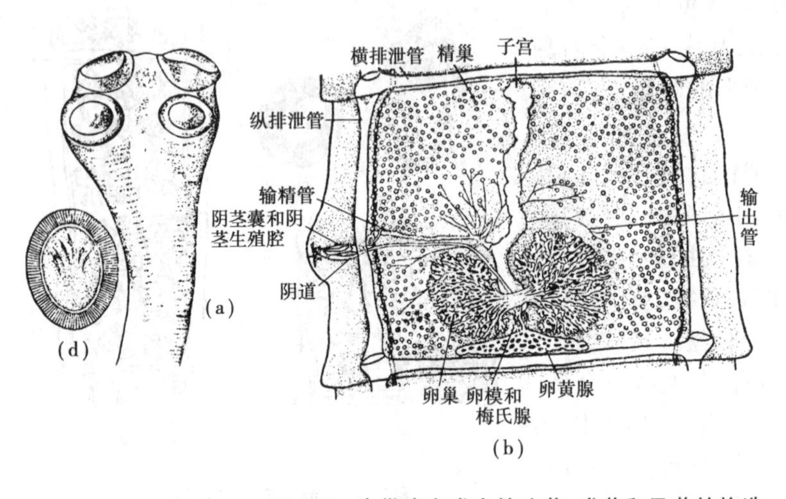

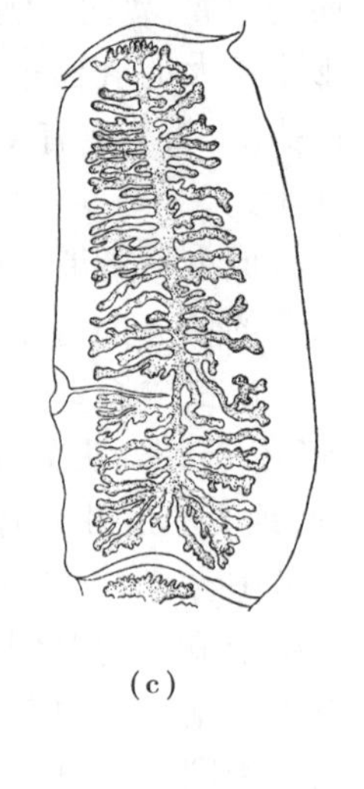

图 7.6　牛带绦虫成虫的头节、成节和孕节的构造

(引自徐岗南,甘运兴,1965)

(a)头节;(b)成节;(c)孕节;(d)虫卵

【发育与传播】　和猪带绦虫相似,终末宿主都是人,但不同的是中间宿主不同,牛带绦虫的中间宿主是黄牛、水牛及牦牛等,而猪带绦虫的主要中间宿主是猪、野猪和人。牛带绦虫的孕节或孕节破裂后排出的虫卵,污染饲料或饮水以及放牧场地,如被牛吞食,虫卵经胃肠液以及六钩蚴本身的作用,六钩蚴逸出钻入肠黏膜的血管中,随血流到牛的心肌、舌肌,嚼肌等各部分肌肉中(以运动性强的肌肉内囊尾蚴寄生数量为多,很少见于其他器官)发育为成熟的囊尾蚴。

人吃了未煮熟或生的含有囊尾蚴的牛肉后,囊尾蚴入消化道,受胆汁的刺激,头节翻出固着在肠壁黏膜上,长出链体,约经 3 个月的生长发育而成为成虫。成虫每天可长出 8 ~9个节片,在人体内可生存 3 ~35 年,也有生存 60 年的报道。

该病呈世界性分布,其中以捷克斯洛伐克、南斯拉夫、朝鲜、前苏联、波兰、英国、秘鲁、蒙古、叙利亚、黎巴嫩、墨西哥以及东非的一些国家较为严重;我国的分布几乎遍及全国各地,以黑龙江、吉林、辽宁、内蒙古、四川、西藏、云南、山东、贵州等省较为严重。

【症状与病变】　牛感染囊尾蚴症状不明显,由于囊尾蚴病诊断困难,常把本病误认为其他疾病。牛囊尾蚴的分布很不均匀,以肩胛外侧肌、心肌、嚼肌、臀肌、舌肌、腰肌等处较多,除寄生于肌肉组织外,也可寄生于脂肪、肝脏、肾脏和肺脏等处,在寄生部位形成囊肿块。组织内的囊尾蚴 6 个月后即多已钙化,形成钙化灶。

7.2.3　细颈囊尾蚴病

细颈囊尾蚴病是由带科的泡状带绦虫(*Taenia hydatigena*)的幼虫——细颈囊尾蚴(*Cysticercu stenuicollis*)所引起的。细颈囊尾蚴寄生于猪、黄牛、绵羊、山羊等多种家畜及野生动物的肝脏浆膜、网膜及肠系膜等处,严重感染时还可进入胸腔,寄生于肺部。细颈囊尾蚴病呈世界性分布,我国各地普遍流行,尤其是猪、山羊,感染率为 50% 左右,个别地区高达 70%。除主要影响中、小猪的生长发育和增重外,对肉类加工业更可因屠宰失重和胴体品质降低而导致巨大的经济损失。

【病原形态】　细颈囊尾蚴俗称“水铃铛”，呈囊泡状，黄豆大或鸡蛋大，囊壁乳白色，囊内含透明液体和一个白色的头节。成虫泡状带绦虫体长1.5～2 m，由250～300个节片组成，头节稍宽于颈节，顶突有两圈小钩；孕节子宫每侧有5～10个粗大分枝，每枝又有小分枝，全被虫卵充满。虫卵近似椭圆形，内含六钩蚴。见图7.7和图7.8。

【发育与传播】　泡状带绦虫寄生于犬、狼等食肉兽小肠，幼虫细颈囊尾蚴寄生于猪、山羊、黄牛、绵羊等多种家畜及野生动物的肝脏浆膜、网膜及肠系膜等处。成虫随粪便排出虫卵，被猪采食，在猪体消化道内六钩蚴逸出，钻入肠壁随血液到达肝实质，移行到肝表面，进入腹腔，附在肠系膜、大网膜等处，3个月后发育成细颈囊尾蚴。细颈囊尾蚴被狗等终末宿主吞食后，在其小肠内伸出头节附着在肠壁上经2～3个月发育为成虫。

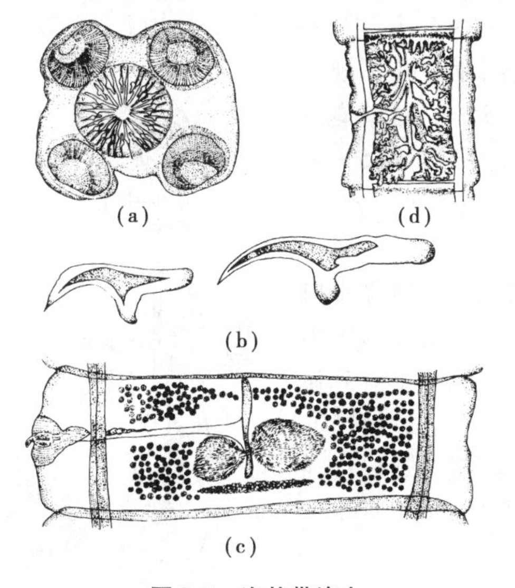

图7.7　泡状带绦虫

（引自黄斌，沈杰，2006）

（a）头节；（b）大、小吻钩；

（c）成熟节片；（d）孕卵节片

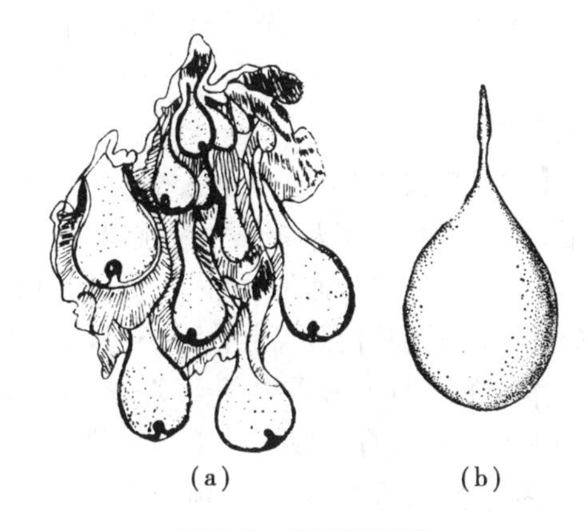

图7.8　细颈囊尾蚴

（引自 Monnig，1950）

（a）肠系膜中虫体；（b）单个虫体

【症状与病变】　细颈囊尾蚴对幼畜致病力强，尤其对仔猪、羔羊与犊牛更为严重。在肝脏中移行的幼虫数量较多时，可形成虫道，引起出血性肝炎。

病畜一般无临床表现，感染初期因幼虫到达腹腔、肝脏，引起急性肝炎和腹膜炎，表现体温升高。

7.2.4　棘球蚴病

棘球蚴病又称包虫病，由带科的细粒棘球绦虫（*Echinococcus granulosus*）的中绦期幼虫——棘球蚴（*Echinococcus unilocularis*）寄生于羊、牛、马、猪和人的肝、肺等器官中引起的一种严重的人兽共患寄生虫病。通常呈慢性经过，危害严重。分布比较广泛，几乎遍及全世界，许多畜牧业发达的地区多是本病流行的自然疫源地。我国主要流行于西北地区，而在东北、华北和西南地区也有报道，上海和福建等地屠宰场曾有零星发现。

【病原形态】　棘球蚴的形状常因其寄生部位的不同而有不同变化，一般近似球形，

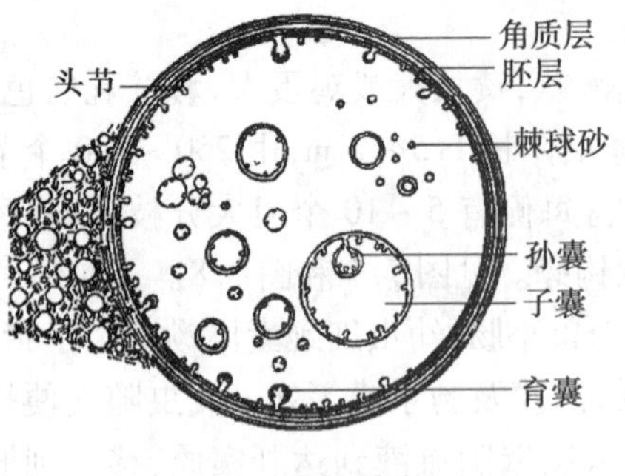

图 7.9 棘球蚴模式图
(引自孙义临,1981)

直径为 5 ~ 10 cm,小的仅有黄豆大,巨大的虫体直径可达 50 cm、含囊液 10 余升。棘球蚴的囊壁分为两层,外为乳白色的角质层,内为生发层。生发层含有丰富的细胞结构,向囊腔内芽生出有囊腔的子囊和原头节,并有小蒂与母囊的生发层相连接,脱落后游离于囊液中成为棘球沙。子囊壁的构造与母囊相同,其生发层同样可以芽生出不同数目的孙囊和原头节(有些子囊不能长出孙囊和原头节,称为不育囊;能长孙囊和原头节的子囊称为育囊)。见图 7.9。

成虫细粒棘球绦虫很小,全长 2 ~ 6 mm,由一个头节和3 ~4个节片构成。头节有吸盘、顶突和小钩。成节含雌雄生殖器官各 1 套,生殖孔不规则交替开口于节片侧缘的中线后方,睾丸有 35 ~55 个,雄茎囊呈梨状;卵巢左右两瓣,孕节子宫膨大为盲囊状,内充满着 500 ~ 800 个虫卵,虫卵直径为 30 ~ 36 μm,外被一层辐射状的胚膜。见图 7.10。

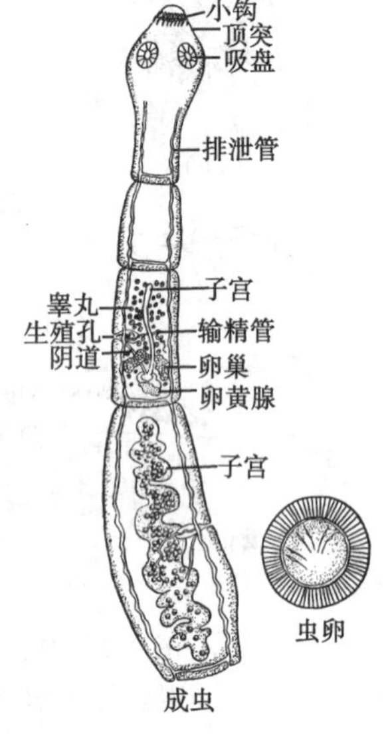

图 7.10 细粒棘球绦虫
(引自孙义临,1981)

【发育与传播】 寄生于犬科动物小肠的细粒棘球绦虫成熟后,虫卵或孕节随犬粪便大量排出,被猪、牛及羊等经口感染后,六钩蚴逸出进入血液循环,大部分停留在肝内,一部分到达肺寄生,少数到其他脏器,经 5 ~ 6 个月发育为成熟的棘球蚴。犬在本病的流行上有重要的意义,犬科动物食入棘球蚴后,在小肠内经 7 周发育为成虫。本病在牧区感染严重,由于牲畜种类多,接触感染机会多,导致流行普遍。

【症状与病变】 寄生数量少时,表现消瘦,被毛粗糙逆立,咳嗽等症状;多量虫体寄生时,肝肺高度萎缩,患畜逐渐消瘦,肋下出现肿胀和疼痛,终因恶病质或窒息而死亡。猪的症状不如牛、羊明显。剖检可见肝、肺体积增大,表面凹凸不平,可找到棘球蚴,同时可观察到囊泡周围的实质萎缩。也可偶然见到一些缺乏囊液的囊泡残迹或干酪变性和钙化的棘球蚴及化脓病灶。

7.2.5 脑多头蚴病

脑多头蚴病是由带科的多头多头绦虫(*Multiceps multiceps*)的幼虫——脑多头蚴(*Coenurus cerebrali*)(俗称脑包虫)所引起的。脑多头蚴寄生在绵羊、山羊、黄牛、牦牛和骆驼等有蹄动物的大脑、肌肉、延脑、脊髓等处。人也能偶然感染。它是危害绵羊和犊牛的严重寄生虫病,尤其以两岁以下的绵羊易感。

【病原形态】 脑多头蚴呈囊泡状,囊体由豌豆到鸡蛋大,囊内充满透明液体,囊壁由两层膜组成,外膜为角皮层,内膜为生发层,其上有许多原头节,原头节直径为 2 ~ 3 mm,数目为 100 ~250 个。成虫长 40 ~ 100 cm,头节有 4 个吸盘,熟节片有生殖器官一组,睾丸约 300 个,卵巢分两叶,孕节含充满虫卵的子宫,子宫每侧有 14 ~26 个侧枝,并有再分枝,但数目不多。卵为圆形,直径为41～51 μm。见图7.11。

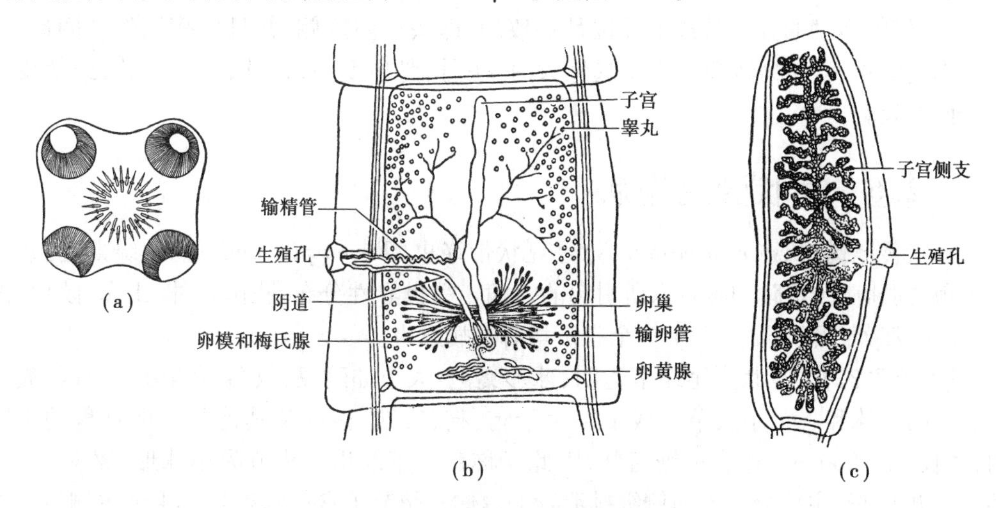

图7.11　多头多头绦虫(引自赵慰先,1983)

(a)头节;(b)成节;(c)孕节

【发育与传播】　成虫多头多头绦虫在终宿主犬、豺、狼、狐狸等的小肠内寄生,其孕节脱落后随宿主粪便排出体外,孕节或虫卵被中间宿主牛、羊等吞食,六钩蚴在胃肠道内逸出,随血流被带到脑脊髓中,经2～3个月发育为多头蚴。终末宿主吞食了含有多头蚴的脑脊髓,原头节附着在小肠壁上逐渐发育,经47～73 d发育为成熟。

【症状与病变】　有前期与后期的区别,前期症状一般表现为急性型,后期为慢性型。后期症状又因病原体寄生部位的不同以及其体积增大程度的不同而异。见图7.12。

图7.12　绵羊患多头蚴病时的各种症状

(a)脑的额叶受感染时,向前运动,头向下垂;(b)颞顶叶受感染时,则向受病的一侧弯曲;(c)脑的枕部受感染时的姿态;(d)小脑受感染时,足分开站立;(e)脊髓受感染时的姿态;(f)转圈运动(依B.C.叶尔硕夫等)

前期症状:以羔羊的急性型最为明显,表现为体温升高,患畜作回旋、前冲或后退运动;有时沉郁,长期躺卧,脱离畜群。

后期症状:典型症状为"转圈运动",所以通常又将多头蚴病的后期症状称为"回旋病"。其转圈运动的方向与寄生部位是一致的,即头偏向病侧,并且向病侧作转圈运动。多头蚴囊体越大,动物转圈越小。囊体大时,头骨,骨质变薄,松软,甚至穿孔,致使皮肤向表面隆起。

7.2.6 豆状囊尾蚴病

豆状囊尾蚴(*Cysticercu pisiformis*)是豆状带绦虫(*Taenia pisiformis*)的中绦期幼虫,寄生于兔的肝脏、肠系膜和腹腔内所引起的疾病。呈世界性分布,我国吉林、山东、陕西、浙江、江西、江苏、贵州、福建等十多个省市均有本病发生。

【病原形态】 豆状囊尾蚴呈透明、球形囊泡,大小如豌豆,故名豆状囊尾蚴,其囊内含有透明液体和一个小头节。成虫寄生于狗、猫、狐狸、狼以及其他野生肉食兽的小肠内,体长60~200 cm,边缘呈锯齿状,因此又称锯齿带绦虫。头节为小球形,睾丸350~450个,卵圆形,主要分布于两侧纵排泄管的内侧。孕节子宫每侧有8~14个主侧枝。虫卵圆形或卵圆形,大小为37~40 μm。见图7.13和图7.14。

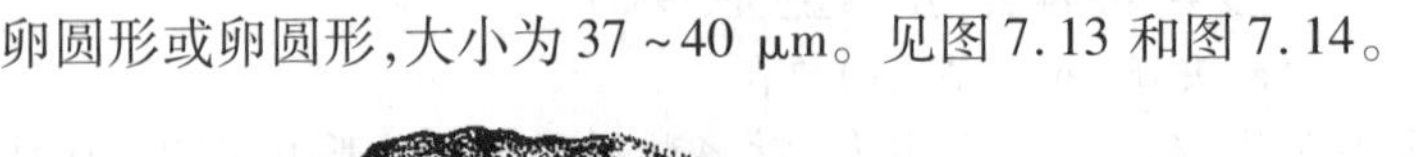

图7.13 豆状囊尾蚴(引自孔繁瑶,1997)

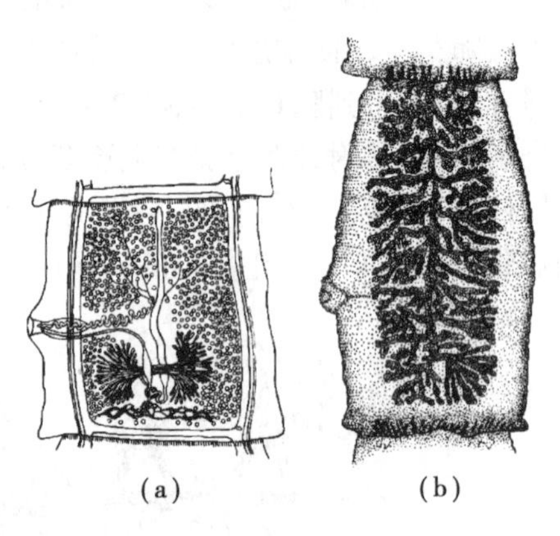

图7.14 豆状带绦虫(引自孔繁瑶,1997)
(a)成节;(b)孕节

【发育与传播】 当中间宿主兔吞食了被豆状带绦虫的孕节或虫卵污染的食物或饮水后,六钩蚴便在宿主消化道内逸出,随血流到达肝实质、肠系膜和腹腔发育为豆状囊尾蚴。狗、猫等终末宿主吞食了含豆状囊尾蚴的兔内脏后,豆状囊尾蚴包囊在终末宿主消化道中破裂,囊尾蚴头节附着于小肠壁上,约经1个月发育为成虫。成虫在犬体内可存活8个月以上。

【症状与病变】 病兔主要表现为消化功能紊乱,食量减少,仔兔生长发育迟缓。成年兔因腹腔内存在大量的豆状囊尾蚴包囊而表现为腹部膨胀,病程后期病兔呈现贫血症状。病兔主要出现肝脏严重损伤。初期肝脏肿大,呈土黄色,质硬,表面有大量小的虫体结节,随后结节越来越大,形成条纹状,大量包囊出现在肝脏表面,而后见于腹腔,腹腔积液、出血,腹膜炎以及腹腔网膜、肝脏、胃肠等器官粘连。

7.3　牛、羊绦虫病

7.3.1　莫尼茨绦虫病

莫尼茨绦虫病是由裸头科(Anoplocephalidae)、莫尼茨属(*Moniezia*)的两种莫尼茨绦虫，即扩展莫尼茨绦虫(*M. expansa*)和贝氏莫尼茨绦虫(*M. benedeni*)寄生于牛、羊等反刍动物的小肠引起的一种蠕虫病。本病分布于世界各地，我国各地均有报道，常呈地方性流行。主要危害羔羊和犊牛，严重感染时，可引起大批死亡。

【病原形态】　莫尼茨绦虫为大型绦虫，虫体头节细小，近似球形，有4个吸盘，无顶突和小钩。成节内有两组生殖器官，睾丸分布在节片两侧纵排泄管之间，雌性生殖器官包括两个扇形分叶的卵巢和两个块状的卵黄腺，卵黄腺成环形将卵巢围在中间。节间腺位于节片后缘，扩展莫尼茨绦虫的节间腺为一列小圆囊状物，沿节片后缘分布；贝氏莫尼茨绦虫的呈带状，位于节片后缘中央。虫卵为三角形、四角形，虫卵内有特殊的梨形器，内含六钩蚴。见图7.15。

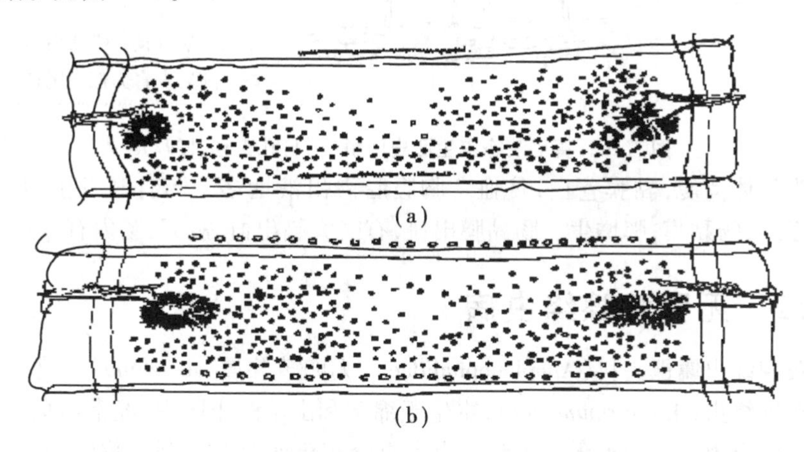

图7.15　莫尼茨绦虫成节(引自孔繁瑶,1997)

(a)贝氏莫尼茨绦虫；(b)扩展莫尼茨绦虫

【发育与传播】　莫尼茨绦虫在发育过程中需要一个中间宿主——地螨。终末宿主将虫卵和孕节随粪便排至体外，虫卵被中间宿主吞食后，六钩蚴穿过消化道壁，进入体腔，发育至具有感染性的似囊尾蚴，动物吃草时吞食了含似囊尾蚴的地螨而受感染。见图7.16。

莫尼茨绦虫为世界性分布，在我国的东北、西北和内蒙古的牧区流行广泛；在华北、华东、中南及西南各地也经常发生。莫尼茨绦虫主要危害1.5～8个月的羔羊和当年生的犊牛。

【症状与病变】　莫尼茨绦虫常引起幼畜发病，成年动物一般不表现出临床症状。幼年羊初表现精神不振、消瘦、粪便变软，后腹泻，粪中含黏液和孕节，逐渐症状加剧，动物严重消瘦。有时有神经症状，如无目的地运动，步样蹒跚，时有震颤。神经型的莫尼茨绦虫病羊往往以死亡告终。幼年羊扩展莫尼茨绦虫病多发于夏、秋季节，而贝氏莫尼茨绦虫病多在秋后发病。

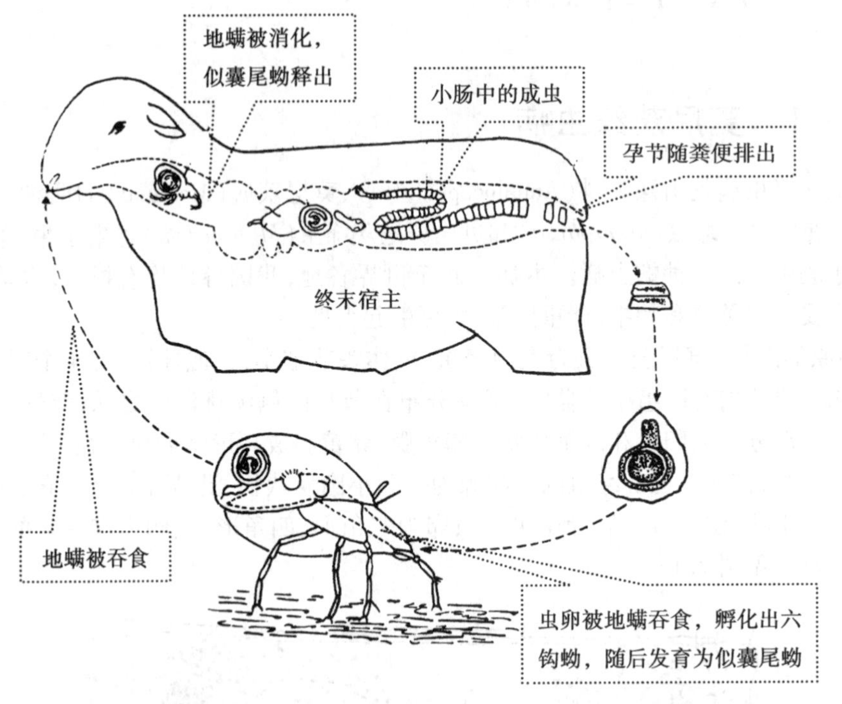

图 7.16　莫尼茨绦虫生活史图解(引自孔繁瑶,1997)

病变为尸体消瘦，黏膜苍白，贫血。胸腹腔渗出液增多。肠有时发生阻塞或扭转。肠系膜淋巴结，肠黏膜，脾增生。肠黏膜出血，有时大脑出血，浸润，肠内有绦虫。

7.3.2　无卵黄腺绦虫病

无卵黄腺绦虫属裸头科(Anoplocephalidae)、无卵黄腺属(*Avitellina*)。常见的虫种为中点无卵黄腺绦虫(*A. centripunctata*)，寄生于绵羊和山羊的小肠中，经常与莫尼茨绦虫和曲子宫绦虫混合感染。中点无卵黄腺绦虫主要分布于西北及内蒙古牧区，西南及其他地区也有报道。

【病原形态】　虫体为中型绦虫。头节上无顶突和钩，有 4 个吸盘。成节内有一套生殖器官，卵巢位于生殖孔一侧，子宫在节片中央。无卵黄腺和梅氏腺。睾丸位于纵排泄管两侧。虫卵被包在副子宫器内。虫卵内无梨形器，直径为 21 ~ 38 μm。见图 7.17。

【发育与传播】　生活史尚不完全清楚，现已确认弹尾目的长角跳虫为其中间宿主，它吞食虫卵后，经 20 d 可在其体内形成似囊尾蚴。绵羊在牧地上食入含似囊尾蚴的小昆虫而受感染，在羊体内约经 1.5 个月的发育变为成虫。

【症状与病变】　绵羊无卵黄腺绦虫病的发生具有明显的季节性，多发于秋季与初冬季节，且常见于 6 个月以上的绵羊和山羊。有的突然发病，放牧中离群，垂头，几小时后死亡。剖检见有急性卡他性肠炎并有许多出血点，死亡羊只一般膘情均好。

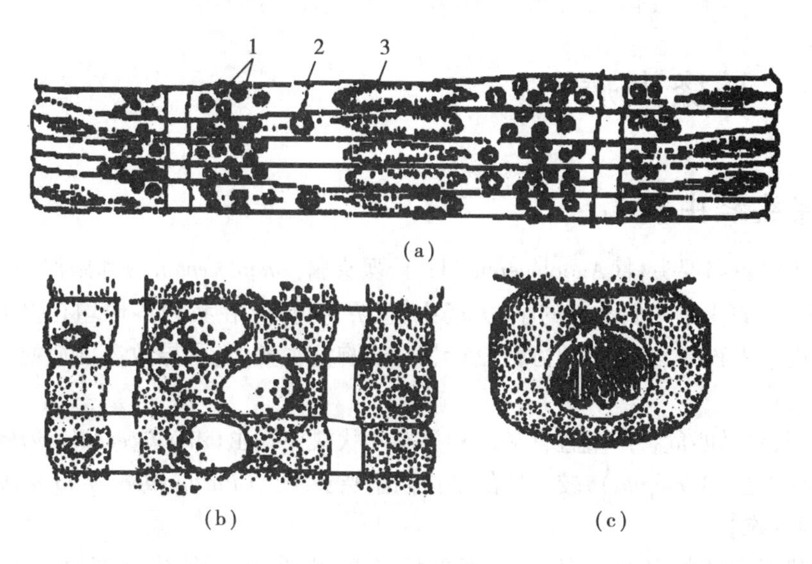

图 7.17　中点无卵黄腺绦虫(引自孔繁瑶,1997)
(a)成节:1. 睾丸　2. 卵巢　3. 子宫;(b)孕节;(c)副子宫器

7.3.3　曲子宫绦虫病

曲子宫绦虫属裸头科(Anoplocephalidae)、曲子宫属(*Helictometra*)。常见的虫种为盖氏曲子宫绦虫(*H. giardi*),寄生于牛、羊的小肠内。我国许多省区均有报道。

【病原形态】　虫体为中型绦虫。头节小、有 4 个吸盘,无顶突。成节内含有一套生殖器官,睾丸为小圆点状,分布于纵排泄管的外侧;子宫管状横行,呈波状弯曲,几乎横贯节片的全部。虫卵呈椭圆形,直径为 18 ~ 27 μm,每 5 ~ 15 个虫卵被包在一个副子宫器内。见图 7.18。

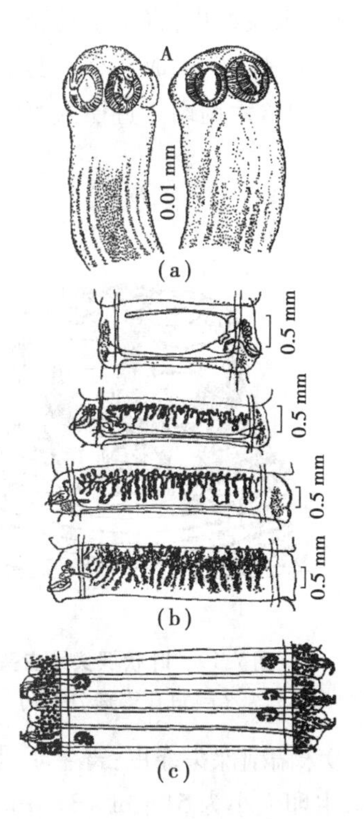

图 7.18　盖氏曲子宫绦虫
(引自孔繁瑶,1997)
(a)头节;(b)孕节;(c)成节

【发育与传播】　生活史不完全清楚,有人认为中间宿主为地螨,人工实验感染啮虫类成功,但感染绵羊失败。

【症状与病变】　动物具有年龄免疫性,4 ~ 5 个月前的羔羊不感染曲子宫绦虫,故多见于 6 ~ 8 个月以上及成年绵羊。当年生的犊牛也很少感染,见于老龄动物。曲子宫绦虫与贝氏莫尼茨绦虫常在秋季发生混合感染,发病多见于晚秋到冬季。一般不表现出临床症状,严重感染时出现腹泻,贫血和体重减轻等症状。粪检时可在粪便中检获到内含 5 ~ 15 个虫卵的副子宫器。

诊断、防治参阅“莫尼茨绦虫”。

7.4 马绦虫病

马裸头绦虫病

马裸头绦虫属裸头科(Anoplocephalidae)、裸头属(*Anoplocephala*)和副裸头属(*Paranoplocephala*)。寄生于马属动物的小、大肠中,世界性分布,在我国各地均有报道,特别是在西北和内蒙古牧区,经常呈地方性流行。对幼驹危害较大,可导致高度消瘦,甚至因肠破裂而死亡。

在我国,对马匹危害严重且常见的种类有叶状裸头绦虫(*Anoplocephala perfoliata*),其次是大裸头绦虫(*A. magna*),较少见的是侏儒副裸头绦虫(*Paranoplocephala mamillana*)。

【病原形态】

①叶状裸头绦虫:寄生于马、驴小肠的后半部,也见于盲肠,常在回盲的狭小部位群集寄生。虫体呈乳白色,头节小,上有4个吸盘,每个吸盘后方各有一个特征性的耳垂状附属物。无顶突和小钩。体节短而宽,成节有一套生殖器官,生殖孔开口于体节侧缘。虫卵直径为65~80 μm,内含梨形器,器内有六钩蚴。见图7.19。

②大裸头绦虫:寄生于马、驴的小肠,特别是空肠,偶见于胃中。头节大,上有4个吸盘,无顶突和小钩。成节有一套生殖器官,睾丸在体中部,孕节子宫内充满虫卵。卵内有梨形器,内含六钩蚴。直径为50~60 μm。见图7.20。

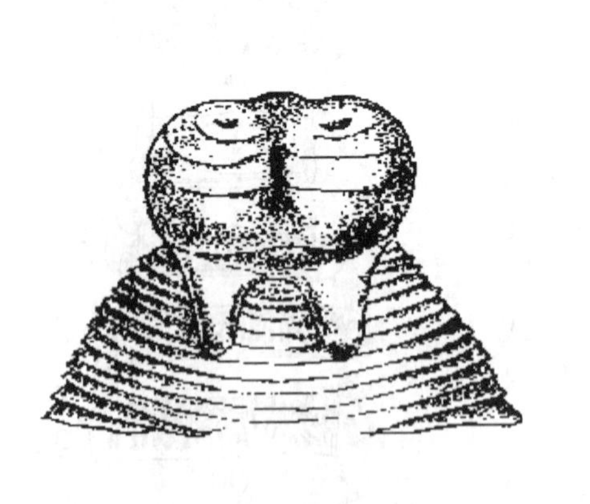

图7.19　叶状裸头绦虫头节
(引自孔繁瑶,1997)

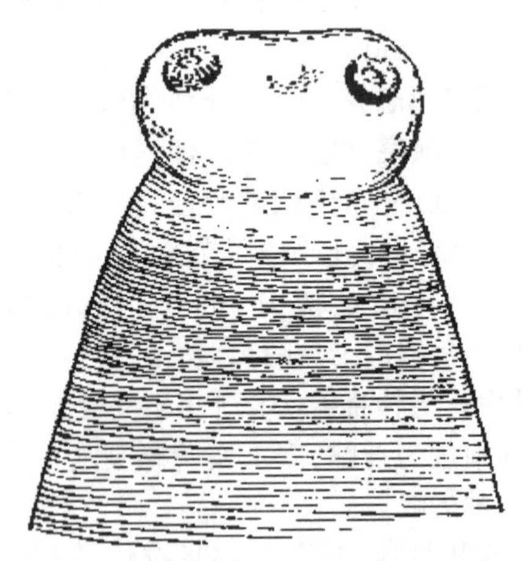

图7.20　大裸头绦虫头节
(引自孔繁瑶,1997)

③侏儒副裸头绦虫:寄生于马的十二指肠,偶见于胃中,虫体短小,头节小,吸盘呈裂隙样,虫卵大小为51 μm×37 μm。

【发育与传播】　发育过程中均需要地螨超科的尖棱甲螨科和大翼甲螨科的地螨为其中间宿主。虫卵或孕节随马粪排至体外,地螨吞食虫卵后,六钩蚴在其体内发育为似囊尾蚴。马吞食含似囊尾蚴的地螨后而受感染。马裸头绦虫多见于牧区,有明显的季节性,农区较少见。5~7个月的幼驹到1~2岁的小马易感染,动物随年龄的增长而获免疫力。

【症状与病变】　虫体寄生的部位可引起黏膜发炎和水肿,黏膜损伤,形成组织增生性的环形出血性溃疡,一旦溃疡穿孔,引起急性腹膜炎,导致死亡。大量感染叶状裸头绦虫时,回、盲、结肠均遍布溃疡。回盲狭部阻塞,发生急性卡他性肠炎和黏膜脱落,往往导致死亡。重度感染大裸头绦虫和侏儒副裸头绦虫时,可引起卡他性或出血性肠炎。

临床可见消化不良,间歇性疝痛和腹泻,并引起增进性消瘦和贫血。

7.5　家禽绦虫病

7.5.1　赖利绦虫病

鸡赖利绦虫属戴文科(Davaineidae)、赖利属(*Raillietina*),寄生于家鸡和火鸡的小肠中,呈世界性分布。对养鸡业危害较大,在流行区,放养的雏鸡可能大群感染并引发死亡。赖利绦虫种类多,在我国各地最常见的鸡赖利绦虫有3种:四角赖利绦虫(*R. tetragona*)、棘沟赖利绦虫(*R. echinobothrida*)和有轮赖利绦虫(*R. cesticillus*)。

【病原形态】

①四角赖利绦虫:寄生于家鸡和火鸡的小肠后半部,虫体长达25 cm,是鸡体内最大的绦虫。头节较小,顶突上有1~3行小钩。吸盘长椭圆形,上有小钩。成节的生殖孔位于一侧,孕节中每个卵囊内含卵6~12个,虫卵直径为25~50 μm。

②棘沟赖利绦虫:寄生于家鸡和火鸡的小肠,大小和形状颇似四角赖利绦虫。但其顶突上有2行小钩。吸盘呈圆形,上有小钩。生殖孔位于节片一侧的边缘上,孕节内的子宫最后形成90~150个卵囊,每一卵囊含虫卵6~12个。虫卵直径为25~40 μm。

③有轮赖利绦虫:寄生于鸡的小肠内,虫体较小,一般不超过4 cm。头节大,顶突宽而厚,形似轮状,突出于前端,上有两行小钩,吸盘上无小钩。生殖孔在体侧缘上不规则交替排列。孕节中含有许多卵囊,每个卵囊内仅有一个虫卵,虫卵直径75~88 μm。见图7.21。

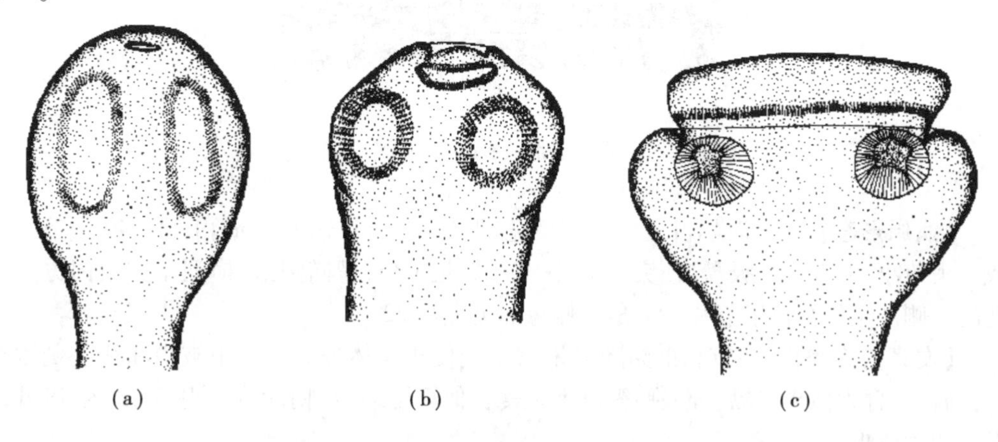

图7.21　赖利绦虫头节(引自孔繁瑶,1997)
(a)四角赖利绦虫;(b)棘沟赖利绦虫;(c)有轮赖利绦虫

【发育与传播】 四角赖利绦虫和棘沟赖利绦虫的中间宿主为蚂蚁。虫卵被蚂蚁食入后，于其体内约经2周的发育，变为似囊尾蚴，鸡啄食含似囊尾蚴的蚂蚁后，经2～3周发育为成虫。有轮赖利绦虫的中间宿主为蝇类和甲虫。虫卵被中间宿主食入后，经14～16 d的发育，变为似囊尾蚴。鸡啄食含似囊尾蚴的昆虫而遭感染，约经20 d发育为成虫。

【症状与病变】 赖利绦虫为大型虫体，大量感染时虫体集聚成团，导致肠阻塞，甚至肠破裂而引起腹膜炎；其代谢产物被吸收后可引起中毒反应，出现神经症状。棘沟赖利绦虫的顶突深入肠黏膜，引起结核样病变。患禽在临床上表现为消化不良，食欲减退，腹泻，渴感增加，体弱消瘦，翅下垂，羽毛逆立，蛋鸡产卵量减少或停产。雏鸡发育受阻或停止，可能继发其他疾病而死亡。

7.5.2 剑带绦虫病

矛形剑带绦虫（*Drepanidotaenia lanceolata*）属膜壳科（Hymenolepididae），寄生于鹅、鸭的小肠内，呈世界性分布，我国江苏、福建、江西、湖南、四川、吉林及黑龙江等省均有报道，主要对幼雏危害严重。

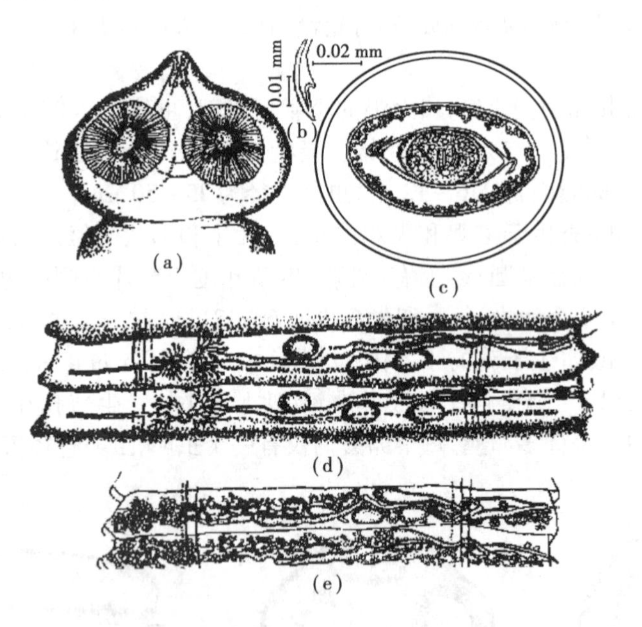

图7.22 矛形剑带绦虫（引自孔繁瑶，1997）

(a)头节；(b)小沟；(c)虫卵；(d)成节；(e)孕节

【病原形态】 虫体呈乳白色，前窄后宽，形似矛头，长达13 cm，由20～40个节片组成。头节小，上有4个吸盘，顶突上有小钩。睾丸3个，呈椭圆形，横列于卵巢内方生殖孔的一侧。生殖孔位于节片一上角的侧缘。见图7.22。

【发育与传播】 孕节和虫卵随终末宿主粪便排至体外。在水中被中间宿主剑水蚤吞食后，发育为似囊尾蚴。鹅、鸭等禽类吞食含似囊尾蚴的剑水蚤而受感染，约经19 d的发育变为成虫。

【症状与病变】 幼雏最易感，严重感染者可引起死亡。成年鹅往往为带虫者。患鹅最常见的临床症状有：腹泻，食欲不振，生长发育受阻，贫血，消瘦等。夜间病鹅伸预颈，张口,如钟摆样摇头,然后仰卧,做划水动作。

7.5.3　戴文绦虫病

节片戴文绦虫(*Davainea proglottina*)属戴文科(Davaineidae),寄生于鸡、鸽、鹌鹑的十二指肠内,几乎遍及世界各地,对雏鸡危害较严重。

【病原形态】　成虫短小,仅有0.5~3 mm长,由4~9个节片组成。头节小,顶突和吸盘上均有小钩,但易脱落。生殖孔规则地交替开口于每个体节的侧缘前部。雄茎囊长,可达体宽的一半以上。睾丸12~15个,排成两列,位于体节后部。孕节子官分裂为许多卵囊,每个卵只含一个六钩蚴。

【发育与传播】　孕节随宿主粪便排至体外,被中间宿主蛞蝓或陆地螺吞食后,经3周的发育变为似囊尾蚴。禽类啄食含似囊尾蚴的中间宿主而受感染,约经2周发育为成虫。

【症状与病变】　虫体以头节深入肠壁,可引起急性炎症。患禽经常发生腹泻,粪中含黏液或带血,高度衰弱、消瘦。有时从两腿开始麻痹,常逐渐发展而波及全身,粪便检查发现孕节或尸检时找到虫体可确诊。

7.6　猪绦虫病

克氏伪裸头绦虫(*Pseudanoplocephala crawfordi*)属膜壳科(Hymenolepididae),寄生于猪的小肠中,偶见于人体。我国陕西、甘肃、辽宁、山东、河南、江苏、上海、福建、云南及贵州等省、区均有报道。

【病原形态】　虫体呈乳白色,头节上有4个吸盘,无钩,体节分节明显,睾丸24~43个,呈球形,不规则地分布于卵巢与卵黄腺的两侧。雄茎囊短,雄茎经常伸出生殖孔外。卵巢分叶,位于体节中央部。孕节子宫呈线状,子宫内充满虫卵。卵呈球形,直径为51.8~110 μm,棕黄色或黄褐色,内含六钩蚴。

【发育与传播】　克氏伪裸头绦虫的中间宿主为鞘翅目的一些昆虫(仓储害虫)。它们大量孳生于稻米、面、糠麸的堆积处。猪、人的感染是由于误食含似囊尾蚴的甲虫所致。褐家鼠在病原的散布上起重要作用。

【症状与病变】　寄生部位的黏膜充血,细胞浸润,黏膜细胞变性,坏死,脱落及黏膜水肿。猪体轻度感染时无症状,重度感染时被毛无光泽,生长发育受阻,消瘦,甚至引起肠阻塞;或有阵发性腹痛、腹泻、呕吐、厌食等症状。

7.7　猫、犬绦虫病

7.7.1　犬复孔绦虫

犬复孔绦虫(*Dipylidium caninum*)属双壳科(Dilepididae),是犬和猫的常见寄生虫。偶可感染人体,引起复孔绦虫病。

【病原形态】　成虫为小型绦虫。头节近似菱形,具有4个吸盘和1个可伸缩的顶突。成节具有雌雄生殖器官各两套。卵巢两个,位于两侧生殖腔后内侧,靠近排泄管。

孕节子宫呈网状，内含若干个储卵囊，每个储卵囊含虫卵 2 ~ 40 个。虫卵圆球形，直径 35 ~ 50 μm，具两层薄的卵壳，内含 1 个六钩蚴。见图 7.23。

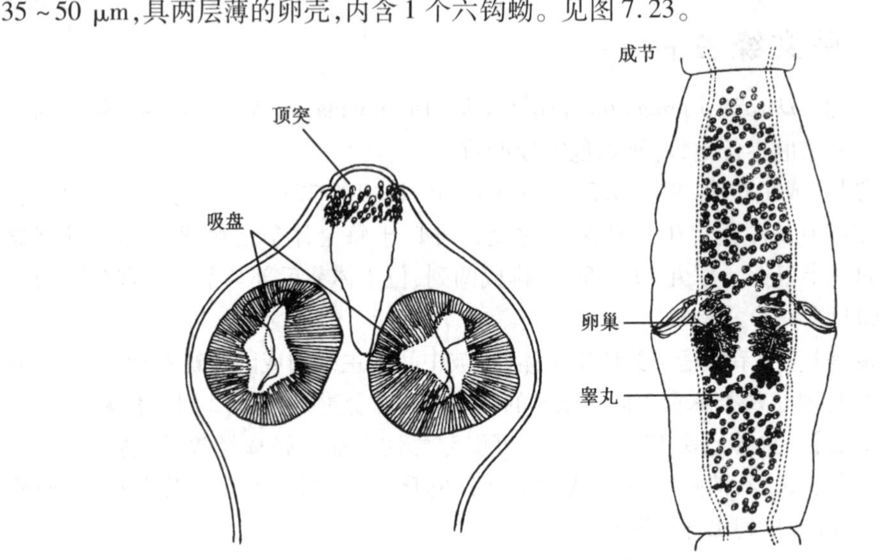

图 7.23　犬复孔绦虫头节(引自孔繁瑶,1997)

(a)头节;(b)成节

【发育与传播】　犬复孔绦虫在发育过程中需要一个中间宿主——蚤类、毛虱。成虫寄生于犬、猫的小肠内，孕节随粪便排出，节片破裂后虫卵散出，被中间宿主蚤类的幼虫食入，则在其肠内孵出六钩蚴，然后发育为似囊尾蚴。当终末宿主犬、猫舔毛时吞食到病蚤，似囊尾蚴进入后在其小肠内释出，经 2 ~ 3 周，发育为成虫。人体感染常因与猫、犬接触时误食病蚤引起。犬猫蚤和犬毛虱是重要的中间宿主。

【症状与病变】　轻度感染的犬、猫一般无症状。幼犬严重感染时可引起食欲不振，消化不良，腹泻或便秘，肛门骚痒等症状，个别的可能发生肠阻塞。人也可感染，其临床表现主要与感染的数量有关，一般无明显症状，感染严重者尤其是儿童可有食欲不振、消化不良、腹部不适等，间或有腹痛、腹泻，甚至因有孕节自动从肛门逸出引起肛门瘙痒和烦躁不安等。

7.7.2　线中殖孔绦虫

线中殖孔绦虫(*Mesocestoides lineatus*)属中殖孔科中殖孔属，是食肉动物的绦虫，偶见于人体。人体病例至今有 20 余例，见于欧洲、非洲、北美、亚洲。我国共发现 4 例感染者，黑龙江 1 例为 20 个月女婴，吉林省 3 例，其中 1 例为 8 岁儿童，另 2 例均为女性成人。

【病原形态】　成虫长 30 ~ 250 cm，头节大，具有 4 个长圆形的吸盘，无顶突和小钩。成节近方形，睾丸 54 ~ 58 个，分布于排泄管两侧。卵巢与卵黄腺均分两叶，位于节片后部。孕节似桶状，其内有子宫和一卵圆形的副子宫器，副子宫器内有一成熟的卵。卵长圆形，(40 × 35) ~ (45 × 60) μm，有两层薄膜，内含六钩蚴。

【发育与传播】　生活史尚不完全清楚。成虫寄生于犬、狐、猫和野生动物的小肠内，孕节随粪便排出。人或其他终末宿主食入感染期幼虫四盘蚴受到感染。

7.7.3　巨颈带绦虫

巨颈带绦虫(*Taenia taeniaformis*)又名带状带绦虫、带状泡尾绦虫等。成虫寄生于猫、犬等食肉动物,分布甚广;中绦期幼虫称带状囊尾蚴或叶状囊尾蚴,寄生在啮齿类动物的肝脏,特别在鼠类极为常见。幼虫偶可感染人类。

【病原形态】　成虫体长15~60 cm,头节外观粗壮,顶突肥大,呈半球形突出,4个吸盘也呈半球形,向侧方突出,头节后颈部极不明显。因此又称为"粗头绦虫"或"肥颈绦虫"。幼虫属链尾蚴型,长链状,头节裸露不内嵌,接一假分节的链体,后端为一小伪囊。

【发育与传播】　寄生在猫等动物的成虫,其孕节随宿主粪便排出后,被鼠、兔等中间宿主吞食了虫卵后,六钩蚴在消化道逸出,经过2~3个月发育成链尾蚴。猫等动物捕食了带有链尾蚴的鼠或其他啮齿动物后,链尾蚴进入小肠发育为成虫。人体因误食虫卵而感染。

7.7.4　孟氏迭宫绦虫

孟氏迭宫绦虫(*Spirometra mansoni*)亦名孟氏裂头绦虫,属双叶槽科(Diphyllobothriidae),寄生于犬、猫和一些食肉动物包括虎、狼、豹、狐理、貉、狮、浣熊的小肠中,人偶能感染。

孟氏迭官绦虫的裂头蚴又名孟氏裂头蚴,寄生于蛙、蛇、鸟类和一些哺乳动物包括人的肌肉、皮下组织、胸腹腔等处。

该病呈世界性分布,欧洲、美洲、非洲及澳洲均有报道,但多见于东南亚诸国,我国的许多省、市均有记载,尤其多见于南方各省。

【病原形态】　孟氏迭宫绦虫一般长为40~60 cm,最长可达1 m。头节指状,背腹各有现行的吸槽。体节宽度大于长度。子宫有3~5次或更多的盘旋,子宫孔开口于阴门下方。虫卵大小为(52~76)μm×(31~44)μm,淡黄色,椭圆形,两端稍尖,有卵盖。见图7.24。

孟氏裂头蚴呈乳白色,长度大小不一,从0.3到30~105 cm不等,扁平,不分节,前端具有横纹。见图7.25。

【发育与传播】　孟氏迭宫绦虫在发育的过程中需要两个中间宿主,第一中间宿主为剑水蚤或镖水蚤,第二中间宿主为蝌蚪、鱼、蛇等。孕节的虫卵从子宫孔产出,随粪便排至体外,在适温的水中发育为钩球蚴,被第一中间宿主剑水蚤或镖水蚤食入,在其体内发育为原尾蚴;含原尾蚴的水蚤被第二中间宿主蝌蚪吞食后,在其体内发育成具有雏形的裂头蚴,亦即实尾蚴。当蝌蚪发育为成蛙时,幼虫迁移至蛙的肌肉内,以大、小腿肌肉处最多。如果蛙被蛇、鸟类或其他哺乳动物(转续宿主)吞食,则不能发育为成虫,仍停留在裂头蚴阶段。当犬和猫等终末宿主吞食了含有裂头蚴的青蛙等第二中间宿主或转续宿主时,裂头蚴便在其小肠内发育为成虫。

人体感染裂头蚴是由于偶然误食了含有原尾蚴的水蚤,或以新鲜蛙肉敷治疮疖与眼病时,蛙肉内的裂头蚴移行人体内而受感染。猪感染裂头蚴可能是由于吞食蛙及蛇肉引起的。

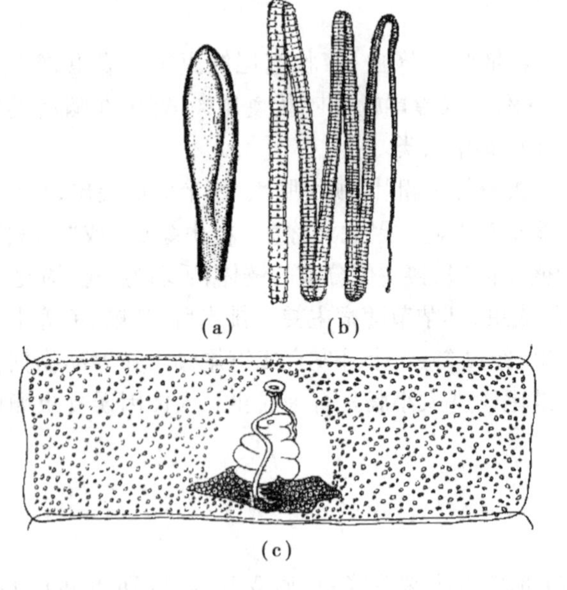

图 7.24　孟氏迭宫绦虫(引自孔繁瑶,1997)
(a)头节;(b)链体;(c)孕节

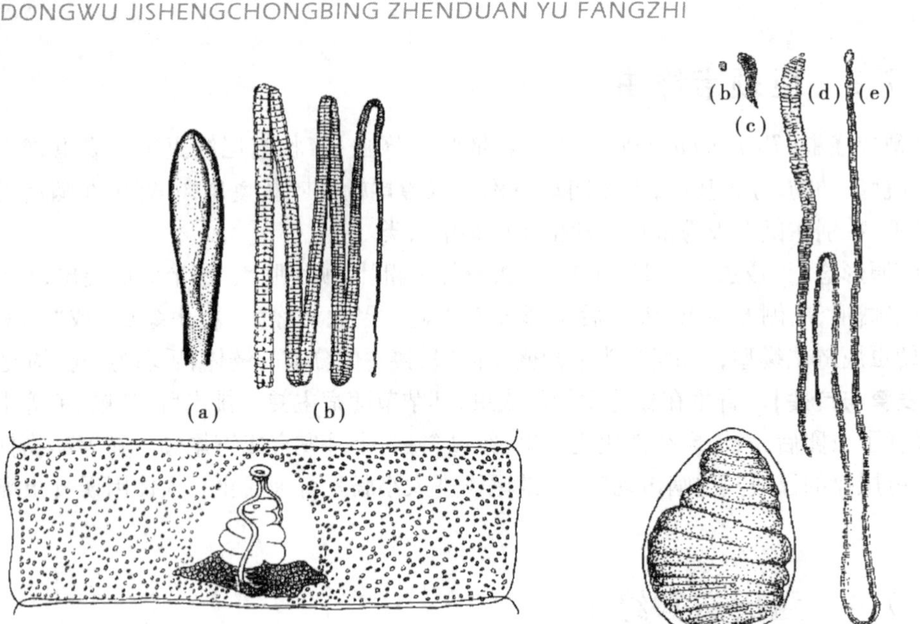

图 7.25　孟氏裂头蚴(引自孔繁瑶,1997)
(a)包囊内的虫体;
(b)—(e)各种大小不同的蚴带

【症状与病变】　裂头蚴对人和动物的危害较成虫严重,其危害程度主要取决于寄生部位。人感染时,有眼、皮下和内脏等裂头蚴病。猪严重感染裂头蚴时,在寄生部位可见发炎、水肿、化脓、坏死与中毒反应等。

人感染孟氏裂头绦虫时有腹痛、恶心、呕吐等轻微症状;动物有不定期的腹泻、便秘、流涎、皮毛无光泽、消瘦及发育受阻等。

7.7.5　宽节双叶槽绦虫

宽节双叶槽绦虫(*Diphyllobothrium latum*)亦名宽节裂头绦虫,属双叶槽科(Diphyllobothriidae),寄生于人、犬、猫、猪、北极熊及其他食鱼的哺乳动物的小肠里,主要是人的寄生虫;在其他动物体内寄生时仅产生极少数的受精卵。分布于亚寒带的波罗的海、斯堪的那维亚、北美及俄罗斯。我国仅在黑龙江和台湾有过报道。

【病原形态】　成虫长可达 2 ~ 12 m 以上,头节上有两个吸槽,成节和孕节均呈四方形。睾丸 750 ~ 800 个,与卵黄腺一起散于体两侧。卵巢分两叶,位于体中央后部;子宫呈玫瑰花状,在体中央的腹面开孔,其后为生殖孔。虫卵呈卵圆形,两端钝圆,淡褐色,具卵盖,大小为(67 ~ 71) μm × (40 ~ 51) μm。

【发育与传播】　虫卵随宿主粪便排至体外,在水中发育为钩球蚴,钩球蚴被第一中间宿主剑水蚤或镖水蚤食入后,在血腔中经 2 ~ 3 周发育为原尾蚴。当第二中间宿主淡水鱼类(鲑鱼)吞食带原尾蚴的水蚤后,原尾蚴迁移至鱼的肌肉或内脏,形成实尾蚴(裂头蚴)。裂头蚴长约 5 mm,具有特征性的头节。终末宿主吞食了生的或半生带裂头蚴的鱼而受感染。

【症状与病变】 人感染后除有非特征性的腹部症状外,并可引起巨红细胞性贫血,缘于虫体吸取肠中的 $VitB_{12}$ 所致。临床表现精神沉郁,生长发育明显受阻,食欲减退和呕吐。

7.8 动物绦虫病的诊断与防治

7.8.1 诊断

1)动物囊尾蚴病的诊断

由于各种动物囊尾蚴寄生部位的特殊性,猪囊尾蚴、牛囊尾蚴寄生在肌肉,棘球蚴寄生在肝、肺,多头蚴寄生在脑、脊髓,细颈囊尾蚴寄生在肝及腹腔,因此生前诊断比较困难。多根据流行病学、临床症状作初步诊断,采用免疫学方法,如皮内变态反应、IHA 和 ELISA 等方法,或尸体剖解找出囊尾蚴以确诊。但血清学试验的敏感性和特异性均不甚理想,特别对轻度感染者反应较弱,目前国内还没有比较成熟的血清免疫学诊断方法。因此在肉品的商检或卫生检验时,如在肌肉中发现囊尾蚴,即可确诊。

在肝脏中发现细颈囊尾蚴时,应与棘球蚴相区别,前者只有一个头节,壁薄而透明,后者壁厚而不透明。

2)动物绦虫病的诊断

根据流行病学、临床症状,结合进行粪便检查,发现大量虫卵或孕节便可确诊。如在患畜、禽的粪中发现黄白色的节片,形似煮熟的米粒,将孕节作涂片检查或用饱和盐水浮集法检查粪便,发现特征性的虫卵(有六钩蚴)可确诊,或剖检病畜、禽发现虫体可确立诊断。

7.8.2 治疗与预防

1)治疗药物

常用的驱绦虫药物有:吡喹酮、丙硫咪唑、氯硝柳胺(灭绦灵)、羟溴柳胺、丁萘脒、氯溴酸槟榔等(用法及用量见第19章驱绦虫药)。

2)防治措施

(1)动物囊尾蚴病

①开展科学教育宣传工作:广泛开展群众性的科学知识的教育宣传工作,特别是教育人民改变不良的饮食习惯,不吃生的或未煮熟的动物肉品,注意生熟菜刀及砧板应分开,人勿用蛙肉贴敷疮疖,不喝生水,不生食蛙、蛇及猪肉等,以防感染。改变一些地区人的不良卫生习惯,修好厕所,防止猪吃病人粪便;发现囊尾蚴应销毁,不随便扔弃病畜肝、肺、脑脊髓等内脏器官,并防止犬猫吃入。

②医学、兽医和食品卫生部门紧密配合,开展群众性的防治活动,抓好"查、驱、检、管、改"五个环节,在动物囊尾蚴病的流行区,对人、犬猫的带绦虫病进行普查,对带绦虫的病人及犬、猫的定期驱虫,驱虫后的粪便应集中堆积发酵,以杀灭虫卵。

③严格执行兽医卫生检验及屠场的卫生管理,严格按国家有关规程处理有病猪、牛

肉以及患病的肝、肺、脑脊髓等内脏器官，严禁未经检验的肉品供应市场或自行处理。

④加强畜禽的科学饲养，避免饲料、水源被病人及犬、猫的粪便污染。

对猪囊尾蚴的治疗：

①吡喹酮：按 30 ~ 60 mg/kg 体重，每天 1 次，用药 3 次，每次间隔 24 ~ 48 h。

②丙硫咪唑：按 30 mg/kg 体重，每天 1 次，用药 3 次，早晨空腹服药。

(2) **动物绦虫病**

①定期驱虫，防止散布病原，以减少畜禽的感染。

②在牧区，鉴于牛羊的幼畜在早春放牧一开始即遭感染，应在放牧后 4 ~ 5 周时进行“成虫期前驱虫”，第一次驱虫后 2 ~ 3 周，最好再进行第二次驱虫。

③对猪、家禽、犬和猫进行定期驱虫的同时，及时清除粪便并作无害处理。

④在牧区实行轮牧，在饲养区定期杀灭饲养环境的昆虫。

⑤对引入的畜禽，应隔离观察饲养并驱虫。

驱虫药物同上囊尾蚴。

7.9 实践技能训练——病例分析

山羊莫尼茨绦虫病的诊治

1) 发病情况及临床症状

我国南方某养羊专业户养有山羊 530 只，5 月底以来开始陆续发病，病程 1 个月左右，发病羊大多为 3 ~ 6 月龄，发病数总共 238 只，先后死亡羊数为 101 只。病羊出现的临床症状是高度贫血，食欲不振、几乎废绝，被毛粗乱，结膜苍白，下颌水肿，腹泻拉稀；卧地不起，消瘦，体温稍有升高，严重者死亡。该养殖户曾使用青霉素、磺胺嘧啶、中草药等药物治疗，均不见效果。

2) 剖检变化

病死羊剖检的发现：血凝不良，皮下水肿，心脏颜色苍白，心腔积液，肠道、肝脏及肺脏有出血，肺脏颜色变淡，呈海绵状，易碎，胆囊肿大，肝脏有片状出血点；皱胃有出血点，胃黏膜发生粘连、脱落，肠黏膜出血。

3) 实验室诊断

剪取病死羊的小肠，将其灌入清水，收集小肠内容物，发现有较多白色带状虫体。小心挑出白色绦虫于烧杯中，用生理盐水冲洗后，置于平皿中肉眼观察：虫体乳白色，扁平带状，长 1 ~ 1.5 m，宽约 1 cm，前端有较小球状头节，体节似梯形，宽度大于长度。将虫体放置在 10% 的甲醛液中固定后，选取虫体的头节用卡红染色-二甲苯透明-加拿大树胶固定后镜检观察，头节无吻突和吻钩，有 4 个椭圆形的吸盘，成熟节片中有两套生殖器官，节间腺呈圆形泡状。

4) 用药诊断

对山羊用吡喹酮按 20 mg/kg 体重进行驱虫，在粪便中发现白色、分节的虫体。

5)诊断结论

根据临床症状、剖检病变、用药驱虫和实验室检验,该养殖户的山羊患莫尼次绦虫病。

【学习要点】

①绦虫是背腹扁平、左右对称、雌雄同体、体分节的带状绦虫;绦虫虫体分为头节、颈节与体节,体节又分为未成熟节片、成熟节片和孕卵节片。

②圆叶目绦虫的发育需要一个脊椎动物或无脊椎动物为中间宿主,在无脊椎动物体内发育为似囊尾蚴,在脊椎动物体内发育为囊尾蚴;假叶目绦虫的发育需两个中间宿主,第一中间宿主是甲壳纲节肢动物如剑水蚤,第二中间宿主是鱼、蛙类或脊椎动物等。

③各种囊虫其寄生的动物及部位不同,形态也各自有其特点(重点掌握)。

猪囊虫、牛囊虫为椭圆形、半透明、乳白色的囊泡,主要寄生于猪、牛横纹肌及心脏,成虫寄生于人小肠;猪囊虫还可寄生在人、猪的脑、眼等器官。棘球蚴、脑多头蚴似球形,囊壁分为两层;成虫寄生于犬科动物的小肠;细颈囊尾蚴的囊泡内含透明液体和一个白色的头节,成虫寄生于犬、狼等的小肠;豆状囊尾蚴如豌豆状囊泡,成虫寄生于狗、猫、狐狸、狼以及其他野生食肉兽的小肠;裂头蚴呈白色带状,多在腹腔网膜、肠系膜、脂肪及肌肉中寄生,成虫寄生于犬、猫等动物的小肠中。

④牛羊、马属动物、猪、家禽及猫犬的绦虫病的病原不同,其共同点是绦虫寄生于小肠,绦虫的中间宿主多为不同种类的昆虫,但部分中间宿主为家畜或人(见囊虫病)。

⑤动物的囊虫病和绦虫病的感染途径多经口感染,但人得猪囊虫病还可经自体感染。

⑥掌握动物的囊虫病和绦虫病的诊断与防治。

第8章 动物的线虫病

本章导读：本章讲述寄生线虫的基本形态、发育、分类，重要动物线虫病的症状和病变及其诊断与防治。要求了解线虫的形态特征，重点学习寄生于动物的线虫的发育传播，掌握线虫病的诊断、综合防治措施。

8.1 线虫概论

线虫是地球上最大的多样性生物类群之一，已报道的有50万种。在动物寄生蠕虫中，寄生线虫占有一半以上，其中大部分属于土源性寄生虫。线虫在各种动物、各种脏器和组织都有寄生，而且在畜禽常呈多种寄生线虫混合寄生。据统计，猪、牛、羊、马、犬和猫等的重要线虫寄生种数合计达300多种。动物寄生线虫不仅给养殖业造成严重的经济损失，而且还可以感染人，如旋毛虫等，严重影响人类的健康。

8.1.1 线虫的形态和发育

1）线虫的形态

（1）**基本形态**

①形状：大多数线虫多为线状、圆柱状，两端逐渐变细，有的呈纺缍形或毛发状等，为两侧对称。

②颜色：活体线虫常呈乳白色或淡黄色，而吸血的线虫则呈粉红色、血红色或棕色。

③大小：线虫大小依种类的不同，差别很大，小的细小，如旋毛虫雄虫仅长1～1.8 mm，但大的可以很长，如猪蛔虫雌虫可长达40 cm，四川鸟蛇线虫雌虫可长达63.5 cm，麦地那龙线虫雌虫可长达1 m。

④结构：虫体一般分为头端、尾端、背面、腹面和侧面。体表有口、排泄孔、肛门和生殖孔，雄虫的肛门和生殖孔合为泄殖孔。动物寄生虫线虫多为雌雄异体，雄虫较细小，后端有不同程度的弯曲，且有辅助交配器官；雌虫稍粗大，尾部直。见图8.1。

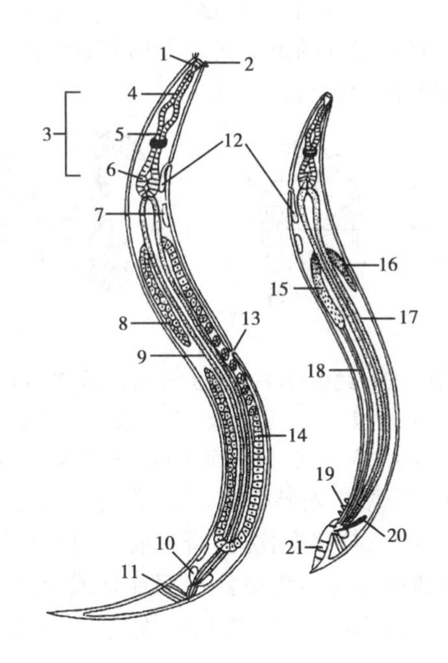

图8.1　线虫的基本形态(引自汪明,2004)

1. 口腔　2. 乳突　3. 食道　4. 体部　5. 狭　6. 球部　7. 体腔细胞　8. 卵巢　9. 肠道　10. 尾腺　11. 肛门括约肌　12. 排泄腺　13. 阴门　14. 子宫　15. 贮精囊　16. 睾丸　17. 肠道　18. 输出管　19. 生殖乳图　20. 交合刺　21. 交合伞

(2)体壁和体腔

线虫体壁由角质层(角皮)、皮下组织、肌层构成。角皮在最外层,覆盖体表。角皮常延续为口囊、食道、直肠、排泄孔和生殖管末端的内壁。角皮衍生物如横纹、纵嵴、饰带、头泡、颈泡、唇片、内外叶冠、翼、乳突、交合伞、交合刺等,其有附着、感觉、辅助交配等功能。见图8.2。

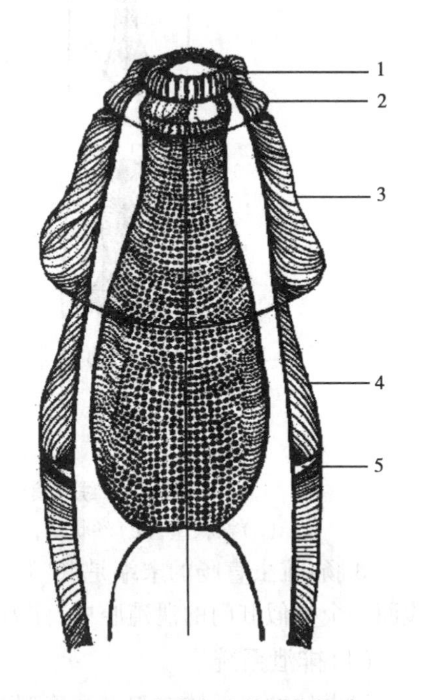

图8.2　线虫角皮的分化构造

(引自 Urquhart 等, 1996)

1. 叶冠　2. 头泡　3. 颈泡　4. 颈翼　5. 颈乳突

线虫体腔为假体腔,其内有液体和各种组织、器官、系统。假体腔液液压很高,有利于维持线虫的形态和强度。线虫大部分内部器官呈丝状并悬浮于充满液体的体腔中。

(3)消化系统

线虫的消化系统为一直管状,包括口囊、(咽)食道、(胃)肠、直肠、肛门。

①口囊:位于头部顶端,其口缘周围有唇片、叶冠、角质环或有齿、板等构造。一些线虫的口囊内有齿、口针或切板等构造。圆线科线虫的口囊较大,采食宿主肠道的黏膜组织;毛圆科线虫的口囊小或口孔简单。见图8.3。

②食道:线虫食道(咽管)为肌质结构,管腔呈

三角形辐射状，其功能是将食物泵入肠道。食道壁内有食道腺，分泌消化液，帮助消化食物。有的线虫在其食道末端处还有小胃。

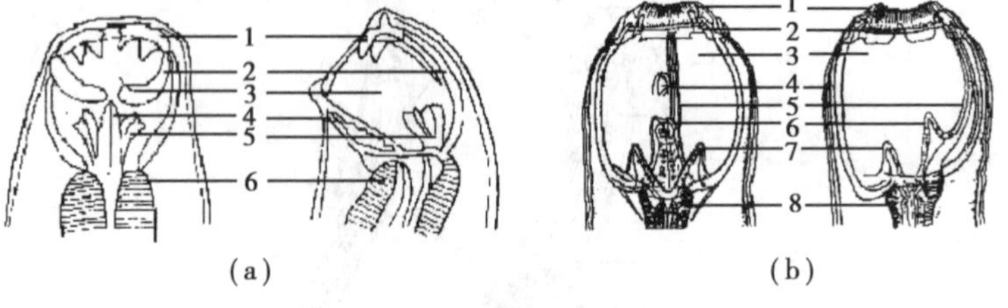

图 8.3　线虫口腔模式图（引自汪明，2004）

(a)十二指肠钩口线虫：1. 腹齿　2. 口囊边缘　3. 口囊　4. 背板　5. 扁平齿　6. 食道；

(b)马圆形线虫：1. 叶冠　2. 乳突　3. 口囊　4. 腺管开口　5. 背沟　6. 亚背齿　7. 亚腹齿　8. 食道

不同类线虫的食道其形态结构差异很大，常可作为线虫分类鉴别特征。根据其形态的不同，将线虫食道分为 6 大类：杆状型食道（寄生前期幼虫及营自由生活的成虫）、丝状型食道（蛔虫）、球型或灯泡型食道（圆线虫食）、双球型或双灯泡型食道（尖尾线虫）、肌腺型食道（丝虫及旋尾线虫）、毛尾型食道（毛尾目线虫）。见图 8.4。

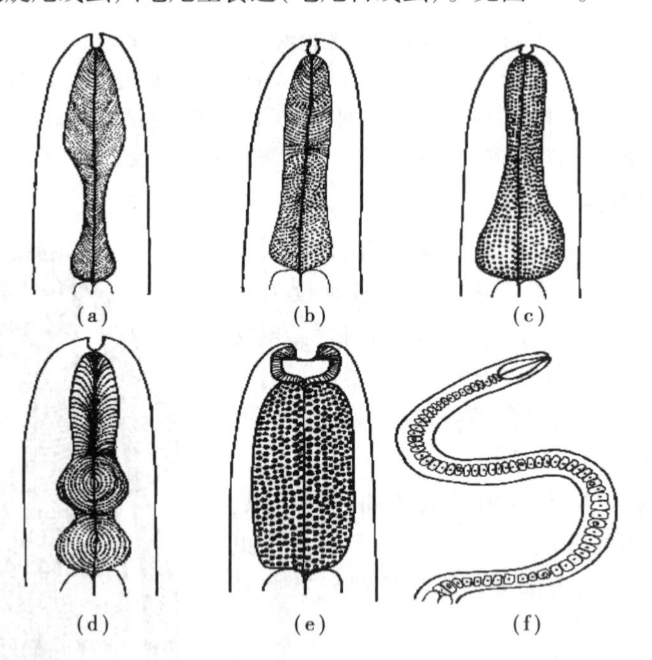

图 8.4　线虫食道的基本形状（引自 Urquhart 等，1996）

(a)杆状型；(b)丝状型；(c)球状型；(d)双球状型；(e)肌腺型；(f)毛尾型

③肠：雌虫直肠的末端是肛门，单独开口于雌虫尾部。雄虫直肠末端有开口于尾部腹面一个类似肛门的泄殖腔中，称为泄殖孔，输精管开口于此处，交合刺从这里伸出。

(4)排泄系统

线虫的排泄系统有腺型和管型两类。无尾感器线虫的排泄系统为腺型，而有尾感器线虫的排泄系统为管型。排泄孔通常开口于食道部腹面正中线上。

(5)生殖系统

线虫绝大多数为雌雄异体。其尾部存在较为直观的区别，雌虫尾部较直，雄虫尾部弯曲或卷曲。一般雌虫较大,因其体内载有大量虫卵。

雌性生殖器官多为双管型(双子宫型),少数单管型(单子宫型),个别为多管型。雌性生殖器官包括卵巢、输卵管、子宫、阴道、阴门。有些虫种在子宫和阴道的交汇处还有肌质的排卵器,可以辅助排卵;有的线虫还有一个明显的阴门盖(见图8.5)。不同虫种的阴门位置不一,可位于虫体腹面前部、中部或后部。因此,阴门位置及阴门盖的形态具有分类意义。

雄性生殖器官通常为单管型,由睾丸、输精管、贮精囊、射精管、泄殖孔组成。睾丸产生的精子经输精管进入贮精囊,交配时,精液从射精管进入泄殖腔,经泄殖孔射入雌虫阴门。雄虫尾部有两种类型:尾翼不发达,有性乳突;尾翼发达,演化为交合伞。交合伞有肋支撑,由两个侧叶和一个小的背叶组成。肋一般对称排列,分为腹肋组、侧肋组、背肋组三组。腹肋组又可细分腹腹肋和侧腹肋;侧肋组可细分为前侧肋、中侧肋和后侧肋;背肋组包括一对外背肋及一个背肋,背肋的远端有时再分为数枝。见图8.6。

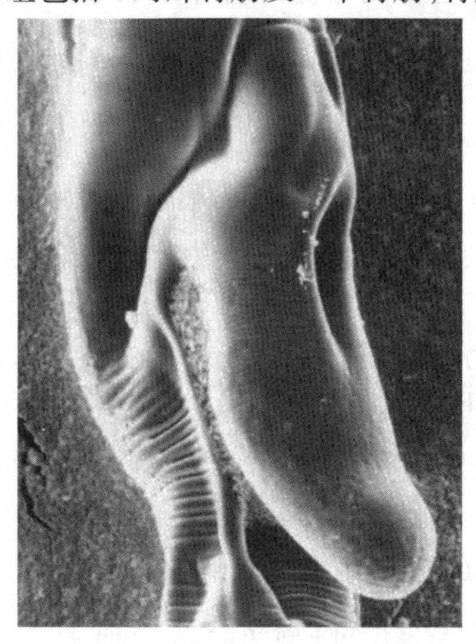

图8.5　毛圆线虫阴门盖电镜扫描图
(引自 Urquhart 等,1996)

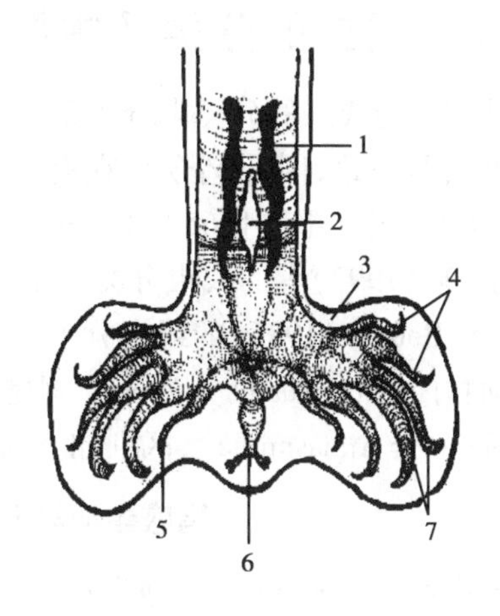

图8.6　线虫交合伞构造(引自 Urquhart 等, 1996)
1.交合刺　2.引器　3.背叶　4.腹肋
5.外背肋　6.侧肋　7.背肋

2)线虫的发育

(1)线虫的生殖方式

根据雌虫产出的虫卵发育情况,线虫生殖方式有3种:卵生、卵胎生、胎生。

①卵生:雌雄虫交配后,雌虫产出虫卵,如蛔虫和圆线虫。

②卵胎生:雌雄虫交配后,雌虫产出含幼虫的虫卵,如后圆线虫、类圆线虫和多数旋尾线虫。

③胎生:雌雄虫交配后,雌虫产出含幼虫,如旋毛虫和恶丝虫。

(2)线虫的发育基本模式

线虫的发育,一般经过虫卵、幼虫、成虫3个阶段。虫卵成熟后,经5个幼虫期,即第1期幼虫(L1)、第2期幼虫(L2)、第3期幼虫(L3)、第4期幼虫(L4)和第5期幼虫(L5,未成熟的成虫),其间经4次表皮的脱落,即蜕皮发育,前两次一般在外环境中完成,后两次在宿主体内完成。从侵入终末宿主至成虫排出虫卵或幼虫于宿主体外的时间称为潜在期。

根据线虫是否需要中间宿主，可将线虫的发育分成两大类型：直接发育型（土源性）和间接发育型（生物源性）线虫。

①直接发育型线虫：发育不需要中间宿主，幼虫在外界环境中（例如，土壤及粪便）孵化、蜕皮2次，发育成为感染性L3，被终末宿主食入；也有些是穿过终末宿主皮肤或终末宿主食入含有幼虫的虫卵而被感染。由于直接发育型线虫通常在土壤中发育到感染期，故又称为土源性线虫。这种发育模式包括蛲虫型、毛尾线虫型、蛔虫型、圆线虫型、钩虫型。

②间接发育型线虫：发育需要中间宿主如昆虫和软体动物等的参与，幼虫通常在中间宿主体内经2次蜕皮发育为感染性L3，终末宿主因摄食了含有感染性L3的中间宿主，或中间宿主吸血、采食时将感染性幼虫输入终末宿主而感染。由于间接发育型线虫在中间宿主体内发育到感染期，故又称为生物源性线虫。这种发育模式包括旋尾线虫型、后圆线虫型、丝虫型、龙线虫型、旋毛虫型。

8.1.2 线虫的分类及主要的寄生种类

线性动物门的线虫的分类十分复杂，又因不同的专家、学者对线虫的形态学、生物学等特征侧重点不一致，因此迄今存在有多种不同的线虫分类系统，其中比较著名的有Yamaguti（1961），陈心陶（1965），Levine（1968），Schmidt 及 Roberts（1985），Skryabin 等（1991），孔繁瑶（1997）等的线虫分类。本书就被国际、国内寄生虫学界广泛接受和采用的 Schmidt 及 Roberts（1985）的线虫分类系统介绍如下：

线形动物门（Nematoda）分为两个纲尾感器纲（Secernentea = Phasmidia）和无尾感器纲（Adenophorea = Aphasmidia），区别如下：

尾感器纲与无尾感器纲的区别

尾感器纲（Secernentea = Phasmidia）	无尾感器纲（Adenophorea = Aphasmidia）
• 无尾感器（phasmid）	• 有尾感器，但在寄生成虫不易观察到
• 头感器（amphid）一般发达（寄生者例外），位于唇后，开口处构造较复杂	• 头感器一般不发达，有小的简单的孔开口于唇上或附近
• 无尾乳突或尾乳突数目很少	• 尾乳突数目常很多，基本数目21个
• 排泄系统无侧管，且末端无角皮衬里	• 排泄系统具侧管，且末端有角皮衬里
• 尾腺和皮下腺常见	• 无尾腺和皮下腺
• 无颈乳突	• 颈乳突常见
• 卵两端有塞，或在子宫中孵出幼虫	• 卵不具塞，少数一端具有卵盖
• 第1期幼虫常有小刺，常对终末宿主有感染性	• 第3期幼虫对终末宿主有感染性
• 多数为自由生活，少数系植物寄生虫或无脊椎动物的寄生虫	• 自由生活或寄生于植物、脊椎动物、无脊椎动物的寄生虫
• 下分毛尾目和膨结目	• 下分杆形目、圆线目、蛔目、尖尾目、旋尾目、丝虫目、驼形目

1)毛尾目

虫体前端比后端细,无唇及口囊明显退化;食道呈捻珠状,雄虫仅有1根交合刺或无交合刺;卵的两端有卵塞,毛形科为胎生。可寄生于脊椎动物的几乎所有器官。与兽医有关的有3个科:

(1)毛形科

毛形属,代表虫种如旋毛线虫。

(2)毛尾(首)科

雄虫有交合刺1根和刺鞘,主要寄生于宿主盲肠。目前只有毛尾属,代表虫种如猪毛尾线虫、绵羊毛尾线虫等。

(3)毛细科

雄虫仅有1根交合刺或无,刺鞘具棘或光滑,主要寄生在禽类、猫、犬等动物。有3个属:

①毛细属:刺鞘光滑无棘。如寄生于鸡嗉囊和食道的有轮毛细线虫。

②线形属:刺鞘具棘,有交合刺。如寄生于鸭的鸭线形线虫。

③真鞘属:刺鞘具棘,无交合刺。

2)膨结目

与兽医有关的有2个科:

(1)膨结科

膨结科虫体头端口孔由排列成1~3圈的6、12或18个乳突围绕。雌虫生殖孔位于体前端或体后部肛门附近;成虫寄生于哺乳动物的泌尿系统或腹腔等处,或水鸟的腺胃中。代表属为膨结属,该属线虫是家畜寄生虫中个体最大的,雌虫最长1 m,如肾膨结线虫。

(2)芽结科

虫体头端具有发达的口吸盘,其外缘有6个乳突围绕。雌虫生殖孔位于体前1/3;成虫寄生于陆生哺乳动物的肠道。

3)杆形目

微形至小型线虫,通常有6个唇;自由生活期,具典型的杆线虫型食道;在寄生期常无食道球;口囊小或缺乏;雌、雄虫尾部均为圆锥状;交合刺相同;具引器;寄生世代营孤雌生殖(宿主体内只有雌虫),自由生活世代雌雄异体,两种世代交替进行;为两栖类及爬行类肺部的寄生线虫,或两栖类、爬行类、鸟类及哺乳动物肠道的寄生线虫。

与兽医有关的主要有2个科:

(1)类圆科

雄虫尾部具有尾翼,口有两个侧唇;为脊椎动物的寄生线虫。如类圆属代表虫种:

①兰氏类圆线虫:寄生于猪的小肠,多在十二指肠黏膜内。

②韦氏类圆线虫:寄生于马属动物的十二指肠黏膜内。

③乳突类圆线虫:尾端指状,阴门开口于体后1/3处。寄生于牛、羊的小肠黏膜内。

④粪类圆线虫:寄生于人、其他灵长类、犬、猫和狐的小肠内。

⑤鸡类圆线虫：寄生于鸡、野禽盲肠。

(2)小杆科

小杆科主要有小杆属和微细属，雄虫尾部无尾翼，口腔呈圆柱状，有3～6个不发达的唇片，主要为自由生活线虫。

4)圆线目

通常为细长型虫体；食道后端常膨大，呈棒状，但无明确的食道球；雄虫具有发达的、由肋支撑的交合伞；通常为卵生；可寄生于所有纲的脊椎动物，但少见于鱼类。与兽医有关的主要有12个科：

(1)裂口科

①裂口属：如寄生于鹅、鸭的肌胃角质膜下的鹅裂口线虫。

②肩口属。

(2)钩口科

①钩口属：如寄生于犬小肠的犬钩口线虫、寄生于猫的管形钩口线虫。

②仰口属：常见的有寄生于小肠的牛仰口线虫、羊仰口线虫。

③旷口属：佛利柏旷口线虫寄生于黄牛小肠。

④板口属：美洲板口线虫寄生于人、犬、猩猩等宿主的十二指肠。

⑤球首属：寄生于猪小肠的长尖球首线虫、萨摩亚球首线虫、锥尾球首线虫。

⑥弯口属：狭头弯口线虫寄生于猪小肠。

⑦盖格属：如缘盖格线虫寄生于羊、山羊的小肠。

(3)管圆科

①管圆属：常寄生于肺动脉，如广州管圆线虫、寄生于犬的脉居管圆线虫。

②猫圆属：寄生于猫的肺实质和支气管的深奥猫圆线虫。

(4)盅口科(也称为毛线科)

①盅口属(毛线属)：常见寄生于马属动物大肠。

②杯环属：寄生于马属动物大肠。

③辐首属：寄生于马属动物大肠。

④鲍杰属：如双管鲍杰线虫寄生于猪的盲肠和结肠。

(5)网尾科

常见的系寄生于反刍兽和马属动物呼吸道(气管、支气管)的网尾属，如丝状网尾线虫、胎生网尾线虫、骆驼网尾线虫、安氏网尾线虫。

(6)后圆科

后圆科只有一个后圆属，主要寄生于猪气管、支气管、细支气管。如野猪后圆线虫(又称长刺后圆线虫)、复阴后圆线虫、萨氏后圆线虫。中间宿主是蚯蚓。

(7)原圆科

①原圆属：如柯氏原圆线虫寄生于羊支气管和细支气管。

②缪勒属：毛样缪勒线虫寄生于羊的肺泡、支气管、细支气管等。

③刺尾属：寄生于绵羊、山羊、鹿的细支气管和支气管等。

④歧尾属:寄生于绵羊、山羊、鹿的肺实质等。

⑤囊尾属:如有鞘囊尾线虫寄生于绵羊、山羊、鹿的肺组织等。

(8)**冠尾科**

与兽医相关的有冠尾属,代表虫种有齿冠尾线虫,主要寄生于猪的肾盂、肾周围的脂肪和输尿管壁等。

(9)**圆线科**

①圆线属:主要寄生于马属动物盲肠和结肠,种的鉴定主要根据口囊内齿的有无和数目、形状。马圆线虫口囊底部有两个亚腹侧齿;普通圆线虫口囊底部有两个耳状的亚背侧齿;另一种为无齿圆线虫,又名无齿阿尔夫线虫。

②三齿属:寄生于马属动物盲结肠中,虫体口囊中有3对齿。

③盆口属:寄生于马属动物盲结肠中,形态同三齿属,但口囊中无齿。

④食道齿属:寄生于马属动物盲结肠中,口囊呈杯状,食道漏斗内有3个齿,不伸达口囊中。

⑤夏柏特属:口囊内无齿,常见的有绵羊夏伯特线虫、叶氏夏伯特线虫,主要寄生在羊、牛、骆驼等反刍兽大肠内。

(10)**比翼科**

①比翼属:主要寄生于鸟类呼吸道,如气管比翼线虫、斯克里亚宾比翼线虫。

②鼠比翼属:寄生鼠类呼吸系统。

③哺乳类比翼属:寄生哺乳类呼吸系统中。

(11)**毛圆科**

①毛圆属:主要寄生于反刍兽小肠,常见的有蛇形毛圆线虫、艾氏毛圆线虫。

②血矛属:寄生于反刍兽皱胃(第四胃),如捻转血矛线虫、柏氏血矛线虫。

③奥斯特属:寄生于反刍兽第四胃和小肠,常见有环纹奥斯特、三叉奥斯特线虫。

④马歇尔属:常见有蒙古马歇尔线虫和马氏马歇尔线虫,主要寄生于反刍兽第四胃。

⑤古柏属:寄生于反刍兽小肠、胰脏、第四胃,主要形态特征是有小的头泡,食道区角皮有横纹。等侧古柏线虫和叶氏古柏线虫较为常见。

⑥细颈属:寄生于反刍兽小肠,如尖刺细颈线虫、奥拉奇细颈线虫。

⑦似细颈属:该属与细颈属相似,区别在于似细颈属雄虫交合刺特别长,可达虫体全长的一半。长刺似细颈线虫主要寄生于绵羊、山羊、驯鹿等小肠。

⑧长刺属:指形长刺线虫寄生于反刍兽第四胃和猪的胃内。

⑨猪圆线虫属:红色猪圆线虫寄生于猪的胃内。

(12)**食道口科**

食道口属:主要寄生于反刍兽、猪、灵长类动物大肠、结肠内。与兽医有关的有哥伦比亚食道口线虫、微管食道口线虫、粗纹食道口线虫、辐射食道口线虫、甘肃食道口线虫、有齿食道口线虫、长尾食道口线虫、短尾食道口线虫。

5)蛔目

粗大型虫体,通常有3片唇,个别虫种具2片唇或无唇;无口囊,食道简单,个别虫种有后小胃；少数种有肛（泄殖孔）前吸盘；雄虫尾部常弯向腹面；雌虫阴门位于体中部稍前，卵壳厚，常有凹凸不平的外层。

蛔目下分为10多个科，与兽医有关的主要有下面4个科：

(1)**蛔科**

①蛔属：寄生于猪小肠内的猪蛔虫；人蛔虫的形态与猪蛔虫相似，寄生于人小肠。

②副蛔属：马副蛔虫寄生于马小肠。

(2)**禽蛔科**

禽蛔属：雄虫泄殖孔有前吸盘。寄生于禽小肠内，如鸡蛔虫、鹅蛔虫、鸽蛔虫。

(3)**弓首科**

①弓首属：寄生于肉食兽小肠内，虫体有3片唇，有颈翼膜，食道后部有肌质膨大部，有多对乳突，2根不等长的交合刺，无引器。卵壳上散布有点状小凹。犬弓首蛔虫和猫弓首蛔虫，后者的颈翼膜前窄后宽，使虫体前端如箭镞状。

②新蛔属：牛新蛔虫也称牛弓首蛔虫，寄生于犊牛小肠内的大型虫体。

③弓蛔属：与弓首属相似，但食道后无肌质膨大部，肛前乳突约25对，阴门在体后方1/3处，颈翼中间宽，两端窄，使头端呈矛尖形，卵壳厚，但光滑。如狮弓首蛔虫、熊蛔虫。

(4)**异尖科**

异尖属：寄生于海洋哺乳动物的胃和小肠，第3期幼虫可寄生于海鱼体内，如简单异尖线虫。

6)尖尾目

通常有长而尖的尾，故又称蛲虫。食道有后食道球，雌虫阴门在体前部，虫卵壳薄，多数种两侧不对称，产出时通常已完全胚胎化。为直接发育型。成虫寄生于宿主大肠，具有严格宿主特异性。与兽医关系密切的有2个科：

(1)**尖尾科**

雄虫有2根交合刺，有泄殖腔前吸盘。

①尖尾属：马尖尾线虫（马蛲虫）寄生于马属动物的大肠。

②钉尾属：疑似钉尾线虫寄生于兔的盲肠和大肠内。

③住肠属：俗称人蛲虫，寄生于人大肠。

④无刺属：四翼无刺线虫寄生于鼠结肠和盲肠。

(2)**异刺科**

雄虫可有1～2根交合刺或无交合刺，无泄殖腔前吸盘。

①异刺属：鸡异刺线虫虫体小，白色，侧翼较长，食道末端有一膨大的后食道球。雄虫末端尖细，交合刺2根，左侧短粗右侧细长，有一个圆形的泄殖孔前吸盘。

②同刺属：与鸡异刺线虫相似，但交合刺等长，多寄生于雉。

7)旋尾目

口周有6片小唇，通常头部有饰物；食道常分为短的前肌质部及长的后腺质部，无后食道球；雄虫尾部旋转卷曲，交合刺的大小及形状各异；雌虫阴门位于体中部或靠前端，子宫中虫卵很多，卵内含幼虫；寄生于宿主消化道、眼、鼻腔等处；发育为间接型，需非吸血性节肢动物作为中间宿主。与兽医有关的约有下列9个科：

(1)华首科(也称锐形科)

①锐形属(华首属):头部有4条饰带。如寄生于鸡和火鸡肌胃的小沟锐形线虫,寄生于前胃和食道的旋锐形线虫。

②副柔线属:斯氏副柔线虫寄生于反刍兽胃内。

(2)似蛔科

①似蛔属:咽部有螺旋形角质厚纹。如寄生于猪胃的圆形似蛔线虫和有齿似蛔线虫。

②泡首属:六翼泡首线虫寄生于猪胃内。

③西蒙属:奇异西蒙线虫寄生于猪胃。

(3)颚口科

颚口属:虫体前端呈头球状,其上布满小棘,其余体表也布满小棘,体前部小棘呈鳞片状。刚棘颚口线虫和陶氏颚口线虫寄生于猪胃,有棘颚口线虫寄生于猫、犬、貂胃内。

(4)筒线科

筒线属:美丽筒线虫寄生于绵羊、山羊、黄牛、猪等动物的食道黏膜中或黏膜下层,多瘤筒线虫寄生于绵羊、山羊、黄牛和鹿的第一胃,嗉囊筒线虫寄生于禽类嗉囊黏膜下。

(5)柔线科

①柔线属:寄生于马属动物胃内,幼虫还可以寄生在马的皮肤和肺部。卵壳厚,内含幼虫。如蝇柔线虫和小口柔线虫。

②德拉西属:大口德拉西线虫寄生于马属动物胃内。

(6)泡翼科

泡翼属:包皮泡翼线虫寄生于猫科动物胃内。

(7)尾旋科

尾旋属:狼尾旋线虫寄生于犬、狼、狐的食道壁和主动脉壁形成结节。

(8)四棱科

四棱属:美洲四棱线虫,无饰带。雌虫近似球形,寄生于禽类胃腺;雄虫寄生于胃腔中。

(9)吸吮科

①吸吮属:体表通常有显著的横纹,口囊小,无唇,边缘有内外两圈乳突。罗氏吸吮线虫、大口吸吮线虫、斯氏吸吮线虫寄生于牛的结膜囊、第三眼睑下及泪管内;泪吸吮线虫寄生于马泪管内;丽嫩吸吮线虫寄生于犬瞬膜下。

②尖旋尾属:孟氏尖旋尾线虫寄生于鸡、火鸡、孔雀瞬膜下。

8)丝虫目

口无唇,大多数种无口囊,食道通常分为前肌质部和后腺质部,交合刺通常不等长、不同形,胎生或卵胎生,雌虫阴门开口于食道部或头端附近,中间宿主为吸血节肢动物,为陆生脊椎动物各种组织或呼吸系统的寄生虫。与兽医有关的有4个科：

(1)双瓣科

①浆膜丝属:猪浆膜丝虫成虫寄生于猪心脏、肝、胆囊、子宫和隔肌等处的浆膜淋巴

管，微丝蚴寄生于血液中。

②恶丝虫属：犬恶丝虫，寄生于犬右心室和肺动脉。

③双瓣属：伊氏双瓣丝虫，寄生于骆驼肺血管中。

(2)**丝虫科**

①丝虫属：虫体前部角皮光滑。

②副丝虫属：虫体前部有疣状或环形结构。多乳突副丝虫寄生于马属动物的皮下组织和肌间结缔组织，牛副丝虫寄生于牛的皮下组织和肌间结缔组织。

(3)**盘尾科**

盘尾属：颈盘尾丝虫和网状盘尾丝虫寄生于马的韧带，吉氏盘尾丝虫寄生于牛的体侧和后肢皮下结节内，喉瘤盘尾丝虫寄生于牛的项韧带和股胫韧带，圈形盘尾丝虫寄生于水牛黄牛的主动脉壁内膜下。

(4)**腹腔丝虫科(也称丝状科)**

丝状属微丝蚴寄生于宿主血液中，马丝状线虫寄生于马腹腔，鹿丝状线虫寄生于牛和鹿的腹腔，指形丝状线虫寄生于牛的腹腔。

9)驼形目

无唇，口囊有或无，或由2个大的侧板取代；食道长，明显地分为前肌质部及后腺质部；雌虫远大于雄虫；交合刺等长、同形，或不等长、不同形；卵胎生；雌虫的肛门及阴门可能萎缩；为水生及陆生脊椎动物包括人的组织、体腔、气囊、循环系统或消化系统的寄生虫。

驼形目下分为8个科，与兽医有一定关系的只有2个科：

(1)**龙线科**

龙线科虫体口腔不发达，雌虫远大于雄虫；雄虫有交合刺，为哺乳类及鸟类的寄生虫，如麦地那龙线虫。

(2)**鳗居科**

鳗居科虫体口腔发达，雄虫无交合刺，为鱼类的寄生虫。

8.2 旋毛虫病

旋毛虫病是由毛尾目、毛形科、毛形属的旋毛形线虫所引起的一种人兽共患寄生虫病。成虫寄生于肠道，幼虫寄生于横纹肌。猪、鼠、犬、猫、狐、狼等近50多种动物和人均可感染。该病是肉品卫生检验的重要项目之一，在公共卫生上具有十分重要的意义。

【病原形态】 旋毛虫(*Trichinella spiralis*)成虫细小，呈毛发状，虫体前端较后端细。消化道由口腔、食道、中肠及后肠组成。雄虫长1~1.8 mm，尾端有后肠开口的泄殖孔，泄殖孔外侧具有1对呈耳状的交配叶，内侧有2对小乳突。无交合刺及刺鞘。雌虫长1.5~4 mm，肛门位于尾端，阴门开口于食道中部，卵巢位于虫体的后部，呈管状。卵巢之后连有一短而窄的输卵管，在输卵管和子宫之间为受精囊。在子宫内可以观察到早期的幼虫。旋毛虫属胎生，通常将寄生于小肠的成虫称为肠旋毛虫，寄生于横纹肌的幼虫称为肌旋毛虫。见图8.7和图8.8。

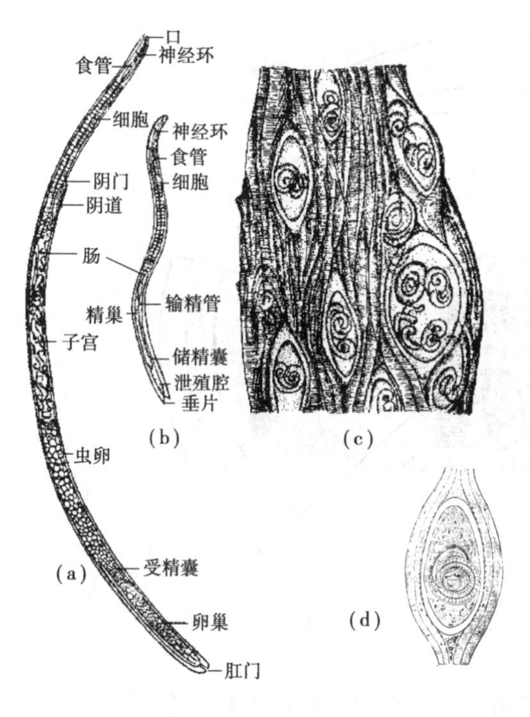

图 8.7　旋毛虫(引自徐岢南,甘运兴,1965)
(a)雄虫;(b)雌虫;
(c)肌肉中包囊;(d)单个包囊及幼虫

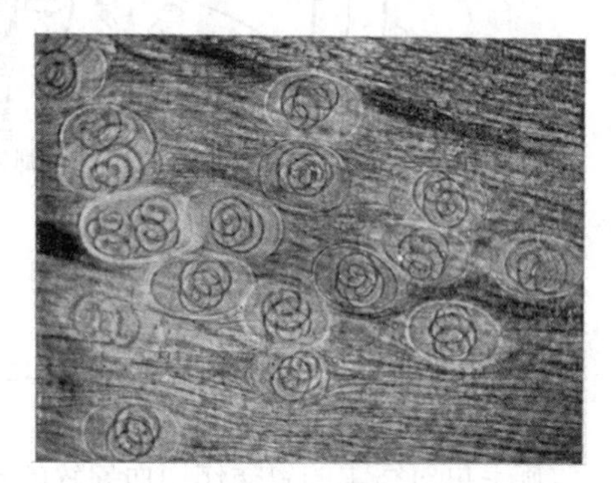

图 8.8　肌肉中的旋毛虫包囊幼虫

【发育与传播】

旋毛虫的发育不需要在外界进行,成虫和幼虫寄生于同一宿主,其先为终末宿主后为中间宿主,但要延续生活史必须更换宿主。即,动物之间传播是经口感染,从中间宿主成为终末宿主,继之则是动物的自体感染,从终末宿主变成中间宿主。

宿主摄食了含有包囊幼虫的动物肌肉,在胃蛋白酶作用下,肌肉组织及包囊被溶解,从而释放出幼虫,幼虫进入十二指肠和空肠的黏膜细胞内,在 48 h 内,经 4 次蜕皮即可发育为性成熟的肠旋毛虫。雌雄成虫交配后,雄虫大多死亡,排出宿主体内。雌虫受精后钻入肠腺或肠黏膜中继续发育,子宫内受精卵发育为新生幼虫,并从阴门排出。雌虫的产幼虫期可持续 4 ~16 周,一条雌虫可以产 1 000 ~10 000 条幼虫。雌虫的寿命一般为 1 ~4 月,其死亡后随宿主粪便排出体外。

雌虫所产生的新生幼虫经肠系膜进入局部的淋巴管和小静脉,随淋巴和血液循环进入右心,再经肺循环回到左心,然后再随体循环到达身体各部,但只有移行到横纹肌内的幼虫才能进一步发育。幼虫在进入横纹肌细胞后迅速发育为感染性第 1 期幼虫即停止生长,并开始卷曲。幼虫的机械和代谢产物的刺激,使肌细胞受损,出现炎性细胞浸润和纤维组织增生,从而在虫体周围形成包囊。包囊呈梭形,其中一般含有 1 条幼虫,但有的可达 3 ~7 条。幼虫在包囊内充分卷曲,只要宿主不死亡,含幼虫的包囊则可一直持续有感染性。即使在包囊钙化后,幼虫仍可存活数年,甚至长达 30 年。若被另一宿主食入,则肌幼虫又可在新宿主体内发育为成虫,又开始其新的生活史。

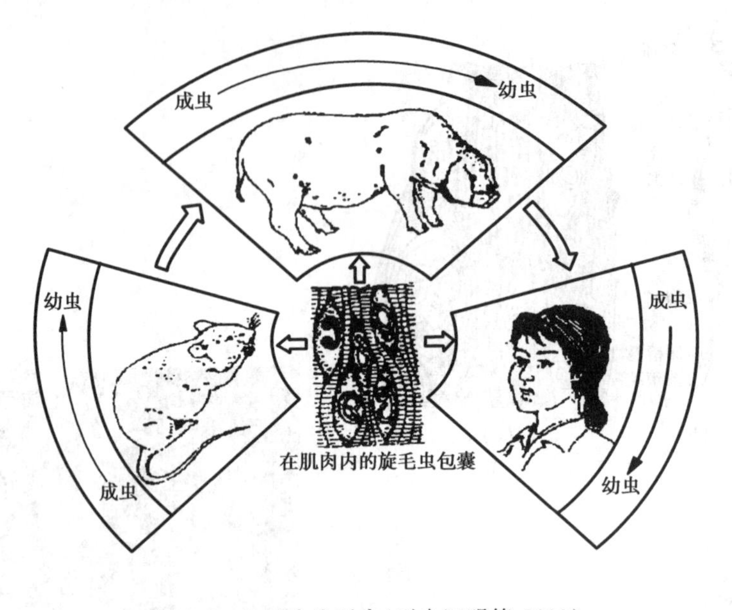

图8.9 旋毛虫生活史(引自汪明等,2002)

【症状与病变】

旋毛虫对宿主的致病作用而导致的各种病症主要表现在以下几个方面:

①肌肉疼痛:旋毛虫幼虫移行进入肌细胞后,肌肉组织受损,发生一系列的生理、生化特性变化,从而刺激神经末梢致肌肉疼痛。受损的肌细胞发生结构的变化,形成了在解剖结构上独立于其他肌细胞的营养细胞即“保姆细胞”,其功能是给幼虫提供所需的营养物质并保护幼虫免遭宿主免疫反应的破坏。

②发热:5-羟色胺浓度增加、白细胞数量增多、白介素 IL-1 产生等内源性致热源作用于体温调节中枢,导致发热。

③组织水肿和出血:宿主感染旋毛虫后,免疫复合物增加,促使组胺、嗜酸性粒细胞、5-羟色胺等因子聚集,导致毛细血管通透性增强,从而发生组织水肿,肝、肺、心肌、肠黏膜、骨骼肌等有出血病变。

④腹痛和神经症状:成虫寄生于肠黏膜的时期,可引起宿主急性卡他性肠炎,导致腹痛或腹泻症状。另外,幼虫进入脑脊髓还可引起头痛、头晕等症状。

8.3 动物蛔虫病

蛔虫(*Ascarids*)是家畜和家禽寄生虫病中常见的肠道寄生线虫,其流行和分布极为广泛,病原体主要属于蛔目的蛔科、禽蛔科、弓首科的各种线虫。不同种的蛔虫具有相对的宿主特异性,即使某些种的蛔虫可以寄生非专性宿主体内,但最终不能完成其全部生活史,不能发育到成虫。蛔虫病对养殖业的危害十分严重,与兽医关系密切的有猪蛔虫病、马副蛔虫病、犊新蛔虫病、鸡蛔虫病、猫犬弓首蛔虫病。

8.3.1 猪蛔虫病

猪蛔虫病是由蛔科、蛔属(*Ascaris*)的猪蛔虫(*A. suum*)寄生于猪小肠所引起的一种线虫病。该病分布极为广泛,主要侵害1~6月龄的仔猪,对养猪业生产危害十分严重。在不卫生的猪场和营养不良的猪群中,感染率一般都在50%以上。猪蛔虫幼虫在体内移行可造成各器官和组织的损害,如引起乳斑肝和肺炎等。感染本病的仔猪生长发育不良,或发育停滞成为僵猪,严重者造成死亡。

【病原形态】 猪蛔虫是一种大型线虫,近似圆柱形,头尾较细,中间稍粗。活虫体呈淡红色或淡黄色,死后为苍白色。虫体前端有3个唇片,成"品"字形排列,1片背唇较大,2片腹唇较小,3个唇片的内缘各有一排小齿。唇之间为口腔。口腔后为食道。见图8.10。

雄虫体长15~25 cm,宽2~4 mm,尾端向腹面弯曲,形似鱼钩。泄殖腔开口距尾端较近。有2根等长的交合刺,无引器。肛前和肛后有许多性乳突。雌虫一般比雄虫大,体长20~40 cm,宽3~6 mm。虫体较直,尾端稍钝。两条子宫合为一个短小的阴道。阴门开口于虫体前1/3与中1/3交界处附近的腹面中线上。肛门距虫体末端较近。

猪蛔虫虫卵多为椭圆形,黄褐色。卵壳分为四层,最外层为凹凸不平的蛋白膜。虫卵有受精卵和未受精卵之分,受精卵大小为(50~75)μm×(40~80)μm,内含一个圆形卵细胞,卵细胞与卵壳之间的两端形成新月形空隙。未受精卵较受精卵狭长,卵壳较薄,多数没有蛋白质膜,或蛋白质膜很薄,内容物多是卵黄颗粒和空泡。见图8.11和图8.12。

【发育与传播】 猪蛔虫属土源性寄生虫,其发育不需要中间宿主,整个过程可分为:虫卵在外界的发育、幼虫在脏器内的移行和发育以及成虫在小肠内的寄生3个阶段。

猪蛔虫的虫卵随宿主粪便排至外界,经过一段时间发育为具感染性虫卵阶段。

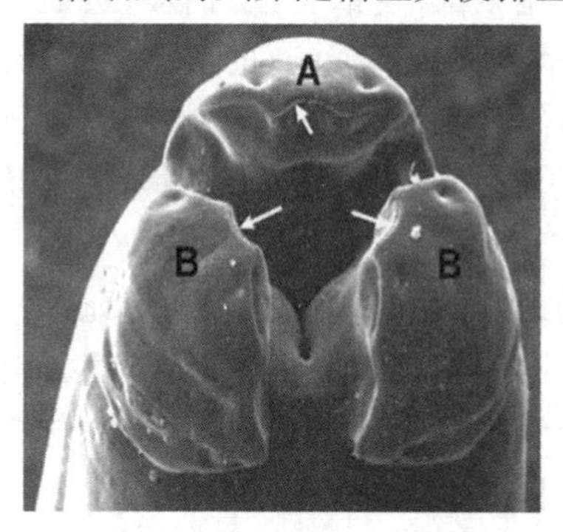

图8.10　前端有三片唇(电镜扫描)

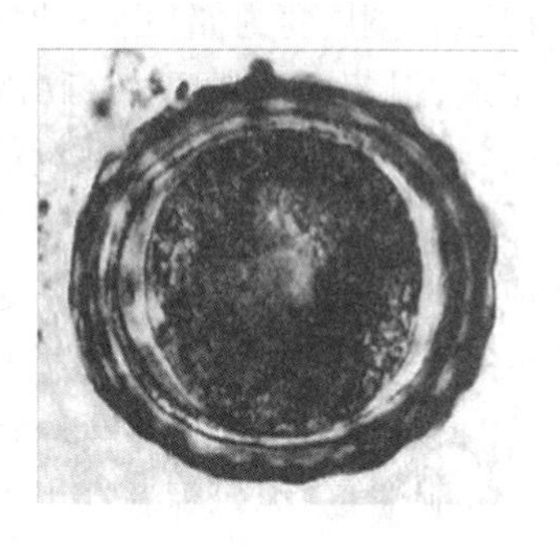

图8.11　受精卵

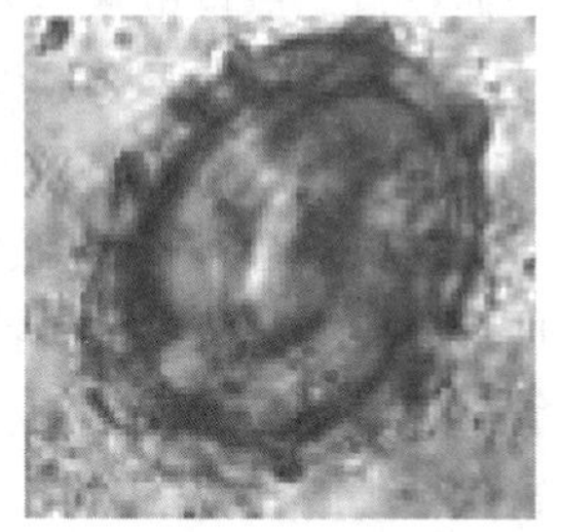

图8.12　含幼虫的虫卵

感染性虫卵被其他猪吞食后,释放出的幼虫钻进肠壁,随血液通过门静脉到达肝脏。少数幼虫随肠淋巴液进入乳糜管到达肠系膜淋巴结,钻出淋巴结由腹腔钻入肝脏,或者由腹腔再入门静脉进入肝脏。一般在感染后4~5 d,幼虫在肝内进行第二次蜕皮,成为第3期幼虫。3期幼虫经肝静脉、后腔静脉进入右心房、右心室和肺动脉到肺部毛细血管,并穿破毛细血管进入肺泡。幼虫在肺内经5~6 d(感染后12~14 d),进行第三次蜕皮发育为第4期幼虫。4期幼虫离开肺泡,进入细支气管和支气管,再上行到气管,随黏液到达咽部,被吞下经食道、胃返回小肠,在小肠内进行最后一次脱皮形成第5期幼虫,发育变为成虫。

猪蛔虫感染性虫卵被人误食后,虽不能在人体内完成其全部生活史,但其幼虫同样可在人体内移行,导致眼幼虫移行症(OLM)、内脏幼虫移行症(VLM)。

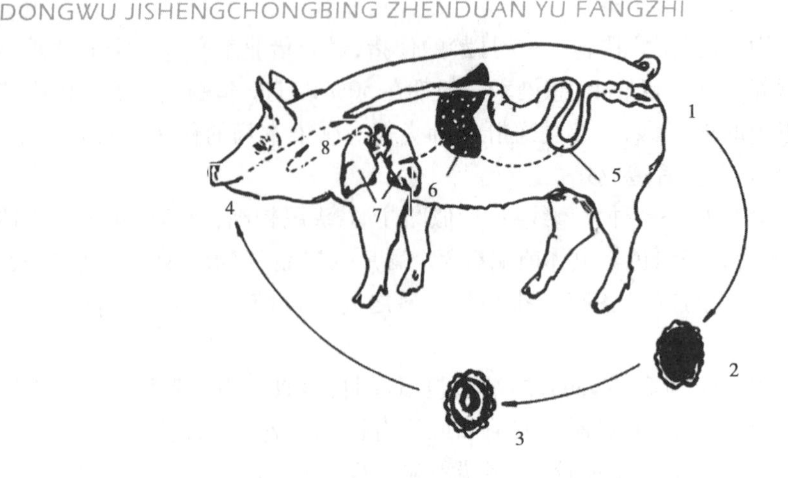

图 8.13　猪蛔虫生活史

1. 排出虫卵　2. 含 1 期幼虫的虫卵　3. 含 2 期幼虫的感染性虫卵
4. 宿主吞食感染性虫卵或幼虫　5. 幼虫钻入小肠壁
6. 幼虫移行至肝脏　7. 幼虫移行至肺脏　8. 在小肠内发育为成虫

猪蛔虫病流行传播甚广，几乎到处都有。主要原因是：该寄生虫生活史简单，不需要中间宿主，再加上雌虫产卵多，每条雌虫每日可产 10 万 ~200 万，而且虫卵对外界环境的抵抗力强。

【症状与病变】　猪蛔虫病的症状表现，主要是由于幼虫移行和成虫夺取营养过程而产生。一般以 1 ~6 个月的仔猪比较严重，主要表现消化紊乱，食欲不振，消瘦，贫血，被毛粗乱，有的病猪生长发育长期受阻，变为僵猪。有时病猪表现疝痛，有的可能发生肠破裂而死亡。成虫也常钻入胆道，引起胆道阻塞，导致猪出现腹痛、黄疸等症状，甚至可引起死亡。成年猪具有较强的免疫力，能忍受一定数量的虫体侵害，而不呈现明显的症状，但却是本病的传染源。

幼虫移行对肝和肺造成的损害较大。剖检可以发现肝脏有出血、变性和坏死，肝表面形成云雾状灰白色“乳斑肝”，幼虫滞留在肝脏。幼虫由肺毛细血管进入肺泡时，使血管破裂，造成大量的小点状出血和水肿，感染严重时会引起整个肺的出血性炎症。成虫寄生于小肠，引起小肠出血、黏膜溃疡、坏死等病灶。见图 8.14、图 8.15 和图 8.16。

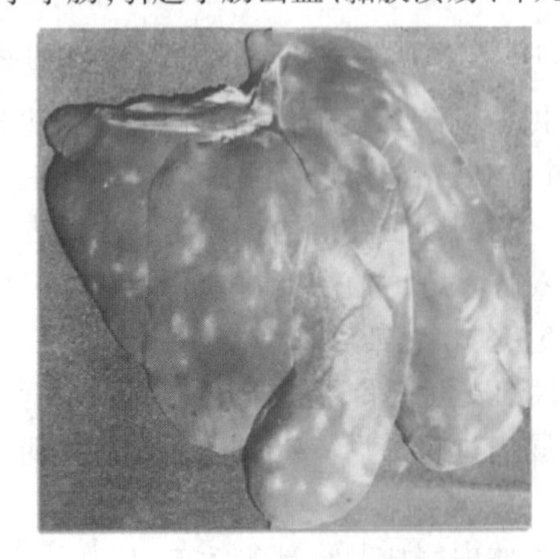

图 8.14　乳斑肝

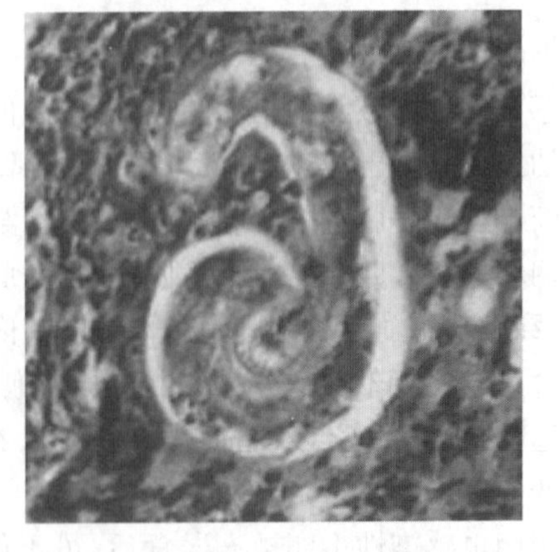

图 8.15　幼虫寄生于肺脏

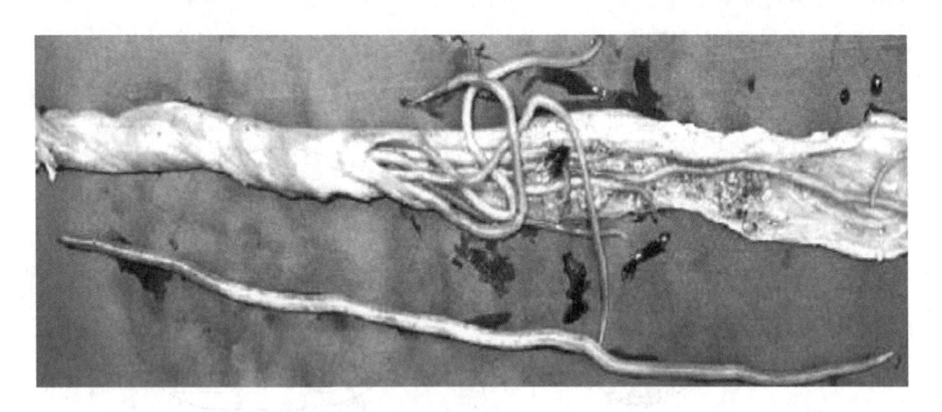

图 8.16　成虫堵塞小肠

8.3.2　马副蛔虫病

马副蛔虫病是由蛔科、副蛔属(*Parascaris*)的马副蛔虫(*P. equorum*)寄生于马属动物的小肠所引起的一种线虫病。本病在世界各地普遍存在,对幼驹的危害十分严重。

【病原形态】　该线虫是家畜蛔虫病中体形最大的一种,外形与猪蛔虫相似,但头端显著膨大,故又称大头蛔虫。虫体近似圆柱形,直径可达 8 mm,两端较细,黄白色。口孔周围有 3 片唇,唇与体部之间有明显的横沟。雄虫体长 15 ~28 cm,尾端向腹面弯曲;雌虫体长18 ~37 cm,尾部直,阴门开口于虫体前 1/4 部分的腹面。虫卵近似圆形,暗黄色或褐色,直径 90 ~100 μm,卵壳厚,表面有不光滑的蛋白膜。

【发育与传播】　马副蛔虫发育史与猪蛔虫相似,经口感染后,亦经过肝、肺、气管、食道、小肠的移行过程。马从吞食感染性虫卵至发育为成虫,需要 2 ~2.5 个月。马副蛔虫病流行广,主要以幼驹感染性最强,老年马多为带虫者,散布病原体。感染多发于秋、冬季。厩舍内的感染机会一般多于牧场,特别是把饲料任意散放在厩舍地面上让马采食时,更能增加感染的机会。虫卵对不利的外界环境抵抗力极强。

【症状与病变】　幼驹一般表现为发育缓慢、消瘦、贫血、黏膜苍白、腹痛、腹泻等消化障碍和胃肠炎症状。感染前期主要表现不同程度和持续时间不等的咳嗽,常自鼻孔流出浆液或黏液性鼻液;感染后期主要是由于幼虫的移行导致肝细胞变性和肺出血,严重时成虫可以引起肠阻塞或肠穿孔。

8.3.3　犊牛新蛔虫病

犊牛新蛔虫(*Neoascaris vitulorum*)也称牛弓首蛔虫(*Toxocara vitulorum*),属于弓首科、弓首属。主要寄生于犊牛的小肠,引起肠炎、腹泻、腹部膨大等症状。初生牛大量感染时可引起死亡。犊新蛔虫分布很广,遍及世界各地,在我国多见于南方诸省的犊牛。

【病原形态】　犊新蛔虫的成虫虫体粗大,呈淡黄色,体表角皮较薄柔软。虫体前端有 3 个唇片,食道呈圆柱形,后端有 1 个小胃与肠管相接。雄虫长 10 ~25 cm,尾部呈圆锥形,弯向腹面;雌虫较雄虫为大,长 15 ~30 cm,生殖孔开口于虫体前 1/8 ~1/6 处,尾直。虫卵近乎球形,短圆,大小为(70 ~80) μm × (60 ~66)μm,壳较厚,外层呈蜂窝状,新鲜虫卵淡黄色,内含单一卵细胞。见图 8.17。

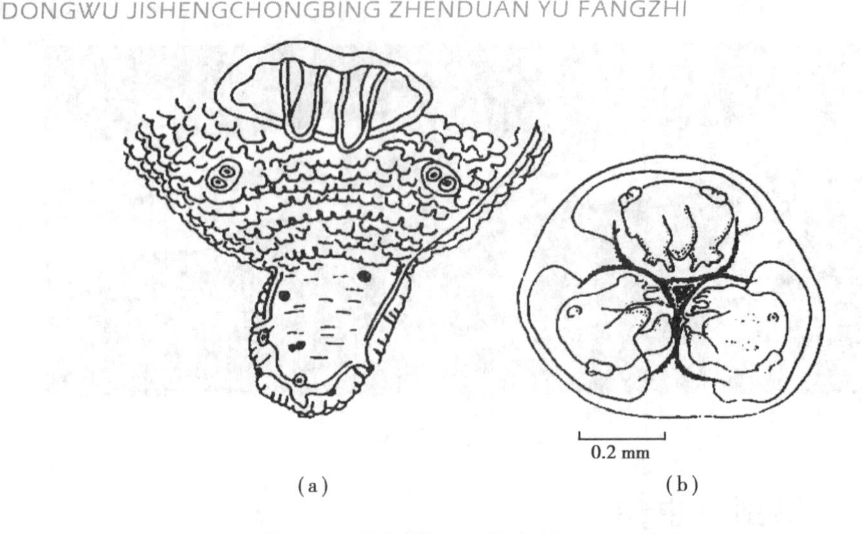

图 8.17　犊牛新蛔虫(引自 Mosgowoi,1951)

(a)雄虫尾端锥突;(b)唇部顶面观

【发育与传播】 寄生在犊牛小肠内的雌雄成虫交配,雌虫产卵随粪便排出体外,虫卵在外界经 3 ~4 周发育为含有第 2 期幼虫的感染性虫卵。牛吃入被感染性虫卵污染的饲料、青草或饮水后,虫卵内幼虫在小肠内逸出穿过肠壁,移行经肝、肺、肾等器官,进行第二次蜕皮,变为第 3 期幼虫,并潜伏在这些组织中。当母牛怀孕 8 个月左右,幼虫便移行至子宫,进入胎盘,变为第 4 期幼虫,随着胎盘的蠕动,被胎牛吞入肠中。在小牛出生后一个月,幼虫在犊牛小肠进行第四次蜕皮,发育为成虫,成虫在犊牛体内生存 2 ~5 个月,以后逐渐从宿主排出体外。另外,据报道,犊牛也可能因吃母乳而获得感染。成年牛是幼虫在内部器官组织中移行阶段寄生,少见有成虫寄生的情况。

犊牛新蛔虫虫卵对药物抵抗力较强,2% 福尔马林对虫卵几乎无影响,在 2% 来苏儿中可存活 20 h。但是在阳光的直接照射下,4 h 可将虫卵杀死。另外,在相对湿度低于 80% 时,感染性虫卵的生存和发育即受到严重影响。

【症状与病变】 幼虫在犊牛体内移行,对肝、肺等组织器官造成损伤,引起肝、肺的点状出血并可能引起肺炎;成虫寄生于肠道,不仅刺激肠壁、掠夺营养,还分泌毒素产生毒害。因此,染病的犊牛在出生后 20 ~30 d 即可出现精神沉郁、消化失调,食欲不佳并腹泻,初排黄白色干粪,后排腥臭带黏液的黄白稀粪,口腔内也发出臭气味,大量虫体集结成团堵塞肠管,引起虫源性肠阻塞甚至造成肠破裂,严重病犊常因体质虚弱而死亡。

8.3.4　鸡蛔虫病

鸡蛔虫病的病原体属于禽蛔科、禽蛔属(*Ascaridia*)的鸡蛔虫(*A. galli*),寄生于鸡、番鸭等家禽及野禽的小肠,是鸡体内最大的一种线虫。呈全球性分布,影响雏鸡的生长发育和母鸡的产蛋性能,严重时造成鸡只死亡。

【病原形态】 虫体呈淡黄色,圆筒形,体表角质层具有横纹,头端有 3 片唇。雄虫长 3 ~7 cm,尾端具有明显的尾翼和性乳突 10 对,肛前 3 对,肛侧 1 对,肛后 3 对,尾端 3 对。在泄殖孔的前方具有一个近似椭圆形的肛前吸盘,吸盘上有明显的角质环,尾部还有等长的交合刺 1 对。雌虫长7 ~11 cm,阴门位于虫体的中部,肛门位于虫体的亚末端。虫卵呈椭圆形,灰色,大小为(73~90)μm×(45~60)μm,壳厚而光滑,新排出时内含单个胚细胞。见图8.18。

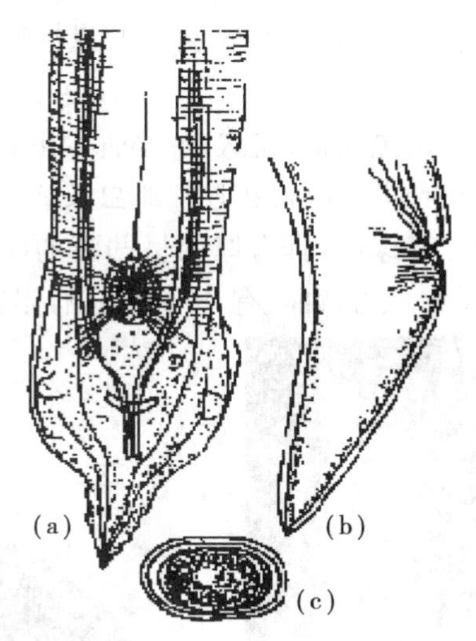

图8.18　鸡蛔虫(引自孔繁瑶,1997)
(a)雄虫尾部腹面;(b)雌虫尾部侧面;(c)卵

【发育与传播】 鸡蛔虫可以感染各龄期的鸡,其中3~4月龄以内的鸡最易感染。鸡小肠内的雌、雄成虫交配后,雌虫在小肠内产卵,卵随粪便排出体外,经15 d左右发育为感染性虫卵。鸡吞食了被感染性虫卵污染的饲料、饮水而感染。幼虫在腺胃和肌胃处逸出,钻进肠黏膜发育一段时期后,重返肠腔发育为成虫。

鸡蛔虫在鸡体内生存的时间为9~14个月,平均约为1年,1年以后虫体便逐渐被排出体外。鸡在带虫期间,雌虫产生大量虫卵,对环境污染严重。感染性虫卵在潮湿的土壤中可存活6~15个月。蛔虫卵极易被阳光照射杀死,但对化学药物有一定的抵抗力,在5%甲醛溶液中仍可发育为感染性虫卵。虫卵在温度为20~28 ℃,湿度为90%以上时,最容易发育为感染性虫卵,因此,本病一般在春季和夏季流行和传播。

【症状与病变】 成年鸡感染症状不明显,主要表现消瘦,产蛋量减少,3~4月龄的鸡危害严重;病鸡一般表现渐进性消瘦,贫血,羽毛松乱,鸡冠苍白,腹泻粪中混有血液及黏液,严重感染时可引起大批死亡。剖检可见肠黏膜出血、水肿、形成结节、虫体阻塞肠道,甚至肠破裂。

8.3.5　猫、犬蛔虫病

猫、犬蛔虫病是弓首科、弓首属(*Toxocara*)的猫弓首蛔虫(*T. cati*)、犬弓首蛔虫(*T. canis*)和弓蛔属(*Toxascaris*)狮弓蛔虫(*T. leonina*)引起的蛔虫病,广泛分布于世界各地。在兽医学及公共卫生学上都具有重要意义,其病原不仅对猫、犬可造成生长缓慢、发育不良等症状,严重感染时引起宿主死亡。人误食后,幼虫可在人体内脏及眼部移行,严重者可致失明。

【病原形态】 猫弓首蛔虫具有蛔虫的典型特征,头端有3片唇,是一种较大的白色虫体。雄虫长3~6 cm,尾部有一小的指状突起。交合刺不均等,长为1.7~1.9 mm。雌虫长4~12 cm,虫卵大小为65 μm×70 μm,无色,似球形,具有厚的凹凸不平的卵壳。

猫弓首蛔虫常与犬猫的另一种蛔虫——狮弓蛔虫混合感染,可根据两者的颈翼在形态上的不同来区别。猫弓首线虫的颈翼呈箭头状,后缘和体躯几乎成直角,而狮弓蛔虫的颈翼则向体躯逐渐变细,呈柳叶刀形。此外,狮弓蛔虫雄虫尾部没有一小的指状突起。见图8.19。

犬弓首蛔虫形态与猫弓首蛔虫相似,是犬的一种大型线虫,呈白色。虫体前端两侧有向后延伸的颈翼膜。食道和肠道由小胃相连。雌虫长9~18 cm,尾端直,阴门开口于虫体前半部。虫卵呈黑褐色,亚球形,具有厚的呈凹痕的卵壳,大小为(68~85)μm×(64~72)μm,雄虫长5~11 cm,尾端弯曲,有一小锥突,有尾翼。见图8.20。

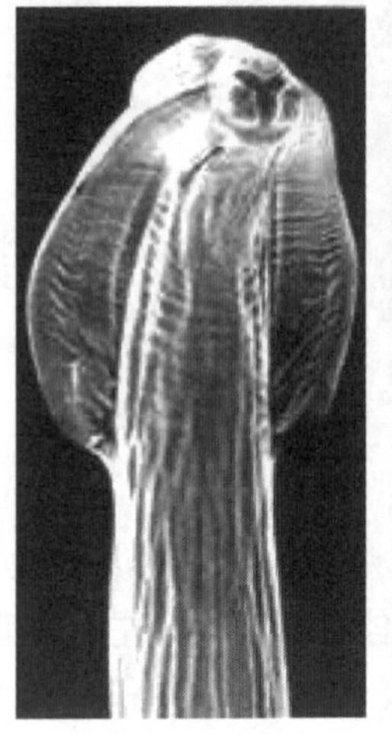

图8.19 猫弓首蛔虫(左)和狮弓蛔虫(右)颈翼比较(引自Fisher,2005)

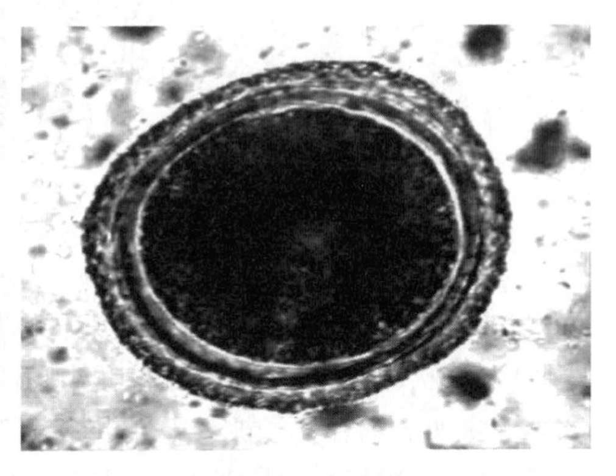

图8.20 犬弓首蛔虫卵

【发育与传播】 犬弓首蛔虫卵随粪便排出体外,在适宜条件下发育为含第2期幼虫的感染性虫卵,若这种感染性虫卵是被3月龄以内的犬吞食后,其虫体的发育是典型的蛔虫生活史,即孵化出的幼虫钻入肠壁后,随血流经肝、肺,最后重新回到小肠,经两次蜕皮,依次成为第4期、第5期幼虫,并发育为成虫,从而完成发育史。

幼虫经血流到宿主组织器官后,若不进一步移行,则形成包囊,包囊内的幼虫不进一步发育,但保持对其他肉食动物的感染性。感染性虫卵被成年犬特别是6月龄以上的犬吞食后,则几乎不见有虫体发生移行。第2期幼虫转移到更广的范围,包括肝、肺、脑、心、骨骼肌、消化管壁中,同样保持对其他肉食动物的感染性。若母犬在怀孕期间感染,幼虫(第2期)很可能移行到胎儿的肺部,发育成第3期幼虫,新生幼犬体内的幼虫经气管而移行到小肠,最后发育成成虫。

猫弓首蛔虫的生长发育传播与犬弓首蛔虫相似,但相对简单一些。如果猫摄食的是含有第2期幼虫的感染性虫卵,幼虫则要发生移行;如果猫是经乳汁感染的第3期幼虫或吞食了含有第3期幼虫的贮藏宿主,则不发生幼虫移行。猫弓首蛔虫不能经胎盘发生胎儿的感染。猫弓首蛔虫的潜隐期大约为8周。

【症状与病变】 轻度、中度感染时,虫体移行的肺期不表现任何临床症状。寄生于小肠的成虫可引起大肚皮,导致发育迟缓、黏膜苍白、被毛粗乱、精神沉郁、腹部膨胀、腹泻、有神经症状。

幼虫在肺部移行引起肺炎,有时伴发肺水肿;成虫可引起黏膜卡他性肠炎、出血或溃疡。可能部分或完全阻塞肠道、胆管,还出现肠穿孔、腹膜炎或胆管阻塞、胆管化脓、破裂、肝脏黄染、变硬。幼虫在其他组织中寄生会产生肉芽肿。见图 8.21。

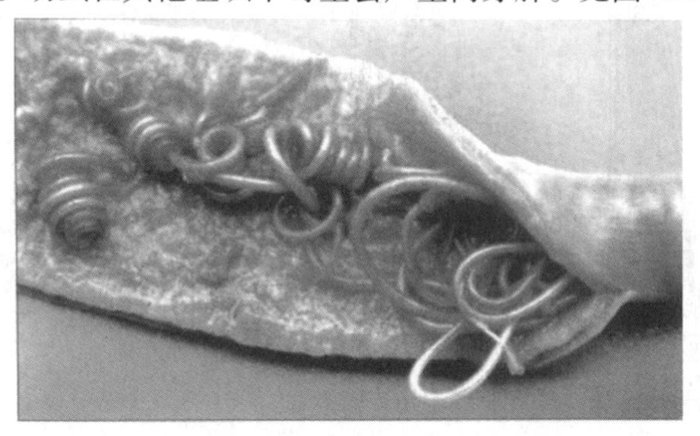

图 8.21 犬弓首蛔虫成虫堵塞犬小肠(引自 Fisher, 2005)

8.4 牛羊消化道线虫病

寄生于反刍动物消化道的圆线虫,系由毛圆科、毛线科、钩口科和圆形科的许多种线虫,其分布遍及我国各地,引起反刍动物消化道圆线虫病,给畜牧业带来巨大的经济损失。

8.4.1 血矛线虫病

血矛线虫病是指由毛圆科、血矛线虫属(*Haemonchus*)的捻转血矛线虫(*H. contortus*)、柏氏血矛线虫(*H. placei*)寄生于反刍动物第四胃和小肠引起的线虫病。

【病原形态】 捻转血矛线虫,虫体呈毛发状,因吸血而显现淡红色。表皮上有横纹和纵嵴。颈乳突显著。头端尖细,口囊小,内有一称背矛的角质齿。雄虫长 15 ~ 19 mm,交合伞有由细长的肋支持着的长的侧叶和偏于左侧的由一个“Y”形背肋支持着的小背叶。雌虫长27 ~ 30 mm,因白色的生殖器官环绕于红色含血的肠道周围,形成了红白线条相间的外观,故称捻转血矛线虫,亦称捻转胃虫。阴门位于虫体后半部,有一个显著的瓣状阴门盖。卵壳薄、光滑、稍带黄色,虫卵大小为(75 ~ 90) μm × (40 ~ 50) μm,新排出的虫卵含 16 ~ 32 个胚细胞。见图 8.22。

寄生于牛的雌性柏氏血矛线虫,阴门盖呈舌片状;寄生于羊的雌虫,阴门盖呈小球状。与似血矛线虫和捻转血矛线虫相似,不同之处在于虫体较小,背肋较长,交合刺较短。

【发育与传播】 捻转血矛线虫属土源性线虫,寄生于反刍动物的第四胃,偶见于小肠。虫卵随粪便排到外界,在适宜条件下大约经一周发育为第 3 期感染性幼虫。感染前期的幼虫,在 40 ℃以上时迅速死亡,但在冰冻下可生存很长时间。感染性幼虫带有鞘膜,在干燥环境中,可借休眠状态生存一年半。

感染性幼虫被终末宿主摄食后,在瘤胃内脱鞘,之后到真胃,钻入黏膜的上皮突起之间,开始摄食。感染后第 18 d,虫体已发育成熟。成虫游离在胃腔内。感染后 18 ~ 21 d,

宿主粪便中出现虫卵。成虫寿命不超过一年。

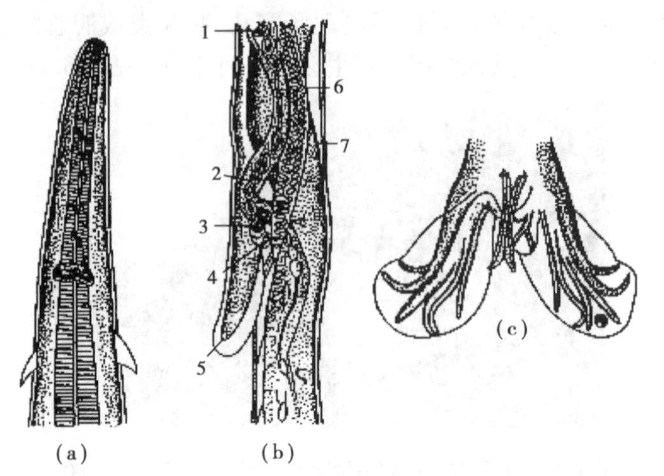

图 8.22　捻转血矛线虫(引自杨光友,2005)

(a)头端;(b)雌虫生殖孔部;(c)雄虫交合伞

1. 子宫　2. 排卵器　3. 阴道　4. 阴门　5. 阴门盖　6. 卵巢　7. 肠

牛、羊粪和土壤是幼虫的隐蔽所。羊对捻转血矛线虫有"自愈"现象。自愈反应没有特异性。自愈机制是使羊胃肠道线虫发生寄生变化的一种重要机制。

【症状与病变】 本病最重要的特征是贫血和衰弱。急性型的以肥羔羊突然死亡为特征,死羊眼结膜苍白,高度贫血。亚急性型的特征是显著的贫血,患羊眼结膜苍白,下颌间和下腹部水肿;身体逐渐衰弱,被毛粗乱,放牧时落群,甚至卧地不起;下痢与便秘交替。

8.4.2　奥斯特线虫病

奥斯特线虫病是由奥斯特属(*Ostertagia*)的环纹奥斯特线虫(*O. circumcincta*)、三叉奥斯特线虫(*O. trifurcata*)(俗称棕色胃虫)寄生于反刍动物的真胃和小肠引起的疾病。

【病原形态】 虫体中等大,长 10 ~ 12 mm。口囊小。交合伞由两个侧叶和一个小的背叶组成。腹肋并行、中间分开,末端又互相靠近;背肋远端分两枝,每枝又分出 1 或 2 个副枝。有副伞膜。交合刺较粗短。雌虫阴门在体后部,有些种有阴门盖,其形状不一。

【发育与传播】 奥斯特线虫的发育史和捻转血矛线虫相似,第 3 期幼虫在胃腺内进行发育和蜕化。感染后第 8 d,大部分幼虫已附着于胃黏膜上。有些幼虫停留达 6 d 后开始进行发育,虫体感染要到第 15 d 成熟,第 17 d 可在粪便中发现虫卵。大部分虫体在 60 d 内由宿主体内消失。奥斯特线虫较捻转血矛线虫耐寒,在较冷地区,奥斯特线虫发生较多。

【症状与病变】 严重感染时患畜有消瘦,贫血,衰弱和间歇性便秘等症状,严重时可引起死亡。

8.4.3　毛圆线虫病

毛圆线虫病是由毛圆属(*Trichostrongylus*)的蛇形毛圆线虫(*T. colubriformis*)、突尾毛圆线虫(*T. problurus*)、艾氏毛圆线虫(*T. axei*)等寄生于反刍动物真胃、小肠引起的疾病。大多数寄生在牛、羊、骆驼的小肠前部,较少在第四胃及胰脏。

【病原形态】　毛圆属虫体细小，不大于7 mm。呈淡红色或褐色。缺口囊和颈乳突。排泄孔位于靠近身体前端的一个明显的腹侧凹迹内。雄虫交合伞的侧叶大，背叶极不明显。腹肋是分开的，特别小，侧腹肋同侧肋并行，后侧肋靠近外背肋，背肋小，末端分为小枝。交合刺短粗，带有扭曲和隆起的嵴，褐色。有引器。雌虫阴门位于虫体的后半部。卵呈椭圆形，壳薄。

①蛇形毛圆线虫：雄虫长5～7 mm，交合刺近于等长，末端有显著的三角形突起，是牛、羊体内最常见的种类。见图8.23。

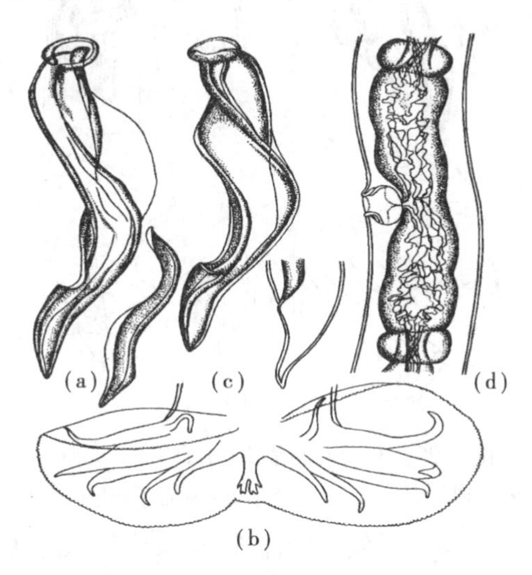

图8.23　蛇形毛圆线虫（引自 Kalantaryan）

(a)交合刺与引器；(b)交合伞；(c)雌虫尾部；(d)阴门

②突尾毛圆线虫：雄虫长5.5～7.5 mm，交合刺等长，交合刺较前一种为粗，色深，扭曲较明显，末端的三角形突起亦较粗大。寄生于绵羊、骆驼和人的小肠。见图8.24。

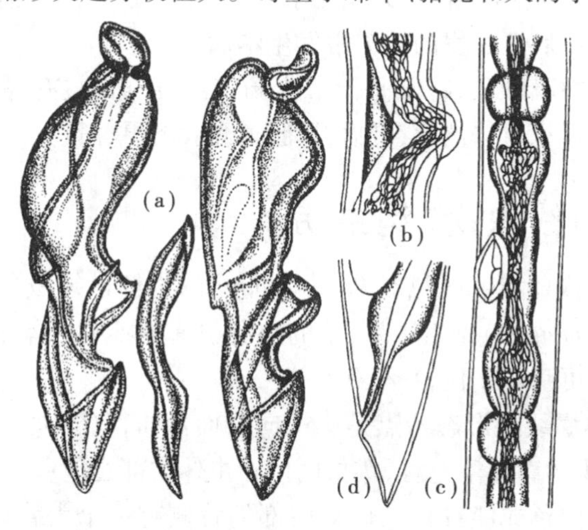

图8.24　突尾毛圆线虫（引自 Kalantaryan）

(a)交合刺与引器；(b)—(c)阴门部；(d)雌虫尾部

③艾氏毛圆线虫：寄生于牛、羊和鹿等的第四胃或小肠，亦寄生于马、猪和人等的胃。雄虫体长3.5～4.5 mm，交合刺的长度不等，形状不同，中间有一分枝。见图8.25。

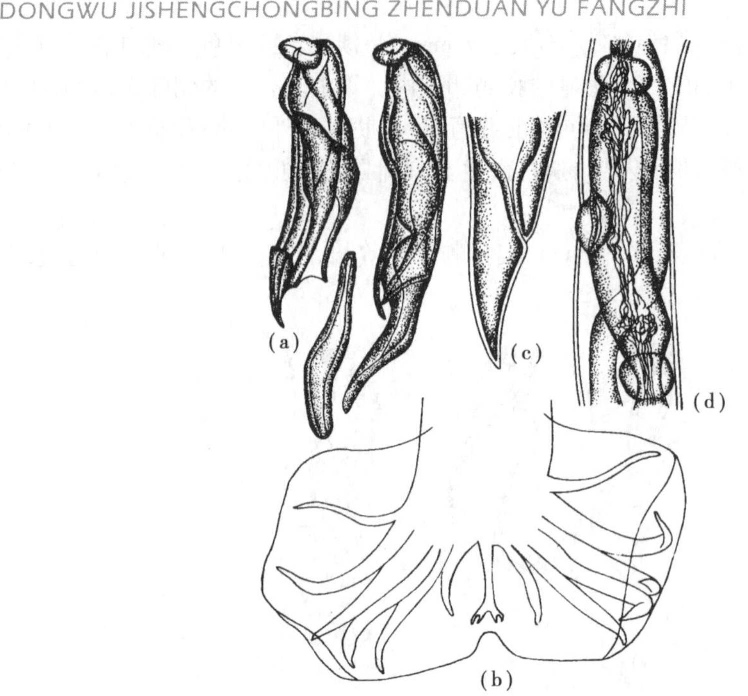

图 8.25　艾氏毛圆线虫(引自 Kalantaryan)
(a)交合刺与引器;(b)交合伞;(c)雌虫尾部;(d)阴门部

【发育与传播】 虫卵随宿主粪便排到体外,在最适宜的温度(27 ℃)、氧气和湿度条件下经 5 ~6 d 发育为第 3 期感染性幼虫。幼虫移行到牧草上被宿主吞食后感染。感染后 6 ~10 d,幼虫在小肠黏膜上蜕皮,第 4 期幼虫回到肠腔,蜕化,并继续发育。感染后 21 ~25 d,发育为成虫。

【症状与病变】 严重感染第 3 期幼虫时,患畜发生腹泻,急剧消瘦,食欲消失,脱水,最后多引起死亡。断奶后至一岁的羔羊常发生本病。

急性病例胃肠道黏膜肿胀,特别是十二指肠,轻度出血,覆有黏液,刮取物于镜下可见到幼虫。慢性病例可见尸体消瘦,贫血,胃肠道黏膜增厚、溃疡。

8.4.4　仰口线虫病(钩虫病)

仰口线虫病是由钩口科、仰口属(*Bunostomum*)的牛仰口线虫(*B. phlebotomum*)和羊仰口线虫(*B. trigonocephalam*)寄生于牛、羊的小肠引起的疾病。本病在我国各地普遍流行,对家畜危害很大,可引起贫血,甚至死亡。

【病原形态】 本属线虫形态特点是头端向背面弯曲,口囊大,口缘有一对半月形的角质切板,雄虫交合伞的背叶不对称,雌虫阴门在虫体中部之前。

羊仰口线虫呈乳白色或淡红色。口囊底部的背侧有一个大背齿,背沟由此穿出,底部腹侧有一对小的亚腹测齿。雄虫体长 12.5 ~17 mm。交合伞发达。背叶不对称,右外背肋比左面的长,并且由背干的高处伸出。交合刺等长,褐色。无引器。雌虫长 15.5 ~21 mm,尾端钝圆。阴门位于虫体中部前不远处。虫卵的大小为(79 ~97) μm × (47 ~50) μm,两端钝圆,胚细胞大而数少,内含暗黑色颗粒。

牛仰口线虫的形态和羊仰口线虫相似,但口囊底部腹侧有两对亚腹侧齿。另一个区别是雄虫的交合刺长,有 3.5 ~ 4 mm。雄虫长 10 ~ 18 mm,雌虫长 24 ~ 28 mm。卵的大小为 106 μm × 46 μm,两端钝圆,胚细胞呈暗黑色。

此外,我国南方的牛尚有莱氏旷口线虫,头端稍向背面弯曲,口囊浅,其后是一个深大的食道漏斗,内有两个小的亚腹侧齿。口缘有 4 对大齿和一个不明显的叶冠。雄虫长 9.2 ~ 11 mm,雌虫长 13.5 ~ 15.5 mm。卵的大小为(125 ~ 195) μm × (60 ~ 92) μm。

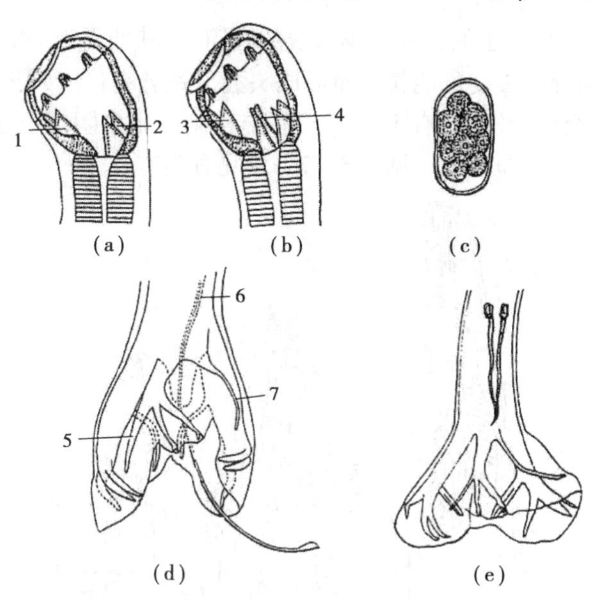

图 8.26　牛、羊仰口线虫(引自杨光友,2005)

(a)羊仰口线虫头部;(b)牛仰口线虫头部;(c)卵;

(d)牛仰口线虫雄虫尾部;(e)羊仰口线虫雄虫尾部

1 和 3. 背齿　2 和 4. 亚腹齿　5. 左侧外背肋　6. 交合刺　7. 右侧外背肋

【发育与传播】　虫卵在潮湿的环境中,在卵内形成幼虫;幼虫从卵内逸出,经两次蜕化,变为感染性幼虫。牛、羊是由于吞食了被感染性幼虫污染的饲料或饮水,或感染性幼虫钻进牛、羊的皮肤而受感染的。

牛仰口线虫的幼虫经皮肤感染时,幼虫从牛的表皮缝隙钻入,随即脱去皮鞘,随血液循环流到肺发育,并进行第三次蜕化而成为第 4 期幼虫。之后上行到咽,重返小肠,并进行第四次蜕化而成为第 5 期幼虫。在侵入皮肤后的 50 ~ 60 d 发育为成虫。经口感染时,幼虫在小肠内直接发育为成虫,所需的时间约为 25 d。经皮肤感染的有 85% 的幼虫得到发育,而经口感染只有 12% ~ 14% 的幼虫得到发育。

【症状与病变】　患畜表现进行性贫血,严重消瘦,下颌水肿,顽固性下痢,粪带黑色。幼畜发育受阻,还有神经症状如后躯萎弱和进行性麻痹等,死亡率很高。死亡时,红细胞降至(1.7 ~ 2.5)百万,血红蛋白降至 30% ~ 40%。

病变为尸体消瘦,出现贫血,水肿,皮下有浆液性浸润。血液色淡,水样,凝固不全。肺有瘀血性出血和小点出血。心肌松软,冠状沟有水肿。肝呈淡炙色,松软,质脆。肾呈棕黄色。心包腔、胸腔、腹腔有异常浆液。十二指肠和空肠有大量虫体,游离于肠内容物中或附着在黏膜上。肠黏膜发炎,有出血点。肠内容物呈褐色或血红色。

8.4.5 食道口线虫病

反刍动物食道口线虫病是食道口科、食道口属(*Oesophagostomum*)的几种线虫的幼虫及其成虫寄生于反刍动物肠壁与肠腔引起的。由于有些食道口线虫的幼虫阶段可以使肠壁发生结节,故又名结节虫(nodule warm)病。此病在我国各地的羊、牛中普遍存在,有病变的肠管多因不适于制作肠衣而遭废弃。

【病原形态】 本属线虫的口囊呈小而浅的圆筒形,其外周为一显著的口领。口缘有叶冠。有颈沟,其前部的表皮可能膨大而形成头囊。颈乳突位于颈沟后方的两侧。有或没有侧翼。雄虫的交合伞发达,有1对等长的交合刺。雌虫阴门位于肛门前方的附近;排卵器发达,呈肾形。虫卵较大。见图8.27。常见种类有:

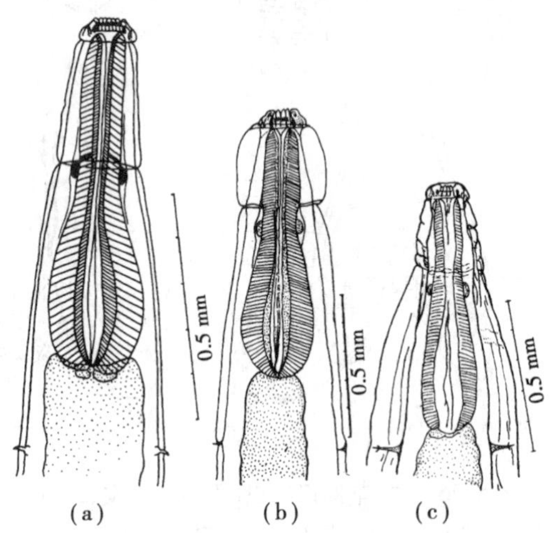

图8.27 食道口线虫前部腹面(引自孔繁瑶)
(a)微管食道口线虫;(b)粗纹食道口线虫;(c)甘肃食道口线虫

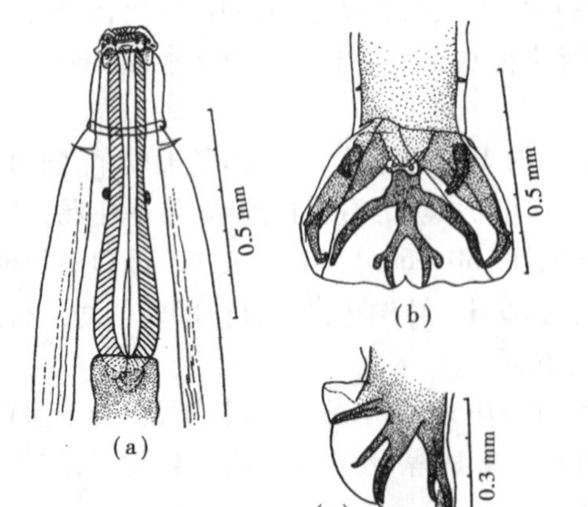

图8.28 哥伦比亚食道口线虫
(引自熊大仕,孔繁瑶)
(a)前部腹面;(b)交合伞腹面;(c)交合伞侧面

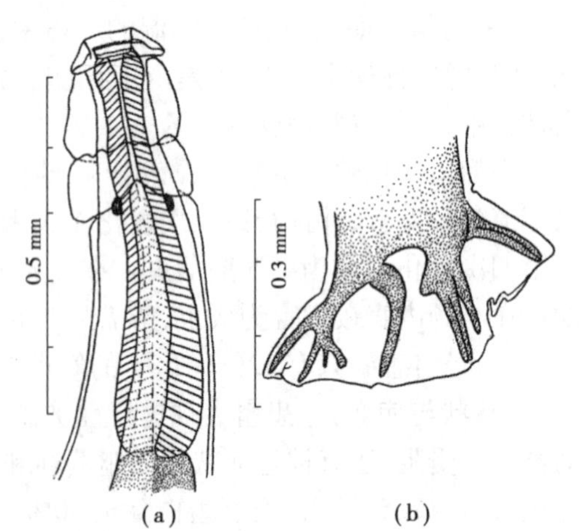

图8.29 辐射食道口线虫(引自孔繁瑶)
(a)前部侧面;(b)交合伞侧面

①哥伦比亚食道口线虫(*O. columbianmn*):主要寄生于羊,也寄生于牛和野羊的结肠。见图8.28。

②微管食道口线虫(*O. venulosum*):主要寄生于羊,也寄生于牛和骆驼的结肠。

③粗纹食道口线虫(*O. asperum*):主要寄生于羊的结肠。

④辐射食道口线虫(*O. radiatum*):寄生于牛的结肠。见图8.29。

⑤甘肃食道口线虫(*O. kansuensis*):只见寄生于绵羊。

【发育与传播】　土源性线虫,经口感染。虫卵随宿主粪便排到体外,在外界孵出第1期幼虫,经7~8 d蜕化两次变为第3期幼虫(感染性幼虫)。牛、羊摄食了被感染性幼虫污染的青草和饮水而遭感染。感染后幼虫钻入肠壁中形成结节,经过一段时间幼虫完成第3次蜕化,自结节中返回肠腔,在其中发育。

【症状与病变】　在食道口线虫中,以哥伦比亚食道口线虫、辐射食道口线虫的危害较大,主要是引起大肠的结节病变,影响肠蠕动、食物的消化和吸收。患畜表现出明显的持续性腹泻,粪便呈暗绿色,有很多黏液,有时带血,最后可能由于体液失去平衡,衰竭致死。慢性病例表现为便秘和腹泻交替进行,消瘦,下颌间可能发生水肿,最后虚脱而死。

8.4.6　毛首线虫病

毛首线虫病是由毛首科、毛首属(*Trichuris*)的绵羊毛首线虫(*T. ovis*)、球鞘毛首(尾)线虫(*T. globulosa*)寄生于牛、羊等大肠(主要是盲肠)引起的。因虫体前部呈毛发状,故又称毛首线虫;整个外形又像鞭子,前部细,像鞭梢,后部粗,像鞭杆,故又称鞭虫。我国各地都有报道。主要危害幼畜。

【病原形态】　虫体呈乳白色。前为食道部,细长,内含由一串单细胞围绕着的食道,后为体部,短粗,内有肠和生殖器官。雄虫后部弯曲,泄殖腔在尾端,有1根交合刺,包藏在有刺的交合刺鞘内;雌虫后端钝圆,阴门位于粗细部交界处。卵呈棕黄色,腰鼓形,卵壳厚,两端有塞。

①绵羊毛首线虫:雄虫长50~80 mm,雌虫长35~70 mm。食道部占虫体全长的2/3~4/5。虫卵大小为(70~80) μm×(30~40) μm。

②球鞘毛首线虫:其交合刺鞘的末端膨大成球形。

【发育与传播】　土源性线虫,经口感染。绵羊毛首线虫的雌虫在盲肠产卵,卵随粪便排出体外。卵在适宜的温度和湿度条件下,发育为壳内含第1期幼虫的感染性虫卵,宿主吞食了感染性虫卵后,第1期幼虫在小肠后部孵出,钻入肠绒毛间发育;到第8 d后,移行到盲肠和结肠内,固着于肠黏膜上,感染后12周发育为成虫。

【症状与病变】　轻度感染时,有时有间歇性腹泻和轻度贫血,影响猪的生长发育;严重感染时,食欲减退,消瘦,贫血,腹泻。死前数日,排水样血色便,并有黏液。

病变局限于盲肠和结肠。虫体的头部深入黏膜,广泛地引起盲肠和结肠的慢性卡他性炎症。有时有出血性肠炎,通常是瘀斑性出血。严重感染时,盲肠和结肠黏膜有出血性坏死、水肿和溃疡,还有和结节虫病相似的结节。

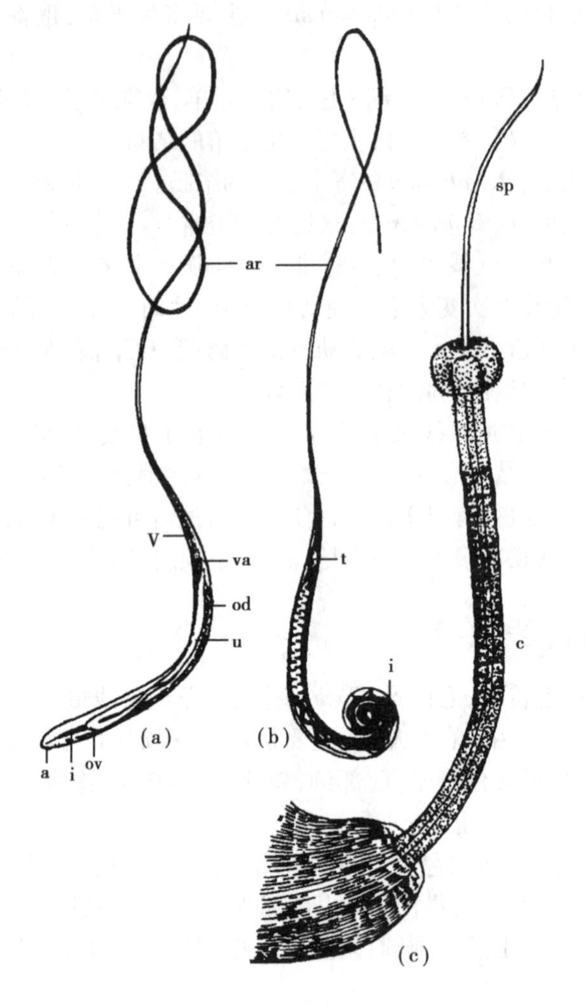

图 8.30　绵羊毛首线虫(引自 Ransom)

(a)雌虫;(b)雄虫子;(c)雄虫尾端

a. 肛门　ar. 前体部(食道部)　c. 交合刺鞘　i. 肠;　od. 输卵管;

ov. 卵巢　sp. 交合刺激性　t. 睾丸　u. 子宫　v. 阴门　va. 阴道

8.5　猪消化道线虫病

8.5.1　猪胃线虫病

1)似蛔线虫病

似蛔线虫病是由旋尾目、似蛔科、似蛔属(*Ascarops*)的线虫寄生于猪胃引起的。我国许多省、市都有本病发生。似蛔属代表线虫为圆形似蛔线虫(*A. strogylina*)、有齿似蛔线虫(*A. dentata*)。

【病原形态】　似蛔线虫的形态特点是其咽壁上有成脊状的角质增厚。

①圆形似蛔线虫:咽壁上有三或四叠的螺旋形角质厚纹。有一个颈翼膜,在虫体左侧。雄虫长10~15 mm,右侧尾翼膜大,约为左侧的2倍。有4对肛前乳突和1对肛后乳突,配置均不对称。左右交合刺不等长,形状不同。雌虫长16~22 mm,阴门位于虫体中部的稍前方。虫卵的大小为(34~39) μm×20 μm,卵壳厚,外有一层不平整的薄膜,内含幼虫。见图8.31。

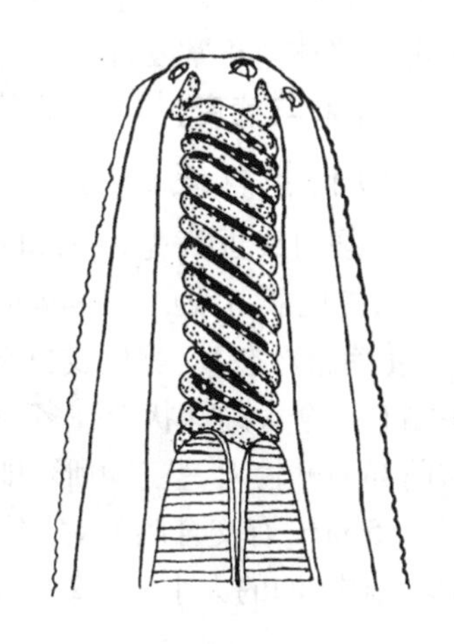

图8.31　圆形似蛔线虫头部
(引自 Monnig,1950)

②有齿似蛔线虫:比前一种大,雄虫长约25 mm,雌虫长约55 mm。口囊前部有1对齿。分布于我国的广东、广西等地。

【发育与传播】　生物源性线虫,经口感染。圆形似蛔线虫的卵随宿主粪便排至外界,被食粪甲虫吞食,幼虫在它们的体内经大约20 d的发育,到达感染期。猪由于吞食以上甲虫而遭感染。虫体在猪体的寿命约10.5个月。

【症状与病变】　一般感染时症状不明显。当大量寄生时,或因其他因素致使猪的抵抗力减弱时,则引起黏膜发炎,有时形成溃疡,有黄色黏液覆盖。患猪(尤其是幼猪),有慢性或急性胃炎症状。食欲消失,渴欲增加;生长发育受阻,消瘦,甚至引起死亡。

病变为胃内容物少,有大量黏液,胃黏膜尤其是胃底部黏膜红肿,有时覆有假膜。假膜下的组织明显发红,并有溃疡。虫体游离于黏膜表面或部分埋入胃黏膜中。

2)泡首线虫病

泡首线虫病是由旋尾目、似蛔科、泡首属(*Physocephalus*)的线虫寄生于猪胃引起的。我国许多省、市都有本病发生。泡首属代表线虫为六翼泡首线虫(*P. sexalatus*)。

【病原形态】　六翼泡首线虫:虫体前部(咽区)角皮略为膨大,其后每侧有3个颈翼膜。颈乳突的位置不对称。口小,无齿。咽长0.263~0.315 mm,咽壁中部有圆环状的增厚,前、后部则为单线的螺旋形增厚。雄虫长6~13 mm,尾翼膜窄,对称;有肛前乳突和肛后乳突各4对。交合刺1对,不等长。雌虫长13~22.5 mm,阴门位于虫体中部的后方。卵的大小为(34~39) μm×(15~17) μm,壳厚,内含幼虫。见图8.32。

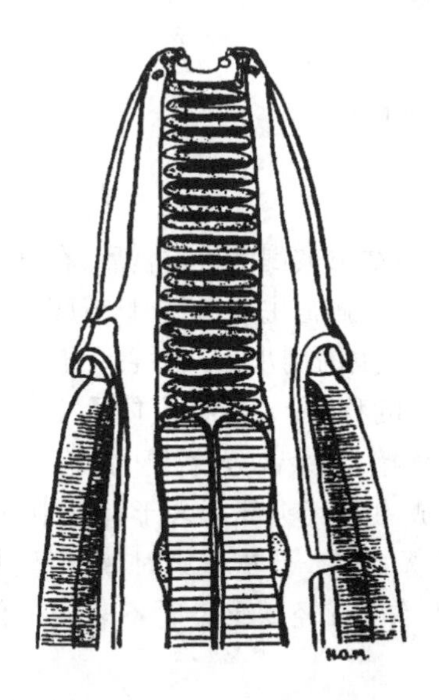

图8.32　六翼泡首头部线虫
(引自 Monnig,1950)

【发育与传播】　六翼泡首线虫的发育史与似蛔线虫相似,有许多种食粪甲虫作中间宿主,幼虫在它们体内经36 d以上的发育到达感染期。在猪体内,幼虫深入胃黏膜内生长,约经6周变为成虫。当不适宜的宿主,如其他哺乳类、鸟类和爬行类吞食了带感染幼虫的甲虫或感染幼虫后,幼虫可以在这些宿主的消化管壁中形成包囊。当终末宿主吞食了此类宿主之后,幼虫仍可在猪体内正常发育。

【症状与病变】 与似蛔线虫病同。

3)猪颚口线虫病

猪颚口线虫病是由颚口科、颚口线虫属(*Gnathostoma*)的刚棘颚口线虫(*G. hispidum*)、陶氏颚口线虫(*G. doloresi*) 和棘颚口线虫(*G. spinigerum*)寄生于猪胃引起的疾病。

【病原形态】 颚口线虫新鲜虫体呈淡红色,表皮菲薄,可透见体内的白色生殖器官。头端有一个大的球状带许多小棘的头部,其上有 11 横列小棘;全身都有小棘排列成环;体前部的棘较大,呈三角形,排列较稀疏;体后部的棘较细,形状如针,排列较密。雄虫长 15 ~ 25 mm,有交合刺 1 对,不等长。雌虫长 22 ~ 45 mm。虫卵呈椭圆形,黄褐色,一端有帽状结构,卵的大小为(72 ~ 74) μm × (39 ~ 42) μm。见图 8.33。

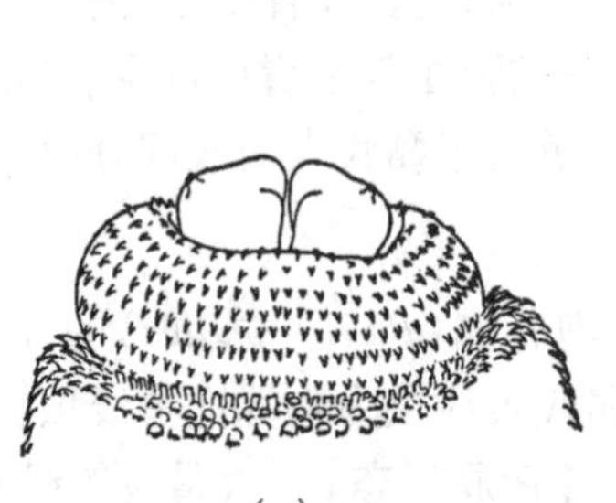
(a)

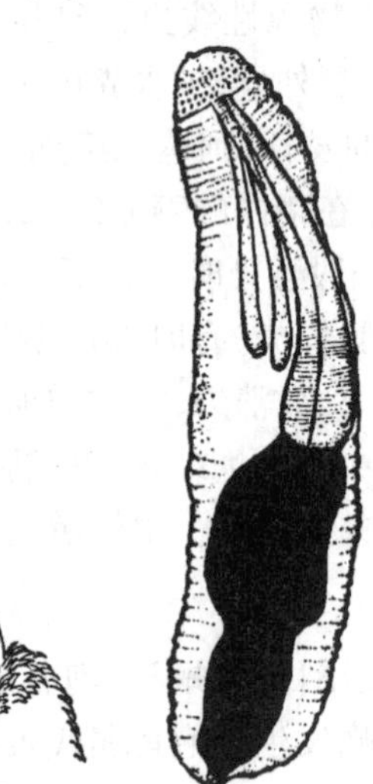
(b)

图 8.33 有棘鄂口线虫(引自 Baylis and Lane)
(a)头端;(b)虫体

【发育与传播】 生物源性线虫,经口感染。

虫卵随粪便排出体外,在水中经 10 ~ 15 d 孵出幼虫,当幼虫被剑水蚤吞食后,在其体内经 7 ~ 17 d 的发育,达到感染期。感染幼虫还可以在一个贮藏宿主如鱼类、蛙或爬行动物体内形成包囊,并稍有生长。猪随饮水吞食了带感染性幼虫的剑水蚤或吞食了贮藏宿主而被感染。幼虫在猪胃内发育为成虫,但有时发生错误的移行,未成熟虫体见于许多器官,特别是在肝脏和肝动脉。在胃内,虫体的头部深入胃壁,其余部分游离于胃腔。

【症状与病变】 幼虫移行到肝脏时,可引起肝炎。成虫以其头部深入于胃壁中,形成空腔,内含淡红色液体,周围的组织红肿,发炎,黏膜显著肥厚。严重感染时,病猪呈剧烈的胃炎症状,食欲不振,营养障碍,呕吐,局部有肿瘤样结节;轻度感染时不表现任何症状。

4)猪胃圆线虫病

猪胃圆线虫病是毛圆科、猪圆线虫属(*Hyostrongylus*)的红色猪胃圆线虫(*H. rubidus*)

寄生于猪胃黏膜内引起的。表现为胃炎和胃炎后继发的代谢紊乱。我国广东、浙江、江苏、湖南和云南都有报道。

【病原形态】 虫体纤细,带红色。头部小;有颈乳突。雄虫长4～7 mm,交合伞侧叶大,背叶小。交合刺2根,等长,呈有嵴的膜质构造。有引器和副引器。雌虫长5～10 mm。阴门在肛门稍前。虫卵的大小为(5～83) μm×(33～42) μm,长椭圆形,灰白色,卵壳很薄,胚细胞不超过8～16个。见图8.34。

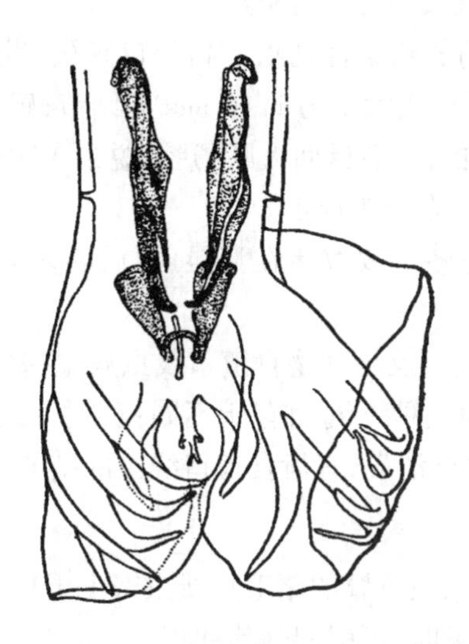

图8.34　红色猪圆线虫雄虫尾部腹面观(引自孔繁瑶,1997)

【发育与传播】 土源性线虫,经口感染。

在适当温度下,虫卵在外界孵出幼虫,再经两次蜕皮发育为感染性幼虫,猪吃入感染性幼虫而感染,幼虫到胃腔后侵入胃腺窝,停留13～14 d,发育蜕皮两次,然后重返胃腔。感染后17～19 d育为成虫。虫卵和幼虫均不耐干燥和低温。第3期幼虫可以爬上湿润的草叶和在湿润的环境中移行。各种年龄的猪都可以感染,但主要是仔猪、架子猪。感染主要发生于受污染的潮湿的牧场、饮水处、运动场和厩舍。其他如果园、林地、低湿地区都可以成为感染源。

【症状与病变】 虫体侵入胃黏膜吸血,少数寄生时无异常。多量寄生或由于其他原因而并发胃炎时,患猪精神萎靡,贫血,营养状况衰退,发育不良,饮欲增加,排混血的黑便。剖检时,见胃黏膜有溃疡,胃壁上有牢固附着的虫体。

8.5.2　肠道线虫病

1)猪食道口线虫病

猪食道口线虫病是由食道口科、食道口属的多种线虫寄生于猪的结肠引起的。虫体的致病力较轻微,但严重感染时可引起结肠炎。有些种的幼虫在肠壁内形成结节,故有结节虫之名。我国各地都有报道。

【病原形态】 食道口属的特征可参阅反刍动物食道口线虫部分。常见于猪的食道口线虫有以下几种:

①有齿食道口线虫(*Oesophgostomum dentatum*):虫体乳白色。寄生于猪结肠。雄虫长 8 ~9 mm,交合刺长 1.15 ~1.30 mm。雌虫长 8.0 ~11.3 mm;尾长 350 μm。

②长尾食道口线虫(*O. longicaudum*):虫体呈灰白色。寄生于盲肠和结肠。雄虫长 6.5 ~8.5 mm,交合刺长 0.9 ~0.95 mm;雌虫长 8.2 ~9.4 mm;尾长:400 ~460 μm。

③短尾食道口线虫(*O. brevicaudum*):寄生于结肠。雄虫长 6.2 ~6.8 mm,交合刺长 1.05 ~1.23 mm。雌虫长 6.4 ~8.5 mm;尾长仅 81 ~120 μm。

【发育与传播】 土源性线虫,经口感染。

虫卵在外界发育为带鞘的感染性幼虫。猪经口感染。幼虫在肠内脱鞘,感染后 1 ~2 d,大部分幼虫在肠黏膜下形成大小为 1 ~6 mm 的结节;感染后 6 ~10 d,幼虫在结节内蜕第 3 次皮,成为第 4 期幼虫;之后返回大肠肠腔,蜕第 4 次皮,成为第 5 期幼虫;感染后 38 d(幼猪)或 50 d(成年猪)发育为成虫。

感染幼虫可以在外界越冬。放牧猪在清晨、雨后和多雾时易遭感染,潮湿和不勤换垫草的猪舍中,感染较多。

【症状与病变】 基本类同反刍动物食道口线虫病,主要是幼虫在肠黏膜下形成结节所致的危害性最大。结节因虫种不同而有所不同:长尾食道口线虫的结节,高出于肠黏膜表面,需至感染 35 d 后始行消失;有齿食道口线虫的结节较小,消失较快。

2)毛首线虫病

毛首线虫病是由毛首科、毛首属的猪毛首线虫寄生于猪大肠(主要是盲肠)引起的疾病。主要危害幼畜,严重感染时,可引起仔猪死亡。

【病原形态】 虫体形态见羊毛首线虫病。猪毛尾线虫雄虫长 20 ~52 mm,雌虫长 39 ~53 mm,食道部占虫体全长的 2/3,虫卵的大小为(52 ~61)μm×(27 ~30)μm。

【发育与传播】 发育史见羊毛首线虫病。通常在仔猪体内寄生较多。14 月龄的猪极少感染。由于卵壳厚,抵抗力强,故感染性虫卵可在土壤中存活 5 年。

【症状与病变】 参见羊毛首线虫病。

8.6 家禽消化道线虫病

家禽消化道线虫病是家禽常见的寄生虫病之一,主要是由蛔虫、胃线虫和盲肠线虫引起的,主要危害鸡、火鸡等家禽,其他禽类也可感染发病。该病分布于世界各地,尤以饲养管理条件较差的情况下发病较多。

8.6.1 胃线虫病

禽胃线虫病是由旋尾目饰带科(华首科)的头饰带属(*Cheilospirura*)、咽饰带属(*Dispharyx*)和四棱科四棱属(*Tetrameres*)的各种虫体寄生于鸡、火鸡等家禽的食道、腺胃、肌胃和小肠内所引起的疾病。

【病原形态】

①钩唇头饰带线虫(*C. hamulosa*):又名扭状胃虫、斧钩华首线虫。寄生于鸡和火鸡的肌胃角质层下方。在我国南方比较多见。虫体两端尖细,在前部有 4 条绳状饰带,为

表皮隆起构成，边缘不规则，起始于口部，两两并列，呈不整齐的波浪形向后延伸，几乎达虫体后部，但不折回，末端亦不相吻合。雄虫长 10 ~ 14 mm，泄殖孔前乳突 4 对，后乳突 6 对；2 根交合刺左长右短。雌虫长 16 ~ 29 mm，阴门位于虫体中部稍后方。虫卵大小为（40 ~ 45）μm ×（24 ~ 27）μm，卵内含有幼虫。

②螺旋饰带线虫（*D. spiralis*）：又名螺状胃虫、旋形华首线虫。寄生于鸡、火鸡、雉鸡等禽类的食道、腺胃，偶见于小肠。流行比较广泛，为我国南方常见的寄生虫病，放牧的雏鸡发病严重。虫体细线状，体前部背、腹面各有两条波浪形的饰带，向后达食道肌质部与腺质部处折向前，末端不相吻合。口有两个侧唇。雄虫长 7 ~ 8.3 mm，尾部卷曲，泄殖孔前乳突 4 对，后乳突 5 对。交合刺 2 根，异形，左侧的细长，右侧的呈舟状。雌虫长 9 ~ 10.2 mm，阴门位于虫体后部。卵壳厚，内含幼虫，虫卵大小为（33 ~ 40）μm ×（18 ~ 25）μm。

③美洲四棱线虫（*T. americana*）：四棱线虫无饰带，雌雄异形。雄虫游离于胃腔中，体形纤细；体长 5 ~ 5.5 mm。雌虫寄生于前胃腺内，呈亚球形；体长 3.5 ~ 4.5 mm，宽 3 mm，并在纵线的部位形成 4 条深沟，虫卵壳厚，内含有幼虫，一端含有塞状结构。见图 8.35。

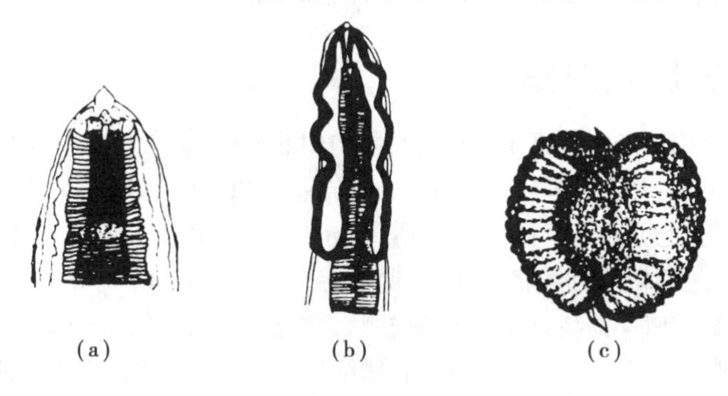

图 8.35　3 种禽胃线虫形态（引自宁长申等，1995）
（a）斧钩华首线虫前部侧面；（b）旋形华首线虫前部侧面；
（c）美洲四棱线虫雄虫侧面

此外，在禽类寄生的还有棘结线虫（*Echinura uneinata*），寄生于鹅、鸭的腺胃胃壁，常在与肌胃交界处。厚尾扭头线虫（*Streptocara crassicauca*），寄生于鸭及野鸭的肌胃角质膜下方。

【发育与传播】　生物源性线虫，经口感染。

虫卵通过宿主的粪便排出体外，被中间宿主吞食，在其体内发育成为感染性幼虫，终末宿主吞食了含感染性幼虫的中间宿主而感染各种胃虫病。寄生于肌胃角质层下的钩唇头饰带线虫，可致局部形成溃疡、出血或小瘤样结节，以及虫体毒素的作用，使肌胃机能减弱。寄生于腺胃的螺旋咽饰带线虫，可使胃黏膜发炎，肥厚，形成溃疡，胃腺被破坏；寄生于腺胃的四棱线虫吸血，在移行时对腺胃壁的危害最大，可引起严重创伤和炎症。

有些虫种所需的中间宿主及在终末宿主体内发育成熟所需的时间不同，见表 8.1。

表 8.1 三种禽胃线虫的中间宿主及感染发育

虫　名	中间宿主	终末宿主感染至虫体产卵所需时间
钩唇头饰带线虫	蚱蜢、甲虫、象鼻虫等	35 d 达到肌胃壁内，120 d 产卵
螺旋咽饰带线虫	等足纲节肢动物	27 d 后达到性成熟产卵
美洲四棱线虫	直翅类昆虫	90 d 后达到性成熟产卵

【症状与病变】 轻度感染时临床症状不明显；严重感染时病鸡表现精神沉郁，食欲减退或废绝，下痢，粪呈黄白色，久之则病鸡消瘦，贫血，缩头垂翅，羽毛松乱等。对 1 月龄雏鸡危害严重，死亡率高。

一般在剥离肌胃角质层时才能发现钩唇头饰带线虫虫体，在虫体寄生部位胃壁较薄的部分可见到软而带红黄色的小瘤。螺咽饰带线虫寄生时，病雏高度消瘦，腺胃肿大 2 ~ 3 倍，呈球状，腔内充满白色线状虫体，虫体前端钻入腺胃黏膜层引起炎症，腺体肿大，胃黏膜显著肥厚，出血性溃疡，严重时引起腺胃穿孔。四棱线虫由于吸血而造成腺胃黏膜溃疡，出血；从腺胃外观能见到组织深部呈暗黑色的成熟雌虫。

8.6.2 盲肠线虫病

盲肠线虫病是由盲肠线虫寄生于鸡的盲肠内引起的疾病，在鸡群中普遍存在。鸡盲肠线虫又名异刺线虫，主要是异刺属（*Heterakis*）的异刺线虫（*H. gallinae*）寄生于鸡、火鸡、珍珠鸡和水禽的盲肠，也可寄生于孔雀、锦鸡等鸟类的盲肠。我国分布甚广，各地均有发现。

【病原形态】 虫体小，细线状，淡黄色或白色。雄虫长 7 ~ 13 mm；雌虫长 10 ~ 15 mm。头端有 3 个不明显的唇片围绕口孔，口囊圆柱状，食道末端有一膨大的食道球。雄虫尾直，末端尖细，交合刺 2 根，不等长（左侧短粗，右侧细长），有一个圆形的泄殖腔前吸盘，有 12 对性乳突。雌虫尾部细长，阴门开口于虫体中部稍后方。卵呈椭圆形，灰褐色。大小为（65 ~ 80）μm ×（35 ~ 46）μm。壳厚而光滑，内含未分裂的卵细胞。见图 8.36。

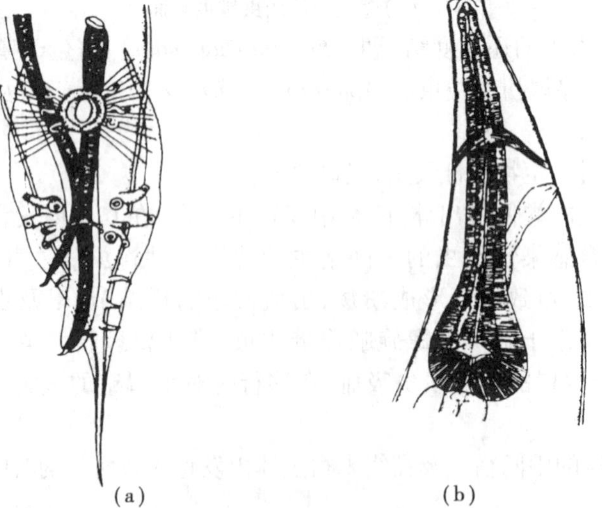

图 8.36 鸡异刺线虫（引自孔繁瑶，1997 仿 Skrjabin）
（a）部虫尾部；（b）虫体头部

【发育与传播】　土源性线虫，经口感染。

成虫在盲肠内产卵，随粪排出体外，在潮湿和适宜的温度环境中，经过7～12 d发育为感染性虫卵，鸡食入此种虫卵而感染。有时感染性虫卵或感染性幼虫被蚯蚓吞食，它们能在蚯蚓体（储藏宿主）内长期生存，成为鸡的又一感染来源。感染性虫卵进入鸡小肠内经12 h，幼虫逸出并移行到盲肠，钻入黏膜内，经过一个时期的发育后，重返肠腔，发育为成虫。自吞食感染性虫卵至发育为成虫需24～30 d。成虫寿命约为1年。

虫卵对外界因素的抵抗力很强，在阴暗潮湿处可保持活力10个月，在10%硫酸和0.1%升汞液中均能发育；能耐干燥16～18 d，在既干燥又阳光直射下则很快死亡。

【症状与病变】　鸡盲肠线虫寄生时能损伤肠黏膜引起出血，其代谢产物可使机体中毒，可引起盲肠肿大，盲肠壁上形成结节，有时发生溃疡。病鸡主要表现食欲不振或废绝，贫血，下痢和消瘦。成年母鸡产蛋减少或停止，幼鸡生长发育不良，逐渐瘦弱死亡。

此外，鸡盲肠线虫又是黑头病（盲肠肝炎）的病原体火鸡组织滴虫（*Histomonos meleagridis*）的传播者。当同一鸡体内同时有鸡异刺线虫和组织滴虫寄生时，后者可侵入前者的卵内，并随之排出体外。组织滴虫得到鸡异刺线虫卵壳的保护。当鸡食入这种虫卵时，就同时感染鸡盲肠线虫和火鸡组织滴虫，所以极易引起死亡。

8.7　动物呼吸道线虫病

畜禽呼吸道线虫病在动物中较为常见，分布很广泛，危害严重，尤以幼年动物受害最严重，常引起发育不良，生长停滞，严重时可导致死亡，给畜牧业发展造成很大的经济损失。

8.7.1　牛、羊呼吸道线虫病

牛、羊呼吸道线虫病主要包括寄生于肺脏的网尾线虫病和原圆线虫病。牛、羊呼吸道线虫病在我国分布较广，危害很大，尤其是羊的丝状网尾线虫病常成地方性流行，可引起羊群的大批死亡。

1）网尾线虫病

网尾线虫病是由胎生网尾线虫（*Dictyocaulus viviparus*）、丝状网尾线虫（*D. faria*）、骆驼网尾线虫（*D. cameli*）分别寄生于牛、羊、骆驼等反刍兽支气管和细支气管内引起的。由于虫体较大，又称大型肺线虫。本病常呈地方性流行，主要危害幼龄动物，严重时可引起患畜大批死亡。

【病原形态】

①丝状网尾线虫：虫体细线状，乳白色，肠管好像一条黑线穿行体内。雄虫长25～80 mm，交合伞发达，后侧肋和中侧肋合二为一，只在末端稍分开，两个被肋末端有3个小分枝；交合刺靴形，黄褐色，为多孔性结构。雌虫长43～112 mm，阴门位于虫体中部附近。虫卵（120～130）μm×（80～90）μm。寄生于绵羊、山羊等反刍兽的支气管，有时见于气管和细支气管。

②胎生网尾线虫：雄虫长40～50 mm，交合伞的中侧肋与后侧肋完全融合；交合刺黄

褐色，为多孔性构造；引器椭圆形，为多泡性结构。雌虫长 60～80 mm，阴门位于虫体中央部分，其表面略突起呈唇瓣状。虫卵(82～88) μm×(33～38) μm。寄生于牛、骆驼和多种野生反刍兽的支气管和气管内。见图 8.37。

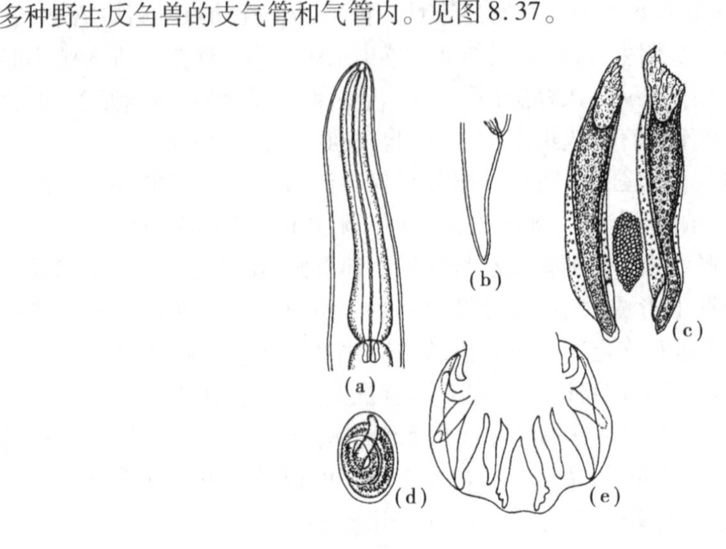

图 8.37　胎生网尾线虫(引自卢俊杰，靳家声，2002)

(a)成虫前端；(b)雌虫尾端；(c)交合刺与引器；(d)虫卵；(e)雄虫交合伞

【发育与传播】　土源性线虫，经口感染。

羊感染时，雌虫产含幼虫卵于支气管内，羊咳嗽时，卵随黏液一起进入口腔并被咽下，在消化道孵化出 1 期幼虫，并随粪便排到体外。在 20 ℃温度下，经 5～7 d，蜕化 2 次变为感染性幼虫。羊吃草或饮水时，摄入感染性幼虫，幼虫钻入肠壁，在肠淋巴结内发育蜕化，变为 4 期幼虫，经移行到达肺部，寄生在细支气管和支气管，从羊感染到发育为成虫，大约需要 18 d。感染后 26 d 开始产卵。成虫在羊体内的寄生期限随羊的营养、年龄有所不同，由两个月到一年不等。

丝状网尾线虫的幼虫对热和干燥敏感，可以耐低温。在 4～5 ℃时，幼虫就可以发育，并且保持活力达 100 d 之久。被雪覆盖的粪便，即使在 -20～ -40 ℃气温下，其中的感染性幼虫仍不死亡。干粪中幼虫的死亡率比在湿粪中高。

胎生网尾线虫还可寄生于骆驼和多种野牛体内，广泛流行于我国西北、西南地区，是放牧牛群，尤其是牦牛春乏死亡的重要原因之一。

胎生网尾线虫病的流行病学与丝状网尾线虫的相似。

【症状与病变】　感染的初发症状为咳嗽。最初为干咳，后变为湿咳，而且咳嗽次数逐渐频繁；中度感染时，咳嗽强烈而粗厉；严重感染时呼吸浅表，迫促并感痛苦。先是个别羊发生咳嗽，后常成群发作。羊被驱赶和夜间休息时咳嗽最为明显，在羊圈附近可以听到羊群的咳嗽声和拉风箱似的呼吸声。阵发性咳嗽发作时，常咳出黏液团块，镜检时见有虫卵和幼虫，患羊常从鼻孔排出黏液分泌物，干涸后在鼻孔周围形成痂皮；有时分泌物很黏稠，形成绳索状物，垂悬在鼻孔下面。患羊常打喷嚏，逐渐消瘦，被毛枯干，贫血，头胸部和四肢水肿，呼吸困难，体温一般不升高。羔羊症状较严重，可以引起死亡。感染轻微的羔羊和成年羊常为慢性，症状不明显。

幼虫的移行以及继发细菌感染时，引起广泛性肺炎。大量虫体及其黏液、脓性物质、混有血丝的分泌物团块可以阻塞细支气管,引起局部肺组织膨胀不全和周围肺组织的代偿性气肿。在肺表面稍隆起,呈灰白色、触诊时有坚硬感,切开时常有虫体。肺组织中可见大量中性粒细胞、酸性粒细胞以及巨噬细胞、浆细胞的浸润。

2)原圆线虫病

原圆线虫病是由原圆科、原圆属(*Protostrongylus*)和缪勒属(*Mullerius*)等几个属的多种线虫寄生于羊的肺泡、毛细支气管、细支气管、肺实质等处引起的。此类线虫多系混合感染,虫体细小,有的肉眼刚能看到,故又称小型肺线虫。该病分布很广,对羊的感染率高,感染强度大,危害最大的为原圆属和缪勒属。

【病原形态】 此类线虫非常细小。雄虫交合伞不发达,雌虫阴门靠近体后端。卵胎生。常见的种有:

①毛样缪勒线虫(*M. capillaris*):是分布最广的一种,寄于羊的肺泡、细支气管、胸膜下结缔组织和肺实质中。雄虫长11~26 mm,雌虫长18~30 mm。交合伞高度退化,雄虫尾部呈螺旋状卷曲,泄殖孔周围有很多乳突;阴门距肛门甚近,虫卵呈褐色。

②柯氏原圆线虫(*P. kochi*):为褐色纤细的线虫,寄生于羊的细支气管和支气管。雄虫长24.3~30 mm,雌虫长28~40 mm。交合伞小,交合刺呈暗褐色。阴门位于肛门附近。见图8.38。

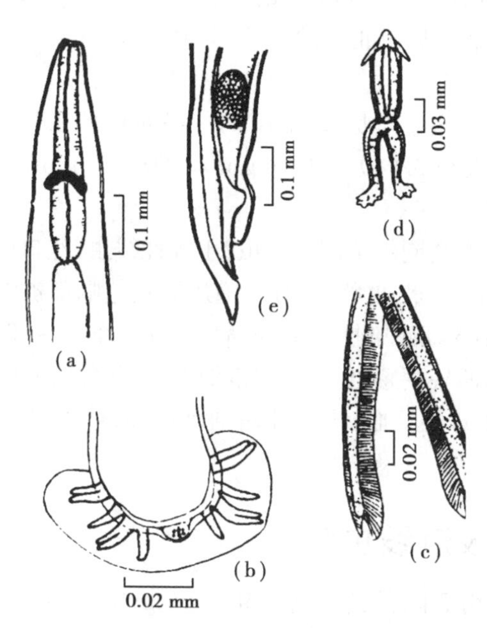

图8.38　柯氏原圆线虫(引自汪明等,2003)
(a)成虫前端腹面观;(b)交合伞;(c)交合刺;
(d)引带;(e)雄虫尾部侧面观

【发育与传播】 生物源性线虫,经口感染。

原圆线虫的发育需要多种陆地螺类或蛞蝓作为中间宿主。成虫产出的虫卵随粪便排到外界,1期幼虫进入中间主体内,脱皮两次发育到感染期的时间。感染性幼虫可自行逸出或留在中间宿主体内,牛、羊吃草或饮水时,摄入感染性幼虫或含有感染性幼虫的中间宿主而受感染。幼虫移出后钻入肠壁,随血流移行至肺,在肺泡、细支气管以及肺实质中发育为成虫。

原圆科线虫的幼虫对低温、干燥的抵抗力均强。在干粪中可生存数周，在湿粪中的生存期更长。能在粪便中越冬，冰冻3 d后幼虫仍有活力，12 d后死亡。直射阳光可迅速使幼虫致死。幼虫感染螺类之后，遇冰冻停止发育，如遇适宜温度可迅速发育到感染期，在螺体内的感染性幼虫，其寿命与螺的寿命同长，为12～18个月。4～5月龄以上的羊，几乎都有虫体寄生，甚至数量很多。

【症状与病变】 轻度感染时引起咳嗽，重度感染时虚弱无力，这可以加剧宿主健康和抵抗力的降低，使其易患其他疾病。病情严重时，呼吸困难、干咳或暴发性咳嗽等症状，叩诊肺部可发现较大的突变区。并发网尾线虫病时，可引起大批死亡。

虫体寄生和刺激引起局部炎性细胞浸润、肺萎陷和实变，继之其周围的肺泡和末梢支气管发生代偿性气肿和膨大；当肺泡和毛细支气管膨大到破裂时，细菌乘机侵入，引起支气管肺炎；受害的肺泡和支气管脱落的表皮阻塞管道，该处发生细胞浸润和结缔组织增生，最后成为小叶性肺炎；在肺脏边缘病灶切面的涂片上，可见到成虫和幼虫。

8.7.2 马呼吸道线虫病

马呼吸道线虫病是由网尾科、网尾属的安氏网尾线虫（*D. arnfieldi*）寄生于马属动物的支气管内引起的。此病多见于北方，但一般寄生数量很少，仅在死后剖检时发现，或粪便检查时发现其幼虫。

【病原形态】 虫体呈白色丝状，雄虫长24～40 mm；雌虫长55～70 mm，阴门位于虫体前部。卵呈椭圆形，大小为（80～100）μm×（50～60）μm，随粪排出时，卵内已含幼虫。

【发育与传播】 基本类同牛羊网尾线虫，土源性线虫，经口感染。

成虫寄生于支气管内产卵，虫卵产出后，随痰液到达咽部被咽下，经消化道随粪便排出体外，在外界发育为第3期感染性幼虫，被宿主吞食，经35～40 d发育为成虫。

【症状与病变】 马匹轻度感染无明显症状（驴虽重度感染也常不现症状）。重度感染时，表现干咳、湿咳、渐进性贫血，嗜酸性白细胞增多，体温可达41 ℃，呼吸加快，甚至死亡。

8.7.3 猪呼吸道线虫病

猪呼吸道线虫病是由后圆科、后圆属（*Metastrongylus*）的线虫寄生于猪的气管、支气管内所引起的疾病，故又称肺线虫病。在我国流行广泛，呈地方性流行，对幼猪危害很大。严重感染时，引起肺炎，所以本病为猪的重要疾病之一。

【病原形态】 虫体呈乳白色或灰白色丝状，所以又称肺丝虫。口囊小，口缘有1对三叶侧唇。雄虫交合伞不发达，侧叶大，背叶小。雌虫阴门靠近肛门，阴门前有一角质膨大部（称阴门球）。有的虫种的后端向腹侧弯曲。我国发现的有3种，常见的为野猪后圆线虫（*M. apri*，又称长刺后圆线虫 *M. elongatus*）、复阴后圆线虫（*M. puttendotectus*）、萨氏后圆线虫（*M. salrai*）。3种线虫均寄生于猪和野猪的支气管，通常在细支气管第二次分枝的远端部位。野猪后圆线虫偶见于反刍兽和人。

①野猪后圆线虫:雄虫长 11 ~25 mm,宽 0.16 ~0.23 mm。交合伞较小,前侧肋大,交合刺两根,呈线状,长 4 ~4.5 mm,末端呈小钩状。堆虫长 20 ~25 mm,宽 0.4 ~0.45 mm。阴道长,超过 2 mm。尾长 90 μm。尾端稍弯向腹面,阴门前有角质膨大,呈半球形。见图 8.39。

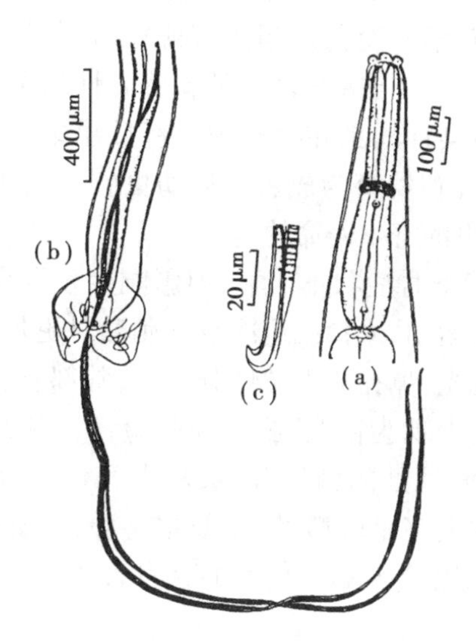

图 8.39 野猪后圆线虫

(引自孔繁瑶,1997 仿 Shultz 等)

(a)前部侧面;(b)雄虫尾部;(c)交合刺末端

②复阴后圆线虫:雄虫长 16 ~18 mm,宽 0.27 ~0.29 mm。交合伞较大,交合刺短,仅 1.4 ~1.7 mm,末端呈锚状双钩形,有导刺带。雄虫长 22 ~35 mm,宽0.35 ~0.43 mm。阴道短,不足 1 mm。尾长 175 um,尾端直,阴门前角质膨大,呈球形。见图 8.40。

③萨氏后圆线虫:雄虫长 17 ~18 mm,宽 0.23 ~0.26 mm。交合刺长 2.1 ~2.4 mm,末端呈单钩状。雌虫 30 ~45 mm,宽 0.32 ~0.39 mm。阴道长 1 ~2 mm。尾长 95 μm,尾端稍向腹面弯曲。见图 8.41。

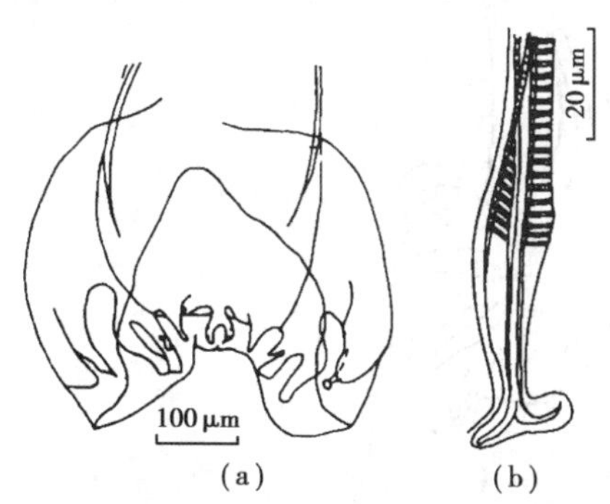

图 8.40 复阴后圆线虫

(引自孔繁瑶,1997 仿 Shultz 等)

(a)交合伞;(b)交合雌末端

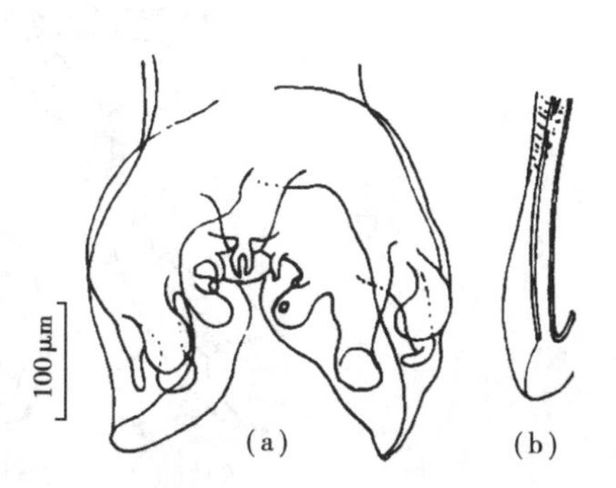

图 8.41 萨氏后圆线虫

(引自孔繁瑶,1997 仿 Shultz 等)

(a)交合伞;(b)交合雌末端

以上 3 种虫和虫卵相似,呈椭圆形,外膜稍显粗糙状。大小为(40 ~60) μm ×(30 ~40) μm。卵胎生,卵内含有卷曲的幼虫。

【发育与传播】 生物源性线虫,经口感染。

后圆线虫是间接发育,需以蚯蚓作为中间宿主。雌虫在气管和支气管中产卵,卵和黏液混在一起,并随黏液转至口腔而被咽下,进入消化道后,再随粪便排到外界。卵在外界孵出第1期幼虫,第1期幼虫或虫卵被蚯蚓吞食后,在其体内经10~20 d发育至感染性幼虫,幼虫在蚯蚓体内可存活6个月。当蚯蚓死亡后,其体内的幼虫游离到外界环境中的土壤内,还能存活2~4周。当猪吞食了带有感染性幼虫的蚯蚓或由蚯蚓体内释出的感染性幼虫遭受感染。感染性幼虫在小肠内被释放出来,钻入肠系膜淋巴结中,随血流进入肺脏,再到支气管和气管发育为成虫。从幼虫感染到成虫排卵约经1月左右,感染后5~9周排卵最多。成虫的寄生寿命约为1年。

【症状与病变】 轻度感染时症状不明显,但影响生长发育。严重感染时,表现强有力的阵咳,呼吸困难,特别在运动、采食或遇冷空气刺激时更加剧烈;发展下去,病猪表现发育不良,消瘦、被毛干燥无光,鼻孔流出脓性分泌物,肺部有罗音,体温升高,贫血,即使病愈,生长仍缓慢;病的后期表现为四肢、胸下和眼睑都浮肿,甚至极度衰弱死亡。剖检时,肉眼病变常不显著。将病灶处的肺切开后,从支气管内流出白色丝状虫体和黏液。幼虫移行对肠壁及淋巴结的损害是轻微的,主要损害肺,呈支气管肺炎的病理变化。猪肺线虫幼虫还可携带流感、猪瘟等病毒,从而加重病情,死亡率增高。

8.7.4 家禽呼吸道线虫病

家禽呼吸道线虫病比较少见,其危害较为严重的是由比翼科、比翼属(*Syngamus*)的斯克里亚宾比翼线虫(*S. skrjabinomorpha*)和气管比翼线虫(*S. trachea*)寄生于鸡、火鸡、雉、吐绶鸡、珍珠鸡、鹅和多种野禽的气管内引起的比翼线虫病。发病特点为张口呼吸,又称张口症。呈地方性流行,主要侵害幼禽,患鸡常因呼吸困难导致窒息死亡。

【病原形态】 虫体因吸血而呈红色。头端大,呈半球形,口囊宽阔呈杯状,基底部有三角形小齿。雌虫比雄虫大,阴门位于体前部。雄虫细小,交合伞厚,肋短粗,交合刺小。雄虫以其交合伞附着于雌虫的阴门部,永成交配状态,构成"Y"字形。

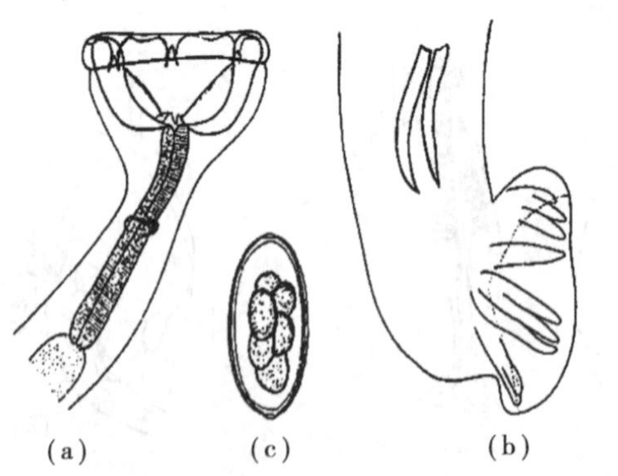

图8.42 气管比翼线虫(引自孔繁瑶,1997仿Yorke等)

(a)头部侧面;(b)交合伞侧面;(c)虫卵

①气管比翼线虫:雄虫长2~4 mm,雌虫7~20 mm。口囊底部有6~10个小齿。虫卵大小为(78~100)μm×(43~46)μm,两端有卵塞,内含16~32个卵细胞。见图8.42。

②斯克里亚宾比翼线虫:雄虫长2~4 mm,雌虫长9~25 mm,口囊基底部有6个齿。卵呈椭圆形,大小约90 μm×49 μm,两端有厚的卵塞。

【发育与传播】 土源性线虫,但有储藏宿主,经口感染。

比翼线虫的雌虫在气管内产出虫卵,然后随气管黏液到口腔,被咽入消化道,随粪便排到外界。虫卵在外界发育为感染性虫卵,也可由孵化出感染性幼虫(外被囊鞘),或感染性虫卵被终末宿主吞食而感染。幼虫逸出后钻入十二指肠、前胃或食道壁,随血液到达肺脏,在肺脏发育经两次蜕皮,于感染后14~17 d移行到气管内发育为成虫。

被鞘的感染性幼虫也可被蚯蚓、蛞蝓、蜗牛、蝇类及其他节肢动物(储藏宿主)吞食,当鸡摄食到此类动物而发生感染。

【症状与病变】 幼禽感染后很快出现临床症状。虫体寄生在家禽的气管或支气管的黏膜,阻塞气管,所以本病的特征性症状是张口呼吸,头左右摇甩,力图排出黏性分泌物,有时在甩出的分泌物中见少量虫体。病初食欲减退继而废食,精神不振,机体消瘦,口内充满多泡沫的黏液;其后呼吸困难,窒息而死。幼虫移行时引起肺溢血、水肿和大叶性肺炎,症状是呼吸困难,精神沉郁,但无张口呼吸的症状;尸体消瘦,气管黏膜潮红,出血。

8.8　动物泌尿道线虫病

寄生于动物泌尿道的线虫虽然很少见,主要有寄生于猪泌尿道的冠尾线虫和寄生于犬、猫泌尿道的肾膨节线虫,但危害严重,可导致幼畜死亡,造成经济损失。

8.8.1　冠尾线虫病

冠尾线虫病是由圆线目、冠尾科、冠尾属(*Stephanurus*)的有齿冠尾线虫(*S. dentatus*)寄生于猪的肾盂、肾周围脂肪和输尿管壁等处引起的一种寄生虫病,又称肾虫病。

【病原形态】 虫体粗壮,形似火柴杆样。新鲜虫体呈灰褐色,体壁较透明,隐约可看见内部器官。口囊杯状,口缘肥厚,周围有一圈细小的叶冠和6个角质的隆起,口囊底部有6个小齿。雄虫长20~30 mm,交合伞不发达,交合刺2根,等长或不等长。有引器和副引器。雌虫体长30~45 mm,阴门靠近肛门。卵呈长椭圆形、较大,灰白色,两端钝圆,卵壳薄,大小为(100~125)μm×(59~70)μm,内含32~64个圆形卵细胞。见图8.43。

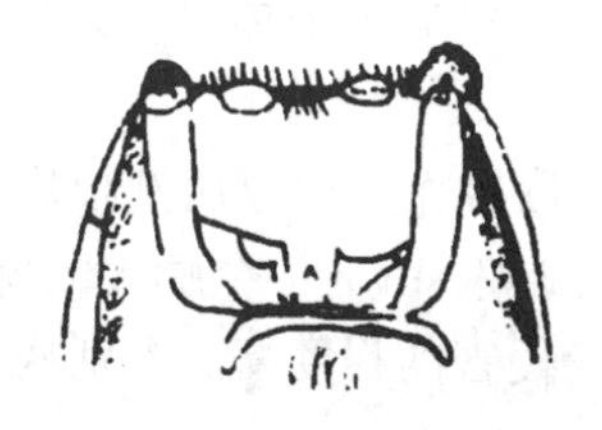

图8.43　猪肾虫及虫卵(引自宁长申等,1995)

【发育与传播】 土源性线虫,经口、皮肤感染。

雌虫产卵随猪尿排出体外，在猪舍及运动场的潮湿处发育为披鞘的感染性幼虫，幼虫通过口或皮肤感染猪只。经口感染时，幼虫钻入胃壁，脱去鞘膜，在其中蜕化一次，变为第4期幼虫，然后随血流到达肝脏。经皮肤感染时幼虫随血流经体循环到达肝脏。幼虫在肝脏中停留3个月或更长时间，在其中进行第4次蜕皮而发育为第5期幼虫。感染2~4月后，幼虫穿过肝包膜进入腹腔，移行到肾脏或输尿管组织形成包囊，并发育为成虫。猪从感染到在尿中检出虫卵，需6~12个月。

猪冠尾线虫病的流行程度，随着各地气候条件的不同而变化。在气候温暖、多雨的季节适于幼虫发育，容易流行。炎热而干旱的季节，阳光强烈，不适于幼虫发育，不容易流行。因此，在我国肾虫的流行季节，南方和北方就不相同。

【症状与病变】 猪患病之初均出现皮肤炎症，有丘疹和红色小结节，体表局部淋巴结肿大。随着病程的发展，病猪出现后肢无力，跛行，走路时后躯左右摇摆；尿液中常存白色黏稠的絮状物或脓液；有时可继发后躯麻痹或后肢僵硬，不能站立，拖地爬行。仔猪发育停滞，母猪不孕或流产，公猪性欲减低或失去交配能力。严重的病猪多因极度衰弱而死。

病变主要表现在肝内有包囊和脓肿，肝肿大变硬，结缔组织增生，切面上可以看到幼虫钙化的结节。肝门静脉中有血栓，内含幼虫，肾盂有脓肿，结缔组织增生。输尿管壁增厚，常有数量较多的包囊，内有成虫。在胸膜壁面和肺脏中均可见有结节或脓肿。

8.8.2 肾膨节线虫病

肾膨结线虫病是由膨结科、膨结属（*Dioctophyma*）的肾膨结线虫（*D. renale*）寄生于犬、猫的肾脏或腹腔引起的。亦可寄生于狐狸、水貂和狼等20多种动物，偶尔可以感染人。肾膨结线虫病又称肾虫病，分布于欧洲、美洲和亚洲。

【病原形态】 肾膨节线虫，圆柱状，两端略细，口孔周围有两圈乳突，虫体新鲜时呈红白色。雄虫（140~450）mm×（3~4）mm，有一钟形交合伞，无肋，交合刺1根，长5~6 mm。雌虫（200~1 000）mm×（5~12）mm。虫卵（72~80）μm×（40~48）μm。

【发育与传播】 生物源性线虫，经口感染。

环节动物（蚯蚓）为肾膨节线虫的第一中间宿主，鱼和蛙类可作为其第二中间宿主。在第一中间宿主体内形成第2期幼虫，在第二中间宿主体内形成第3期感染性幼虫。终末宿主多因食入含有第3期幼虫的生的或未煮熟的鱼、蛙类而遭受感染。幼虫进入消化道后，穿过肠壁随血流移行至肾盂发育为成虫，产卵，卵随尿液排出体外。除犬、猫外，多种野生肉食动物也可以被感染，并向外界排出虫卵，作为感染源污染环境。因此，野生动物的感染在本病的流行上有重要意义。

【症状与病变】 本病的主要症状是排尿困难，尿尾段带血。少数病例腰痛，但大多数病例不表现临床症状。病变主要在肾脏，肾实质受到破坏，留下一个膨大的膀胱状包囊，内含一至数条虫体和带血的液体，往往右肾比左肾受侵害的程度高。个别病例，虫体可能出现于腹腔皮下结缔组织。

8.9 动物丝虫病

由丝虫目和蛇形目虫体寄生于多种动物所引起的疾病的总称。丝虫目虫体引起的病主要有马、牛腹腔丝虫病、猪浆膜丝虫病、犬心丝虫病等，蛇形目虫体引起的病主要为龙线虫病。

8.9.1 腹腔丝虫病

本病是由丝虫目、丝虫科、丝状属(*Setaria*)的一些虫体，主要寄生于马、牛腹腔所引起，故称腹腔丝虫病。

【病原形态】 丝状属的丝虫为大型线虫，虫体长数厘米至十余厘米，乳白色，雌虫尾端卷曲。口孔外围为围口环，其上有背突、腹突和乳突。雄虫泄殖孔前后均有性乳突数对，有2根交合刺，长短形状均不同。雌虫比雄虫大，尾部常有小刺，阴门在食道部。雌虫产出微丝蚴，外带鞘膜，出现于宿主血液中。

①马丝状线虫(*S. equina*)：寄生于马属动物的腹腔，有时可在胸腔、阴囊等处发现虫体。虫体呈丝状，围口环上的侧乳突比较大，背、腹乳突较小。雄虫长40～80 mm，交合刺2根。雌虫长70～150 mm。尾端圆锥状，阴门开口于食道前端。产出的微丝蚴长190～250 μm。见图8.44。

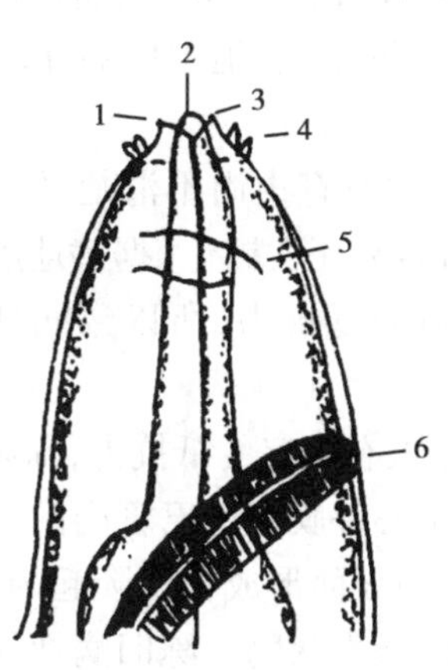

图8.44　马腹腔丝虫头部

(引自宁长申等，1995)

1.背突　2.围口环及其中的口孔　3.腹突　4.乳突　5.神经环　6.阴门

②鹿丝状线虫(*S. cervi*)：又称唇乳突丝状线虫(*S. labiatopapillosa*)，成虫寄生于牛、羚羊和鹿的腹腔。口孔呈长圆形，背、腹乳突较大，相距120～150 μm。围口环中央顶郁呈凸出的半月状。雄虫长40～60 mm，尾部有性乳突共17个，泄殖孔前方3对，后方4对，侧方1对，前方正中1个。雌虫长60～120 mm，尾端球形，表面粗糙面由多敷刺状乳突构成。尾部侧乳突距尾端100～140 μm。徽丝蚴长240～260 μm。

③指形丝状线虫(*S. digitata*)：寄生于黄牛、水牛或牦牛的腹腔。虫体形态和鹿丝状线虫相似，但口孔呈圆形，口环的侧突起为三角形，较鹿丝状线虫的为大。雄虫长

40 ~ 50 mm,交合刺 2 根,有性乳突 15 个,泄殖孔后方 3 对。雌虫长 60 ~ 80 mm,尾部侧突距尾端 50 ~ 70 μm。尾末端为一小的球形膨大,其表面光滑或稍粗糙。微丝蚴长249 ~ 400 μm。

【发育与传播】 生物源性线虫,吸血昆虫经吸血传播。

成虫在腹腔内产出的微丝蚴进入宿主血液,周期性地出现于末梢血液中,当中间宿主——蚊类刺吸血液时,微丝蚴进入蚊体,经 12 ~ 16 d 发育为感染性幼虫,然后此蚊再刺吸别的牛血时而传给另一宿主。终末宿主感染后经 8 ~ 10 个月发育为成虫。

【症状与病变】 寄生于马、牛腹腔等处的丝状线虫的成虫,对宿主的致病力不强,一般不显症状,感染严重时有时能引起睾丸的鞘膜积液,腹膜及肝包膜的纤维素性炎症,但在临床上一般不显症状。

8.9.2 猪浆膜丝虫病

猪浆膜丝虫病是由丝虫目、双瓣科、浆膜丝虫属(*Serofilaria*)的猪浆膜丝虫(*S. suis*)引起的,成虫寄生于猪的心脏、肝、胆囊、子宫和膈肌等处的浆膜淋巴管内;幼虫——微丝蚴有鞘,可在血液中发现。

【病原形态】 猪浆膜丝虫的主要形态特征为丝状,中等大小,常呈卷曲状。雄虫长 12 ~ 26.6 mm,角质层有横纹,口简单、无唇,头端有 8 个乳突,排列为两圈。食道分为肌质和腺体两部。雄虫尾部向腹面蜷曲,有 3 ~ 6 对肛前和肛后乳突,2 根交合刺不等长,形状相似。雌虫长 50.6 ~ 60 mm,阴门位于食道腺体部分,不隆起;尾端两侧各有一个乳突。微丝蚴有鞘,胎生。

【发育与传播】 猪浆膜丝虫的发育史尚不清楚,发育过程中所需要的中间宿主,可能是淡色库蚊。该虫进入猪体后容易死亡钙化(据某地屠宰检查,发现 98% 以上钙化,虫体死),证明家猪对此虫具有很强的抵抗力,所以致病性不甚明显,严重者可引起心包粘连。

【症状与病变】 猪对浆膜丝虫有一定的抵抗力,临床症状不明显。但虫体寄生于心脏时,会有明显的病变。如寄生于心外膜层淋巴管内的虫体,致使猪心脏表面呈现病状,在心纵沟附近或其他部位的心外膜表面形成稍微隆起的绿豆大的灰白色小泡状乳斑,或形成长短不一、质地坚实的纡曲的条索状物。陈旧病灶外观上为灰白色针头大钙化的小结节,呈砂粒状。病灶的数目,通常在一个猪心脏上仅见 1 ~ 2 处,但也有多达 20 多处者,散布于整个心外膜表面。

8.9.3 犬心丝虫病(恶丝虫病)

本病是由丝虫目、双瓣科、恶丝虫属(*Dirofilaria*)的犬恶丝虫(*D. immitis*)寄生于犬的右心室及肺动脉(少见于胸腔、支气管)引起循环障碍、呼吸困难及贫血等症状的一种丝虫病。除犬外,猫和其他野生肉食动物亦可作为终末宿主。人偶被感染,在肺部及皮下形成结节,病人出现胸痛和咳嗽。犬恶丝虫在我国分布甚广,北至沈阳,南至广州均有发现。

【病原形态】 犬恶丝虫的雄虫长 12 ~ 16 cm,尾部短而钝圆,有窄的尾翼,有 11 对乳突泄殖孔前5对,泄殖孔后6对。有2根不等长的交合刺,左侧的长,末端尖;右侧的短,相当于左侧的1/2长,末端钝圆。整个尾部呈螺旋形弯曲。雌虫长25~30 cm,尾部直。阴门开口于食道后端处。见图8.45。

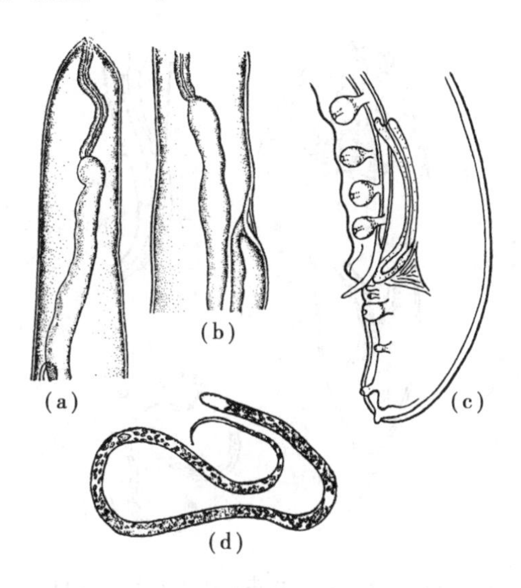

图8.45　犬恶丝虫(引自赵辉元,1996)

(a)虫体头部;(b)雌虫阴门部;(c)雄虫尾端;(d)微丝蚴

【发育与传播】　生物源性线虫,吸血昆虫经吸血传播。

犬恶丝虫的中间宿主是蚊。成虫寄生于右心室和肺动脉,所产微丝蚴随血流到全身。当蚊吸血时摄入微丝蚴,微丝蚴在其体内发育到感染阶段约需2周;当蚊再次吸血时将感染性幼虫注入犬的体内,微丝蚴从侵入犬体到血液中再次出现微丝蚴需要6个月;成虫可在体内存活数年,有报道说可存活5年。此病的发生与蚊的活动季节相一致。

【症状与病变】　感染少量虫体时,一般不出现临床症状;重度感染犬主要表现为咳嗽,心悸,脉细而弱,心内有杂音,腹围增大,呼吸困难,运动后尤为显著,逐渐消瘦衰竭至死。患心丝虫病的犬常伴发结节性皮肤病,以瘙痒和倾向破溃的多发性灶状结节为特征。虫体的寄生活动和分泌物刺激,使患犬常出现心内膜炎和增生性动脉炎,死亡虫体还可引起肺动脉栓塞;另外,由于肺动脉压过高造成右心室肥大,导致充血性心力衰竭,伴发水肿和腹水增多,患犬精神倦怠、衰弱。

8.9.4　龙线虫病

本病主要见于蛇形目、龙线虫科、鸟蛇属(*Avioserpens*)的台湾鸟蛇线虫(*A. taiwana*)引起的鸭龙线虫病。分布于印度、北美和我国的台湾、华南及西南等地。成虫寄生于鸭的皮下组织,主要侵害雏鸭,感染率很高,严重者造成死亡,对养鸭业危害较大。

【病原形态】　虫体细长,角皮光滑,有细横纹,白色,稍透明。雄虫长6 mm,尾部弯向腹面,有1对交合刺。雌虫长100~240 mm,尾部逐渐变细并弯向腹面,末端有一小圆锥状突起。见图8.46。

【发育与传播】　生物源性线虫,经口感染。

台湾鸟蛇线虫属胎生型。雌虫在宿主结缔组织中产幼虫,幼虫在鸭游泳时进入水中，被剑水蚤吞食，在其体腔内发育成为感染性幼虫。当含有这种幼虫的剑水蚤被鸭吞咽后，幼虫进入肠腔，经过移行，最后到达鸭的腮、咽喉部、眼周围和腿部的皮下，逐渐发育为成虫。

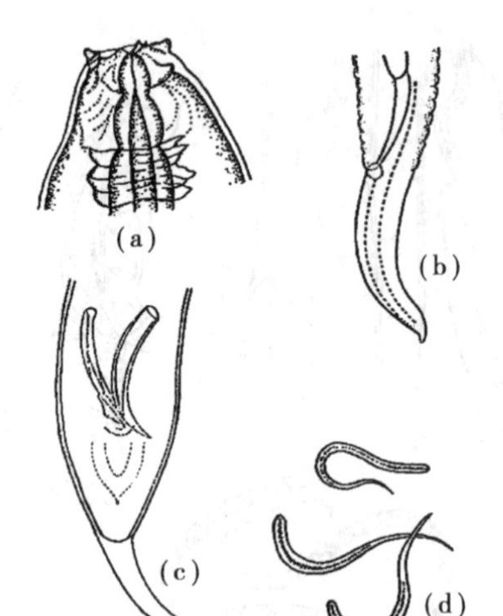

图 8.46　台湾鸟蛇线虫(引自杨光友,2005)
(a)虫体头端;(b)雄虫尾端;(c)雌虫尾部;(d)幼虫

本病主要侵害 3 ~ 8 周龄的雏鸭。虫体胎生，剑水蚤为其中间宿主。在有剑水蚤的水域放鸭即可造成感染，其流行随饲养雏鸭的时间和季节而不同。一般在气温达 26 ~ 29 ℃，水温达 25 ~ 27 ℃时，剑水蚤大量繁殖，最有利于本病的流行，发病率较高。本病潜伏期 1 周，死亡率可达 10% ~ 40%。

【症状与病变】　台湾鸟蛇线虫多寄生于鸭的皮下结缔组织，以下颌、咽喉部为多，少数寄生于腿部。虫体缠绕成团，形成小指至拇指大的结节；当结节逐渐增大时，压迫咽喉部以及邻近的气管、食道、神经和血管，引起呼吸和吞咽困难；寄生于腿部时，结节形成处皮肤紧张，结节外壁菲薄，引起运动障碍。患鸭采食逐渐减少，消瘦，重至死亡。

8.10　动物线虫病的诊断与防治

8.10.1　诊断

可根据临床症状和流行病学资料作初步诊断，进一步确诊可以通过粪便（尿液）检查、尸体解剖、肌肉压片镜检或外周血检查。

临床症状和流行病学资料：线虫主要寄生在消化系统、呼吸系统、泌尿系统和血液中。如蛔虫寄生于多种家畜的小肠内，患畜消瘦，大量寄生时可堵塞肠道；寄生于肺脏中的网尾线虫、原园线虫、后圆线虫引起咳嗽、呼吸困难或支气管炎等；也有寄生于其他组织的，如寄生于肾脏中的冠尾线虫导致后躯摇摆，尿中带脓；寄生于肌肉中的旋毛线虫会引起眼睑肿胀、运动障碍；寄生于鸭的腮、喉以及腿部皮下的鸟龙线虫则会引起腮喉肿胀，行走困难等。

大多线虫病并无特异症状，确诊需作实验室检查。常用的方法是采集粪便（尿液），作虫卵或幼虫检查（漂浮法、沉淀法、网筛法等）；血液检查和尿液检查可诊断丝虫病和肾线虫病；肌肉组织压片镜检、人工胃液消化法可诊断旋毛虫病（肌肉中的幼虫包囊）；免疫学方法可用于线虫病的早期诊断，如用 ELISA 诊断旋毛虫病等。

对许多动物消化、呼吸系统的线虫病可用药驱虫诊断。

动物线虫病的诊断应根据临床症状，流行病学资料分析，用药驱虫诊断，结合实验室检查粪便（尿液）、血液肌肉组织，免疫学方法，死后剖检发现虫体等方面作出综合判断。

附：检查肌肉中旋毛虫包囊幼虫的方法

(1)目检法

将新鲜膈肌脚撕去肌膜，肌肉纵向拉平，观察肌纤维表面，若发现长 250～500 μm，呈梭形或椭圆形，其长轴顺肌纤维平行，如针尖大小呈白色者，疑为旋毛虫幼虫形成的包囊。随着包囊形成时间的延长，其色泽逐渐变成乳白色、灰白色或黄白色。该方法漏检率较高。

(2)镜检法

镜检法是检验肉品中有无旋毛虫的传统方法。猪肉取左、右膈肌角（狗肉取腓肠肌）各一小块，先撕去肌膜作肉眼观察，顺肌纤维方向剪成米粒大 12 粒，两块共 24 粒，放于两玻片之间压薄，低倍显微镜下观察，若发现有梭形或椭圆形，呈螺旋状盘曲的旋毛虫包囊，即可确诊。当被检样本放置时间较久，包囊已不清晰，可用美蓝溶液染色，染色后肌纤维呈淡蓝色，包囊呈蓝色或淡蓝色，虫体不着色。在感染早期及轻度感染时镜检法的漏检率较高。

(3)人工胃液消化法

取肉样用搅拌机搅碎，每克加入 60 ml 水、0.5 g 胃蛋白酶、0.7 ml浓盐酸，混匀；37 ℃消化 1～2 h 后，镜检沉渣中有无幼虫。

8.10.2　治疗与预防

1)治疗药物

药物治疗是防治线虫病的主要方法之一。

常用的驱线虫药物有（用法及用量见第 19 章驱线虫药）：左旋咪唑（左咪唑）、噻苯唑（噻苯咪唑）、甲苯咪唑、氟苯咪唑（氟甲苯咪唑）、苯硫咪唑（芬苯哒唑）、砜苯咪唑（亚砜咪唑）、丙氧咪唑（丙氧苯咪唑）、丁苯咪唑、康苯咪唑（丙噻咪唑）、噻嘧啶（抗虫灵）、甲噻嘧啶（保康灵）、美沙利啶（甲氧啶）、阿维菌素类（伊维菌素、多拉菌素等）、氰乙酰肼、海群生（乙胺嗪）、哈罗松、敌敌畏缓释剂等。

2)预防措施

根据线虫的生活史和流行特点，应重视预防工作，主要采取以定期驱虫、加强饲养、注重饲养环境卫生，处理粪便（尿液）等排泄物的综合防制措施。

①在线虫病流行的地区及养殖场，定期检查，进行预防性和治疗性驱虫。

②注重饲养环境的卫生，如保持饲养场、圈舍、运动场的干燥、清洁，保持饮水和饲料卫生；要经常清扫粪便，并运到离饲养舍较远地方进行堆积发酵处理。

③在有病原存在的场地,消灭中间宿主和灭鼠,防止虫体的传播。

④加强饲养管理,合理补饲精料、补充维生素和矿物元素等,提高抵抗力,以及实行小区轮牧。

⑤加强卫生宣传,依法进行兽医检疫,对检出的旋毛虫肉品及内脏,严格按《动物卫生防疫法》《畜禽病害肉尸及其产品无害化处理规程》进行处理,禁止鲜销。

8.11 实践技能训练——病例分析

羊消化道线虫病的诊断

1)发病情况及临床症状

某县一专业养羊户,饲养山羊500余只,每天野外放养,逐渐发现部分羊只消瘦、贫血、精神和食欲差等,偶有腹泻,便秘,眼结膜苍白等症状,体温37.5～39.5℃,呼吸和脉搏基本正常,最近一年未使用过驱线虫药物。对发生腹泻的羊只给予抗生素,但无效。

羊场基本不清扫圈舍和运动场,粪便未进行集中和充分发酵,就用于施肥。

2)剖检变化

将真胃(皱胃)的内容物倒入盆内,将其翻过来用生理盐水充分洗净,再用生理盐水反复冲洗,刮取胃黏膜,最后将沉渣倒入大培养皿内,检查到数厘米至十余厘米不等线状、白色和红色虫体;可以明显看到有捻转状的虫体。从十二指肠开始,边剪边检查,并把肠内容物接到大号手术盘内,反复水洗沉淀,同样检出大量线状虫体。在盲肠肠壁上有粟粒大至豌豆大的结节。将收集到的虫体用1%盐水洗净后,70%酒精保存。

3)实验室诊断

直接涂片法和饱和盐水漂浮法检出:大量大小不一,卵膜无色透明,灰白色,褐色,或黄褐色,内含单个或多个卵细胞或已发育的幼虫,椭圆形的线虫卵。

显微镜下对虫体的形态观察,虫体前部的颈乳突发达,雄虫尾端交合伞的背肋不对称,雌虫中后部有发达的阴门盖,肠管与子宫相互缠绕。

4)用药诊断

腹泻时使用抗生素无效;近一年内未曾使用伊维菌素、左旋咪唑等驱线虫药物。

5)诊断结论

根据临床症状,流行病学特点,粪样虫卵检查和病理剖检虫体等,确诊该羊群消化道感染线虫(主要是捻转血矛线虫感染)。

【学习要点】

①多数线虫多为线状,呈纺缍形,多为雌雄异体。雌、雄生殖器官多为管型,多种雄虫尾端有一交合伞,交合伞由两个侧叶和1个小的背叶组成,每个伞叶由伞肋支撑。

②线虫生殖有3种方式:卵生、卵胎生和胎生。线虫的发育分成两大类型:直接发育

型（土源性，不需要中间宿主）和间接发育型（生物源性，需要中间宿主）。

③旋毛虫病是种重要的人兽共患寄生虫病，旋毛虫的成虫和幼虫寄生于同一宿主，成虫寄生于肠道，幼虫寄生于横纹肌；旋毛虫发育方式为胎生；动物间的感染是经口感染，继之发生动物的自体感染。猪肉等肉制品是人旋毛虫病的主要来源。

④寄生于动物的蛔虫有严格的宿主特异性，不同动物蛔虫病的病原不同，即有猪、牛、马、犬、鸡的蛔虫病。蛔虫属土源性线虫，不需要中间宿主，成虫主要寄生小肠，幼虫移行严重损伤肝肺等脏器。动物主要经口感染，犊牛新蛔虫以及犬蛔虫可以经胎盘传播。其控制主要是定期进行预防性驱虫和加强饲养管理。

⑤牛、羊消化道线虫病的病原种类较多，从寄生在食道的筒线虫，真胃和小肠的新蛔虫、捻转血矛线虫、奥斯特线虫、毛圆线虫、仰口线虫，及在大结肠的食道口线虫、毛首线虫。除筒线虫外，其他的都是土源性线虫，其感染途径为经口感染。重点掌握捻转血矛线虫、仰口线虫、毛首线虫的有诊断价值形态结构。根据贫血、腹泻、急剧消瘦等临床症状、流行病学情况，结合对实验室检查出虫卵或和尸体剖检发现虫体即可确诊；采取以药物为主驱虫，结合处理粪便，注意圈舍、运动场和饮水卫生，加强饲养管理的综合防制措施进行控制。

⑥猪消化道线虫病病原除猪蛔虫外，主要掌握寄生在胃的几种寄生虫：似蛔线虫、泡首线虫、猪颚口线虫、猪胃圆线虫，注意这一类线虫的有诊断价值的形态结构。其发育传播特点：似蛔线虫、泡首线虫、猪颚口线虫为生物源性线虫，经口感染；猪胃圆线虫为土源性线虫，经口感染。

⑦家禽消化道线虫病，其病原主要介绍了寄生在肌胃、腺胃和盲肠的几种寄生虫，寄生在肌胃、腺胃寄生虫为生物源性线虫，经口感染；而在盲肠的鸡异刺线虫为土源性线虫，但有储藏宿主，经口感染。

⑧畜禽呼吸道线虫病：寄生在牛羊呼吸道的病原虫体有大型、小型肺线虫。寄生在气管、支气管的大型肺线虫为网尾线虫，为土源性线虫，经口感染；寄生在细支气管、肺泡的小型肺线虫为原圆线虫，为生物源性线虫（中间宿主是螺或蛞蝓），经口感染。寄生在马属动物呼吸道的线虫病原虫体是网尾线虫，为土源性线虫，经口感染。寄生在猪呼吸道的线虫病原虫体是3种后圆线虫，为生物源性线虫（中间宿主是蚯蚓），经口感染。寄生在家禽气管的线虫病原虫体是比翼线虫，虫卵经尿排出，为土源性线虫，经口感染。

⑨在畜禽泌尿道寄生的线虫主要有：猪冠尾线虫、肾膨节线虫。猪冠尾线虫主要寄生在猪的肾盂、输尿管，为土源性线虫，经口或经皮肤感染。肾膨节线虫主要寄生在犬、水貂、狼、褐家鼠等20多种动物的肾脏及腹腔内，偶可感染人体，为生物源性线虫（第一中间宿主——蚯蚓，第二中间宿主——鱼或蛙），经口感染。

⑩动物丝虫病：本书仅介绍了腹腔丝虫病、猪浆膜丝虫病和犬心丝虫病（恶丝虫病），其虫体都属于生物源性线虫，主要依靠吸血昆虫——蚊类吸血进行传播；而寄生于家禽皮下的龙线虫是生物源性线虫（中间宿主——剑水蚤），经口感染。值得重视的是，腹腔丝虫的微丝蚴，如寄生在动物的脑脊髓则引起脑脊髓丝虫病，寄生在动物的眼则引起混睛虫病。根据生前查血和尸体剖检而确诊，控制以药物预防为主，扑灭蚊子等吸血昆虫为辅。鸭鸟蛇线虫病则可以手术取出虫体。

第9章 动物的棘头虫病

本章导读：本章讲述寄生于动物的棘头虫的形态结构、发育以及畜禽重要的棘头虫病。通过对本章的学习，要求能够结合棘头虫的形态特征和传播方式，理解棘头虫病流行特点及致病作用，掌握棘头虫病的诊断、治疗与控制。

棘头虫病是由棘头虫动物门的寄生虫寄生于畜禽消化道引起的一种寄生蠕虫病。棘头虫主要寄生在畜禽小肠中，引起肠黏膜发炎、溃疡甚至穿孔等病理性损伤，危害较严重。在有的地方，棘头虫已经成为鸭寄生虫的优势虫种，应当引起重视。

9.1 棘头虫的形态和发育

9.1.1 棘头虫的形态

1）一般形态

①外形：虫体呈椭圆形、纺锤形或圆柱形等不同形态，大小为1.5 ~ 650 mm。虫体一般可分为细短的前体和较大的躯干两部分。

②前体：前端为可伸缩的吻突，其上排列有许多角质的倒钩或棘，故称棘头虫。颈部短，无钩或棘。体不分节，有假体腔，无消化系统，雌雄异体。

③躯干：前宽后窄，体表有环纹或小刺，体表常呈现红、橙、褐、黄或乳白色。躯干部是一个中空的构造，里面包含着生殖器官、排泄器官、神经以及假体腔液等物质。

2）体壁

体壁由5层固有体壁和2层肌肉组成。最外是上角皮，其下为角皮，第3层称条纹层，第4层称覆盖层，第5层即固有体壁的最深层，称辐射层，体壁的核位于此层之中，再下为基底膜和由结缔组织围绕的环肌层和纵肌层，还有许多粗糙的内质网。

3）内部构造

①腔隙系：由贯穿身体全长的背、腹或两侧纵管和与它们相连的细微的横管网系组成。

②吻腺：呈长形，附着于虫体前部、吻突囊两侧的体壁上，悬垂于假体腔中。吻腺具有调节前体部腔隙液的功能。

③韧带囊:从吻囊起,穿行于身体内部,包围着生殖器官,是棘头虫的特殊构造。

④排泄器官:由一对位于两侧部的原肾组成,为两个附着在生殖器官上的团块。

⑤神经系统:中枢部分是位于吻鞘顶部正中的一个神经节。雄虫的一对性神经节和由它们发出的神经分布在雄茎和交合伞内。雌虫没有性神经节。

⑥生殖系统:雄虫有两个睾丸,呈圆形或椭圆形,前后排列,包裹在韧带囊中,每个睾丸连接1条输出管,两个输出管合成1个射精管。虫体后端为一肌质囊状的交配器官,包括有1个雄茎和1个可以伸缩的交合伞。子宫钟呈倒置的钟形,前端为一大的开口,后端的窄口与子宫相连,子宫后接阴道,末端为阴门。见图9.1。

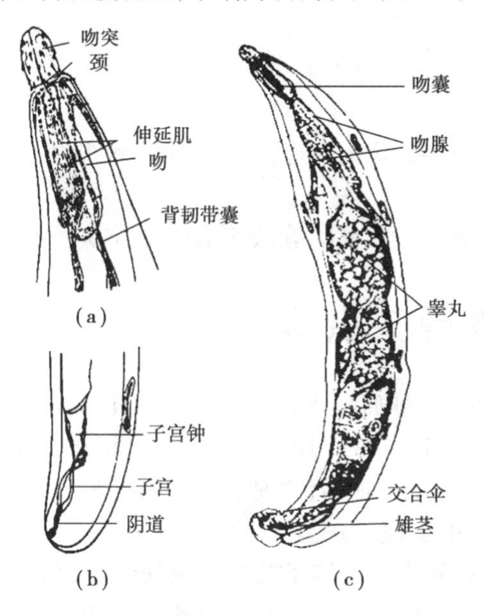

图9.1　棘头虫的内部构造(引自孔繁瑶,1981)

(a)头部;(b)雄虫后部侧面;(c)雄虫侧面观

9.1.2　棘头虫的发育

雌、雄虫交配受精后,受精卵在韧带囊或假体腔内发育,尔后被吸入子宫钟内,成熟的虫卵由子宫钟入子宫,经阴道排出体外。虫卵中含有幼虫,称棘头蚴,中间宿主为甲壳类动物和昆虫。排到自然界的虫卵被中间宿主吞咽,在肠内孵化,发育为棘头体,尔后变为感染性幼虫棘头囊。终末宿主因摄食含有棘头囊的节肢动物而受感染。在某些情况下,棘头虫的发育史中可能有搬运宿主或贮藏宿主,如蛙、蛇或蜥蜴等脊椎动物。

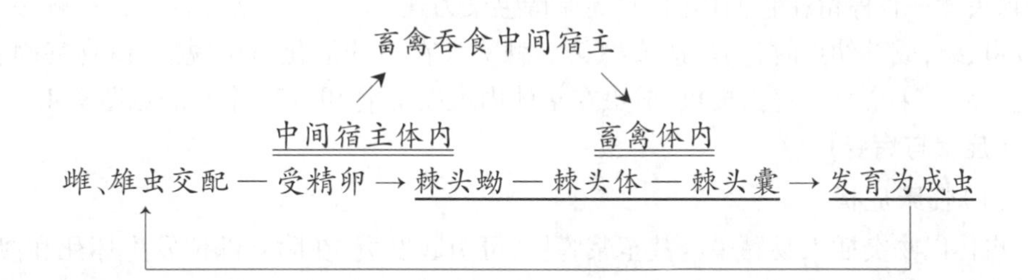

9.1.3 棘头虫的分类及畜禽常见的棘头虫种类

与畜禽有关的纲、目、科罗列如下：

1）原棘头虫纲

寡棘吻目

寡棘吻科

大棘吻属：主要寄生于猪、犬、猫的肠道，偶见于人，如猪蛭形巨吻棘头虫。

2）古棘头虫纲

多形目

（1）多形科

多形属：主要寄生于家禽肠道，如鸭大多形棘头虫。

（2）细颈科

细颈属：主要寄生于家禽肠道，如鸭细颈棘头虫。

9.2 猪巨吻棘头虫病

猪巨吻棘头虫病是由寡棘吻科、大棘吻属（*Macrocanthorhynchus*）的蛭形大巨吻棘头虫（*M. hirudinaceus*）寄生于猪、猫和犬小肠的一种蠕虫病，偶尔也见于人。该病在我国各地普遍流行，以辽宁、山东感染率最高，也是我国主要的流行区。在有些地区，本病的危害甚至大于猪蛔虫病，应引起高度重视。

【病原形态】 猪巨吻棘头虫虫体呈乳白色或淡红色，长圆柱形，前部较粗，后部较细。体表有横纹。吻突小，呈球形，有行小棘。雌虫长300～600 mm，雄虫长70～150 mm。卵呈长椭圆形，深褐色，两端稍尖，大小为(89～100) μm×(42～56) μm。卵壳由4层组成，外层薄而无色；第2层呈褐色，有细微皱纹，两端有小塞状构造，一端的较圆，另一端的较尖；第3层为受精膜；第4层不明显。棘头蚴的头端有4列小棘，棘头蚴的大小为58 μm×26 μm。见图9.2和图9.3。

【发育与传播】 中间宿主为金花龟属的金龟子、鳃角金龟属的金龟子（普通鳃角金龟子、鳃角金龟子）及其他甲虫。成虫寄生在猪的小肠，繁殖力很强。

终末宿主感染后，雌虫开始排卵，虫卵被中间宿主金花龟属、鳃角金龟属的金龟子及其他甲虫幼虫吞食，棘头蚴在中间宿主的肠内孵化，发育为棘头体，随后形成具有感染性的棘头囊。棘头囊体扁，白色，吻突常缩入吻囊，易为肉眼看到。当甲虫化蛹并变为成虫时，棘头囊一直停留在它们体内，并能保持感染力达2～3年。猪吞食了含有棘头囊的甲虫成虫、蛹，或其幼虫时，均能造成感染。棘头囊在猪的消化道中脱囊，以吻突固着于肠壁上，经3～4个月发育为成虫，成虫在猪体内可以寄生10～24个月。见图9.4。

【症状与病变】

（1）临床症状

虫体以吻突插入肠黏膜内甚至浆膜层，可引起发炎，在附着部位发生坏死和溃疡，甚至呈现坏死性炎症。虫体如穿通肠壁，可引起发炎和肠粘连，并诱发泛发性腹膜炎而死亡。一般感染时,多因虫体吸收大量养料和虫体分泌的有毒物质的作用,使患猪表现贫血、消瘦和发育停滞。严重感染时,食欲减退,下痢,粪便带血,腹痛。如发生脓肿或肠穿孔时,症状加剧,体温升高到41 ℃,患猪表现衰弱、不食、腹痛、卧地,多以死亡而告终。

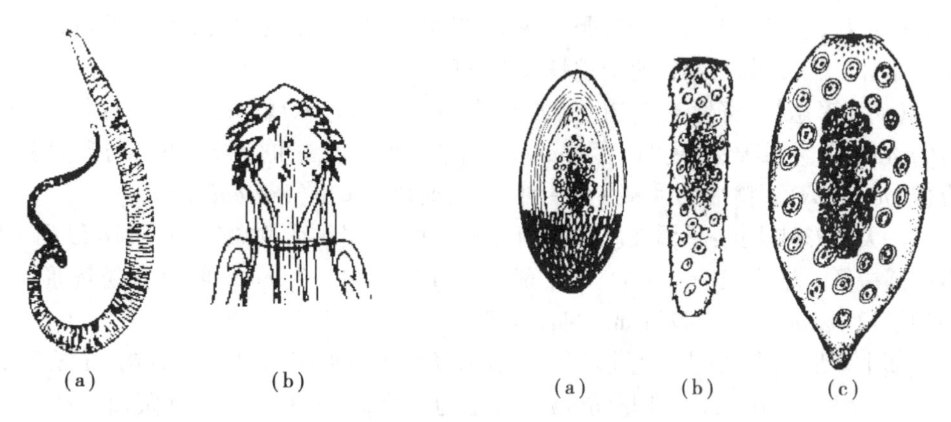

图9.2　蛭形巨吻棘头虫(引自孔繁瑶,1997)
(a)雌虫全形;(b)成虫头端吻突

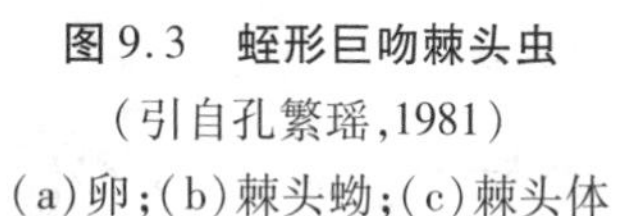

图9.3　蛭形巨吻棘头虫
(引自孔繁瑶,1981)
(a)卵;(b)棘头蚴;(c)棘头体

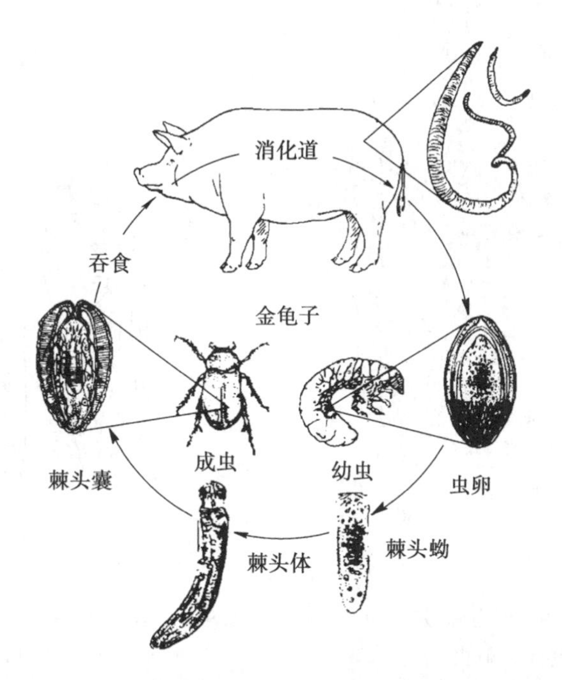

图9.4　猪巨吻棘头虫生活史(引自 Marquardt 等,1985)

(2)病理解剖变化

病理剖检可见尸体消瘦,黏膜苍白。在肠道,主要是空肠和回肠的浆膜上见到有灰黄色或暗红色的小结节,其周围有红色充血带。肠黏膜发炎,严重的可见到肠壁穿孔,吻突穿过肠壁,吸着在附近浆膜上,引起粘连。肠壁增厚,有溃疡病灶。严重感染时,肠道塞满虫体,有时因造成肠破裂而死。

9.3 鸭多形棘头虫与细颈棘头虫病

鸭多形棘头虫是由多形科的多形棘头虫和细颈棘头虫寄生于鸭的小肠而引起的一种寄生虫病，也寄生于鹅、天鹅、野生游禽和鸡的小肠。在我国，鸭多形棘头虫主要发现于广东、四川、贵州和台湾，鸭细颈棘头虫发现于贵州。

【病原形态】 寄生于禽类肠道的多形属（*Polymorphus*）棘头虫有4种：大多形棘头虫（*P. magnus*）、小多形棘头虫（*P. minutus*）、腊肠状多形棘头虫（*P. botulus*）与台湾多形棘头虫（*P. formosus*）。鸭细颈属棘头虫一种，即鸭细颈棘头虫（*Filicollis anatis*）。

①大多形棘头虫：呈橘红色，纺锤形，前端大，后端狭细，吻突上生有18纵列小钩，吻囊呈圆柱形。雄虫长9.2～11 mm，雌虫长12.4～14.7 mm。卵呈长纺锤形，大小为（113～129）μm×（17～22）μm。见图9.5。

②小多形棘头虫：虫体呈橘红色、较小，纺锤形，吻突呈卵圆形，有钩16纵列。雄虫长3 mm，雌虫长10 mm。卵呈纺锤形，大小为110 μm×20 μm，内含黄而带红色的棘头蚴。见图9.6。

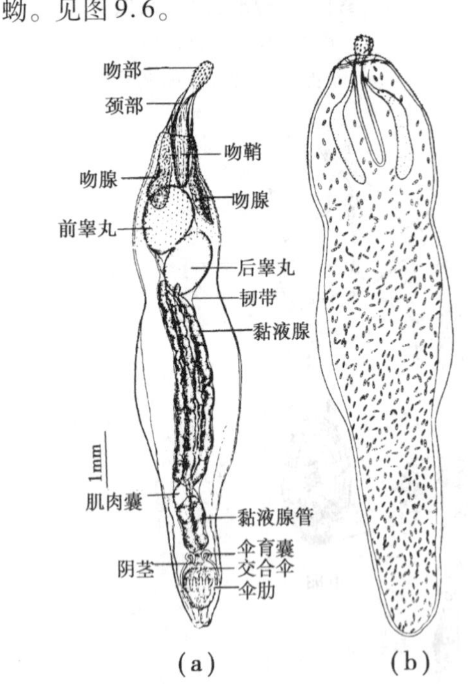

图9.5 **大多形棘头虫**（引自陈淑玉，1994）
（a）雄虫；（b）雌虫

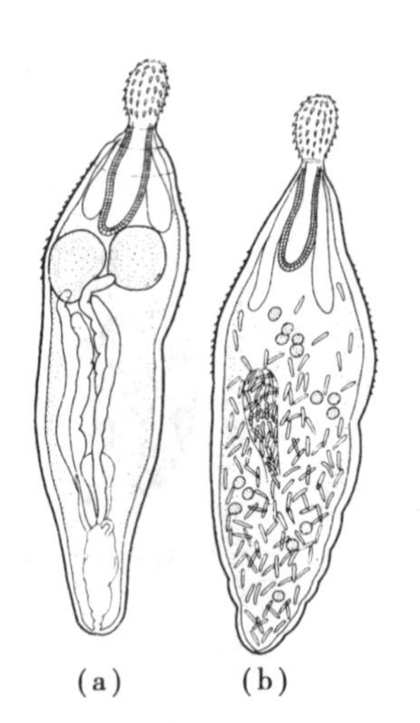

图9.6 **小多形棘头虫**（引自陈淑玉，1994）
（a）雄虫；（b）雌虫

③腊肠状多形棘头虫：虫体纺锤形，吻突球状，吻钩12纵列。雄虫长13～14.6 mm，雌虫长15.4～16 mm。

④台湾多形棘头虫：新鲜虫体橘黄色，中部膨大，呈梭形，前部有体棘20环列。雄虫大小为（8.83～10.83）mm×（1.47～2.12）mm，雌虫长（8.37～11.42）mm×（1.74～2.78）mm。虫卵呈长椭圆形，卵壳三层，外壳薄而光滑，中间壳较厚且中层卵壳两端无极突，卵大小（24～62）μm×（15～43）μm。

⑤鸭细颈棘头虫：虫体呈白色，纺锤形，吻突呈椭圆形，具有18纵列的小钩。雄虫长4～6 mm，睾丸前后排列，位于虫体的前半部内。雌虫呈黄白色，长10～25 mm，前后两端稍狭小，吻突膨大呈球形，其前端有18纵列小钩。卵呈椭圆形，大小为(62～70) μm×(20～25) μm。

【发育与传播】　大多形棘头虫以甲壳纲、端足目的湖沼钩虾为中间宿主；小多形棘头虫以蚤形钩虾、河虾和罗氏钩虾为中间宿主；腊肠状棘头虫以岸蟹为中间宿主；鸭细颈棘头虫以等足类的栉水虱为中间宿主。

以大多形棘头虫的生活史为例：虫卵随粪便排出，被中间宿主钩虾吞食后，卵膜破裂，孵出棘头蚴，棘头蚴固着于肠壁钻入体腔，发育成为棘头体，被厚膜包裹，游离于体腔内，发育成棘头囊，达到感染期。鸭吞食含棘头囊的钩虾而感染。小鱼吞食含幼虫的钩虾后可成为多形棘头虫的贮藏宿主，鸭摄食这种小鱼仍能获致感染。

鸭小多形棘头虫发育与大多形棘头虫相似。Kolelnkov(1954)研究发现鸭细颈棘头虫的中间宿主为栉水虱，终末宿主吞食含棘头囊的栉水虱后而感染，幼虫经29～30 d发育为成虫。见图9.7。

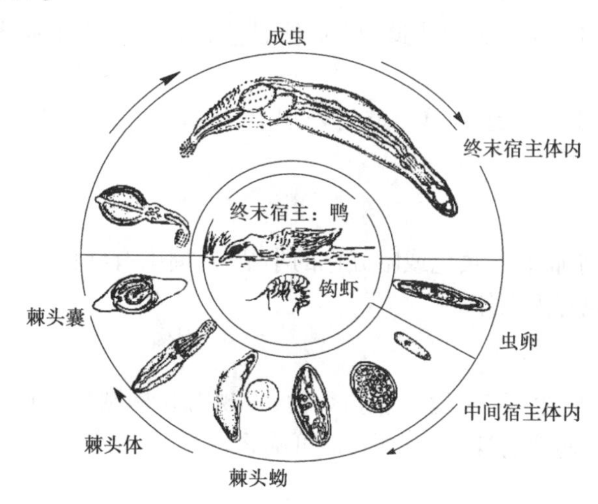

图9.7　大多形棘头虫生活史示意图(引自孔繁瑶,1997)

【症状与病变】　大多形棘头虫和小多形棘头虫均寄生于鸭、鹅和野生水禽的小肠前段，鸭细颈棘头虫多寄生于小肠中段。棘头虫吻突附着在肠黏膜上，引起肠炎，固着部位出现溢血和溃疡。固着比较深的地方，可以从浆膜面上看到突出的黄白色的结节，甚至造成肠壁穿孔，并发腹膜炎而死亡。由于肠黏膜的损伤，容易造成其他病原菌的继发感染，引起化脓性炎症。大量感染，并且饲养条件较差时，可以引起死亡。幼禽的死亡率高于成年禽。

死后剖检时，可在肠道的浆膜面上看到肉芽组织增生的小结节。有大量橘红色的虫体聚集在肠壁上，固着部位出现不同程度的创伤。

9.4 动物棘头虫病的诊断与防治

9.4.1 诊断

根据流行病学和临床症状,以直接涂片法和水洗沉淀法在粪便中检查到特征性虫卵,结合尸体剖检看到虫体,即可确诊。

1)流行病学

①多发于甲虫活动的季节5—7月,呈地方性流行。

②周围环境有中间宿主金龟子或其幼虫存在,如猪舍有露天运动场,夜间有照明习惯,就容易招引甲虫。

③野外放牧猪比舍饲猪高。

2)临床表现

①轻度感染:患猪消瘦,食欲减退,可视黏膜苍白,粪便混有血液,大部分猪体温正常。

②严重感染:体温升高到41 ℃,患猪表现衰弱、不食、腹痛,腹部着地爬行,最终死亡。

3)病理剖检

①空肠和回肠的浆膜有灰黄色或暗红色的小结节,周围有红色充血带,甚至有穿孔。

②剪开肠管,发现有无虫体。

4)实验室检查

以直接涂片法和水洗沉淀法检查病猪粪便,发现有长椭圆形或橄榄球形、深褐色、4层卵壳、两端有小塞状构造的棘头虫虫卵,即可确诊。

9.4.2 治疗与预防

1)治疗药物

对本病无有效药物,有人推荐可使用左旋咪唑、丙硫苯咪唑、氯硝柳胺等。

2)预防措施

根据棘头虫的生活史和该病的流行特点,采取综合性的防治措施。

①定期进行驱虫,对粪便进行生物热处理,切断传播途径。

②改进饲养管理条件,改放牧为舍饲。如在甲虫活动季节5—7月,猪场内不宜整夜用灯光照明,避免招引甲虫,防止猪吃中间宿主金花龟属、鳃角金龟属的金龟子及其他甲虫幼虫。尽量采用舍饲养鸭,对雏鸭与成年鸭分开饲养。

③给以充足的全价饲料,提高动物体的抵抗力。

9.5　实践技能训练——病例分析

猪棘头虫病的诊断

1)发病情况及临床症状

某养猪场位于某自然村附近的一个小山坡,共有10个猪舍,水泥地面,但舍内空间有1/3地方露天,夜间有灯光照明。共饲养600头肉猪,按免疫程序接种过疫(菌)苗。近10多天来,发现猪只出现不同程度消瘦,活动量减少,食欲减退,常躺卧于窝中,有时发出轻轻的呻吟声,一些猪只粪便混有血液。个别猪体温升高至40.5~41.5℃,不时伴有血性腹泻,肌肉震颤,弯腰弓背,站立不稳,皮肤有出血斑点,腹部着地爬行等症状。

在一些猪舍的围墙面发现金龟子,离猪场向南约50 m远处堆积猪粪便,翻开陈旧的猪粪及其地下土壤周围发现有金龟子及其幼虫(蛴螬)。

当地兽医已使用过大量的抗菌素治疗均疗效不佳,已经死亡猪只4头。

2)剖检变化

剖检病死猪,发现患猪的可视黏膜苍白,腹腔有纤维素性炎症,空肠和回肠有不同程度出血性和纤维素性炎症,局部有脓肿灶,可见大量呈豌豆大的灰红相间坏死结节,结节的质地坚实,切开可见结节呈灰白色干酪样坏死,回肠段发现有一处肠穿孔,穿孔处肿胀并带黑褐色。剪开肠腔可见呈浅灰白色的大型虫体,体表有环状横纹(在虫体前端较为明显),体型稍弯曲,背腹略扁平,前部稍粗大,后部稍细,前端有吻突,后端钝圆的虫体。

3)实验室诊断

取患猪新鲜粪便10 g,放入200 ml的烧杯中,然后加入清水用玻棒充分搅拌,经60目铜筛过滤,静置15 min,弃上层液体取沉淀物涂于载玻片上进行镜检。在显微镜下观察可见虫卵呈椭圆形,两端稍尖,黄褐色,卵壳厚并有不规则的沟纹。

4)用药诊断

选用丙硫咪唑驱虫治疗,按80 mg/kg体重,口服,隔2 d 1次,连用2次后,在猪粪中没有发现有虫体。

5)诊断结论

综合上述检查结果,诊断为猪的棘头虫病。

【学习要点】

①病原形态:猪巨吻棘头虫呈乳白色或淡红色,前粗后细,头端有可伸缩的球形吻突;鸭多形棘头虫、细颈棘头虫为纺锤形,头端有带刺的吻突、体前部也有小刺。

②棘头虫病的传播与流行:猪、鸭的棘头虫寄生于小肠,生物源性寄生虫,经口感染。猪巨吻棘头虫的中间宿主为金龟子及其他甲虫,大多形棘头虫的是湖沼钩虾,小多形棘头虫的是蚤形钩虾、河虾和罗氏钩虾,腊肠状棘头虫的是岸蟹,鸭细颈棘头虫以等足类的

栉水虱为中间宿主。

③根据临床症状、流行病学情况初步诊断,粪便作实验室检查,查出虫卵即可确诊;粪便检查发现虫卵或死后剖检看到虫体,即可确诊。

④控制以改放牧为舍饲,处理粪便,防止吃入中间宿主为主。

第2篇【目标测试题】

一、名词解释

蠕虫　蠕虫病　囊蚴　尾蚴　尾蚴性皮炎　日本血吸虫病　肝片形吸虫　卵生　卵胎生　胎生　感染性虫卵　感染性幼虫　旋毛虫病　幼虫移行症　猪蛔虫病　中绦期　囊尾蚴　绦虫蚴病　棘球蚴病　猪囊尾蚴病　脑多头蚴病　孟氏裂头蚴

二、选择题

1. 中华枝睾吸虫的补充宿主是(　　　)。
①淡水蚤　②淡水螺　③淡水蟹　④淡水鱼、虾

2. 中华枝睾吸虫感染人畜的发育阶段是(　　　)。
①囊蚴　②尾蚴　③雷蚴　④胞蚴

3. 寄生于家畜胰脏的吸虫为(　　　)。
①槽盘吸虫　②阔盘吸虫　③同盘吸虫　④腹盘吸虫

4. 布氏姜片吸虫的中间宿主是(　　　)。
①钉螺　②椎实螺　③扁卷螺　④田螺

5. 姜片吸虫感染宿主的发育阶段是(　　　)。
①毛蚴　②胞蚴　③尾蚴　④囊蚴

6. 猪体内有姜片吸虫、猪蛔虫感染,应选用的驱虫药是(　　　)。
①左旋咪唑　②吡喹酮　③敌百虫　④噻苯唑

7. 姜片吸虫的寄生部位是(　　　)。
①肝细胞　②门静脉　③肝胆管　④十二指肠

8. 姜片吸虫的传播媒介为(　　　)。
①石蟹　②水生植物　③喇蛄　④淡水鱼

9. 日本血吸虫感染人畜的发育阶段是(　　　)。
①胞蚴　②雷蚴　③尾蚴　④囊蚴

10. 以虫卵性肉芽肿方式损害宿主的吸虫(　　　)。
①日本分体吸虫　②肝片形吸虫
③中华枝睾吸虫　④中华双腔吸虫

11. 治疗血吸虫病的最佳药物是(　　　)。
①噻苯唑　②噻咪啶　③左旋咪唑　④吡喹酮

12. 胰阔盘的吸虫的补充宿是(　　　)。
①草螽　②针蟋　③蚂蚁　④蜻蜓

13. 枝睾阔盘吸虫的补充宿主是(　　　)。
①针蟋　②草螽　③蚂蚁　④蜻蜓

14. 肝片吸虫感染家畜的发育阶段是(　　　)。

①毛蚴　②胞蚴　③尾蚴　④囊蚴

15. 肝片吸虫成虫寄生于牛、羊等宿主的(　　)。

①肝胆管　②肝静脉　③肝实质细胞　④肝毛细血管

16. 驱除家畜肝片吸虫的药物有(　　)。

①噻苯唑　②噻咪唑　③甲硝唑　④丙硫咪唑

17. 前殖吸虫的第二中间宿主是(　　)。

①蚂蚁　②蜗牛　③蜻蜓　④草螽

18. 主要引起家禽以产蛋紊乱症的吸虫(　　)。

①舟形嗜气管吸虫　②纤细背孔吸虫

③透明前殖吸虫　④卷棘口吸虫

19. 日本血吸虫的中间宿主是(　　)。

①椎实螺　②扁卷螺　③钉螺　④陆地蜗牛

20. 以淡水鱼、虾作为补充宿主的吸虫是(　　)。

①枝睾阔盘吸虫　②华枝睾吸虫

③中华双腔吸虫　④矛形双腔吸虫

21. 可引起人“稻田皮炎”的吸虫是(　　)。

①裂体科吸虫　②环肠科吸虫　③背孔科吸虫　④棘口科吸虫

22. 矛形双腔吸虫寄生于反刍动物的(　　)。

①消化道　②胰管　③肝胆管　④静脉

23. 以蚂蚁作为补充宿主的寄生虫为(　　)。

①矛形双腔吸虫　②枝睾阔盘吸虫

③布氏姜片吸虫　④鹿前盘吸虫

24. 我国长江以北地区没有血吸虫病的流行主要是因为(　　)。

①河流少　②无传染源

③人群抵抗力强　④无钉螺

25. 目前用于治疗家畜血吸虫病的首选药物应是(　　)。

①吡喹酮　②灭绦灵　③氯苯胍　④左旋咪唑

26. 猫后睾吸虫的第一中间宿主是(　　)。

①陆地螺　②蚂蚁　③钉螺　④淡水螺

27. 卫氏并殖吸虫寄生于多种动物的(　　)。

①肝脏　②肺脏　③肾脏　④心脏

28. 牛、羊结节虫病的病原是(　　)。

①血矛线虫　②仰口线虫　③食道口线虫　④长刺线虫

29. 猪蛔虫的主要传播方式是(　　)。

①宿主→中间宿主→宿主　②宿主→传递宿主→宿主

③宿主→饮水饲料→宿主　④宿主→贮藏宿主→宿主

30. 鸭大多形棘头虫的中间宿主是(　　)。

①剑水蚤　②栉水蚤　③湖沼钩虾　④淡水螺

31. 台湾多形棘头虫主要寄生于鸭的(　　)。

①小肠　②回肠　③盲肠　④直肠

32. 猪巨肠棘头虫寄生于猪的(　　)。

①小肠　②空肠　③回肠　④盲肠

33. 犊牛感染新蛔虫的主要方式是(　　)。

①经口感染　②经皮肤黏膜感染

③经胎盘感染　④自体感染

34. 猪肺丝虫的感染途径是(　　)。

①吞食含蚴虫的卵　②吞食幼虫

③吞食含有幼虫的蚯蚓　④感染性幼虫经皮肤钻入猪体

35. 以胎生为生殖方式的线虫(　　)。

①胎生网尾线虫　②野猪后圆线虫

③指形丝状线虫　④指形长刺线虫

36. 羊体内混合感染有捻转血矛线虫和莫尼茨绦虫时，选用下列哪种药物(　　)。

①左旋咪唑　②丙硫咪唑　③吡喹酮　④别丁

37. 旋毛虫的生殖方式是(　　)。

①卵生　②胎生　③卵胎生　④其他

38. 旋毛虫在动物之间的传播感染方式(　　)。

①经口吞食含有幼虫包囊的肌肉　②其幼虫经皮肤感染

③自体感染　④吞食粪中的幼虫

39. 鸡的“张口虫病”的病原是(　　)。

①气管比翼线虫　②鸡异刺线虫

③美洲四棱线虫　④螺旋咽饰带线虫

40. 猪肺丝虫病的病原是(　　)。

①长刺细颈线虫　②指形长刺线虫

③长刺后圆线虫　④柯氏原圆线虫

41. 不以直接发育方式进行发育的线虫(　　)。

①有齿冠尾线虫　②红色猪圆线虫

③野猪后园线虫　④猪蛔虫

42. 蛔虫的感染阶段是(　　)。

①受精卵　②丝状蚴

③感染性虫卵　④未受精卵

43. 牛、羊钩虫病的病原是(　　)。

①阔口线虫　②食道口线虫　③裂口线虫　④仰口线虫

44. 钩虫的致病作用主要是引起(　　)。

①皮炎　②支气管炎　③肠炎　④贫血

45. 幼虫从皮肤侵入成虫寄生于肠道的是(　　)。

①钩虫　②丝虫　③血吸虫　④蛔虫

46. 蛔虫感染主要途径是(　　)。

①经皮肤　　②经口　　③经呼吸道　　④经媒介昆虫叮咬

47. 鸡异刺线虫寄生于鸡的(　　)。

①盲肠　　②小肠　　③结肠　　④空肠

48. 猪肾虫病生前诊断最好用(　　)。

①漂浮法检查粪中虫卵　　②浮集法检查尿中虫卵

③取尿静置或离心后检查虫卵　④粪便培养法检查虫卵

49. 猪蛔虫发育过程中,在肝脏内进行的蜕化属于(　　)。

①第一次　　②第二次　　③第三次　　④第四次

50. 猪囊虫病的病原是(　　)。

①猪细颈囊尾蚴　　②猪囊尾蚴

③豆状囊尾蚴　　④链尾蚴

51. 寄生于羊,羊小肠的莫尼茨绦虫,其中间宿主是(　　)。

①地螨　　②蚂蚁　　③金龟子　　④蛴螬

52. 细颈囊尾蚴的成虫是(　　)。

①中线带绦虫　②泡状带绦虫　③链状带绦虫　④锯齿带绦虫

53. 牛囊尾蚴的成虫称(　　)。

①泡状带绦虫　②无钩绦虫　③有钩绦虫　④带状泡尾张虫

54. 细粒棘球蚴主要寄生于动物宿主的(　　)。

①脑　　②肝　　③肌肉　　④肾

55. 治疗家禽绦虫病的药物是(　　)。

①左旋咪唑　　②甲苯咪唑　　③甲硝咪唑　　④噻咪唑

56. 引起羊“转圈病”的绦虫蚴是(　　)。

①裂头蚴　　②多头蚴　　③链头蚴　　④棘头蚴

57. 在肉品检疫时,发现猪肉切面在 40 cm^2 内有 6 ~ 10 个囊尾蚴时,处理方式是(　　)。

①经冷冻或盐渍处理后出售　　②新鲜出售

③高温煮熟后出售　　④工业炼油或焚毁

58. 兔患豆状囊尾蚴病,病原体是寄生于兔的(　　)。

①肝脏、肺脏和肠系膜　　②肝脏、肾脏和心脏

③肝脏、肠系膜和腹腔　　④肺脏、肾脏和心脏

59. 矛形剑带绦虫寄生于(　　)。

①鹅小肠　　②鹅大肠　　③鸡小肠　　④鸡大肠

60. 治疗猪囊虫病的药物(　　)。

①硝氯酚　　②吡喹酮　　③左旋咪唑　　④尼卡巴嗪

三、填空题

1. 吸虫在中间宿主螺体内的发育一般包括________、________和________3 个阶段。

2. 根据是否需要中间宿主,可将蠕虫分为________、________两大类。蠕虫感染时机体________细胞明显增多,是机体抗蠕虫感染的

免疫细胞之一。

3. 饱和盐水漂浮法最适合__________卵和__________卵的检查，沉淀法最适合__________卵的检查。

4. 日本血吸虫成虫寄生于人畜__________，中间宿主是__________，感染阶段是__________。血吸虫的致病阶段有__________、__________、__________、__________，其中主要致病阶段是__________，引起病变的主要部位__________和__________。

5. 寄生于家畜胰脏的吸虫有__________、__________和__________。

6. 寄生于家畜肝脏的吸虫有__________、__________和__________等。

7. 前殖吸虫寄生于禽类的__________，常引起__________等。

8. 华枝睾吸虫病是由华枝睾吸虫寄生于猪、狗、猫等动物或人的__________所引起的一种人兽共患寄生虫病，其第一中间宿主是__________，第二中间宿主是__________。

9. 布氏姜片吸虫发育过程中需要__________作为中间宿主，其传播媒介主要是__________。

10. 前后盘吸虫寄生于反刍动物的__________，牛、羊等反刍动物吞食前后盘吸虫的感染性__________，而被感染。

11. 双腔吸虫病是由矛形双腔吸虫和__________寄生于反刍动物牛、羊、骆驼和鹿的__________，引起__________和营养不良为特点的寄生虫病。双腔吸虫第一中间宿主为__________，第二中间宿主为__________。

12. 肝片吸虫主要寄生于各种反刍动物的__________，能引起急性或慢性__________。肝片吸虫在发育过程中需要__________作为中间宿主，牛、羊等反刍动物在饮水或吃草时，吞食__________而被感染。

13. 引起猪的肺线虫病的病原主要是__________，这类线虫的中间宿主是__________。

14. 左旋咪唑除具有驱虫作用外，还具有__________作用。

15. 毛首线虫虫卵呈棕黄色，__________形，卵壳厚，两端有__________。

16. 猪毛首线虫寄生于__________内，猪毛首线虫病又称为__________。

17. 丝状网尾线虫寄生于绵羊、山羊等反刍动物的__________内，主要危害__________。

18. 捻转血矛线虫寄生于反刍兽的第__________胃，偶见于__________。捻转血矛线虫雌虫阴门位于虫体后半部，有一个显著的__________阴门盖。

19. 鸡异刺线虫感染性虫卵或感染性幼虫被储藏宿主__________吞入，可在其体内长期生存。此外,鸡异刺线虫还是______的传播者。

20. 鸡蛔虫寄生于鸡、番鸭等家禽及野禽的______,虫卵呈椭圆形,壳厚而光滑,______色,排出时内含单个胚细胞。

21. 犊新蛔虫病是由______寄生于犊牛的______所引起寄生虫病,主要发生于______个月龄以内的犊牛,临床症状是______等。

22. 猪蛔虫幼虫阶段的致病作用主要表现为损伤______,猪蛔虫卵比较典型的特征是______,粪便检查时每克粪便中虫卵数达到______个时,就可诊断为蛔虫病。

23. 幼虫在移行过程中,能引起肺部病变的蠕虫有______、______。

24. 旋毛虫的成虫寄生在人和家畜等的______,称为______。幼虫寄生在人和家畜等的______,称为______。

25. 羊脑包虫病的病原为______,该病的临床特征是______。

26. 可导致宿主肠壁形成结节的寄生虫有______和______等。

27. 棘沟赖利绦虫寄生于家鸡和火鸡的______,其中间宿主是______。

28. 莫尼茨绦虫寄生于牛、羊的______,有______和______两种,主要引起______等。莫尼茨绦虫发育中所需的中间宿主是______。莫尼茨绦虫的虫卵呈三角形、四角形,其内有一类似灯泡样结构,称为______。

29. 孟氏迭宫绦虫,成虫寄生于终末宿主______的小肠内,有两个中间宿主,第一中间宿主为______,第二中间宿主为______。

30. 裂头蚴是______目绦虫的中绦期幼虫。

31. 脑多头蚴的成虫为______,寄生于犬、貂、狼、狐狸的______。

32. 棘球蚴病又称为______,是由寄生于______的______的中绦期幼虫寄生哺乳动物的______内所引起的寄生虫病。

33. 猪囊尾蚴俗称______,是由寄生于______小肠的猪带绦虫的幼虫——猪囊尾蚴寄生于人、猪______所引起的一种寄生虫病。

34. 猪带绦虫病是指人体内寄生有该虫的______阶段,寄生部位为______;猪囊虫病是人体寄生有该虫______阶段,寄生部位为______。

35. 牛带绦虫又称为______,其中绦期幼虫称为______。牛带绦虫的中间宿主是______,终末宿主是______。

四、问答题

1. 论述羊莫尼茨绦虫病的主要症状及防控方法。

2. 试述牛、羊片形吸虫的生活史，并据此制订出防制片形吸虫病的措施。

3. 试述猪蛔虫的生活史，猪蛔虫病的临床特点及流行原因、诊断方法与防制措施。

4. 试述猪旋毛虫病的流行特点、诊断方法和防制措施。

5. 试述棘球蚴的发育史，棘球蚴病的流行特点、诊断方法和防制措施。

6. 试述猪肺丝虫的发育史，肺丝虫病的流行特点、诊断方法与防制措施。

7. 试根据姜片吸虫的发育史及猪姜片吸虫病流行特征，拟定一种猪场姜片吸虫病的“净化”措施。

8. 试述牛羊血矛线虫病的生活史特点、临床症状和防制方法。

9. 论述日本血吸虫的生活史、流行病学特点及其对人和动物所产生的致病作用。

10. 某一大型猪场发生了猪肺丝虫病、蛔虫病和鞭虫病，请问你如何确诊并提出防制方案？

第 2 篇【复习思考题】

1. 查阅相关资料，结合本篇蠕虫学知识，谈谈目前我国畜禽寄生性蠕虫的流行情况及防控中存在的问题。

2. 查阅相关资料，结合专业知识，分析犬和猫在动物和人绦虫病流行病学中的重要性。

3. 查阅相关资料，完成读书报告——常见食源性寄生蠕虫种类、危害及其防控手段。

第 2 篇【知识拓展】

由田螺引起的线虫病——广州管圆线虫病

广州管圆线虫病是由广州管圆线虫(*Angiostrongyliasis cantonensis*)引起的一种重要的食源性人畜共患寄生虫病，主要分布于热带、亚热带地区。广州管圆线虫的终末宿主是鼠类，中间宿主为软体动物。该虫在人体内一般不能发育为成虫，其幼虫侵害中枢神经系统后，引起嗜酸性粒细胞增多性脑膜炎(俗称酸脑)或脑膜脑炎，还可损害肺、眼和鼻等器官组织。

广州管圆线虫的中间宿主：全世界有 78 种软体动物可作为广州管圆线虫的中间宿主，隶属于 21 科 44 属，除陆生软体动物 37 种，其余均为淡水螺类。在我国，作为广州管圆线虫中间宿主的淡水螺类有 3 种，即亚马逊瓶螺(又名大瓶螺或福寿螺)、中国圆田螺、铜锈环棱螺。目前，福寿螺已成为我国大陆地区广州管圆线虫的重要中间宿主。

广州管圆线虫侵入人体的途径及其感染方式：广州管圆线虫寄生于鼠肺动脉内并在此产卵孵化成第 1 期幼虫后随粪便排出体外，此时若接触到中间宿主如陆生螺类或淡水螺类即可侵入宿主体内继续发育成第 2、3 期幼虫。人多由于生吃含有幼虫的淡水螺肉而感染。此外，凡是食用被感染期幼虫污染的水及食物等也可发病。广州管圆线虫在人体内的移行发育过程大致与在鼠类体内的相同，人感染后，幼虫穿过肠壁进入血管，经肝或淋巴管等至右心，经肺循环至左心，进一步到达全身各器官组织，其中大部分幼虫沿颈总动脉到达脑部，并穿过血管壁，在脑组织表面蹿行。

广州管圆线虫病临床症状：广州管圆线虫幼虫在人体主要侵犯中枢神经系统，引起嗜酸性粒细胞增多性脑膜脑炎或脑膜炎，即以脑积液中嗜酸性粒细胞显著升高为特征，病变集中在脑组织，除大脑及脑膜外，还包括小脑、脑干及脊髓等处。最明显的症状为急性剧烈头痛或脑膜脑炎表现，其次为颈项强直，可伴有颈部疼痛、恶心、呕吐、低度或中度发热。头痛一般为胀裂性乃至不能忍受，起初为间歇性，以后发作渐频或发作期延长，止痛药仅对45%病例有短时间缓解。在严重病例中出现发热伴有神经系统异常、视觉损害、眼部异常及周身酸痛，还有脑神经受损、眼外直肌瘫痪和面瘫等症状。

我国广州管圆线虫病爆发情况：1997 年 10—11 月，浙江省温州市首次发生广州管圆线虫集体感染并引起该病爆发，105 人因食凉拌“辣味螺肉”造成 47 人发病，罹患率为 44.8%。发病年龄最小 6 岁，最大 58 岁。经追踪检查福寿螺 361 只，有 251 只感染广州管圆线虫，感染率为 69.4%，最多的 1 只螺有 720 条，平均每只螺 71.3 条。2002 年 8 月 26 日，福建省长乐市漳港镇龙峰村 8 名 11～13 岁学生因吃烧烤福寿螺肉，发生广州管圆线虫病。2002 年 10 月 9 日，福州市某单位职工 20 人在酒楼聚餐食用“爆炒美国蜗牛肉”，2 d 后部分人开始发病，至 10 月 28 日陆续有 13 例出现头痛、嗜睡、四肢无力和皮肤触痛等为主要特征的“脑膜炎”病症，发病率为 65.0%。2006 年 6 月 24 日，北京友谊医院收治北京市首例广州管圆线虫病患者，至 8 月 21 日，全北京市确诊的广州管圆线虫病病例就高达 70 例，大部分患者均是食用了“凉拌螺肉”和“麻辣福寿螺”之后发病。

广州管圆线虫病的防治：目前，对广州管圆线虫病尚无特效治疗药。据报道，阿苯哒唑和甲苯咪唑对该病有较好的治疗效果，与皮质类固醇联合应用则疗效更佳。本病的预后多良好，死亡率较低。预防该病重在加强卫生健康教育，提高群众的自我保健意识，不要吃生的和半生的螺类、蛞蝓及转续宿主蛙类、河虾等。此外，加强灭鼠对预防本病也有积极意义。

第3篇　动物外寄生虫病

第10章 动物外寄生虫病概论

本章导读:本章主要讲述外寄生虫的形态和发育、外寄生虫的分类、外寄生虫对宿主的危害,重点掌握外寄生虫的防制措施。

10.1 动物外寄生虫病绪论

10.1.1 节肢动物的重要特征

节肢动物身体两侧对称,身体分节和具有分节的附肢,雌雄异体(且雌雄异形),体表具有几丁质外骨骼。循环系统为开放式。节肢动物借助腮或气门进行呼吸。消化系统比较完全,分前肠、中肠和后肠3部分:前肠包括口腔、咽、食道及前胃,用于磨碎和消化食物;中肠为胃,用于消化和吸收食物;后肠包括结肠和直肠,用于累积和排泄粪便。中枢神经系统属于链状结构,包括一个围绕食道的神经环和位于头部背侧部分的脑,每个体节有成对的神经干和神经节。体内受精,有直接发育,也有间接发育。

节肢动物营自由生活或部分寄生生活。

10.1.2 兽医蜘蛛昆虫的主要类群

节肢动物门是动物界中最大的一个门,占已知动物的85%,有110万~120万种,共分13个纲,与兽医有关的有以下4个纲:

1)蛛形纲

躯体分头胸和腹两部分,或头、胸、腹融合不分。成虫有4对足,无翅,无触角,假头上有螯肢和须肢。有单眼或无眼,呼吸器官为肺或气管或借体表呼吸。

蛛形纲可分为11个亚纲,其中与兽医有关的为蜱螨亚纲(Acari),根据Kranlz(1978)分类系统可分为2个目7个亚目,在兽医学上有重要意义的为下列各目、科:

(1)**寄螨目**

①蜱亚目:包括硬蜱科和软蜱科等。

②革螨亚目:包括厉螨科和皮刺螨科。

(2)**真螨目**

①辐螨亚目:包括蠕形螨科和恙螨科。

②粉螨亚目:包括疥螨科和痒螨科。

③甲螨亚目:其中有些种类为裸头科绦虫的中间宿主。

2)昆虫纲

躯体分头、胸、腹3部分。胸部有足3对,典型昆虫有翅2对,分别着生于中胸及后胸,但有些昆虫后翅消失(如双翅目),有的前、后翅均消失(如虱目、蚤目)。有复眼,有的种类还具有单眼,有触角1对。

昆虫纲种类极多,占节肢动物总数的80%,已记载的昆虫多达100万种以上,在兽医学上具有重要意义的有下列各目、科:

(1)**双翅目**

①长角亚目:包括蚊科和毛蠓科。

②短角亚目:虻科。

③环裂亚目:包括狂蝇科、皮蝇科、胃蝇科、蝇科和虱蝇科。

(2)**虱目**

虱目包括血虱科和颚虱科。

(3)**食毛目**

食毛目包括啮毛虱科、长角羽虱科和短角羽虱科。

(4)**蚤目**

蠕形蚤科。

3)甲壳纲

多生活于水中,也有陆生或寄生的,其中水蚤为裂头绦虫、棘颚口线虫、麦地那龙线虫的中间宿主。蟹和虾是肺吸虫的第二中间宿主,虾还是华枝睾吸虫的第二中间宿主。

4)蠕形纲

主要寄生于脊椎动物体内。成虫体形细长,呈蠕虫状,无附肢,体表具有许多明显的环纹,口器简单,以体表呼吸。

以上4个纲中与家畜疾病有密切关系的仅有蛛形纲和昆虫纲。

10.1.3　节肢动物的发育方式及特点

节肢动物一般都是雌雄异体,通过卵生来繁殖后代。大多数节肢动物在发育过程中都有蜕皮和变态现象,变态分为完全变态和不完全变态。节肢动物为了渡过不良环境往往采取滞育来保存虫种。

1)变态

节肢动物在从卵发育到成虫的过程中,各阶段的虫体在形态及生活习性上有明显变化,这种变化被称为变态。

①完全变态:在节肢动物发育过程中,自卵以后有幼虫、蛹和成虫3个时期,而这3

个时期的虫体形态和生活习性彼此有别,如双翅目昆虫蚊、蝇、虻、蠓、蚋等。

②不完全变态:节肢动物在发育过程中自卵以后有幼虫、若虫和成虫3个时期,它们的形态和生活习性都很相似,只是大小不同、生殖器官成熟度不同,如蜱螨和虱目的昆虫。

2)蜕皮

节肢动物体表有一层几丁质膜,它不能随虫体生长而增大,所以节肢动物在生长过程中会定期脱落,同时很快在体表形成新的几丁质膜,这一生理现象称为蜕皮。节肢动物每蜕皮一次就进入新龄期。

3)滞育

节肢动物为渡过不良环境而采取的一种休眠措施。如草原革蜱的雌虫,它在秋季附于宿主体表,但并不吸血,直到来年春季才开始吸食。

10.2 外寄生虫病对动物的危害及防治

10.2.1 外寄生虫病对动物的危害方式

节肢动物与畜禽疾病的关系十分密切,其危害畜禽的方式可归纳为以下两个方面:

1)直接危害

直接危害指节肢动物本身对宿主所引起的危害。节肢动物暂时或永久地寄生于畜禽的体内或体表,一方面通过吸血或叮咬引起畜禽不能正常休息和采食,降低生产能力和产品质量;另一方面,作为病原体的节肢动物寄生于畜禽体内或体表能使畜禽发生特异疾病,如疥螨能引起疥螨病,羊鼻蝇幼虫寄生于羊的鼻腔及其附近的腔窦内能引起羊鼻蝇蛆病。这些特异疾病同样造成宿主生长缓慢,发育不良,甚至死亡,给畜牧业造成相当大的损失。

2)间接危害

节肢动物是许多种病毒、细菌、立克次氏体、螺旋体、原虫和蠕虫的传播媒介,其传播方式有两种:

①机械性传播:病原体在传播者体内既不发育也不繁殖,传播者仅起携带传递的作用。如虻、厩螯蝇传播伊氏锥虫病就采用这种方式。

②生物性传播:病原体在传播者体内有发育或繁殖过程。对病原体来说这种发育或繁殖过程是必要的,因为它构成了病原体生活史的一环。因此,在大多数情况下,传播者取得了这些病原体之后必须经过一定的时间,待病原体在传播者体内发育或繁殖的循环完成后才具有传染能力。生物性的传播是具有特殊性的,即仅某些种类的传播者才适合于某些病原体的发育和繁殖。

10.2.2 动物外寄生虫病的防制措施

由于外寄生虫的种类繁多,分布广泛,所以应在充分调查外寄生虫的生活习性的基础上,因地制宜地采取综合性防制措施,才能取得良好的效果。

①消灭禽体上的寄生虫:如捕捉、液剂喷涂、药浴、药物注射等方法均可有效驱杀畜禽体表的寄生虫。

②消灭畜禽舍内的寄生虫:可用有关杀虫剂,如除虫菊酯类等,对圈舍内墙面、门窗、柱子等喷雾杀虫。

③消灭自然界的寄生虫:改变环境,使之不利于外寄生虫的生长,如翻耕牧地、清除杂草、在严格监督下进行烧荒等。有条件时,还可以对寄生虫的滋生场所进行喷雾杀虫剂。

【学习要点】

①节肢动物的重要特征是:雌雄异体,身体左右对称、分节且每节上有分节的附肢,体壁为几丁质的外骨骼;节肢动物发育过程中有蜕皮和变态现象(完全变态和不完全变态)。

②与家畜疾病有密切关系的仅有蛛形纲和昆虫纲的虫体。

③外寄生虫病对动物的危害有直接危害和间接危害(机械性传播、生物性传播病原)。

第11章 动物的蜱螨病

本章导读：本章主要阐述蜱、螨的形态特征和发育特点，动物的重要蜱、螨病及其诊断与控制。要求以蜱螨的发育特点与相关蜱螨的形态特征为学习思路，深刻理解蜱螨病流行的发生规律，重点掌握蜱螨病诊断、药物治疗与控制。

11.1 蜱螨的重要生物学特征

11.1.1 蜱螨的形态特征

蜱螨属蛛形纲、蜱螨目。

虫体呈椭圆形或圆形，身体分为头胸和腹两部分，有的头、胸、腹3部分融合为一个整体，大多数虫体的长度在0.3～5 mm。

身体分为假头和躯体，假头突出于躯体的前端，其基部称假头基，假头基的前方为口器。蜱螨的口器一般由1对居两侧的须肢和在其背侧的1对螯肢及腹侧的一个口下板组成，螯肢和口下板之间为口。见图11.1。

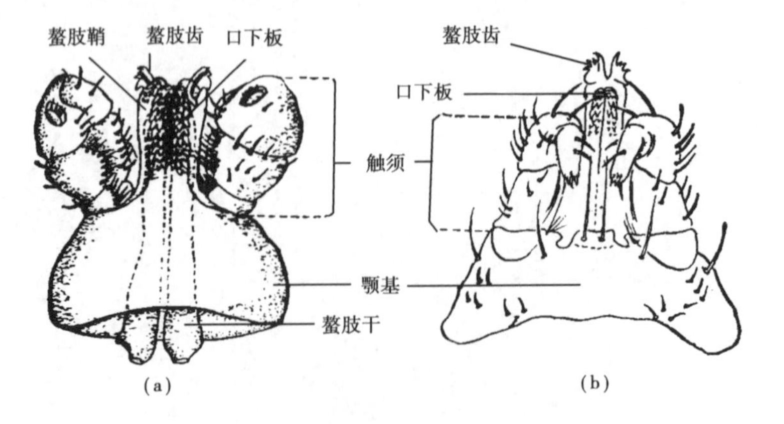

图11.1 蜱的假头(引自孙义临,1981)
(a)硬蜱;(b)软蜱

蜱螨躯体的腹面前部两侧有4对足，每足由体侧向外分为基节、转节、股节、胫节、后跗节和跗节。跗节末端有2爪，爪间有爪间突，有些种类的爪间突变为吸盘。躯体的背面和腹面常有几丁质构成的板，肛门多位于躯体腹面的后部，生殖孔也在腹面，但其位置各有不同。

11.1.2　蜱螨的发育特点

蜱螨的发育属于不完全变态，发育过程包括卵、幼虫、若虫和成虫4个阶段。其幼虫、若虫和成虫均需吸血，从幼虫转变为若虫或从若虫变为成虫时，虫体都需要经过蜕皮。有的还需更换宿主。

11.2　动物的蜱病

对家畜危害最大的蜱病主要有硬蜱和软蜱两种。

11.2.1　硬蜱

硬蜱俗称壁虱、扁虱、草爬子、狗豆子等。雌雄蜱均能吸血，大多数寄生于哺乳动物体表，少数寄生于鸟类和爬虫类，个别寄生于两栖类。

【病原形态】　硬蜱呈红褐色，背腹扁平，躯体呈卵圆形，背面有几丁质的盾板，眼1对或缺。虫体芝麻至米粒大，雌虫吸饱血后可鼓胀到蓖麻子大。硬蜱头、胸、腹融合在一起，不可分辨，仅按其外部器官的功能与位置区分为假头与躯体两部分，假头位于躯体的前端。见图11.2。

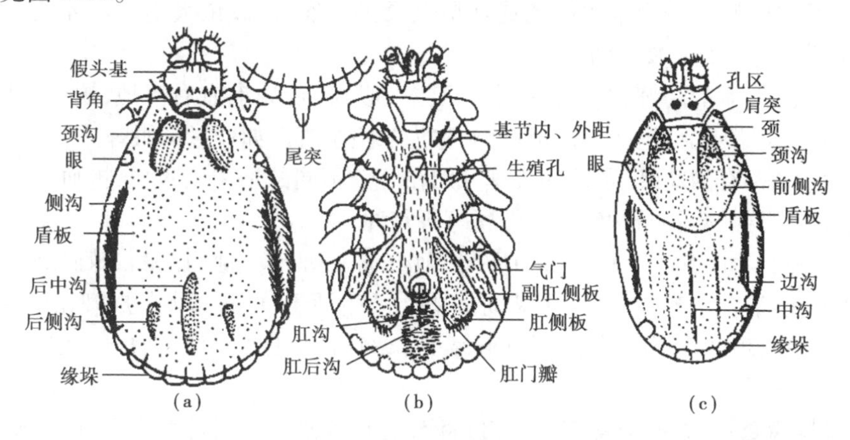

图11.2　硬蜱外部构造(引自姚永政,1982)

(a)雄蜱背面观;(b)雄蜱腹面观;(c)雄蜱背面观

【发育与传播】　硬蜱属于不完全变态的发育，包括卵、幼蜱、若蜱和成蜱4个时期。多数硬蜱在动物体上进行交配，交配后吸饱血的雌蜱离开宿主落地，爬到缝隙内或土块下静伏不动，开始产卵；幼蜱孵出后，爬到动物宿主体上吸血，经过蜕化变为若蜱，若蜱再侵袭动物吸血，再蜕化变为性成熟的雌性或雄性成蜱。吸饱血后的蜱体可涨大几倍到几十倍，雌蜱最为显著，可达100~200倍。雌蜱产卵后1~2周内死亡，雄蜱一般能活1个月左右。

根据蜱的幼虫、若虫和成虫在其吸血和发育过程中更换宿主的多少，可将硬蜱分为3种类型：一宿主蜱、二宿主蜱、三宿主蜱。见图11.3。

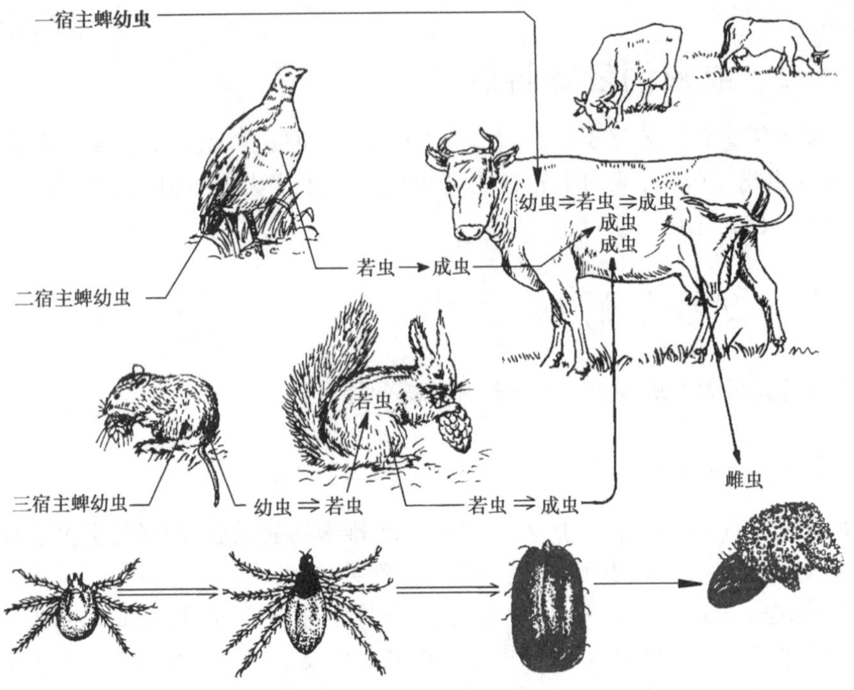

图11.3　硬蜱更换宿主类型图(引自孔繁瑶,1997)

①一宿主蜱：蜱在一个宿主上完成幼虫至成虫的发育，成虫吸饱血后才离开宿主落地产卵，称为一宿主蜱。如微小牛蜱。

②二宿主蜱：有的幼蜱和若蜱在同一宿主上吸血，若蜱饱血后落地，蜕变为成蜱，成蜱再寻找另一宿主吸血，饱血后落地产卵，称为二宿主蜱。如残缘璃眼蜱。

③三宿主蜱：有的幼蜱、若蜱和成蜱分别在3个不同的宿主上吸血，饱血后都需要落地产卵称为三宿主蜱。如硬蜱属、血蜱属等所有种。

硬蜱随种类不同其生活场所亦有差异，血红扇头蜱、长角血蜱和二棘血蜱主要生活于农区和野地，活动季节为4—9月；草原革蜱主要生活于草原，越冬的成蜱在早春2月末或3月初开始出现，4月为旺期，5月逐渐减少；微小牛蜱主要生活于农区，在华北地区的活动季节为4—11月。

【症状与病变】 硬蜱吸食宿主大量血液，引起贫血、消瘦、发育不良、皮毛质量降低以及产乳量下降等，而且蜱的唾腺能分泌毒素，可使宿主皮肤产生水肿、出血厌食、体重减轻和代谢障碍等反应，但症状一般较轻。某些种的雌蜱分泌一种神经毒素，能抑制肌神经接头处乙酰胆碱的释放活动，造成运动性纤维的传导障碍，引起急性上行性的肌萎缩性麻痹，称为“蜱瘫痪”。更重要的是，硬蜱还是多种病原微生物的传播媒介或贮存宿主，如病毒、细菌、螺旋体、立克次氏体、支原体、衣原体、原虫和线虫等。

11.2.2　软蜱

【病原形态】　虫体扁平,卵圆形或长卵圆形,体前端较窄,无几丁质的盾板。有的种类腹面前端突出称为顶突;未吸血前为灰黄色,饱血后为灰黑色。饥饿时其大小、形态略似臭虫,饱血后体积增大,但不如硬蜱明显。雌雄的形态极相似,雄蜱较雌蜱小,雄性生殖孔为半月形,雌性为横沟状。见图11.4。

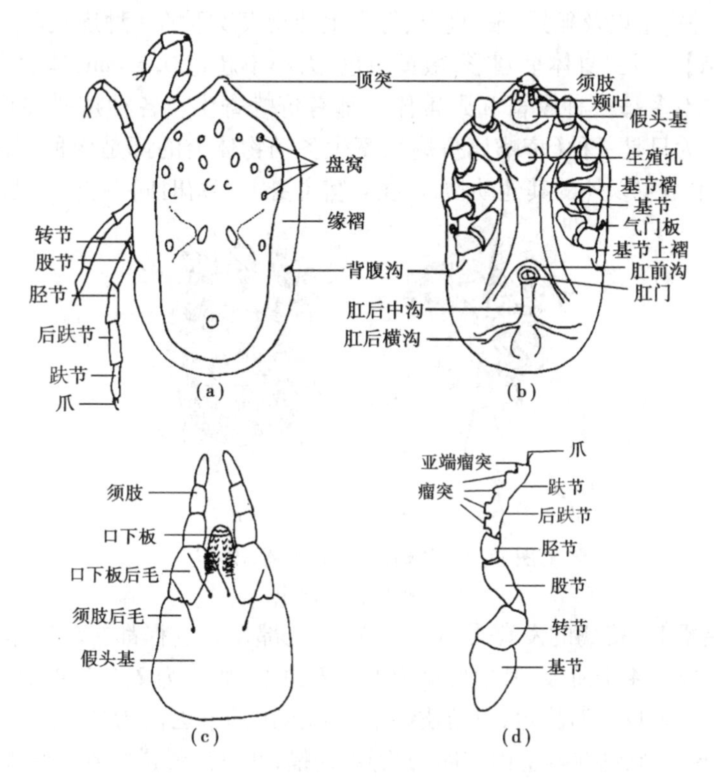

图11.4　软蜱形态(引自邓国藩,1989)

(a)背面;(b)腹面;(c)假头;(d)足

【发育与传播】　软蜱的发育包括卵、幼蜱、若蜱和成蜱4个发育期。若蜱变态期的次数和每期的持续时间,往往取决于其宿主动物的种类、吸血时间和饱血程度。大多数软蜱属于多宿主蜱。软蜱的整个生活史一般需要1~2个月,另外,变态期的变化受外界温度影响较大,在适当的高温条件下,虫体发育快,若虫变态次数减少。

软蜱的另一个特点是具有惊人的耐受饥饿的能力和长期的存活寿命。软蜱的寿命,可长达5~7年,甚至15~25年。拉合尔钝缘蜱的1期若蜱可耐饥饿2年,2期若蜱为4年,3期若蜱和成蜱能够不取食5~10年,个别成蜱达10~14年之久。

【症状与病变】　软蜱生活在畜禽舍的缝隙、巢窝和洞穴等处,当畜禽夜间休息时,即侵袭畜禽叮咬吸血,大量寄生时可使畜禽消瘦、生产力降低甚至造成死亡。

11.3 动物的螨病

11.3.1 疥螨病

疥螨病是由疥螨科、疥螨属(*Sarcoptes*)的疥螨(*Sarcoptes scabiei*)寄生于马、牛、羊、骆驼、猪、犬等多种家畜以及狐狸、狼、虎、猴等野生动物表皮下的一种皮肤病。

【病原形态】 成虫身体呈圆形,微黄白色,大小不超过0.5 mm,体表多皱纹。疥螨的种类很多,差不多每一种家畜和野兽体上都有疥螨寄生。各种疥螨在形态上极为相似,多数学者认为只是一种(疥螨属疥螨),寄生各动物体上的都是变种。各变种虽然也可偶然传染给本宿主以外的其他动物,但在异宿主身上存留时间不长。见图11.5。

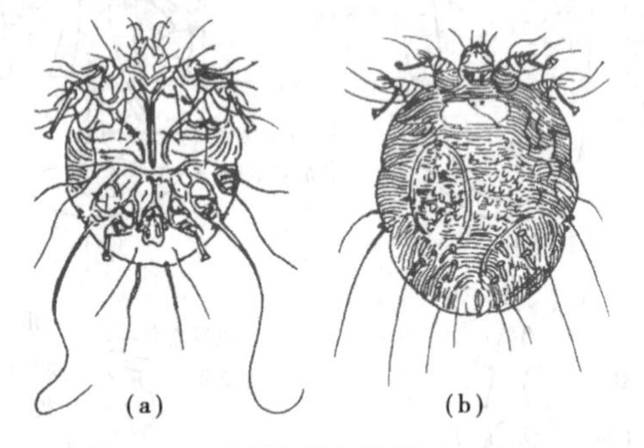

图11.5 疥螨(引自孔繁瑶,1997)
(a)雄虫;(b)雌虫

【发育与传播】 疥螨的发育为不完全变态,全部发育过程都在动物体上度过,包括卵、幼虫、若虫、成虫4个阶段,其中雄螨为1个若虫期,雌螨为2个若虫期。疥螨的口器为咀嚼式,在宿主表皮挖凿隧道,以角质层组织和渗出的淋巴液为食,在隧道内进行发育和繁殖(图11.6)。雌螨在隧道内产卵,卵孵出幼螨,幼螨离隧道爬到皮肤表面,然后钻入皮内造成小穴,在其中蜕皮变为若螨。雄螨在宿主表皮上与雌螨进行交配,交配后的雄螨不久即死亡,雌螨在宿主表皮找到适当部位以螯肢和前足跗节末端的爪挖掘虫道产

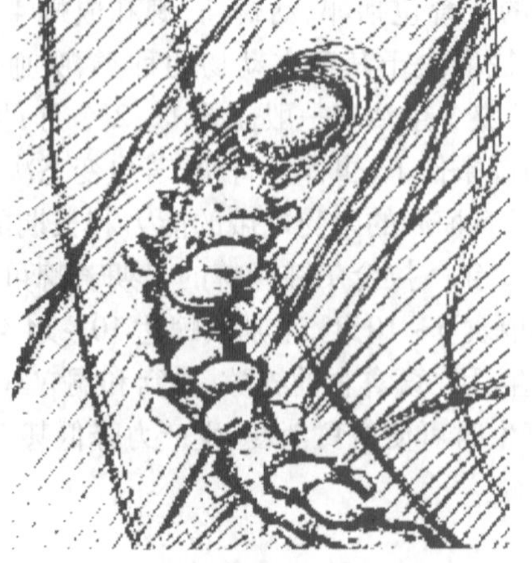

图11.6 皮内隧道中的雌疥螨及卵

卵,产完卵后死亡,寿命4～5周,疥螨整个发育过程为8～22 d,平均15 d。

【症状与病变】

①马疥螨病:先由头部、体侧、躯干及颈部开始,然后蔓延肩部及至全身。痂皮硬固不易脱落,勉强剥落时,创面凹凸不平,易出血。

②山羊疥螨病:主要发生于嘴唇四周、眼圈,鼻背和耳根部,可蔓延到腋下、腹下和四肢曲面等无毛及少毛部位。

③绵羊疥螨病:主要在头部明显,嘴唇周围、口角两侧,鼻子边缘和耳根下面。发病后期病变部位形成坚硬白色胶皮样痂皮,农牧民称其为"石灰头"病。

④牛疥螨病:开始于牛的面部、颈部、背部、尾根等被毛较短的部位,病情严重时,可遍及全身,特别是幼牛感染疥螨后,往往引起死亡。

⑤猪疥螨病:仔猪多发,初从头部的眼周、颊部和耳根开始,以后蔓延到背部、身体两侧和后肢内侧,患部剧痒,被毛脱落,渗出液增加,粘成石灰色痂皮,皮肤呈现皱褶或龟裂。

⑥兔疥螨病:先由嘴、鼻孔周围和脚爪部位发病。病兔不停用嘴啃咬脚部或用脚搔抓嘴、鼻孔等处解痒,严重发痒时有前、后脚抓地等特殊动作。病兔脚爪上出现灰白色痂块,嘴唇肿胀,影响采食。

⑦犬疥螨病:先发生于头部,后扩散至全身,幼犬尤为严重。患部有小红点,皮肤也发红,在红色或脓性疱疹上有黄色痂,奇痒,脱毛,然后表皮变厚而出现皱纹。

⑧猫疥螨病:由猫背肛螨引起,寄生于猫的面部、鼻、耳及颈部,可使皮肤龟裂,出现黄棕色痂皮,常可使猫死亡。

11.3.2　痒螨病

各种动物都有痒螨寄生,形态上都很相似,但彼此不传染,即使传染上也不能滋生,各种都被称为马痒螨的亚种。

【病原形态】　呈长圆形,体长0.5～0.9 mm,肉眼可见。体表有细皱纹。雄虫体末端有尾突,腹面后端两侧有2个吸盘。雄性生殖器居第四足之间,雌虫腹部前面正中有产卵孔,后端有纵裂的阴道,阴道背侧有肛孔。见图11.7。

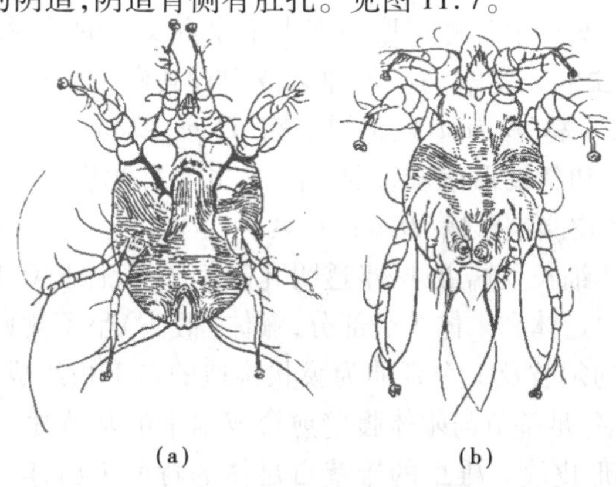

(a)　　(b)

图11.7　痒螨(引自孔繁瑶,1997)

(a)雄虫;(b)雌虫

【发育与传播】 痒螨的口器为刺吸式,寄生于皮肤表面,吸取渗出液为食。雌螨多在皮肤上产卵,约经 3 d 孵化为幼螨,采食后进入静止期,蜕皮成为第一若螨,采食 24 h,经过静止期蜕皮成为雄螨或第二若螨("青春雌",pubescent females)。第二若螨蜕皮变为雌螨,雌雄才进行交配。雌螨采食 1 ~ 2 d 后开始产卵,一生可产卵约 40 个,寿命约 42 d。痒螨整个发育过程 10 ~ 12 d。

【症状与病变】

①马痒螨病:最常发生的部位是鬃、鬣、尾、颌间、股内面及腹股沟。乘、挽马则常发于鞍具、颈轭、鞍褥部位。皮肤皱褶不明显,痂皮柔软,黄色脂肪样,易剥离。

②绵羊痒螨病:该病对绵羊的危害特别严重,多发生于密毛的部位,如背部、臀部,然后波及全身。本病在羊群中首先引起注意的是羊毛结成束和体躯下部泥泞不洁,而后看到零散的毛丛悬垂于羊体,好像披着棉絮,继而全身被毛脱光。患部皮肤湿润,形成浅黄色痂皮。

③山羊痒螨病:主要发生在耳壳内面,在耳内生成黄色痂,将耳道堵塞,使羊变聋,食欲不振甚至死亡。

④牛痒螨病:初期见于颈部两侧、垂肉和肩胛两侧,严重时蔓延到全身。病牛表现奇痒,常在墙头、木柱等物体上摩擦,或以舌舐患部,被舐部位的毛呈波浪状。以后被毛逐渐脱落,淋巴渗出形成棕褐色痂皮,皮肤增厚,失去弹性。严重感染时病牛精神委顿,食欲大减,卧地不起,最终死亡。

⑤水牛痒螨病:多发于角根、背部、腹侧及臀部,严重时头部、颈部、腹下及四肢内侧也有发生。体表形成很薄"油漆起爆"状的痂皮。此种痂皮薄似纸,干燥,表面平整,一端稍微翘起,另一端则与皮肤紧贴,若轻轻揭开,则在皮肤相连端痂皮下,可见许多黄白色痒螨在爬动。

⑥兔痒螨病:主要侵害耳部,引起外耳道炎,渗出物干燥成黄色痂皮,堵塞耳道如纸卷样。病兔耳朵下垂,不断摇头和用腿搔耳朵。严重时蔓延至筛骨或脑部,引起癫痫症状。

11.3.3 蠕形螨病

蠕形螨病是由蠕形螨科中各种蠕形螨寄生于家畜及人的毛囊或皮脂腺而引起的皮肤病,该病又称为毛囊虫病或脂螨病。各种家畜均有其专一的蠕形螨寄生,有犬蠕形螨(*Demodex. canis*)、牛蠕形螨(*D. bovis*)、猪蠕形螨(*D. phylloides*)、绵羊蠕形螨(*D. ovis*)、马蠕形螨(*D. equi*)等。犬和猪蠕形螨较多见,羊、牛也常有此病。寄生于人体的有毛囊蠕形螨(*D. folliculorum*)和皮脂蠕形螨(*D. brevis*)两种。

【病原形态】 虫体细长呈蠕虫样,半透明乳白色,一般体长 0.17 ~ 0.44 mm,宽45 ~ 65 μm。全体分为颚体、足体和末体 3 个部分,颚体(假头)呈不规则四边形,由 1 对细针状的螯肢,1 对分三节的须肢及 1 个延伸为膜状构造的口下板组成短喙状的口器。足体(胸)有 4 对短粗的足,各足基节与躯体腹壁愈合成扁平的基节片,不能活动。末体(腹)长,表面具有明显的环形皮纹。雄虫的雄茎自足体的背面突出,雌虫的阴门为一狭长的纵裂,位于腹面第 4 对足的后方。见图 11.8。

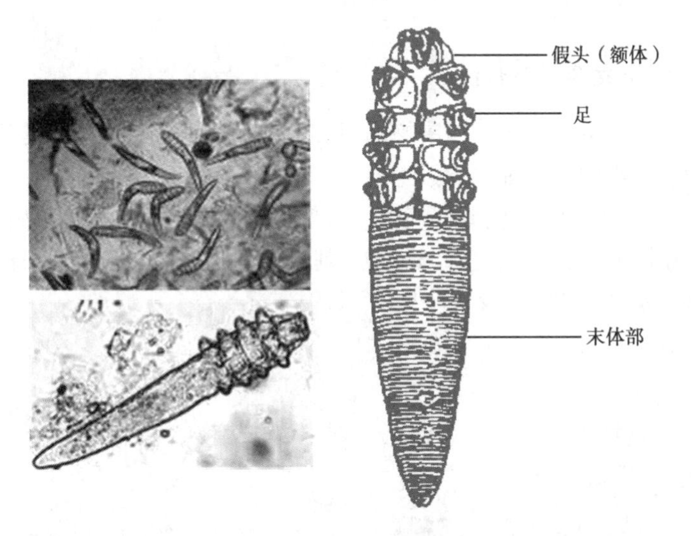

图11.8　蠕形螨

【发育与传播】　蠕形螨寄生在家畜的毛囊和皮脂腺内，全部发育过程都在宿主体上进行。雌虫产卵于毛囊内，卵孵化为3对足的幼虫，幼虫蜕化变为4对足的若虫，若虫蜕化变为成虫。据研究证明，犬蠕形螨尚能生活在宿主的组织和淋巴结内，并有部分在此繁殖。本病的发生主要是由于病畜与健畜互相接触，或健畜与被患畜污染的物体相接触，通过皮肤感染。虫体离开宿主后在阴暗潮湿的环境中可生存21 d左右。

【症状与病变】　蠕形螨钻入毛囊皮脂腺内，虫体的机械刺激和排泄物的化学刺激使组织出现炎性反应，虫体在毛囊中不断繁殖，逐渐引起毛囊和皮脂腺的袋状扩大和延伸，增生肥大，引起毛干脱落。此外由于腺口扩大，虫体进出活动，易使化脓性细菌侵入而继发毛脂腺炎、脓疱。有的学者根据受虫体侵袭的组织中淋巴细胞和单核细胞的显著增加认为引起毛囊破坏和化脓是一种迟发型变态反应。

蠕形螨的病理变化主要是皮炎、皮脂腺-毛囊炎或化脓性急性皮脂腺-毛囊炎。

①犬蠕形螨病：本病多发于5～6个月的幼犬，成年犬常见于发情期及产后的雌犬。主要见于面耳部，重症时躯体各部亦受感染。初期在毛囊周围有红润突起，后变为脓疱。最常见的症状是脱毛，皮脂溢出，银白色具有黏性的表皮脱落，并有难闻的奇臭。常继发葡萄球菌及链球菌感染而形成脓肿，严重时可因贫血及中毒而死亡。

②猪蠕形螨病：一般先发生于眼周围，鼻部和耳基部，而后逐渐向其他部位蔓延。痛痒轻微，或没有痛痒，仅在病变部位出现针尖、米粒甚至核桃大的白色囊。囊内含有很多蠕形螨、表皮碎屑及脓细胞，细菌感染严重时，成为单个的小脓肿。有的患猪皮肤增厚、皮屑增多，并发生皲裂。一般初发于头部、颈部、肩部、背部或臀部。形成小如针尖至大如核桃的白色小囊瘤，内含粉状物或脓状稠液，并有各期的蠕形螨。也有只出现鳞屑而无疮疖的。

③羊蠕形螨病：常寄生于羊的眼部、耳部及其他部位，除对于皮肤引起一定损害外，也在皮下生成脓性囊肿。

④牛蠕形螨病：一般初发于头部、颈部、肩部、背部或臀部。形成小如针尖至大如核桃的白色小囊瘤，常见的为黄豆大。内含粉状物或脓状稠液，并有各期的蠕形螨。也有只出现鳞屑而无疮疖的。

11.3.4 鸡皮刺螨病

鸡刺皮螨(*Dermanyssus gallinae*)属蜱螨目、刺皮螨科,常寄生于鸡、鸽等宿主体表,刺吸血液为食,也可侵袭人吸血,危害颇大。

【病原形态】 虫体呈淡红色或棕灰色,长椭圆形,后部稍宽,体表布满短绒毛。体长0.6~0.75 mm,吸饱血后体长可达1.5 mm。刺吸式口器,一对螯肢呈细长针状,以此穿刺皮肤吸血。腹面有4对足,均较长。见图11.9。

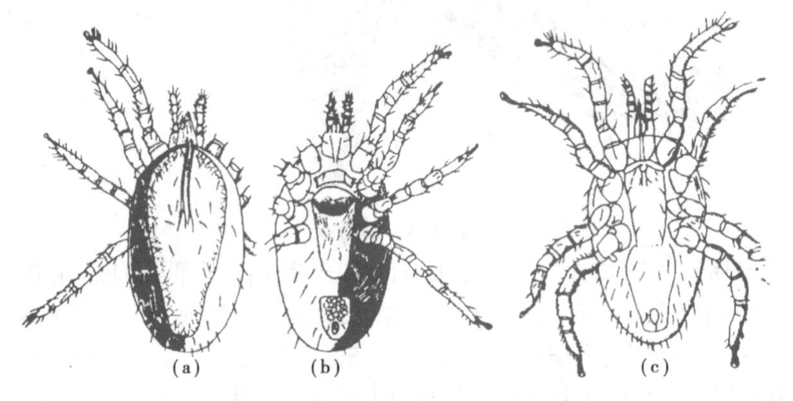

图11.9 鸡皮刺螨(引自孔繁瑶,1997)
(a)雄虫背面;(b)雌虫腹面;(c)雄虫腹面

【发育与传播】 皮刺螨属不完全变态,其发育过程有卵期、幼虫期、2个若虫期和成虫期4个阶段。侵袭鸡只的雌螨每次吸饱血后,在鸡窝的缝隙、灰尘或碎屑中产卵。在20~25 ℃的情况下,卵经2~3 d孵化为3对足的幼虫;幼虫可以不吸血,2~3 d后,蜕化变为第1期若虫;第1期若虫吸血后,蜕化变为第2期若虫;第2期若虫再蜕化变为成虫。

皮刺螨是鸡、鸽或麻雀巢窝及其附近缝隙中的主要螨类之一,也是鸡、鸭的重要害虫,爬行较快,亦能侵袭人和其他家畜。主要在夜间侵袭吸血,但鸡在白天留居舍内或母鸡孵卵时,亦能遭受侵袭。皮刺螨还能在鸡窝附近爬行活动。

【症状与病变】 轻度感染时无明显症状,侵袭严重时,患鸡不安,日渐消瘦,贫血,产蛋减少,并可使小鸡成批死亡。人受侵袭时,虫体在皮肤上爬动和穿刺皮肤吸血引起轻微痒痛,继而受侵部位皮肤剧痒,出现针尖大到指头大的红色丘疹,丘疹中央有一小孔。

11.3.5 鸡恙螨病

鸡恙螨病是恙螨亚目、恙螨科、新棒螨属(*Neoschongastia*)的鸡新棒恙螨(*N. gallinarum*)幼虫寄生于鸡及其他鸟类引起的寄生虫病。主要寄生部位是翅膀内侧、胸肌两侧和腿内侧皮肤上,尤以放饲后的雏鸡体表最易感染。分布于全国各地,为鸡的重要外寄生虫之一。

【病原形态】 鸡新捧恙螨,其幼虫很小,不易发现,饱食后呈橘黄色,大小为0.421 mm×0.321 mm。分头胸部和腹部,有3对足;背板上有5根刚毛,背板中央有感觉毛1对,其远端膨大呈球拍形。

【发育与传播】 恙螨在发育过程中,仅幼虫营寄生生活,成虫多生活于潮湿的草地上，以植物液汁和其他有机物为食。雌虫受精后，产卵于泥土上，幼虫孵出后遇到鸡或其他鸟类时，便爬至其体上，刺吸体液和血液，在鸡体上寄生时间可达5周以上。幼虫饱食后落地，数日后发育为若虫，再过一定时间发育为成虫。由卵发育为成虫需1～3个月。

【症状与病变】 患部奇痒，出现痘疹状病灶，周围隆起，中间凹陷呈痘脐形，中央可见一小红点，即恙虫幼虫。大量虫体寄生时，腹部和翼下布满此种痘疹状病灶。病鸡贫血、消瘦、垂头、不食，如不及时治疗会引起死亡。

11.4　动物蜱螨病的诊断与防治

11.4.1　诊断

①对于动物蜱病，可根据临床症状和从动物体表获取的虫体形态特征确诊。

②对于有明显症状的螨病，可根据发病季节、剧痒、患部皮肤病变等确诊；动物螨病的症状不明显时，则需采取患部皮肤上的痂皮，检查有无虫体，才能确诊。蠕形螨早期诊断较困难，可疑的情况下，可切破皮肤上的结节或脓疱，取其内容物作涂片镜检，以发现病原体。鸡恙螨病在痘疹状病灶的痘脐中央凹陷部可见有小红点，发现虫体，即可确诊。

11.4.2　治疗与预防

1）治疗药物

目前比较常用且疗效较高的治疗药物有下列几种（用量与用法见第19章杀虫药）：

①局部用药或注射：螨净、双甲脒、溴氰菊酯、伊维菌素。

②药浴：可用双甲脒、倍特、螨净等。

2）防制措施

根据蜱、螨的生活史和蜱螨病的流行病学特点，采取综合性的防治措施，以药物为主控制，结合药浴处理，加强饲养管理。

①房舍要宽敞，干燥，透光，通风良好，不要使畜群过于密集。房舍应经常清扫，定期消毒（每两周至少一次），饲养管理用具亦应定期消毒，以消除畜舍的蜱、螨及虫卵。

②经常注意动物群中有无发痒、掉毛现象，及时挑出可疑患病动物，隔离饲养，迅速查明原因。发现患病动物及时隔离治疗。

③引入动物时，应事先了解有无蜱、螨病存在；引入后应详细作蜱、螨病检查；最好先隔离观察一段时间（15～20 d），确无蜱螨病症状后，经杀虫药喷洒再并入畜群中去。

④每年夏季剪毛后对羊只应进行药浴，是预防羊蜱螨病的主要措施。对曾经发生过蜱螨病的羊群尤为必要。

⑤对于畜体上的蜱，可以人工摘除或涂施药物。

螨病的实验室诊断技术具体如下：

（1）病料的采集

螨的个体较小，常需刮取皮屑，于显微镜下寻找虫体或虫卵。首先详细检查病畜全身，找出所有患部，然后在新生的患部与健康部交界的地方，这里的螨较多。剪去长毛，取凸刃小刀在体表刮取病料，所用器械在酒精灯上消毒后，使刀刃与皮肤表面垂直，反复刮取表皮，直到稍微出血为止，此点对检查寄生于皮内的疥螨尤为重要。将刮到的病料收集到培养皿或其他容器内。

(2)**病料的检查方法**

①直接检查法：将刮下物放在黑纸上或有黑色背景的容器内，置温箱中(30～40 ℃)或用白炽灯照射一段时间，然后收集从皮屑中爬出的黄白色针尖大小的点状物在镜下检查。检查水牛痒螨时，可把水牛牵到阳光下揭去"油漆起爆"状的痂皮，即可看到淡黄白色的麸皮样缓慢爬动的痒螨。还可以把刮取的皮屑握在手里，不久会有虫体爬动的感觉。

②显微镜直接检查法：将刮下的皮屑，放于载玻片上，滴加煤油，覆以另一张载玻片。搓压玻片使病料散开，分开载玻片，置显微镜下检查。煤油有透明皮屑的作用，使其中虫体易被发现，但虫体在煤油中容易死亡；如欲观察活螨，可用10%氢氧化钠溶液、液体石蜡或50%甘油水溶液滴于病料上，在这些溶液中，虫体短期内不会死亡，可观察到其活动。

③虫体浓集法：取较多的病料置于试管中，加入10%氢氧化钠溶液，浸泡过夜(如急待检查可在酒精灯上煮数分钟)，使皮屑溶解，虫体自皮屑中分离出来。尔后待其自然沉淀(或以2 000 r/min的速度离心沉淀5 min)，虫体即沉于管底，弃去上层液，吸取沉渣检查。也可采用上述方法的病料加热离心后，倾去上清液，再加入60%硫代硫酸钠溶液，充分混匀后再离心2～3 min，螨虫即漂浮于液面，再取表面溶液检查。

④温水检查法：即用幼虫分离法装置，将刮取物放在盛有40 ℃左右温水的漏斗上的铜筛中，0.5～1 h后，由于温热作用，螨从痂皮中爬出集成小团沉于管底，取沉淀物进行检查。也可将病料浸入40～45 ℃的温水里，置恒温箱中，1～2 h后，将其倾在表玻璃上，解剖镜下检查。活螨在温热的作用下，由皮屑内爬出，集结成团，沉于水底部。

⑤培养皿内加温法：将刮取到的干的病料，放于培养皿内，加盖。将培养皿放于盛有40～45 ℃温水的杯上，经10～15 min后，将皿翻转，则虫体与少量皮屑黏附于皿底，大量皮屑则落于皿盖上，取皿底检查。

⑥蠕形螨的检查：蠕形螨寄生在毛囊内，检查时先在动物四肢的外侧和腹部两侧、背部、眼眶四周、颊部和鼻部的皮肤上按摩，是否有砂粒样或黄豆大的结节。如有，用小刀切开挤压，看到有脓性分泌物或淡黄色干酪样团块时，则可将其挑在载片上，滴加生理盐水1～2滴，均匀涂成薄片，上覆盖玻片，在显微镜下进行观察。

⑦实验注意事项：螨对寄生部位有一定的选择性，多数寄生于体表皮肤柔软而毛少的部位。根据其发育规律和生活习性，确定采集虫体的时间和部位。虫体和病料采取中应严防散布病原。

3)治疗与预防

(1)**治疗药物**

目前比较常用且疗效较高的治疗药物(用量与用法见第19章杀虫药)有下列几种：

①局部用药或注射：螨净、双甲脒、溴氰菊酯、伊维菌素。

②药浴:可用双甲脒、倍特、螨净等。

(2)**防制措施**

根据螨的生活史和本病的流行病学特点,采取综合性的防制措施。

①房舍要宽敞,干燥,透光,通风良好,不要使畜群过于密集。房舍应经常清扫,定期消毒(至少每两周一次),饲养管理用具亦应定期消毒。

②经常注意动物群中有无发痒、掉毛现象,及时挑出可疑患病动物,隔离饲养,迅速查明原因。发现患病动物及时隔离治疗。

③引入动物时,应事先了解有无螨病存在;引入后应详细作螨病检查;最好先隔离观察一段时间(15~20 d),确无螨病症状后,经杀螨药喷洒再并入畜群中去。

④每年夏季剪毛后对羊只应进行药浴,是预防羊螨病的主要措施。对曾经发生过螨病的羊群尤为必要。

11.5　实践技能训练——病例分析

兔疥螨病

1)发病情况

2009年10月20日,某兔场成批购进繁殖母兔50只,公兔10只,经过1周的饲养后发现3只兔面部有红肿、发炎和脱毛,以后病情恶化,病变扩布全身多处,病兔只数增加到23只,多数具有精神沉郁、食欲减退等全身症状。患处在整个疾病过程中表现痒感,环境温度升高使痒感加重,病兔不停地啃咬患部,并在物体上用力摩擦,致使患部皮肤出现炎症和损伤。逐渐扩展到其他兔舍。

2)实验诊断

在患部皮肤与健康皮肤交界处刮取痂皮,刮至皮肤轻微出血为止,将刮下的皮屑置培养皿内使之成为薄层,为防止虫体爬散,预先在病料周围涂少量凡士林,用热水加热至45 ℃,30 min后除去皮屑,借助于放大镜在黑色背景下观察。将上述方法刮取的皮屑置于载玻片,滴加适量的煤油,加盖玻片并稍用力搓动,使病料破碎、镜检。

结果:在镜下观察到虫体较小,呈圆形,外形如龟,背面、腹面扁平;整个虫体的头、胸、腹融为一体;前面为假头,上有马蹄形刺吸式口器;身体背面有许多刚毛和小刺;腹面有4对腿,肛门在虫体后缘。

3)用药治疗

使用伊维菌素注射液治疗:皮下注射按体重0.02~0.04 mg/kg,1次/周,严重病例注射3次,2 d后病兔的病症减轻,20 d后基本痊愈。

4)诊断结论

根据临床病状、实验诊断及用药治疗效果,确诊该群兔患疥螨感染。

【学习要点】

①蜱、螨为椭圆形或圆形,身体分为假头和躯体。蜱有硬蜱、软蜱两大类,硬蜱背面有几丁质的盾板,软蜱无几丁质的盾板;螨主要有疥螨、痒螨、蠕形螨、皮刺螨和恙螨。蜱、蜱螨类的发育为不完全变态,可分为卵、幼虫、若虫和成虫 4 个时期。传播方式为动物以直接接触感染。

②疥螨寄生于家畜的真皮层、挖凿隧道,痒螨寄生在宿主的皮肤表面毛长的地方吸取组织液和体液,蠕形螨寄生于毛囊和淋巴腺内,皮刺螨和恙螨寄生于家禽体表吸食血液和体液,引起寄生虫性皮肤病。螨病的特征是:剧痒、皮炎、脱毛,具有高度的接触传染性。

③螨病诊断,主要根据明显的症状如剧痒,患部皮肤多种变化确诊并不困难,但症状不明显时,需取患部皮肤上的痂皮,或从动物体表查出虫体,才能确诊。螨病的治疗以药物为主(采取局部涂搽用药、肌肉注射),结合药浴处理,加强饲养管理等综合防制措施来控制本病。

第12章
动物的昆虫病

本章导读：本章主要讲述家畜蝇蛆病、虱病和蚤病，认识家畜蝇蛆病对宿主的危害，了解虱、毛虱和蚤的形态特征。掌握牛皮蝇、羊狂蝇和马胃蝇各发育阶段(成虫及蛆)的形态特征。

昆虫属于节肢动物门昆虫纲，是自然界中动物物种最多的一类动物。已知有110多万种，大多数种类营自由生活，少数种类营寄生生活，与兽医紧密相关的只是双翅目、虱目、食毛目和蚤目的一些种类。寄生性昆虫寄生在动物的体表和体内。与蜱螨一样，其本身即可以作为病原直接危害畜禽，有的还可以作为病原的传播者传播病原间接危害畜禽。

昆虫的主要特征是身体两侧对称，附肢分节。身体分为头、胸、腹3部分，头上有触角1对，胸部有足3对，腹部除外生殖器外无附肢；用气门及气管呼吸。

12.1　家畜蝇蛆病

12.1.1　牛皮蝇蛆病

牛皮蝇蛆病是由皮蝇属(*Hypoderma*)的牛皮蝇(*H. bovis*)和纹皮蝇(*H. lineatum*)等的幼虫寄生于牛的背部皮下组织而引起的一种慢性外寄生虫病。牛皮蝇蛆偶尔也能寄生于人、马、驴、羊和其他野生动物。该病在我国西北、东北和内蒙古地区广泛流行，引起患牛消瘦、产奶量下降、幼畜发育不良，尤其使皮革质量下降，损失巨大。

【病原形态】　皮蝇属蝇类的成虫体被长绒毛，状如蜂，因此有些人误认为是蜂。头部有黄灰色绒毛，有不大的复眼和3只单眼。触角分3节，第3节很短，嵌入第2节内，触角芒无分支，无口器，不叮咬牛体，不能采食，依赖幼虫期积蓄的营养维持生活。

皮蝇种类较多，在我国常见的有两种。

(1)**牛皮蝇**

①成虫：体长约15 mm，胸腹均较粗大，体上绒毛较厚而长。胸的前部和后部的绒毛为淡黄色，中部的绒毛为黑色。腹部前段有长而厚的白色绒毛，中间为黑色，末端为橙黄色。

②虫卵：一端有柄，以柄附在牛毛上，每根毛只粘附一枚虫卵。

③幼虫：分3期。由卵孵出的为第1期幼虫，呈淡黄色，第2期幼虫体长3～13 mm，寄生于食道壁，呈乳白色透明，第3期幼虫长度可达28 mm，寄生于牛背皮下，色由刚脱皮的浅色变为棕褐色，较纹皮蝇粗，长宽比例约为18:2。见图12.1。

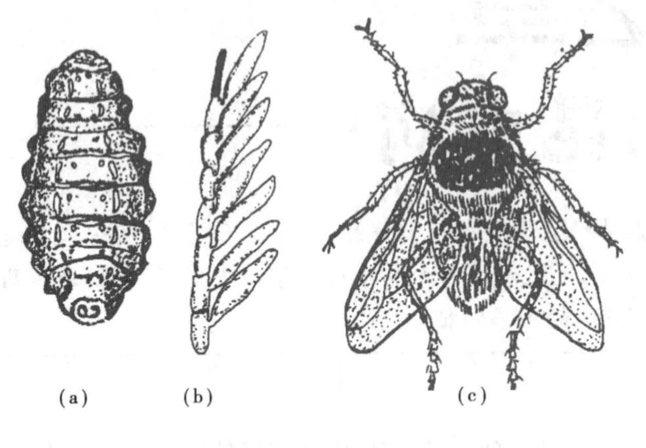

图12.1　**牛皮蝇**（引自宁长申等，1995）
(a)幼虫；(b)卵；(c)成虫

（2）**纹皮蝇**

①成虫：体长约13 mm，瘦长，头前面披有淡黄色长绒毛。胸背面部披有不太浓厚的灰白色接近淡黄色的长绒毛，后部有短黑绒毛。腹部被有长毛，近基部为灰白色，近端部为橙黄色，但不明显。翅呈褐色。

②虫卵：与牛皮蝇相似，但是一根牛毛上可见一列虫卵。幼虫第1期和第2期与牛皮蝇基本相似，第3期幼虫体椭圆形，体长26 mm，较牛蝇幼虫略小。

【发育与传播】　牛皮蝇和纹皮蝇的发育基本相似，属完全变态，经过卵、幼虫、蛹及成虫4个阶段，整个发育过程大约需时1年。

成蝇于每年4月末至5月初开始出现，雌雄蝇交配后，雄蝇死去，雌蝇产完卵后也死去。牛皮蝇多在牛的四肢上部、腹部、乳房及体侧被毛上产卵；纹皮蝇产卵多在牛的后腿球节附近以及前腿部。卵孵出1期幼虫，幼虫由毛囊钻入皮下。牛皮蝇的2期幼虫，沿外围神经的外膜组织移行，2个月后到椎管硬膜的脂肪组织中，在此停留约5个月。尔后从椎间孔爬出，到腰背部皮下（少数到臀部或肩部皮下）发育为3期幼虫，在皮下形成指头大瘤状突起，上有一小孔。3期幼虫在其中逐步长大成熟，在第2年春天离开牛体入土中化蛹，蛹期1～2个月，后羽化为成蝇。在内蒙古地区流行的主要是纹皮蝇，其发育和牛皮蝇基本相似，但2期幼虫寄生在食道壁上。

【症状与病变】　成蝇虽不叮咬牛，但在夏季的繁殖季节，成群围着牛飞翔，尤其雌蝇产卵时引起牛只的惊慌不安，影响牛的采食和休息，使牛逐渐消瘦。有时牛只因狂奔造成外伤，孕牛可发生流产。

幼虫钻入皮肤时，引起局部痛痒。幼虫在体内移行造成移行各处组织的损伤。3期幼虫在背部皮下等处寄生时，引起局部结缔组织增生和发炎，当继发细菌感染时，可形成化脓性瘘管。幼虫引起瘘管愈合形成瘢痕，严重影响皮革质量。幼虫分泌物的毒素作用,对牛的血液和血管有损害作用,可引起贫血。患牛消瘦,肉的品质下降,奶牛产奶量下降。个别患牛,因幼虫移行伤及延脑或大脑,可引起神经症状。

12.1.2　羊狂蝇蛆病

羊狂蝇蛆病是由羊狂蝇(*Oestrus ovis*)的幼虫寄生于羊的鼻腔及其附近的腔窦中引起的疾病。有的地方也称为"脑蛆"。

【病原形态】　成虫比家蝇大,长 10 ~ 12 mm。头大呈半圆形,黄棕色,无口器。触角第 3 节黑色,角芒黄色,基部膨大、光滑。胸部黄棕色并有黑色纵纹。腹部有褐色及银白色的斑点,翅透明。

由蝇体产出的第 1 期幼虫长1 mm,呈淡黄白色,前后增呈梭形。第 2 期幼虫体上的刺不显著。第 3 期幼虫体长可达 30 mm,无刺,各节上有深棕色的横带。腹面扁平,后端如刀切状,有两个明显的黑色气孔。见图 12.2。

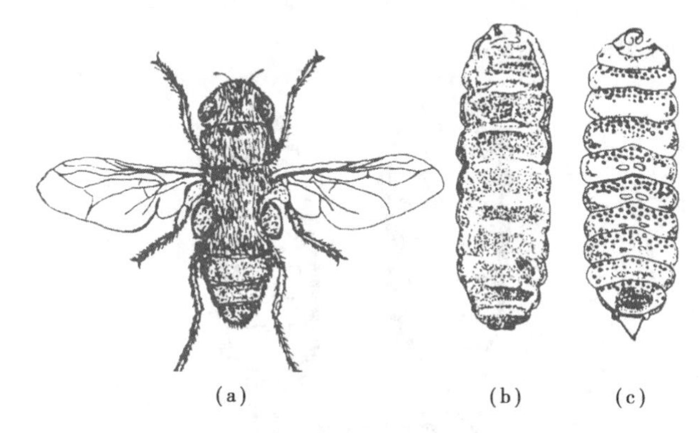

图 12.2　羊鼻蝇(引自宁长申等,1995)
(a)成虫;(b)幼虫背面;(c)幼虫腹面

【发育与传播】　成蝇不营寄生生活。出现于每年的 5—9 月间,雌雄交配后,雄蝇即死亡。雌蝇生活至体内幼虫形成后,在炎热晴朗无风的白天活动,遇羊时即突然冲向羊鼻,将幼虫产于羊的鼻孔内或鼻孔周围。雌蝇产完幼虫后死亡,刚产下的 1 期幼虫经 2 次蜕化变为 3 期幼虫。当患羊打喷嚏时,幼虫被喷落地面,钻入土内化蛹。蛹期 1 ~ 2 个月,之后羽化为成蝇,成蝇寿命约 2 ~ 3 周。

本虫在北方较冷地区每年仅繁殖一代,而在温暖地区,每年可繁殖两代。此外,绵羊的感染率比山羊高。

【症状与病变】　成虫在侵袭羊群产幼虫时,羊只不安,互相拥挤,频频摇头、喷鼻,或以鼻孔抵于地面,或以头部埋于另一羊的腹下或腿间,严重扰乱羊的正常生活和采食,使羊生长发育不良且消瘦。

幼虫在羊鼻腔内固着或移动,机械地刺激和损伤鼻黏膜,引起发炎和肿胀,鼻腔流出浆液性或脓性鼻液,鼻液在鼻孔周围干涸,形成鼻痂,并使鼻孔堵塞,呼吸困难。患羊表现为打喷嚏、摇头、甩鼻子、磨牙、眼睑浮肿、流泪、食欲减退、日益消瘦;数月后症状逐步减轻,但到发育为第 3 期幼虫时,虫体变硬、增大,并逐步向鼻孔移行,症状又有所加剧。

在寄生过程中少数第 1 期幼虫可能进入鼻窦,虫体在鼻窦中长大后,不能返回鼻腔,而致鼻窦发炎，甚或病害累及脑膜，此时可出现神经症状，最终可导致死亡。

12.1.3　马胃蝇蛆病

该病是由双翅目胃蝇科、胃蝇属(*Gasterophilus*)的肠胃蝇(又叫马胃蝇)、红尾胃蝇、兽胃蝇和鼻胃蝇(又叫烦扰胃蝇)的幼虫(俗称瘦虫)寄生于马属动物胃肠道内所引起的一种慢性寄生虫病。宿主高度贫血、消瘦、中毒、使役力下降，严重时衰竭死亡。我国各地普遍存在，主要流行于西北、东北、内蒙古等地。除马属动物外，偶尔寄生于兔、犬、猪和人胃内。

【病原形态】　马胃蝇成虫很像蜜蜂，全身多毛，虫体长12～16 mm，翅透明。虫卵淡黄色，长达1.25 mm，呈长纺锤状，一端有卵盖，附着于马的被毛上。

成熟的幼虫(第3期幼虫)呈红色或黄色，分节明显，前端稍尖，有1对向腹面的口前钩；后端齐，有1对后气孔。虫体由12节组成，每1环节上有1排或两排小刺。见图12.3。

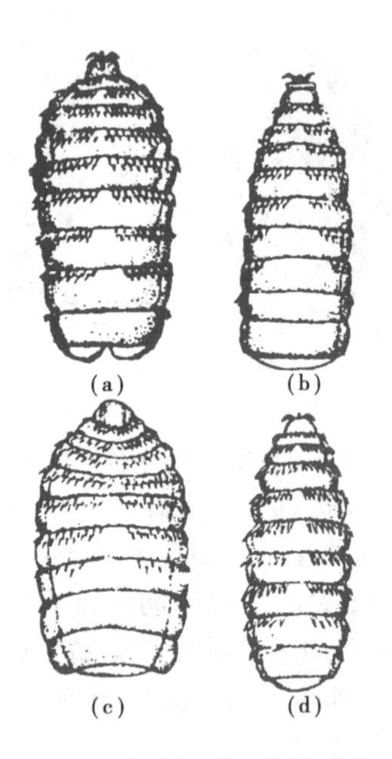

图12.3　胃蝇第3期幼虫

(引自汪明等，2003)

(a)肠胃蝇；(b)红尾胃蝇；(c)兽胃蝇；(d)鼻胃蝇

【发育与传播】　马胃蝇发育属完全变态，全部发育期约为1年。每年夏天胃蝇出来活动，雌雄交配后，雄蝇死亡，雌蝇把卵一个一个地产在马毛上。约经1～2周的发育，卵内形成幼虫。当梳理马的被毛或马在物体上擦痒时，虫卵受到机械作用，卵壳破裂，卵内的幼虫逸出并在皮肤上移行，有的被马啃痒时吃入，有的主动爬入马的口腔，在咽喉部寄生一段时间，之后又移行到胃和十二指肠里寄生。到第二年春天，成熟了的第3期幼虫就离开寄生部位，随马粪一同排出体外。幼虫在马体内寄生的时间为9～10个月，被排出后，钻到马粪堆里，或草皮下，变成蛹，再经1～1.5个月，便羽化为成虫。

【症状与病变】　成虫产卵时，骚扰马匹休息和采食。马胃蝇幼虫在整个寄生期间均有致病作用。病情轻重与马匹体质和幼虫数量及虫体寄生部位有关。发病初期,幼虫引起口腔、舌部和咽喉部水肿、炎症甚至溃疡。病马表现咀嚼、吞咽困难,咳嗽,流涎,打喷嚏,有时饮水从鼻孔流出。

幼虫移行引起慢性胃肠炎、出血性胃肠炎等。幼虫吸血及虫体毒素作用,使动物出现营养障碍,如食欲减退、消化不良、贫血、消瘦、腹痛等,甚至逐渐衰竭死亡。

幼虫叮着部位呈火山口状,甚至胃穿孔和较大血管损伤及继发细菌感染。有时幼虫阻塞幽门部和十二指肠。如寄生于直肠时可引起充血、发炎,表现排粪频繁或努责。幼虫刺激肛门,病马摩擦尾部,引起尾根和肛门部擦伤和炎症。

12.2　其他昆虫病

12.2.1　虱

虱属于昆虫纲、虱目,为哺乳类和禽类体表的永久性寄生虫,具有严格的宿主特异性。体扁平,灰白或灰黑色,眼退化或无,触角 3 ~5 节,足粗短。发育属不完全变态。

【病原形态】　虱分两大类,一类是吸血的,叫兽虱或吸血虱;另一类是不吸血的,叫毛虱或羽虱。见图 12.4。

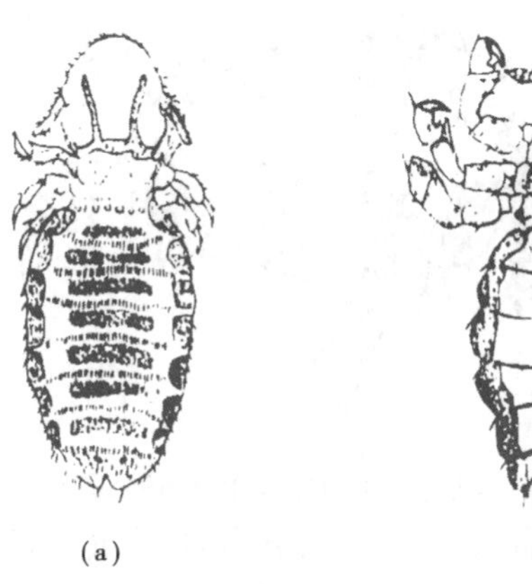
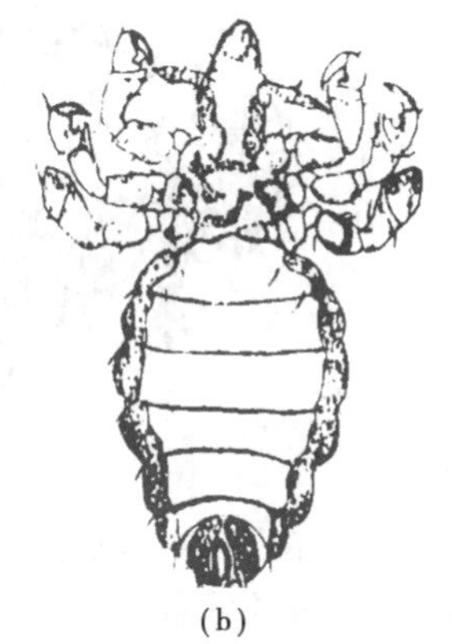

(a)　　(b)

图 12.4　虱(引自宁长申等,1995)

(a)毛虱;(b)兽虱

①兽虱:长 1 ~5 mm,背腹扁平,头狭长,头部宽度小于胸部,触角短。口器刺吸式。胸部 3 节融合为一。卵为黄白色,(0.8 ~1)mm ×0.3 mm,长椭圆形,粘附于家畜被毛上。

②毛虱或羽虱:前者寄生于兽类,后者寄生于禽鸟类。羽虱体长 0.5 ~10 mm,背腹扁平,有的体宽而短,有的细长。头端钝圆,头部的宽度大于胸部。

【发育与传播】　虱为不完全变态,其发育过程包括卵、若虫和成虫 3 个阶段。自卵发育到成虫需 30 ~40 d。每年能繁殖 6 ~15 代。雌虱产完卵死亡,雄虱于交配后死亡。

兽虱以吸食宿主的血液为生,羽虱和毛虱则以宿主的羽毛、毛及皮屑为食物。秋冬季节,家畜的被毛增长,绒毛厚密,皮肤表面的湿度增加,造成有利于虱生存和繁殖的条件,数量增多,在夏季,虱数量显著减少。

虱主要通过直接接触传播,此外还可通过各种用具、褥草、饲养人员等间接传播。饲养管理与卫生条件不良的畜群,虱较多。

【症状与病变】 兽虱吸血时,分泌毒素,引起痒觉,家畜不安,影响采食和休息。若皮肤被咬伤或擦破时可能继发细菌感染或引起伤口蝇蛆症。严重感染可能引起化脓性皮炎,有脱皮和脱毛现象。牛犊经常舔吮患部,可造成食毛癖,在胃内形成毛球,产生严重后果。

羽虱虽不吸血,但其在体表爬动并啮食羽毛、皮屑时也可引起痒感,使畜禽不安,擦破或啄伤皮肤,有些羽虱尚可在羽基部咬破皮肤啮食渗出物。严重感染时也和兽虱一样可引起畜禽消瘦,幼畜发育不良,毛、肉、乳、蛋的产量或质量降低。雏鸡偶有死亡的。

12.2.2 蚤

蚤病一般是由蠕形蚤引起的。蠕形蚤属于蠕形蚤科(Vermipsyllae)的蠕形蚤属(*Vermipsylla*)和羚蚤属(*Dorcadia*)的蚤类。我国甘肃、青海、宁夏、新疆、西藏等高寒地区普遍存在,主要寄生在马、牛、羊、犬、猫及某些野生动物的体表。

【病原形态】 蠕形蚤的虫体较大,分头、胸、腹3部分。雄虫体小,左右扁平,深棕色,有一般跳蚤的外观;雌虫当体内虫卵成熟时腹部迅速增大,有时可达黄豆大小,呈卵圆形,色深灰,此时由于其外形很像有条纹的蠕虫,因此叫作"蠕形蚤"。见图12.5。

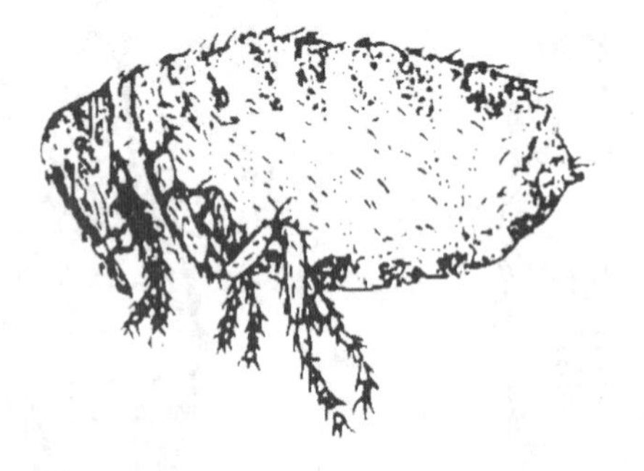

图12.5 蠕形蚤(引自宁长申等,1995)

【发育与传播】 蠕形蚤的发育为完全变态,分为卵、幼虫、蛹和成虫4个阶段。成虫于晚秋开始侵袭动物,冬季产卵,初春死亡。据观察,成虫从10月份起,先后发现于灌木林,石头窝、石山缝及牛粪堆中,在干滩上则少见。以后即寄生于家畜与野兽(黄羊、野牛、野驴、野鹿)体上,以12月份寄生最多,至次年青草长出后消失。

【症状与病变】 蠕形蚤寄生在家畜的体表,吸食大量血液,引起家畜皮肤发炎和奇痒,并在寄生部位排出带血色的粪便和灰色虫卵,使被毛染成污红色或形成血痂,尤其白色被毛的家畜更为明显。严重侵袭可引起家畜迅速贫血、消瘦、虚弱。马有时因局部发痒而与其他物体摩擦或自行啃咬造成外伤,在羊可引起被毛脱落,在气候骤变的情况下能造成死亡。

12.2.3　蚊、虻、蠓、蚋、厩螫蝇

1)蚊

蚊是一类小型吸血昆虫,遍布世界各地。蚊的种类很多,在我国已发现300余种。蚊属蚊科,重要的有3个属,即按蚊属(*Anopheles*)、库蚊属(*Culex*)和伊蚊属(*Aedes*)。蚊除叮吸人、畜血液外,还能传播许多疾病。

【病原形态】　虫体长5~9 mm,体形细长,分头、胸、腹3部。具双翅6足,头部呈圆球形,上有触角、触须和复眼各1对,口器为刺吸式。触角细长而分节,呈鞭状。雌蚊吸血,雄蚊不吸血。见图12.6。

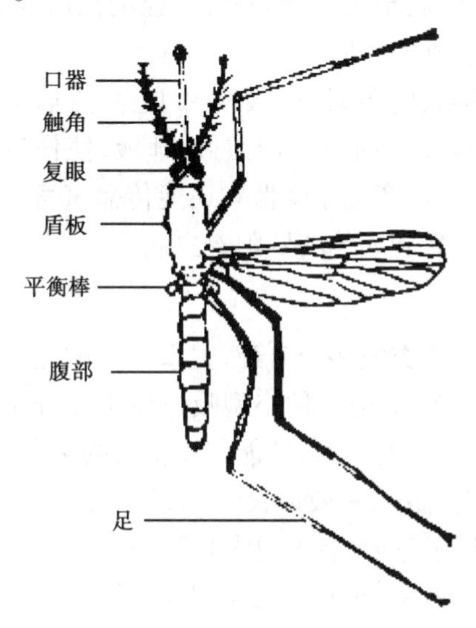

图12.6　雄蚊(引自宁长申等,1995)

【发育与传播】　蚊是在多水地区滋生的,发育属完全变态。雌蚊产卵于水中,卵孵出幼虫(孑孓),幼虫蜕皮3次化为蛹,蛹再羽化为成虫。不同的蚊种其幼虫滋生的环境亦不同,按蚊一般滋生于清水中,库蚊一般滋生于污水中,伊蚊则滋生于比较清的积水中。按蚊与库蚊多在夜间活动,伊蚊则多在白天出来吸血。蚊虫多以成虫躲藏于阴暗、潮湿的角落里越冬。

【症状与病变】　蚊虫叮咬人、畜时,在叮咬处发生红肿、剧痒,甚至发炎,使畜禽不能很好地休息,同样也影响人的工作和休息。蚊虫可作为马丝状线虫、牛丝状线虫、犬恶丝虫等的中间宿主。此外还能传播人和家禽的疟疾,马流行性脑脊髓膜炎、鸡痘、炭疽等,可引起畜禽大批死亡。

2)虻

虻的种类很多,重要的有3个属,即虻属(*Tabanus*)、麻(雨)虻属(*Haematopota*)和斑虻属(*Chrysops*)。虻类是家畜的重要吸血昆虫,主要是舐吸家畜和野生动物的血液,有时也叮咬人,如斑虻。除叮咬人畜外,还能传播人、畜多种疾病,如马伊氏锥虫病和家畜炭疽等。分布于全国各地。

【病原形态】　成虫体形大,呈黄黑、绿或灰黑色。头部多呈三角形,大部分为1对复

图 12.7　虻（引自宁长申等，1995）

眼所占。触角由 3 节组成，口器为刮舐式，适于刮切或穿刺较厚的动物皮肤，刮吸血液。胸部有翅 1 对，足 3 对较壮实，腹部椭圆形。见图 12.7。

【发育与传播】　虻的活动季节在南方一般为 4—10 月，北方为 5—8 月。虻的成虫出现于夏季炎热的天气里，雄虫以树木及植物液汁或花蜜等为食物，雌虫以吸血为生。

雌虫产卵于植物的茎、叶上，卵呈纺锤形，聚集成堆。卵经 3 ~ 8 d 孵出幼虫，幼虫生活于潮湿地带或水中，于晚秋或次年春爬至土里变为蛹，再经羽化后变为成虫。虻活动力强，且飞程很远，夏天从清晨开始飞，到中午时最活跃。

麻虻属的虻也能在雨雾天侵袭家畜。雄虻不吸血，常居于草丛及树林中。

【症状与病变】　虻叮咬皮肤时，注入有毒的唾液，使伤口肿胀、痛痒和流血，虻骚扰性大，常使家畜不安，逐渐消瘦，产乳量降低。还能传播家畜疾病，如伊氏锥虫病、马传染性贫血病、炭疽、土拉伦斯菌病和人体的罗阿丝虫病。

3）蠓

蠓俗称墨蚊，属于蠓科，种类颇多，与兽医关系重要的是库蠓属（*Culicoides*）。我国已知的有 120 余种和亚种。库蠓也是一种小型吸血昆虫。分布于全国各地，以夏、秋两季最为常见。库蠓不仅吸食人、畜的血液，还能传播畜禽的多种疾病。

【病原形态】　蠓的身体细小，一般体长 1 ~ 1.25 mm，黑色或深褐色。头部近于球形，有 1 对大复眼与 1 对长触角，雌虫触角上毛稀少，雄虫毛多如羽状。喙短，刺吸式口器。雌蠓吸血，雄蠓不吸血。体上、翅上皆无鳞片，翅上有细毛和粗毛，多数有色斑。见图 12.8。

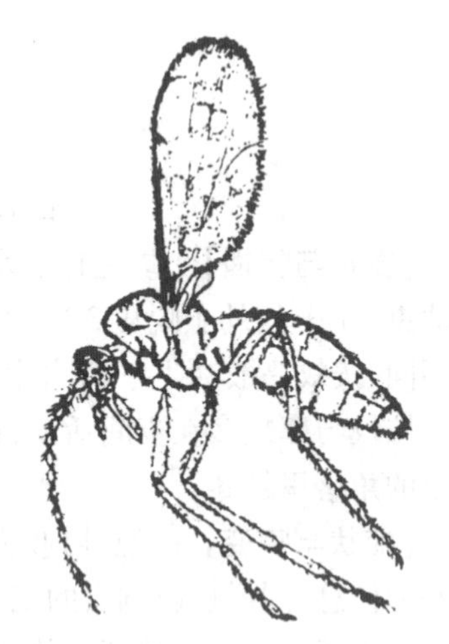

图 12.8　库蠓雌虫侧面观
（引自宁长申等，1995）

【发育与传播】　蠓的发育为完全变态。大多数吸血后的雌蠓产卵于松软、潮湿而富于有机质的土内，或浅的湖泊，池塘、沼泽、溪流和稻田中的水草或萍藻上，有的产卵于粪肥中，卵常集成堆，在适宜的温度下孵出幼虫。蠓的幼虫生活在水中，在水中滋生的幼虫移到水边变成蛹，蛹不活动，只要保持湿润即可孵化为成虫。

【症状与病变】　雌蠓在白天和黄昏均可活动，但以午后及凌晨活动最频繁，在野外或舍内均能侵袭畜禽，当大量出现时，使畜禽不安、烦躁、消瘦，被叮咬后的皮肤红肿、剧痒，并引起皮下蜂窝组织水肿，甚至发生溃疡。此外还可作为马盘尾丝虫、牛盘尾丝虫的中间宿主。还可传播人的丝虫病、鸡的卡氏住白细胞原虫病、流行性乙型脑炎等。

4)蚋

蚋又名黑蝇,属蚋科,种类甚多,目前我国已知的有50多种。蚋是一种小型吸血昆虫,以夏、秋两季最为常见,南方地区春末也有发现。分布于全国各地,在山溪、田野、河岸等处较为常见。蚋嗜吸畜禽血液,有的也吸人血,某些蚋还能传播畜禽的多种疾病。

【病原形态】 蚋体小而粗短,长3~5 mm,呈褐色或黑色。胸部弯曲如驼背状。足粗短,翅宽阔而透明。头部呈半球形,有1对复眼。雄蚋的左右眼相接近,雌蚋的左右眼分开。口器发达而粗短,为刺吸式。雌蚋吸血,雄蚋不吸血。触角较头的长度较短。见图12.9。

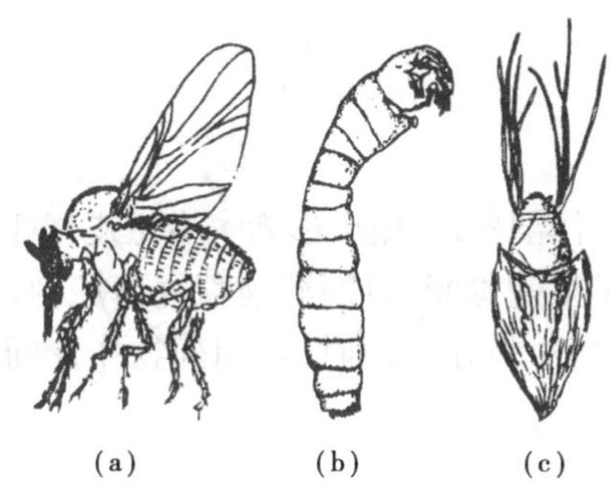

图12.9　蚋(引自宁长申等,1995)

(a)成虫;(b)幼虫;(c)蛹

【发育与传播】 蚋的生活史为完全变态。蚋的卵粒都在流水浸没的石头或水草上。幼虫吐丝结成前端开口的茧,茧内幼虫渐变为蛹,再羽化为成虫离开水面。成蚋的寿命短,雌蚋能活1~2个月。蚋一般都在白天活动,以黎明和黄昏最为活跃。蚋的飞行力强,能远飞2~10 km,每年可繁殖1~6代,大多数以卵或幼虫在水下或冰下越冬。可侵袭各种动物,包括人、家畜、家禽。

【症状与病变】 蚋不但骚扰人、畜,并且蚋的涎液中含有毒素,当雌蚋叮咬吸血时,人、畜不感疼痛;但吸血后则常在吸血处的皮肤上引起局部红肿,剧痒,发生水肿、水泡、发炎,甚至溃烂。当大量出现时,可严重地骚扰畜禽。此外,还可作为牛盘尾丝虫,沙氏住白细胞虫的传播媒介。

5)厩螫蝇

厩螫蝇又称吸血厩蝇。主要在白天活动,吸食家畜血液,偶尔也吸人血液,秋季气温下降后栖息在向阳的牛棚上。呈世界性分布。

【病原形态】 螫蝇属于花蝇科、螫蝇属(*Stomoxys*)。成虫呈暗灰色,长6~8 mm,外形很像家蝇,但厩螫蝇的喙细长,尖端不膨大,常指向前方,家蝇的喙则远端膨大很显著,吸取食物时悬垂于头的下方。在静止不动时,厩螫蝇的翅比家蝇略微分开。厩整蝇腹部短而宽,腹部背面第二、三节各有3个黑点,家蝇则没有。(见图12.10)。

图12.10　厩螫蝇

(引自宁长申等,1995)

【发育与传播】 厩螫蝇的发育属完全变态。雌虫多在潮湿的稻草堆、马粪堆中产卵,卵孵出幼虫,幼虫变为蛹,再羽化为成虫。雌雄虫都吸血,成蝇喜聚集在马厩、牛舍附近有日光的地方,天阴、下雨或夜间则飞入室内。厩螫蝇除吸食家畜的血液外,也吸人血,每日吸血 2~3 次,每次 2~5 min。成虫寿命 3~4 周,以幼虫或蛹的阶段越冬。

【症状与病变】 厩螫蝇骚扰家畜,刺吸家畜血液,使家畜不安,机械地传播锥虫与炭疽病,还是马胃线虫(柔线虫)的中间宿主。

12.3 动物昆虫病的诊断与防治

12.3.1 诊断

根据症状、流行病学和尸体剖检,可做出诊断。牛患皮蝇蛆病时背部皮检出虫体,即可确诊;羊患狂蝇蛆病时为了早期诊断,可用药液喷入鼻腔,收集鼻腔喷出物,发现幼虫后,可以确诊;马患胃蝇蛆病当虫体在胃部时,可用药物作诊断性驱虫。对于其他昆虫,以见到虫体为确诊。

12.3.2 治疗与预防

1)治疗药物

目前比较常用的药物有(用量与用法见第 19 章杀虫药):伊维菌素、蝇毒灵、敌敌畏缓释剂、溴氰菊酯、双甲脒等,可以对有虫感染的动物进行药物局部涂搽或喷洒,对圈舍和周围环境进行一次彻底清理,并喷洒杀虫药液。

伊维菌素或爱比菌素:注射液按每 kg 体重 0.3 mg 一次皮下或肌肉注射;饲料预混剂每天 0.1 mg/kg,连用 7 d。间隔两周再用一次。

2)预防措施

①加强饲养管理,特别要经常梳刷畜体,勤换垫草,保持畜舍清洁卫生和通风、干燥。

②搞好环境卫生,如铲除杂草,清理粪便并对畜粪及时作堆肥发酵处理,疏通水道,填平洼地,排除积水。流行地区,在蚊、蚊、虻、蠓等昆虫活动季节,用拟除虫菊酯杀虫剂定期喷洒畜舍及其周围环境。有条件者可装纱窗预防蚊虫侵入室内。

12.4 实践技能训练——病例分析

牛皮蝇蛆病的诊断

1)发病情况及临床症状、剖检变化

我国西北某地一个牧场,一段时间以来,2~4 岁的青年牛发生爬窝不起,消瘦贫血,皮毛粗乱无光泽,触摸病牛背部、腰部皮肤粗糙凹凸不平,并可摸到圆形的瘤状结节。个别牛只可见皮下组织增生和蜂窝织炎,还可见到通向结缔组织囊的瘘管和皮肤穿孔的疤痕。用手挤压可从结节顶部挤出分节的白色或黄白色的蛆。

2）实验室诊断

虫体乳白色，长约1.8 cm，稍有干瘪萎缩，经浸泡处理后虫体伸展，镜下可见虫体分节，具头部、胸部、腹部，第7腹节背腹面均无刺，气门后面不平，向中心纽扣区小孔凹入呈漏斗状，气门板色较浅，气门几丁质强，深黑色，气门裂较窄，圆点集合。经鉴定该虫体为牛皮蝇的二龄幼虫。

3）诊断结论

综合上述检查结果，诊断为牛皮蝇幼虫所致皮肤蝇蛆病。

【学习要点】

①动物的蝇蛆病主要有牛的皮蝇蛆病（病原体为牛皮蝇和纹皮蝇蛆）、羊的鼻蝇蛆病（羊狂蝇蛆）和马属动物的胃蝇蛆病[肠胃蝇（又名马胃蝇）、红尾胃蝇、兽胃蝇和鼻胃蝇（又名烦扰胃蝇）]。

②蝇蛆的发育属完全变态，成蝇既不采食也不营寄生生活，通过成蝇在牛、羊、马体被毛上产卵而感染，在夏秋季节流行。

③蚊、虻、蠓、蚋、厩螫蝇属完全变态，其危害以叮咬畜禽吸血，引起局部皮肤出现红肿、剧痒，甚至发炎、溃烂等，影响禽生产，以及传播寄生虫病和病毒性疾病，危害人、畜禽的身体健康。

第3篇【目标测试题】

一、名词解释

变态　滞育　完全变态　不完全变态　一宿主蜱　二宿主蜱　三宿主蜱　蜱瘫痪　羊鼻蝇蛆（脑蛆）病　生物学传播媒介

二、选择题

1.微小牛蜱在下列哪种寄生虫病的传播中发挥重要作用（　　）。

①牛双芽巴贝斯虫　②利什曼原虫　③球虫　④隐孢子虫

2.住白细胞虫寄生于鸡的血液和组织，主要依靠吸血昆虫通过吸血传播，这类传播者是（　　）。

①蠓、蚋　②地螨　③蚯蚓　④淡水螺

3.残缘璃眼蜱是（　　）。

①一宿主蜱　②二宿主蜱　③三宿主蜱　④四宿主蜱

4.牛皮蝇的发育阶段是（　　）。

①卵、幼虫、若虫、蛹、成虫　②卵、幼虫、蛹、成虫

③卵、幼虫、若虫、成虫　④卵、幼虫、蛹、若虫、成虫

5.毛虱或羽虱的头部和胸部的比例为（　　）。

①头大于胸　②头小于胸　③头胸为一体　④头等于胸

6. 下列哪种昆虫是体内寄生虫(　　)。
①蚊　　②虱　　③蚤　　④疥螨
7. 猪疥螨病的诊断,采集哪个部位的病料的检出率最高(　　)。
①红斑　　②健康和患病交界
③猪耳廓内侧　　④结痂
8. 环形泰勒焦虫的传播媒介为(　　)。
①草原革蜱　　②全沟硬蜱　　③残缘璃眼蜱　　④亚东璃眼蜱
9. 蝇蛆病的流行高峰期主要发生在哪个季节(　　)。
①春　　②夏　　③秋　　④冬
10. 人和家禽的疟疾是由下列哪种媒介者传播(　　)。
①蚊虫　　②蜱虫　　③螨虫　　④蝇蛆

三、填空题

1. 节肢动物在从卵发育到成虫的过程中,有________、________和________现象。
2. 蚊、蝇、虻的发育方式属于________,蜱、螨和虱的发育方式属于________。
3. 硬蜱的生活史分为________、________和________3种类型。
4. 蜱、螨发育过程包括________、________、________和________4个阶段。
5. 常用的杀蜱药有________、________和________等。
6. 引起羊的"石灰头"病的外寄生是________。
7. 动物螨病的治疗,局部用药或注射可以选用________、________和________等。
8. 蝇蛆病的治疗药物,目前比较常用药物有________、________和________等。
9. 在蚊活动季节,可以选用________定期喷洒畜舍及其周围环境。
10. 动物的蝇蛆病,主要有牛的________、羊的________和马属动物的________。
11. 疥螨寄生于宿主________层,痒螨寄生于宿主的________,蠕形螨病寄生于宿主________。

四、问答题

1. 试述外寄生虫病对动物宿主的危害。
2. 分类列举治疗动物外寄生虫病的药物。
3. 简述猪疥螨病的病变特点和诊断方法。

第3篇【复习思考题】

1. 查阅文献,结合临床实践,试述养殖场主要外寄生病的防治。
2. 查阅文献报道,试述虫媒病的综合预防措施。

第3篇【知识拓展】

蜱虫病

在我国河南、山东等地曾发生了蜱虫咬伤人的情况，严重者甚至出现了死亡，该事件且引起了民众的恐慌，认为蜱乃是罪魁祸首，称该病为"蜱虫病"。

蜱通过叮咬动物和人，引起动物贫血、消瘦、发育不良、皮毛质量降低以及产乳量下降等，而且蜱的唾腺能分泌毒素，可使宿主皮肤产生水肿、出血厌食、体重减轻和代谢障碍等反应，但症状一般较轻。某些种的雌蜱分泌一种神经毒素，能抑制肌神经接头处乙酰胆碱的释放活动，造成运动性纤维的传导障碍，引起急性上行性的肌萎缩性麻痹，称为"蜱瘫痪"。硬蜱主要传播莱姆病、"一炎三热"与斑疹伤寒；软蜱主要传播蜱媒回归热。

莱姆病：我国于1985年夏在黑龙江海林县林区首次发现。病原体是伯氏包柔螺旋体。我国主要媒介是全沟硬蜱，某些野生小型啮齿动物为贮藏宿主。发病高峰期6—8月，易感人群为林业工人、牧民、狩猎者、旅游者，主要流行区在山区、林区、牧区，我国29个省（市、区）有本病流行。

森林脑炎：是一种由森林脑炎病毒引起的神经系统急性传染病，为森林区的自然疫源性疾病。我国主要的病媒蜱种为全沟硬蜱，病毒在蜱体内可长期保存，可经各变态期及经卵传至下一代或第三、四代，并可在蜱体内越冬。本病多发生在5—8月，在我国主要分布于黑龙江和吉林两省林区，患者主要是伐木工人。此外，四川、河北、新疆、云南等省和自治区也有病例发生。

野兔热：病原体为土拉热弗朗西氏菌，发病高峰期主要在春末夏初，病原菌在蜱体内可存活200～700 d。我国的主要流行区在青海、新疆、西藏、黑龙江等省区。

Q热：病原体为贝氏立克次体，牛、羊为人体Q热的主要传染源。感染方式主要由呼吸道吸入传播，也可通过消化道及蜱的叮咬、粪便污染伤口而感染。病原体能在蜱体内长期存在，并经卵传递，如乳突钝缘蜱可贮存病原体2～10年。本病分布遍及世界各地。

新疆出血热：是一种蜱媒急性传染病，是荒漠牧场的自然疫源性疾病。病原为一种蜱媒RNA病毒。疫区牧场的绵羊和兔为主要传染源，传播媒介主要为亚东璃眼蜱，病原体可在蜱体内保存数月，并经卵传递。在我国流行于新疆，患者主要是牧民，发病高峰期为4—5月。

蜱媒回归热：又称地方性回归热，是由钝缘蜱传播的自然疫源性螺旋体病，不规则间歇发热为其主要临床特征。我国新疆有该病流行，其病原体为伊朗包柔氏螺旋体和拉氏包柔氏螺旋体。病原体可经卵传递。动物传染源主要是鼠类，病人也可作为本病的传染源。

无形体病：病原体为嗜吞噬细胞无形体，侵染宿主的中性粒细胞，传播媒介为肩突硬蜱、太平洋硬蜱、全沟硬蜱。病人多来自丘陵地区，症状疑似流行性出血热，主要集中在河南、湖北、山东、安徽、辽宁、江苏、浙江几省份。

蜱虫病的预防：进入有蜱地区要穿防护服，扎紧裤脚、袖口和领口；外露部位要涂搽驱避剂，离开时应相互检查，勿将蜱虫带回家中；发现停留在皮肤上的蜱时，切勿用力撕拉，可用氯仿、乙醚、煤油、松节油或旱烟涂在蜱头部待蜱自然从皮肤上落下；对伤口处理，先用0.5%普鲁卡因局封；出现全身中毒症状时可给予抗组胺药和皮质激素；发现蜱咬热及蜱麻痹时，需及时抢救。

第4篇　动物原虫病

第13章 动物原虫病概论

本章导读：本章讲述动物寄生原虫的形态、发育及原虫的分类。通过认识原虫对宿主的危害，了解原虫的形态构造，熟悉寄生于畜禽的常见原虫种类，重点掌握原虫的繁殖方式及生活史类型。

原虫是动物界中最低等的一类单细胞动物，与兽医有关的原虫多营寄生生活或兼性生活，寄生原虫能寄生于畜禽等动物的任何器官、组织和细胞，引起严重的疾病，造成重大的经济损失和危害。

13.1　原虫病对动物的危害

13.1.1　原虫对宿主的主要危害方式

从原虫的动物学特点及原虫病的发生来看，原虫病与传染病有许多类似之处，如原虫能在动物宿主体内繁殖，虫体数量不断增加，而使发病过程较快。

1）原虫的大量增殖，破坏宿主的细胞和组织并影响其功能

原虫在宿主体内的增殖，破坏所寄生细胞，当这种破坏超过一定程度时，畜禽就会表现出病状。如艾美尔球虫在畜禽的肠或肝胆管或肾小管上皮细胞内寄生，通过裂体生殖方式破裂上皮细胞，造成出血，引起吸收及分泌等功能紊乱；巴贝斯焦虫、疟原虫、住白细胞虫在红细胞中寄生并大量增殖，致红细胞破裂崩解，使红细胞数减少；隐孢子虫寄生在肠上皮细胞、支气管上皮细胞等表面，引起寄生部位的绒毛萎缩，坏死脱落，表现出呼吸道、消化道的病状，如水样腹泻、呼吸困难等；住肉孢子虫的裂殖体引起细胞和组织坏死，发生非化脓性脑炎，孕畜胎盘萎缩引起流产等。

2）原虫的“毒素”的毒害及溶解作用

原虫所分泌释放的某些物质和原虫在代射活动过程的产物以及虫体崩解物，可能会对宿主机体产生严重的毒害作用。如住肉孢子虫能产生肉毒素，接种家兔可使迅速致死；马巴贝斯焦虫的代射物使马的中枢神经系统和植物神经系统紊乱，出现高热、昏迷等病状。

3)与病原微生物的协同作用

人们发现在严重感染结肠小袋纤毛虫的大白鼠肠内嗜酸乳酸杆菌数量极多;火鸡组织滴虫感染时如同时存在产气荚膜杆菌,其发病则十分严重;鸡患球虫病时,常因肠上皮细胞的损伤伴发沙门氏菌、大肠杆菌、梭菌等感染。

13.1.2　原虫病给畜牧业造成的经济损失

1)原虫病常以急性暴发的形式发生,引起畜禽批量死亡

我国西北、华北、内蒙古等地牛的泰勒焦虫病曾发病严重,从非疫区引进的牛,其发病率达40% ~60%,死亡率平均为30%。在我国南方,牛的伊氏锥虫病也较严重。1973年在湖北某县因锥虫病死2 123头,死亡数占发病数的38%;在鄱阳湖某村1981年冬至1982春,耕牛因伊氏锥虫病的死亡率达40%。

1976—1977年两年内,北京某大型养鸡场7万只雏鸡,球虫发病率为100%;在重庆地区某鸡场球虫病对雏鸡死亡率高达80%。有资料报道,我国兔球虫感染率平均为80%以上,其死亡率占幼兔总死亡率的60%。

我国对动物弓形体的血清学调查结果显示,猪的感染最高,一般都在20%以上,个别地区和猪场的感染率高达80%以上;1977年上海某猪场,其发病率为25% ~100%,死亡率为40% ~64%。

2)增大饲养成本,降低生产效益

鸡球虫病,除急性暴发引起鸡大批死亡外,其慢性流行和耐过鸡的生长发育受阻,致使增重及产蛋率下降,饲料消耗增加;同时,人们为了预防球虫病,大量地添加抗球虫药物,这无疑增加饲养成本。在美国估计每年因球虫病导致的经济损失就达3 000万~2亿美元;1985年,全世界消耗的抗球虫药的销售总额为7亿美元。

患泰勒焦虫病的奶牛,其奶产量下降1/3 ~1/2,甚至完全停止泌乳。

弓形体、住肉包子虫、胎儿毛滴虫、新孢子虫的侵袭常导致母畜流产;贝诺氏孢子虫引起公牛睾丸肿大、性欲减退、精液品质下降。

3)致畜产品的量和质下降

患住肉孢子虫病的牛,其受侵害的肌肉呈明显的病理变化,骨骼肌呈染色或带有苍白区条纹以及有虫体包囊,按肉品卫生检疫,应当作工业利用或经无害化处理。据武汉肉联厂1987年的统计,其牛羊加工厂一年因住肉孢子虫感染的水牛肉而造成的经济损失达10万多元。

患泰泽球虫病的鸭,其自然耐过者,出现发育障碍,其增重率仅相当于无病鸭的24.7%。

13.1.3　原虫病对人类健康的危害——人兽共患原虫病

有部分原虫病不仅对养殖业损失很大,而且还严重威胁和危害人类的身体健康,如弓形体病、住肉孢子虫病、隐孢子虫病、巴贝斯焦虫病、锥虫病、利什曼原虫病、小袋纤毛虫病、卡氏肺孢子虫病和贾第虫病等。人先天性弓形体病能引起先天性脑积水、胎儿畸

形或死胎，或新生儿呆痴、癫痫、黄疸、视网膜脉络膜炎，或眼底色素沉积，后天获得性的弓形体病患者以淋巴结炎、脑炎为多见，并有内脏器官的损害。免疫缺陷、免疫损害和免疫抑制病人的弓形体感染最为危险，常常是致死性的。

全世界人群有25% ~30%的人有弓形体抗体，如果妇女在怀孕期感染弓形体，母亲将弓形体经胎盘感染的途径传递给胎儿的可能性约40%。据资料，在美国患先天性弓形体的发病婴儿每年约3 000 人，这些病婴在长大成人前，有部分死亡，部分患有不同程度的脑部和眼部症状，每年用在这些儿童的教育经费估计为3 000 万 ~4 000 万美元，这给社会带来沉重的负担。

13.2 原虫的形态和发育

13.2.1 原虫的形态构造

原虫为单细胞动物，体积微小，大小2 ~200 μm 不等，其形态随种类和发育阶段不同而异，但基本结构主要有表膜、胞质和胞核3 部分。对原虫的每一构造，不能视同高等动物的各种器官。见图13.1。

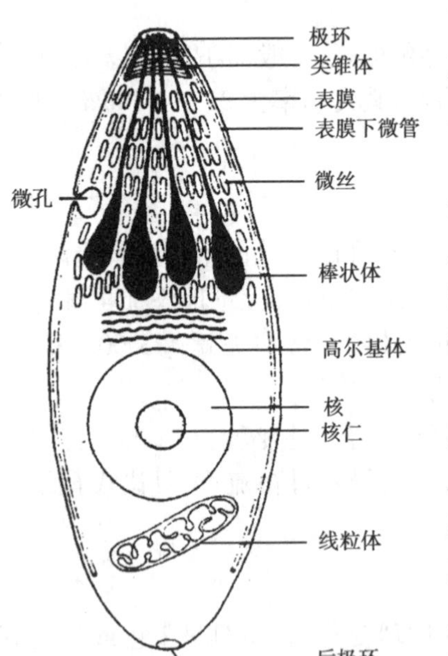

图13.1 顶复门裂殖子的超微结构
（仿 Levine N. D. ,1973）

①表膜：即原虫的细胞膜，位于虫体的体表，由分子单位膜构成。单位膜在电镜下可见内、中、外3 层。表膜的功能主要表现在连续覆盖整个虫体，维持虫体一定的形态，并参与虫体的摄食、排泄、感觉和运动等生理活动。

②胞质：原虫的胞质由基质和胞器构成，基质的主要成分为蛋白质和水。基质决定原虫的形状并与原虫的运动、营养等功能有关，是虫体代谢和营养贮存场所。胞器行使着许多重要的功能，按功能分为膜质胞器，如线粒体、高尔基体、内质网、溶酶体等，多参与能量与合成代谢；运动胞器，如伪足、鞭毛和纤毛；营养和排泄胞器，如胞口、微孔、胞肛和伸缩泡等。

③胞核：原虫的核为真核，具有核膜、核质、核仁和染色质，为原虫生存、繁殖的主要构造。大多数原虫只有一个核，有的具两个大小相等或不等的核。

13.2.2 原虫的繁殖及生活史

1)原虫的繁殖

由于原虫的种类生活史迥异，其繁殖方式多样，分为无性繁殖和有性繁殖两类方式。有的原虫以有性繁殖或无性繁殖相互交替进行，这种方式为世代交替。

(1)无性繁殖

无性繁殖是多种原虫的一种繁殖现象,其形式又有多种:

①二分裂:虫体的核先分裂,继之虫体也随核分裂而分为两个新虫体。通常鞭毛虫行纵分裂,纤毛虫行横分裂。

②裂体生殖:又称多分裂。虫体的核经过多次分裂,分成众多小核,分布于整个母细胞内,随后每个核周围的原生质围绕核构成新的个体。这样就形成母细胞中含有若干虫体,故称裂殖体,裂殖体中的单个虫体称为裂殖子。

③出芽生殖:虫体的核分裂成大小不等的两部分,小核向一侧伸展,其胞质也分别向小核聚集形成与母体相对的芽状突起,形成小的子代虫并脱离母体,再长大成熟。如果在母细胞内形成两个或多个芽状突起,新的两个或多个子代虫体形成后便将母体涨破释放出两个或多个新子代虫体。前者称内二出芽生殖,后者称多元出芽。

④孢子生殖:也是一种无性生殖。孢子虫纲、球虫亚纲的虫体在配子生殖后所形成的一个二倍体的虫体,通过分裂和发育,形成孢子囊,孢子囊内又形成子孢子,每个子孢子可发育成一个新的虫体。有的不形成孢子囊,如泰泽球虫、隐孢子虫。

(2)有性繁殖

①结合生殖:两上原虫个体一时性地结合在一起,互相交换核质,然后分离,形成带有新核的独立个体,如纤毛虫。

②配子生殖:当某些原虫在进行一定代数的裂体生殖后,产生的裂殖子长成配子母细胞,不同的配子母细胞分别产生大、小配子细胞,再由其产生大、小配子。由配子母细胞发育成大、小配子这一阶段称配子生殖。如两配子在大小或形态上有区别,称异配子,但有时两配子大小相同,形态相似,则称等配子。在配子形成后,大小配子相结合形成合子,有的合子具有运动性,称为动合子;有的合子外表形成坚硬的被膜,称为卵囊。

2)原虫的生活史

原虫的生活史是指原虫从宿主排出的新生后代到感染易感宿主后,经过生长、发育和繁殖其下一代的全过程,又称生活周期。寄生原虫在繁衍和世代交替过程中进行宿主更替,寄生原虫在完成整个生活史的发育过程中,根据有无中间宿主的参与,可将其分为直接发育和间接发育两个类型:

①直接发育:在原虫的生活史只需一个宿主,如球虫、隐孢子虫。

②间接发育:在原虫的生活史中需要两个以上宿主,分别进行有性或无性繁殖并形成世代交替。如弓形体以猫为终末宿主,以畜禽及人等多种动物为中间宿主;住白细胞虫在家禽体内和吸血昆虫(媒介者)体内分别完成无性和有性繁殖,然后再通过媒介者传播给新的宿主。

13.3　原虫的分类及主要的寄生种类

人类认识和研究原生动物已有300多年历史,荷兰学者A. van列文虎克(1632—1723)在自制显微镜下首先发现这类微小生物。19世纪初,G. A.戈尔德富斯(1817)首先创立Protozoa(原生动物)一词;C. T. E. von西博尔德(1845)对原生动物下了定义;O.布特斯切尼(1881)第一个提出单细胞模式基础上的原生动物的分类系统,他把原生动物划分为4个纲:鞭毛虫纲、肉足虫纲、孢子虫纲、纤毛虫纲;1926年温扬(Wenyon)在他出版的第一本原虫专著《原生动物学》把原虫归为动物界中的一个门,并将与兽医有关的寄生原虫分属于质走亚门(包括根足虫纲、鞭毛虫钢、孢子虫纲)和纤毛亚门(包括纤毛虫纲)。

随着细胞学和分子生物学的发展,对原虫的认识更加科学。1980年以N. D. Levine为主席的美国原虫学会原虫分类及演化委员会对原虫的分类进行修订,将原虫成为一个亚界;1985年Levine再次对原虫的分类进行了部分修订。本教材仍然按温扬分类方法就与寄生于畜禽的有关的重要原虫分别列于下。

原生动物门

1)动鞭毛纲

具有鞭毛。

(1)动基体目

具有1~2根鞭毛,有动基体。

锥虫科:有1根鞭毛,有波动膜。

锥虫属:伊氏锥虫,寄生于血浆中;媾疫锥虫寄生于生殖系统。

(2)双滴虫目

具有4对鞭毛。

六鞭毛虫科

贾第虫属:兰氏贾第鞭毛虫,主要寄生于人和动物的肠道。

(3)毛滴虫目

有4~6根鞭毛。

①单尾滴虫科:有鞭毛但不易见到。

组织滴虫属:火鸡组织滴虫,寄生于鸡的盲肠和肝脏。

②毛滴虫科:有4~6根鞭毛,1根鞭毛折回与波动膜相连。

三毛滴虫属:胎儿毛滴虫,寄生于牛的生殖道黏膜。

2)孢子虫纲

产生孢子,无纤毛。

(1)真球虫目

裂体生殖,产生许多裂殖子。

①艾美尔科:具有卵囊,主要寄生于畜禽的消化道上皮细胞。

(a)艾美尔属:卵囊内有4个孢子囊,孢子囊内有2个子孢子。

(b)等孢属:卵囊内有2个孢子囊,孢子囊内有4个子孢子。

(c)泰泽属:卵囊内无孢子囊,卵囊内有4个子孢子,主要寄生于家禽。

(d)温扬属:卵囊内有4个孢子囊,孢子囊内有4个子孢子,寄生于家禽。

②隐孢子虫科:卵囊内无孢子囊,卵囊内有4个子孢子。

隐孢子虫属:寄生于消化、呼吸道上皮表面。

③肉孢子虫科:无性繁殖阶段产生包囊。

(a)住肉孢子虫属:主要寄生于家畜的肌肉,形成包囊。

(b)弓形虫属:弓形虫,主要寄生于多种动物的多核细胞内。

(c)贝诺孢子虫属:贝氏贝诺孢子虫,寄生于牛的皮肤和皮下。

(d)新孢子虫属:犬新孢子虫,主要侵害动物的中枢神经系统和肌肉。

(2)**血孢子虫目**

寄生于血液系统,由小型吸血昆虫传播。

疟原虫科:虫体多形,无卵囊,无鞭毛。

住白细胞属:家禽的住白细胞虫,寄生于红、白细胞。

3)焦虫纲

寄生于红细胞,由蜱吸血传播。

焦虫目

虫体多形,无卵囊,寄生于红细胞和其他细胞。

①巴贝斯科:寄生家畜的红细胞内。

巴贝斯属:马、牛等的多种巴贝斯焦虫。

②泰勒科:寄生宿主的红细胞和网状内皮系统细胞内。

泰勒属:环形泰勒焦虫、山羊泰勒虫、绵羊泰勒虫。

4)微孢子虫纲

孢子为单孢子。

微孢子目

多微孢子科

脑炎原虫属:兔脑炎原虫,寄生于兔、鼠的脑、肾等脏器。

5)纤毛虫纲

有纤毛,有两个类型的细胞核(大核和小核)。

毛口目

小袋虫科

小袋虫属:结肠小袋纤毛虫,寄生于猪、人的大肠内。

13.4　动物原虫病的实验室诊断技术

13.4.1　粪便内原虫检查法

寄生于消化道的原虫,如球虫、隐孢子虫、结肠小袋纤毛虫等都可以通过粪便检查来确诊。检查时,要求粪便新鲜,盛粪便的容器要干净,并防止污染及干燥。

1)检查法

(1)**球虫卵囊检查法**

检查方法与第5章的5.3对蠕虫虫卵的检查法相同。球虫卵囊计数主要有麦克马斯特法计数法和血球板计数法。

血球板计数法：

①取 1 g 粪样，溶于 10 ml 水中，制成 10 倍稀释液；

②经充分搅拌均匀后，取其 1 滴置血球计数板中，在低倍显微镜下计数计数室四角 4 个大方格（每个大方格又分成 16 个中方格）中球虫卵囊总数，除以 4 求其平均值，乘 10^4 即为 1 ml 液体的卵囊数，然后再乘 10 即为 OPG 值；

③为了数据的可靠性，可以重复几次计数，算其平均（$OPG = a \times 10^5$，a 代表 4 个大方格卵囊平均数值）。

(2)隐孢子虫卵囊检查法

隐孢子虫卵囊的采集与球虫相似，但其比球虫小，可采用饱和蔗糖溶液漂浮法收集粪便中的卵囊，油镜观察，或加以染色后再油镜镜检。

抗酸染色法：

①取粪样 5 ~ 10 g，加 5 倍水搅匀，60 目尼龙筛过滤，将滤液涂片，自然干燥或采用火焰快速干燥；

②在涂片区域滴加改良抗酸染色液第一液（碱性复红 4 g，95% 酒精 20 ml，石炭酸 8 ml，蒸馏水 100 ml），以固定玻片上的滤液膜，5 ~ 10 min 后用水冲洗；

③再滴加第二液（98% 浓硫酸 10 ml，蒸馏水 90 ml），5 ~ 10 min 后用水冲洗；

④滴加第三液（0.2 g 孔雀绿，蒸馏水 100 ml）1 min 后水洗，自然干燥后以油镜观察；

⑤卵囊染成橘红色，背景为蓝色。有些杂质可能也染成橘红色，应加以区分。

(3)结肠小袋纤毛虫检查法

当猪等动物患结肠小袋纤毛虫病时，在粪便中可查到活动的虫体（滋养体），但是粪便中的滋养体很快会变为包囊。检查时取新鲜的稀粪一小团，放在载玻片上加 1 ~ 2 滴温热的生理盐水混匀，挑去粗大的粪渣，盖上盖玻片，在低倍镜下检查时即可见到活动的虫体。也可以滴加碘液（碘 2 g，碘化钾 4 g，蒸馏水 1 L）进行染色，若粪样中有肠小袋纤毛虫，则其细胞质染成淡黄色，虫体内的含有的肝糖呈暗褐色，核则透明。

2)注意事项

①由于球虫卵囊直径小于 40 μm，若使用锦纶筛兜淘洗法时，可用 260 目网筛筛孔。

②当需要作球虫的种类鉴定时，将浓集后的卵囊加 2.5% 的重铬酸钾溶液，在 25 ℃温箱中培养，待其孢子形成后进行观察。

③在生产实践当中，为了推测动物体内球虫的感染强度，判断抗球虫药物的疗效，评价疫苗的免疫保护性，通常要进行卵囊的计数，计算克粪样中球虫卵囊数值（OPG）。

13.4.2 血液内原虫检查法

寄生于血液中的伊氏锥虫、梨形虫和住白细胞虫，一般可采血检查。采血部位：牛、羊、猪、犬、猫和兔均可选用耳静脉，小白鼠取尾尖，禽类取翅静脉。检查方法有以下几种：

1)直接镜检法

将采出的血液滴在洁净的载玻片上，加等量的生理盐水与之混合，加上盖玻片，立即放显微镜下用低倍镜检查,发现有运动的可疑虫体时,可再换高倍镜检查。为增加血液中虫体活动性,可以将玻片在火焰上方略加温。此法适用于检查伊氏锥虫。

2)涂片染色镜检法

(1)**涂片**

①采血部位用酒精棉球消毒,再用消毒针头采血,滴于洁净的载玻片一端;

②另取一块边缘光滑的载玻片,作为推片。先将此推片的一端置于血滴的前方,然后稍向后移动,触及血滴,使血均匀分布于两玻片之间,形成一线;

③推片于载玻片形成30~45°角,平稳快速向前推进,使血液循接触面散布均匀,即形成血薄片;

④抹片后,自然干燥,滴加甲醇固定。

(2)**染色**

染色的方法较多,一般多用姬姆萨染色和瑞氏染色。

①姬姆萨染色:血片经甲醇固定后,放置姬姆萨使用液15~30 min(过夜效果更好),取出后,用洁净的水冲洗,自然干燥后,油镜镜检。

②瑞氏染色:取已干燥的血涂片(不需用甲醇固定),滴加瑞氏染液覆盖血膜,静置2 min,加入等量缓冲液,用吸球轻轻吹动,使染液与缓冲液充分混匀,放置5~10 min。倾去染液,然后用水冲洗,血片自然干燥后即可镜检。

3)离心集虫法

当血液中的虫体较少时,可先进行离心集虫,再行制片检查。其操作方法是:

①在离心管中加2%的柠檬酸生理盐水3~4 ml,再加血液6~7 ml;

②混匀后,以500 r/min离心5 min,使其中大部分红细胞沉降;

③将含有少量红细胞、白细胞和虫体的上层血浆,用吸管移入另一离心管中,补加一些生理盐水,以2 500 r/min的速度离心10 min,取其沉淀制成抹片,染色检查。此法适用于检查伊氏锥虫和梨形虫。

【学习要点】

①掌握原虫对宿主的主要危害方式,认识原虫病的危害。

②了解原虫的形态构造,原虫的繁殖方式及生活史。

③了解原虫的分类,掌握寄生于畜禽的常见原虫种类:锥虫属(伊氏锥虫)、组织滴虫属(火鸡组织滴虫)、艾美尔属(畜禽的艾美尔球虫)、住肉孢子虫属(家畜的多种住肉孢子虫)、弓形体属(弓形体)、隐孢子虫属(畜禽的隐孢子虫)、住白细胞属(家禽的住白细胞虫)、巴贝斯属(双芽巴贝斯焦虫)、泰勒属(环形泰勒焦虫)、小袋虫属(结肠小袋纤毛虫)等。

第14章
鸟禽类的原虫病

本章导读：本章讲述家禽主要的原虫病，内容主要包括鸡球虫病、住白细胞虫病、组织滴虫病和隐孢子虫病。通过学习，要求以鸡球虫的生活发育史和鸡球虫病流行病学为学习基点，深刻理解球虫病流行的规律和发生原因，重点掌握鸡球虫病的诊断、药物治疗与控制，触类旁通，掌握组织滴虫病、住白细胞虫病、隐孢子虫病的诊断、药物治疗与控制。

14.1 球虫病

14.1.1 概述

在兽医学上所称的球虫病，通常是指由艾美尔科的各种球虫分别寄生于畜、禽及野生动物所引起的疾病，主要特征为食欲不振、消瘦、贫血、腹泻和受累器官或部位出血。

各种畜禽都具有各自独有的球虫寄生，即具有严格的宿主特异性，相互间不感染。牛、羊、猪、兔、犬、猫、鸡、火鸡、鸭、鹅、鸽、鹌鹑等都为易感宿主。

球虫是细胞内寄生虫，对寄生部位也有严格的选择性。通常大多数球虫寄生于肠道上皮细胞，但也有在其他器官寄生的，如兔的斯氏艾美尔球虫则寄生于肝脏的胆管上皮细胞内，鹅的截形艾美尔球虫寄生于肾脏的肾小管上皮细胞内。

1）球虫的基本形态结构及分类

每种球虫都表现出独特的卵囊结构，并且球虫在不同发育阶段的形态不一致。现仍主要根据球虫卵囊作为球虫种类鉴别的主要对象。

（1）**球虫的基本形态结构**

球虫卵囊的外形呈椭圆形、圆形等不同形状，多数卵囊无色或灰白色，个别种呈黄色、棕色。卵囊有厚的囊壁，一般为内、外两层，卵囊中含有一圆形的原生质团块，经过孢子化发育后，形成孢子囊等特殊的结构。球虫孢子化卵囊内有富有折光性的极粒，称为外残体的一个颗粒状的团块和数量不等的孢子囊（有的种类无孢子囊）。孢子囊呈椭圆形或梨形，其内含一定数量的子孢子，子孢子呈香蕉状或逗点状，中央有核，在一端可见强折光性的球状体的折光体，有的种类的在孢子囊内有颗粒状的内球残体。见图14.1。

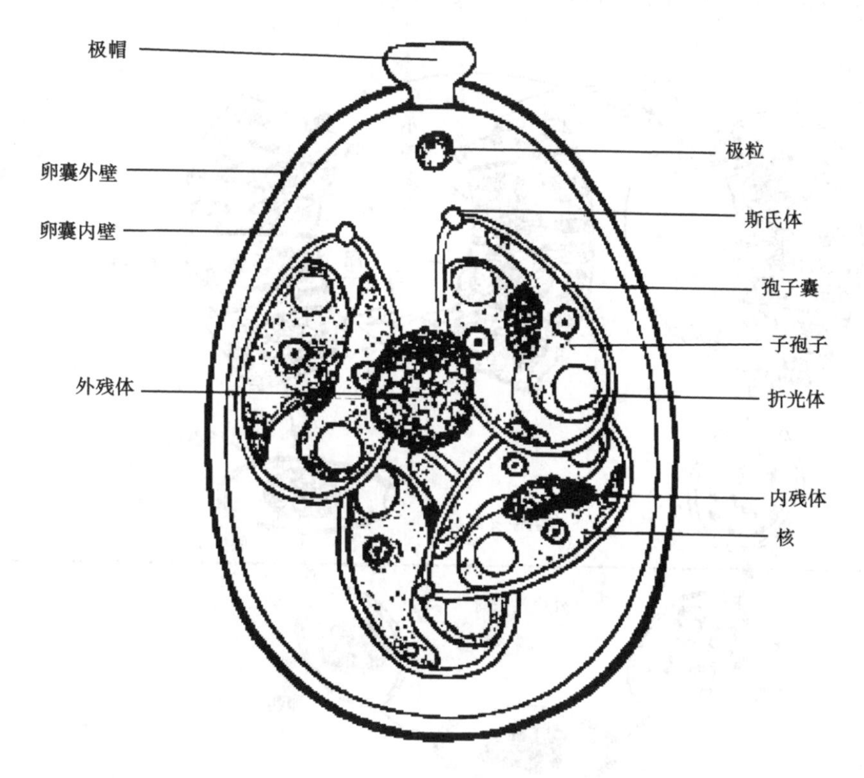

图 14.1　艾美尔属孢子化卵囊构造模式图

(2)畜禽球虫的主要属类

寄生于宿禽的艾美尔球虫主要有以下 4 个属,即艾美耳属(*Eimeria*)、等孢属(*Isospora*)、泰泽属(*Tyzzeria*)和温扬属(*Wenyonella*)。

畜禽主要球虫检索表

1. 无孢子囊,8 个子孢子位于卵囊内 …………（鸭、鹅的球虫）
 有孢子囊,子孢子位于孢子囊内 ………… 2
2. 有 2 个孢子囊,每个孢子囊内有 4 个子孢子 ………… 等孢属(猫、犬、猪的球虫)
 有 4 个孢子囊………… 3
3. 每个孢子囊内有 2 个子孢子 ………… 艾美尔属(多种畜禽的球虫)
 每个孢子囊内有 4 个子孢子 ………… 温扬属(鸭、鸡、鸽的球虫)

2)艾美尔球虫的生活史

艾美尔球虫是单宿主性寄生虫,属直接发育,完成其生活史需在宿主体内和外界环境经过球虫的裂殖生殖,配子生殖和孢子生殖三个阶段。在宿主体内进行的生殖,称为内生性发育,包括裂体生殖和配子生殖两个阶段;在外界环境进行的生殖,称为外生性发育,即完成孢子生殖阶段。见图 14.2。

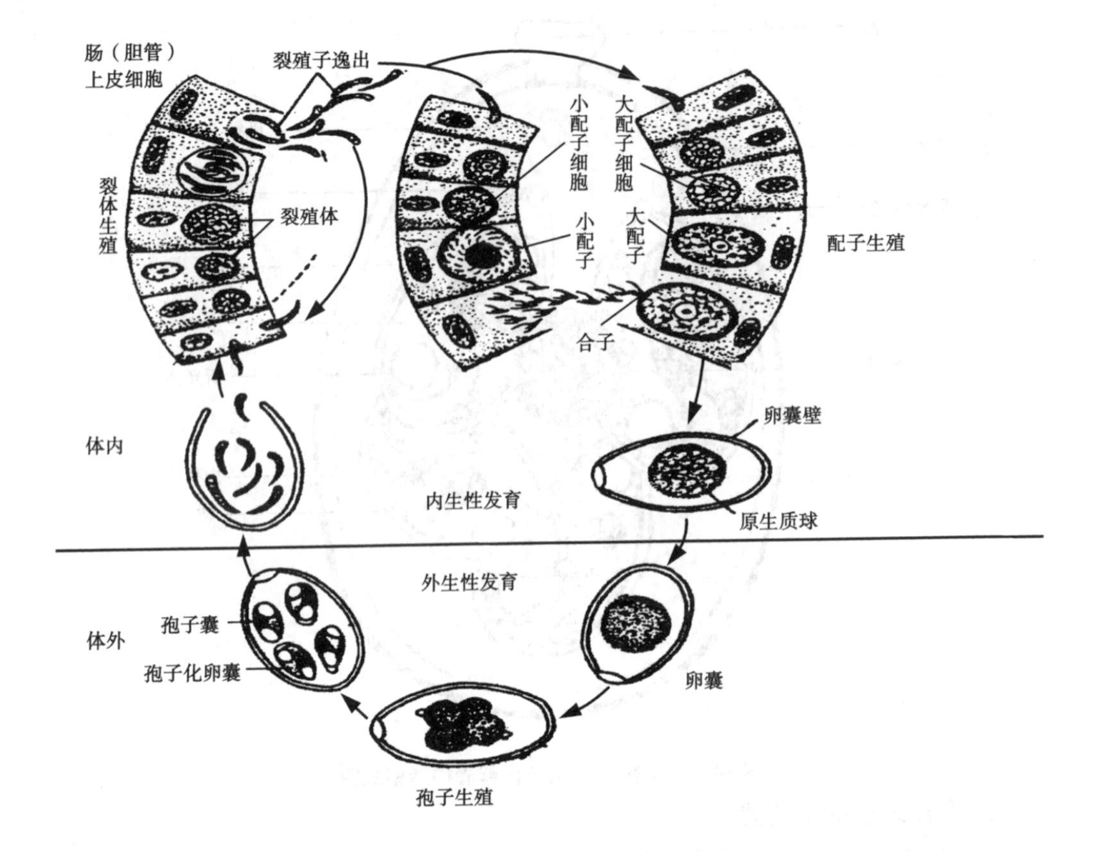

图 14.2　艾美尔球虫生活史

（1）**裂体生殖**

当鸡通过饲料或饮水摄入孢子化卵囊，卵囊在胃肠道发生脱囊而释出子孢子，子孢子侵入肠上皮细胞内，变为滋养体，滋养体迅速长大，虫体行裂体生殖，一般在感染后的第 3 d，第一代裂殖体出现，裂殖体内约 900 个裂殖子，裂殖子成熟后，破坏寄生的肠上皮细胞被，释放出的第一代裂殖子，裂殖子侵入相邻肠上皮细胞重复进行裂体生殖，形成第二代裂殖体和裂殖子。

（2）**配子生殖**

一般而言，球虫的裂体生殖具有自限性，球虫经 2 ~ 3 次裂体生殖后，所产生的裂殖子大部分可能转为雌性（大）配子母细胞，然后长为雌（大）配子；一些发育为雄性（小）配子母细胞，小配子母细胞形成雄（小）配子，小配子与大配子受精，形成合子，合子形成一层被膜即为卵囊，卵囊进入肠腔随粪便排出体外。

（3）**孢子生殖**

当排出的卵囊在外界环境适当的温度、湿度、光照条件下，经过一段时间（约 24 ~ 72 h），卵囊内的原生质发育成 4 个孢子囊、每个孢子囊内有 2 个子孢子，这种孢子化卵囊具有感染性。

当畜禽摄入一个卵囊后，能产生并排出大量的新一代卵囊。理论上讲，鸡吃入 1 个柔嫩艾美尔球虫，能产 $8 \times 900 \times 350/2 = 12.6 \times 10^6$ 个新一代卵囊，而实际上要低于理论值,但产出卵囊量仍然很多。卵囊产量的多少,受卵囊感染量、宿主的年龄及免疫状态等的影响。

14.1.2 鸡球虫病

鸡球虫病是一种在世界范围内广泛分布、普遍多发、危害十分严重的疾病。有人说,“凡是有养鸡的地方,就有鸡球虫病的发生”。球虫对两月龄内的雏鸡危害特别严重,其感染率可达80% ~100%,死亡率20% ~50%,在严重污染且饲养管理条件较差的鸡场,其死亡率可高达80%,耐过鸡生长滞缓,产蛋下降,并成为带虫者。本病一直都被认为是雏鸡所特有的疾病,近年来,随着集约化、规模化饲养,成鸡(尤其是种鸡)也经常发病且难以控制。

据资料,鸡球虫病每年给全球养鸡业造成近20亿美元的损失,仅抗球虫药物消耗开支就已达约7亿美元。因此,鸡球虫病应当引起我们极大的重视。

【病原形态】 目前世界上所有发现寄生于鸡的球虫,都属艾美尔虫属,共计9种,在我国都有发现,其中以柔嫩艾美尔球虫及毒害艾美尔球的致病性最强,其次为巨形艾美尔球虫、堆形艾美尔球虫和布氏艾美尔球虫。鸡的各种艾美尔球虫的形态特征见表14.1。

表14.1 9种鸡球虫的卵囊及特征

球虫种类	寄生部位	卵囊特征				孢子化最短时间/h	潜隐期/h	致病力
		大小/μm	平均大小/μm	形状及指数	颜色			
柔嫩艾美尔球虫 *E. tenella*	盲肠	(19.5 ~26.0)×(16.5 ~22.8)	22.0×19.0	卵圆形 1.16	无色	18	115	++++
毒害艾美尔球虫 *E. necatix*	小肠中段	(13.2 ~22.7)×(11.3 ~18.3)	20.4×17.2	长卵圆形 1.19	无色	18	138	++++
堆形艾美尔球虫 *E. acervulina*	十二指肠 小肠前段	(17.7 ~20.2)×(13.7 ~14.6)	18.3×14.6	卵圆形 1.25	无色	17	97	+++
巨形艾美尔球虫 *E. maxima*	小肠中段	(21.5 ~42.5)×(16.6 ~29.5)	30.6×20.7	卵圆形 1.47	黄褐色	30	121	+++
布氏艾美尔球虫 *E. brunetti*	小肠后段 直肠盲肠	(20.7 ~30.3)×(18.1 ~24.2)	24.6×18.78	卵圆形 1.31	无色	18	120	+++
哈氏艾美尔球虫 *E. hagani*	小肠前段	(15.8 ~20.9)×(14.3 ~19.5)	19.1×17.6	圆形 1.08	无色	18	99	++
变位艾美尔球虫 *E. mivati*	小肠前段	(11.9 ~19.9)×(10.5 ~16.2)	15.6×13.4	宽卵圆 1.16	无色	12	93	++
和缓艾美尔球虫 *E. mitis*	小肠前段	(11.7 ~18.7)×(11.0 ~18.0)	15.6×14.2	圆形 1.09	无色	18	93	+
早熟艾美尔球虫 *E. pxaecox*	小肠前段	(19.8 ~24.7)×(13.1 ~19.8)	21.3×17.1	卵圆形 1.24	无色	12	83	+

【发育与传播】 鸡球虫的生活发育史见本章中艾美尔球虫的生活史。简言之,鸡球虫通过“粪口途径”传播,即,球虫在鸡小肠上皮细胞中进行裂体生殖和配子生殖,引起鸡发病,卵囊通过粪便排出在外界完成孢子生殖,再经口摄入而感染,完成病原的传播,球

虫也完成生活史。

对鸡球虫病的控制，应该说，人类耗费了巨额的资金并进行大量的防治工作，但目前鸡球虫病仍然大量发生，分析其原因：

①鸡球虫主要侵袭3月龄内的雏鸡，尤以2～6周龄的雏鸡易爆发球虫病，而耐过鸡及成年鸡成为长期带虫者，排出卵囊长期污染饲养环境。

②鸡多为混合感染。

③艾美尔球虫完成生活史只需7～9 d，而且卵囊的繁殖产量特别大，1个卵囊感染鸡后只需1周左右的时间，就可以产生成千上万个新一代卵囊，如柔嫩艾美尔球虫为6万，毒害艾美尔球虫为5万。因此感染鸡在一昼夜可排出数亿个卵囊，造成饲养环境严重污染并引起鸡的重复感染和其他鸡的迅速发病。

④球虫卵囊在外界环境中有极强的生存能力和抵抗力。卵囊在外界土壤中可生存4～9个月，在有树荫的地方可生存15～18个月。一般的消毒药，如5%福尔马林、5%石碳酸、5%硫酸铜、10%硫酸、5%氢氧化钾及5%碘化钾对卵囊均无作用，甲醛熏烟无效；有资料报道氨熏和溴甲烷消毒法有效。

⑤球虫对抗球虫药物能产生耐药性，以致使预防失败，爆发球虫病。

⑥球虫的传播途径简单，鸡只的感染主要是吃入孢子化卵囊，往往是通过被卵囊污染的环境、饲料和饮水中获得的。此外卵囊较小，容易与灰尘一起漂浮在空中而散布在邻近区域。鼠类、昆虫及其他鸟禽等动物和饲养人员等都可机械性地传播卵囊。

⑦饲养管理不善将促使球虫病的发生，如雏鸡饲养密度大，过于拥挤，饲舍及场阴暗潮湿，清洁卫生条件差，饲料品质差，特别是缺乏维生素以及日粮配合不当，易发生球虫病。

【症状与病变】

(1)临床症状

根据本病的经过，症状可分为急性和慢性两类。

①急性病状：饮食减少，饮水量增加，不愿走动，拉出稀粪后带有血液，闭目缩颈，拥挤成堆，翅膀下垂，鸡冠苍白，肛门外羽毛为污物覆盖，病后期，排出全血粪便，发生神经症状，昏迷，翅轻瘫，临死前两脚后伸，不断痉挛，有的尖叫而死。

②慢性症状：多见于急性症耐过鸡3～6个月龄或成年鸡。病鸡消瘦，间隙性下痢，间有血便，鸡冠发白，每日有少数鸡只死亡。

(2)病理变化

柔嫩艾美尔球虫侵害盲肠，两支盲肠粗大可为正常的3～5倍，其内充满鲜血或暗红色的血凝块，其肠壁变薄，并见有严重出血点或出血斑，病程稍后，肠壁增厚，肠内有由凝固的血液和坏死组织构成的“栓子”堵塞整个盲肠，肠壁上有严重的糜烂。

而毒害、堆型、巨型艾美尔球虫寄生于小肠、肠壁增厚，其上有淡白色的斑点结节和小出血点，肠管内有凝血块。

14.1.3 鸭球虫病

过去对鸭球虫病的认识较少，随着鸭养殖的迅速发展，鸭球虫病给养殖业造成了重大的损失。在我国北京地区，雏鸭的发病率为30%～90%。死亡率一般为20%～70%，有的高达80%。耐过的病鸭生长发育受阻，增重缓慢，对养鸭业危害极大。

【病原形态】　寄生在家鸭的球虫种类较多，文献共记载有23种球虫，国内共发现有17种，分属于艾美尔科的艾美耳属、泰泽属、温扬属和等孢属，多寄生于肠道。据报道，鸭球虫中以毁灭泰泽球虫致病力最强，爆发性鸭球虫病多由毁灭泰泽球虫和菲莱氏温扬球虫混合感染所致。

①毁灭泰泽球虫(*Tyzzeria Perniciosa*)：主要寄生于鸭的肠道，多在卵黄蒂前后。感染严重时，盲肠和直肠也可见虫体，其形态特征为卵囊呈短椭圆形，浅绿色，卵囊壁光滑，无卵膜孔，无极帽，无极粒，大小为(9.2～13.2)μm×(7.2～9.9)μm，形状指数1.2。孢子化卵囊内无孢子囊，8个香蕉形的子孢子游离于卵囊内。见图14.3。

②菲莱氏温扬球虫(*Wenyonella philiplevinei*)：主要寄生于鸭的小肠后段和直肠，其形态特征为卵囊呈卵圆形，浅蓝绿色，卵囊壁有3层，外层薄而透明，中层黄褐，内层浅蓝色，有卵膜孔，有1～3个极粒；卵囊较大，大小为(13.3～22)μm ×(10～12)μm，形状指数1.5。孢子化卵囊内含4个孢子囊，每个孢子囊内含4个子孢子和1个内残体，无外残体。见图14.4。

③潜鸭艾美尔球虫(*Eimeria aythyae*)：寄生于鸭小肠。形态特征为：宽卵圆形，无色，有卵膜孔和极帽，卵囊大小为(15.6～22.5)μm×(12.8～18.2)μm，形状指数1.25。卵膜孔处的囊壁明显增厚，无外残体，卵囊4个孢子囊，每个孢子囊内有2个孢子。见图14.5。

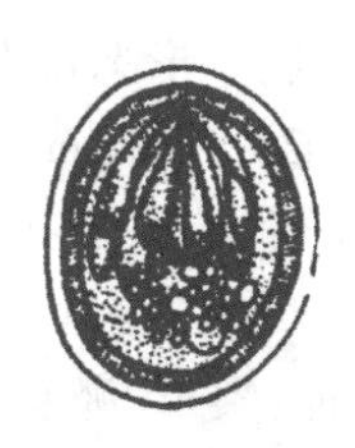

图14.3　毁灭泰泽球虫

图14.4　菲莱氏温扬球虫

图14.5　潜鸭艾美球虫

(引自左仰贤，1992)

【发育与传播】　生活发育史见鸡球虫。卵囊的孢子化所需温度一般为20～28℃，由于球虫寄生于小肠上皮细胞内，裂殖增殖破坏肠道上皮细胞。

可以看出，家鸭的球虫病的感染与传播主要为"粪口途径"，鸭只的感染主要是吃入孢子化卵囊。

各种年龄的鸭均有易感性，雏鸭的发病率高，发病严重，死亡率高。鸭球虫病的发生与饲养方式、气温和温度关系密切，特别在温暖、潮湿的季节，以平地饲养，且场地污秽不洁易发生球虫病。

【症状与病变】

(1)**临床症状**

急性鸭球虫病多发生于2～3周龄的雏鸭，于感染后第4 d出现精神萎顿、缩颈、不食、喜卧、渴欲增加等症状；病初拉稀，随后排暗红色或深紫色血便，发病当天或第二三天发生急性死亡;耐过的病鸭逐渐恢复食欲,死亡停止,但生长受阻,增重缓慢。慢性型一般不显症状,偶见有拉稀,常成为球虫携带者和传染源。

(2)**病理变化**

毁灭泰泽球虫危害严重,肉眼病变为整个小肠呈泛发性出血性肠炎,尤以卵黄蒂前后范围的病变严重。肠壁肿胀、黏膜出血;组织学病变为肠绒毛上皮细胞广泛崩解脱落,几乎为裂殖体和配子体所取代。菲莱氏温扬球虫引起病变不明显,仅可见回肠后部和直肠轻度充血,偶尔在回肠后部黏膜上见有散在的出血点,直肠黏膜弥漫性充血。

14.1.4 鹅球虫病

据报道,引起鹅球虫病的球虫有15种,在我国先后发现了10种,分别隶属于艾美尔属、泰泽属和等孢属,其中以截形艾美耳球虫致病力最强、寄生于肾小管上皮,使肾组织遭到严重破坏。3周至3月龄幼鹅最易感,常呈急性经过,病程2~3 d,致死率可高达87%。其他种鹅球虫均寄生于肠道,单独感染时,有些种,如鹅艾美尔球虫、考氏艾美尔球虫也可引起严重发病,且多以混合感染引起严重致病。

【病原形态】

①截形艾美尔球虫(*Eimeria truncata*):寄生于鹅的肾脏。形态特点:卵囊椭圆形,卵囊前端截平,有卵膜孔和极帽,卵膜孔处囊壁增厚,卵囊大小为(14.3~23.5) μm×(11.7~16.3) μm,平均21.3 μm×16.7 μm,卵囊内有4个孢子囊,每个孢子囊内有2个子孢子,有内、外残体。见图14.6。

②考氏艾美尔球虫(*E. christenseni*):主要寄生于鹅的小肠后段和直肠。形态特点:卵囊长椭圆形,淡黄色,卵囊大小为(28.16~33.93) μm×(21.66~26.35) μm,平均30.89 μm×23.50 μm,削平一端有卵膜孔,无外残体,卵囊内4个孢子囊,孢子囊无斯氏体,内有残体,孢子囊有2个子孢子。见图14.7。

③鹅艾美尔球虫(*E. anseris*):寄生于鹅小肠,多在后段。卵囊特征:梨形,卵囊大小(23.4~32.4) μm×(18.0~21.6) μm,平均27.5 μm×20.7 μm。无色,囊壁光滑,卵囊窄端下面有卵膜孔,卵囊内无极粒,有外残体和4个孢子囊,孢子囊内有内残体和2个横列的子孢子。见图14.8。

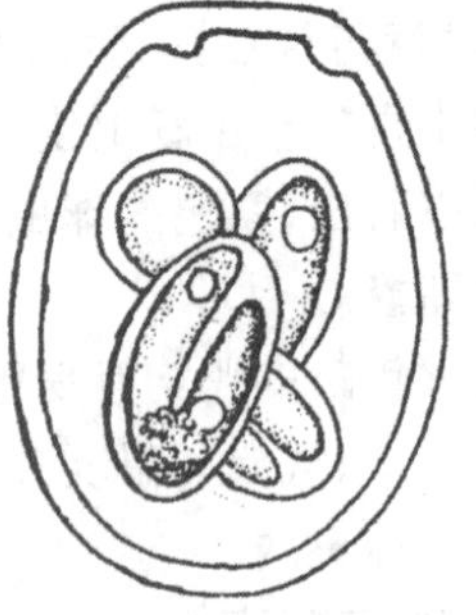

图14.6 截形艾美尔球虫　　图14.7 考氏艾美尔球虫　　图14.8 鹅艾美尔球虫

(引自左仰贤,1992)

【发育与传播】　参见鸡、鸭球虫病。

【症状与病变】

(1)**临床症状**

肾球虫病表现精神不振,翅膀下垂,食欲缺乏,极度衰弱和消瘦,腹泻,粪带白色,重症幼鹅致死率颇高。肠道球虫病呈现出血性肠炎症状,食欲缺乏,精神萎靡,腹泻,粪稀或有红色黏液,重者可因衰竭而死亡。

(2)**病理变化**

肾球虫病可见肾肿大,呈淡灰黑色或红色,肾组织上有出血斑和针尖大小的灰白色病灶或条纹,内含尿酸盐沉积物和大量卵囊。肾小管肿胀,内含卵囊、崩解的宿主细胞和尿酸盐。肠球虫病可见小肠肿胀,呈现出血性卡他性炎症,尤以小肠中段和下段最为严重,肠内充满稀薄的红褐色液体,肠壁上可能出现大的白色结节或纤维素性类白喉坏死性肠炎。

14.2　住白细胞虫病

鸡住白细胞虫病,又称白冠病,是由疟原虫科、住白细胞虫属(*Leucocytozoon*)的原虫寄生于鸡的白细胞(主要是单核细胞)、红细胞和一些内脏器官中引起的一种血孢子虫病,由吸血昆虫库蠓和蚋传播,引起以贫血、绿便、咯血、全身性出血、粒状结节为主的一种疾病。主要分布于我国台湾、华南、西南、东南、华北地区,东南亚各国及北美洲一些国家。

【病原形态】　在我国,寄生于鸡体的白细胞虫主要有两种:卡氏住白细胞虫和沙氏住白细胞虫。

①卡氏住白细胞虫(*L. caulleryi*):寄生于鸡等家禽的白细胞和红细胞,血管上皮细胞,内脏器官及肌肉组织。由于在鸡体内从裂殖生殖到形成雌、雄配子共分为5期,因此可见多种虫体形态;在红细胞内的成熟虫体为配子体,呈圆形或椭圆形,常见宿主细胞的核消失,大配子体的直径12~14 μm,小配子体10~12 μm,小配子的核几乎占虫体的全部体积。

②沙氏住白细胞虫(*L. sabrazesi*):基本与沙氏住白细胞虫相同,成熟配子体为长形,所寄生细胞呈纺锤形,胞核被挤压至一侧,宿主细胞两伸张似牛角状。见图14.9。

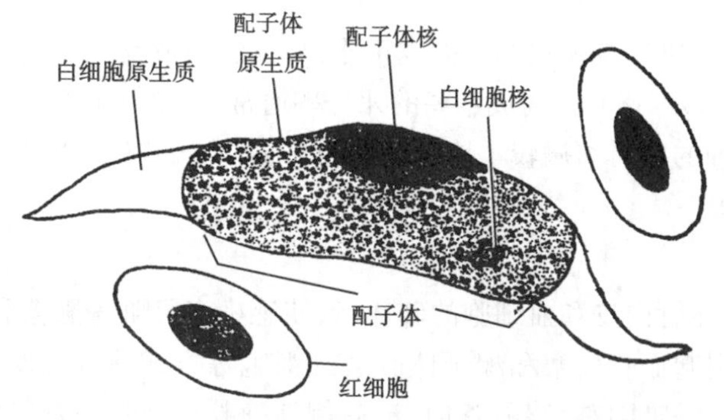

图14.9　鸡沙氏住白细胞虫(引自孔繁瑶,1990)

【发育与传播】 住白细胞虫的发育过程包括裂殖生殖、配子生殖、孢子生殖3个阶段,需要在两个宿主体内完成,在鸡体内进行裂体生殖并形成配子体,在传播者——蠓、蚋体内受精形成合子并进行孢子生殖。卡氏住白细胞虫的传播媒介是库蠓,沙氏住白细胞虫的传播媒介是蚋。现以卡氏住白细胞虫为例说明本虫的发育过程。见图14.10。

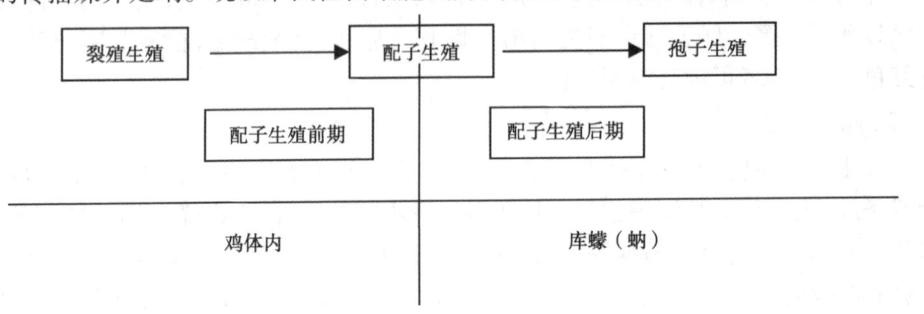

图14.10 卡氏住白细胞虫的发育过程

①裂殖生殖:成熟子孢子聚集在库蠓的唾液腺中,库蠓叮咬鸡体时进入鸡体内,子孢子首先寄生于鸡的血管内皮细胞,每个子孢子在此至少繁殖成十多个裂殖体,血管内皮细胞被破坏,释放出裂殖子,这些裂殖子随血流转到其他寄生部位,主要是肾、肝和肺,也可进入心、脾、肌肉、腺胃、肌胃、肠道、卵巢、睾丸及脑等其他器官组织。从血管内皮细胞释放出来的裂殖子在上述器官组织内发育成裂殖体并破裂,释放出成熟的球形裂殖子,这些裂殖子有三个去向:一是再次进入肝实质细胞形成肝裂殖体;二是被巨噬细胞吞食而发育为巨型裂殖体;三是进入红细胞或白细胞形成大、小配子细胞。

②配子生殖:当库蠓在吸病鸡的血液,吸入外周血液中的雌、雄配子体,雌、雄配子体在库蠓的胃中生成许多大配子、小配子,进一步大、小配子结合而成合子,合子再发育为动合子,继而形成卵囊。

③孢子生殖:成熟的卵囊中含有大量的子孢子,子孢子可贯穿库蠓的胃壁移居至唾液腺内,在库蠓的唾液腺中含有大量的子孢子,当库蠓叮咬易感鸡只时再次吸血时,则将子孢子注入鸡体内,随即进入其血液中,新的感染又将开始。

本病的流行与蠓、蚋的季节性消长密切相关。当气温在20 ℃以上时,库蠓繁殖快,活力强,本病发生和流行也就日趋严重。蠓、蚋多栖息于杂草、树林、洞穴等避光场所,幼虫滋生于水塘及水库的堆肥中;成虫通常在早晨、黄昏无风时活动吸血。据报道,我国台湾省和广东省多发于4—10月。

住白细胞虫的感染率与家禽的年龄成正比,与发病率成反比,一般2~6周龄鸡发病严重,死亡率可达30%~80%,而成年鸡的死亡率通常为5%~10%,成鸡多为带虫者。

此外,外来品种的鸡对本病较本地黄鸡更为易感,发病和死亡较严重。

【症状与病变】

(1)临床症状

住白细胞虫对血管内皮和血细胞的破坏,致使感染鸡肝脏等脏器和皮下等部大量出血,第二代裂殖体引起血管栓塞和配子体破裂红细胞等方式造成鸡发生严重疾病,病鸡的症状主要是咯血、呼吸困难、鸡冠苍白,最后倒地挣扎而死。一月龄的雏鸡,见不到任何异常,特别是发育良好的雏鸡,突然咯血,逐渐死亡,皮下出血;中雏鸡和成鸡多出现白冠,排出绿色水样便,发育不良,产蛋率降低。

(2)**病理变化**

剖解可见全身器官、组织和皮下有出血斑,胸腔和腹腔内积血;血液稀薄,不易凝固,肌肉色泽苍白;在肌肉和各内脏器官,仔细观察时,可发现一些细小灰白色的粒状结节病灶;肝脏及脾脏肿大、出血,表面有灰白色小坏死点。

14.3　组织滴虫病

组织滴虫病是由组织滴虫属(*Histomonas*)的火鸡组织滴虫寄生于鸡、火鸡、孔雀等鸟禽类的盲肠和肝脏引起的一种急性原虫病。因病禽肉冠呈紫色,故又称黑头瘟;由于虫体在肝脏和盲肠寄生,又称盲肠肝炎或传染性盲肠肝炎。3～12 周龄的幼火鸡易感性最强,死亡率可达 50%～100%;6～8 周龄的鸡也易感,成年禽类不显症状而成为带虫者。

【病原形态】　火鸡组织滴虫(*H. meleagridis*)寄生于鸡、火鸡、鹧鸪、鹌鹑、孔雀的盲肠和肝脏。火鸡组织滴虫为多形性虫体,随寄生部位和发育阶段不同而形态变化较大(图 14.11),根据其寄生部位分为肠型虫体和组织型虫体:

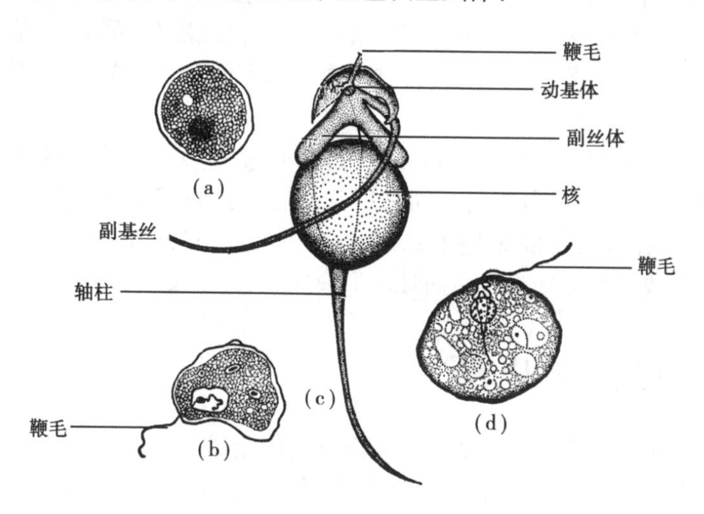

图 14.11　火鸡组织滴虫(引自赵辉元,1996)

(a)肝病灶内的虫体;(b)盲肠腔内的虫体;

(c)电镜下所见的虫体结构;(d)电镜下的虫体

①肠型虫体:生长在盲肠腔和培养基中呈变形虫样,虫体有一条粗壮的鞭毛,虫体作节律性的钟摆运动。

②组织型虫体:生长于火鸡肝脏组织细胞病变的边缘,呈现圆形或变形虫形,大小 4～21 μm,无鞭毛,具伪足。

【发育与传播】　组织滴虫以二分裂进行繁殖。组织滴虫的传播,主要依赖于盲肠中的异刺线虫的虫卵作为传播媒介。由于异刺线虫有较多的贮藏宿主,如蚯蚓、苍蝇等,因此,禽类经口食入带组织滴虫的异刺线虫卵或蚯蚓而发生感染。见图 14.12。

本病多发于温暖潮湿的季节,特别是饲养条件差时,如缺乏维生素、微量元素和蛋白质及通光条件不好。

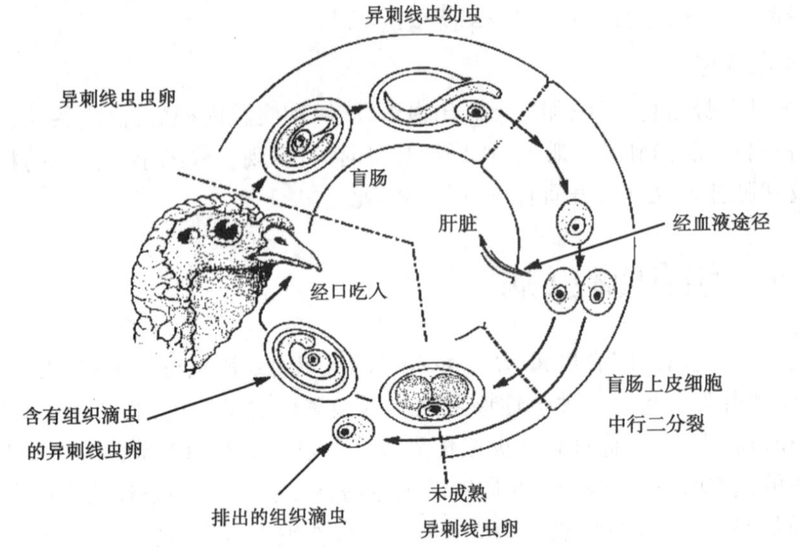

图 14.12　火鸡组织滴虫的发育传播(仿 Gardiner C H 等,1988)

【**症状与病变**】　组织滴虫主要是侵害肠黏膜细胞和随血液进入肝脏并形成病灶。

病鸡的特殊临床症状是头部皮肤和肉冠呈暗紫色或黑色,病鸡还表现出精神黯萎,嗜睡状态,下痢,粪便淡黄或淡绿色、有时带血;早期排硫磺样粪便;临死前出现长时间痉挛。

剖检的特征性病变发生在盲肠和肝脏:盲肠肿大,多为一侧性,内充满干燥坚硬,干酪样的凝固栓子,切面呈黑白相间的同心层状,剥离时,肠壁菲薄,有的见有黏膜出血和溃疡。肝脏肿大,在肝表面多发生散在或密发的圆形或不规则的火山口样(边缘隆起,中央凹陷),呈黄色或绿色的坏死灶。病灶不形成包膜,容易发生坏疽。

14.4　隐孢子虫病

禽隐孢子虫病是由隐孢子虫寄生在鸟禽类的消化道、呼吸道和法氏囊等的黏膜上皮细胞表面所引起。过去曾认为本病不常发生,危害性不大。但越来越多的调查研究表明,本病广泛流行,对养禽生产造成一定的危害。

自 Tyzzer 于 1907 年首先报导小鼠胃中的鼠隐孢子虫以来,相继从哺乳动物、鸟类、爬虫类和鱼类报导了 20 种隐孢子虫。特别是 20 世纪 80 年代以来发现隐孢子虫常在艾滋病人体内大量感染繁殖,是艾滋病人死亡的一个重要因素。因此,受到人们的高度重视,1986 年 WHO 将人体隐孢子虫感染作为艾滋病检查常规的一个重要项目。

【**病原形态**】　隐孢子虫的形态特征:隐孢子虫卵囊小,呈球形或卵圆形,卵囊内有 4 个蚓状的子孢子,卵囊残体由许多颗粒组成球状,其内可见一大的折光球,卵囊无卵膜孔和极粒,囊壁光滑,无色并有纵缝,子孢子呈新月状,前端稍尖,后端钝圆且呈平行排列。

寄生于家禽的隐孢子虫有 2 种,即贝氏隐孢子虫和火鸡隐孢子虫。

①贝氏隐孢子虫(*Cryptosporidium baileyi*):卵囊较大呈卵圆形,大小为(6.0 ~ 7.5) μm ×(4.8 ~ 5.7) μm,平均 6.6 μm × 5.5 μm,形状指数为 1.0 ~ 1.37,平均 1.32,子孢子大小为 5.8 μm × 1.1 μm。主要寄生于鸟禽类的呼吸道(窦腔、气管、支气管)或泄殖肠和法氏

囊。见图 14.13。

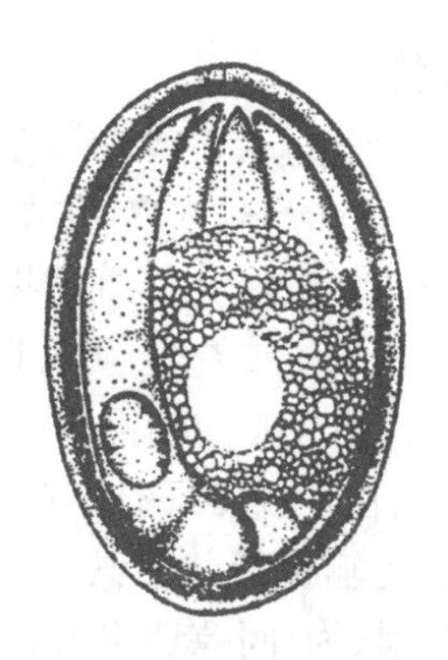

图 14.13　贝氏隐孢子虫(仿 Current ,1991)

②火鸡隐孢子虫(*Cryptosporidium meleagridi*):卵囊较小呈圆形,大小为(4.5～6.0) μm×(4.2～5.3)μm,平均5.2 μm×4.6 μm,形状指数为1.0～1.4,平均1.13,子孢子大小为4.8 μm×1.1 μm。主要寄生于火鸡、鸡、鹅、鸭、鸽、孔雀等的小肠中、后部。

【发育与传播】 隐孢子虫主要寄生在宿主的消化道(包括禽类泄殖腔和法氏囊)或呼吸道的绒毛上皮细胞下或细胞的刷状缘内。

隐孢子虫的生活史与艾美尔球虫的生活史基本相似,只需一个宿主,有裂体生殖、配子生殖和孢子生殖 3 个阶段。具体发育过程可分为脱囊、感染性子孢子的释放、裂殖生殖(无性增殖)、配子生殖(配子形成)、受精、卵囊壁形成和孢子生殖(子孢子形成)。见图 14.14。

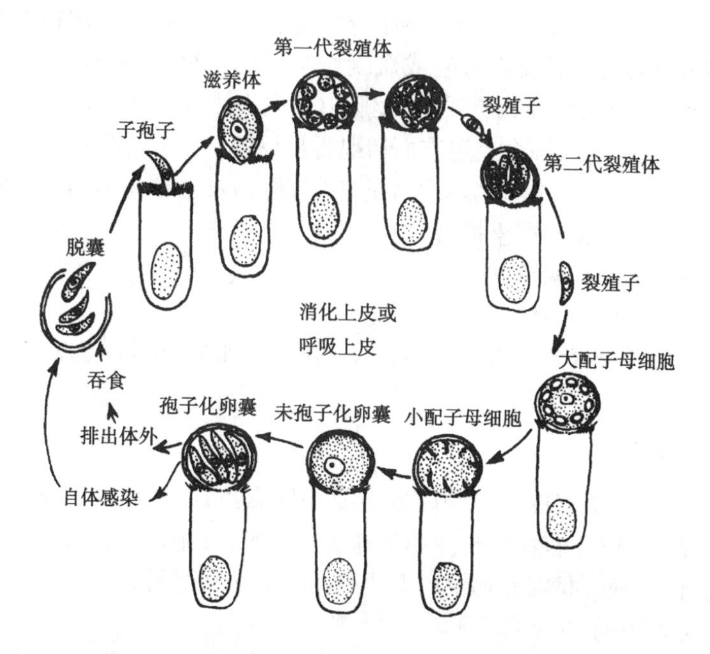

图 14.14　隐孢子虫生活史(仿 Gardiner C H 等,1988)

(1)隐孢子虫生活史的特点

①隐孢子虫不在细胞内寄生,而是在细胞表膜。

②孢子生殖在体内完成。

(2)隐孢子虫病的流行传播特点

①隐孢子虫病是一种全球性的原虫病,禽类宿主隐孢子虫的寄主特异性不强,可以感染多种鸟禽类,包括鸡、鸭、鹅、火鸡、鹌鹑、雉鸡、孔雀、鹦鹉等,特别侵袭幼龄动物。

②隐孢子虫病无明显的季节性,其患病和带虫动物是本病的传染源,经"粪口途径"和空气进行传播,当卫生条件和饲养条件较差时,更易造成本流行。

③自身感染途径造成疾病流行,另外常与细菌、病毒、球虫等混合感染。

【症状与病变】 由于隐孢子虫在多种器官的黏膜上皮的刷状缘或微绒毛层,虫体将黏膜上皮细胞覆盖,影响细胞膜的运输机能并使其萎缩,发生腹泻、脱水、电解质紊乱和消化吸收不良。畜禽常见的临床症状为:间隙性水泻、脱水、厌食、进行性消瘦和失重,鸟禽出现痉挛咳嗽、黏液性鼻液等。病理剖检肠、气管、支气管等可见黏膜腑伤和纤维素性炎症,绒毛变短、充血,黏液增多、出血等。

14.5 鸟禽类主要原虫病的诊断与防治

14.5.1 球虫病的诊断与防治

1)诊断

根据鸡球虫病的流行病学特点(病雏日龄、饲养方式和条件、发病季节、使用抗球虫药与否)、临床症状(下痢、排肉样粪便和血便、饮水量显著增加)、剖检变化(肠肿大、肠壁有出血或结节、坏死性、肠管内血凝或血凝块与肠坏死组织形成的坚实的红白相间的栓子)、从粪便检查(直接涂片或漂浮法)及肠道刮取涂片查出球虫卵囊,或肠病变组织压或切片发现球虫的裂殖体,综合上述方面情况得出诊断。

鸭、鹅球虫病的诊断基本与鸡球虫病的相同,但鹅发生球虫病时,除肠有损害外,截形艾美尔球虫对肾组织也有严重损害。

诊断时值得注意的有两点:

①在球虫病急性期不一定能查出卵囊。

②鸡、鸭、鹅的带虫现象极为普遍,因此,查出球虫卵囊但不一定发生球虫病。

2)治疗与预防

(1)防治药物

迄今为止,国内外对鸡球虫病的防制主要是依靠药物,使用的药物有化学合成的和抗生素两大类,从1936年首次出现专用抗球虫药以来,已报道的抗球虫药达40余种,现今广泛使用的有20种。我国养鸡生产上使用的抗球虫药品种,包括进口的和国产的,共有10余种(参考本书的19.4部分)。

①化学合成抗球虫药物:地克珠利(地可拉唑、杀球灵)、百球清、氨丙啉、尼卡巴嗪、硝苯酰胺(球痢灵)、常山酮(速丹)、磺胺类药[磺胺氯吡嗪(三字球虫粉,Esb3)、复方磺胺-5-甲氧嘧啶(SMD + TMP)、磺胺喹噁啉(SQ)、磺胺间二甲氧嘧啶(SDM)、磺胺间六甲氧嘧啶(SMM,DS-36,制菌磺)、磺胺二甲基嘧啶(SM2)]、阿的平或氨基阿的平等。

②聚醚类抗生素抗球虫药物：莫能霉素、拉沙洛菌素、盐霉素(球虫粉，优素精)、甲基盐霉素(拉那星)、马杜拉霉素(抗球王、杜球、加福)等。

(2)**防制措施**

爆发球虫病时，应及时进行治疗，但对重症鸡的效果较差，随着养鸡业集约化，人们对鸡球虫病的控制主要采取预防、补充营养和加强饲养管理。

①加强饲养管理和卫生措施：按程序分段饲养，饲养密度适宜，鸡舍保持适当通风、保持清洁干燥，定期清除粪便和更换垫料；对新引入鸡应严格检疫；对圈舍、用具等严格消毒；加强进出人员、车辆的消毒、灭鼠灭蝇；严格消毒和处理粪便。

②补充营养：根据报道在急性球虫病期，补充 $V_{it}K$ 可降低死亡率；补充高剂量(常量的3～7倍)的 $V_{it}A$ 和 $V_{it}B_1$ 可促使病鸡加快康复，另外，在饲料添加甜菜碱(200～500 mg/kg)有助于提高药物疗效，在爆发球虫病期间应当限制麸皮与碳酸钙的用量。

③球虫疫苗免疫：目前有一些活卵囊或致弱卵囊(早熟株)疫苗在国内外使用，如美国和加拿大"Coccivac"和"Immucox"，欧洲的"Paracox"和"Livacos"，但使用活卵囊疫苗应当慎重，应当摸清本场鸡的潜在感染的情况和考虑球虫株的差异。

④药物防治：就目前而言，对于球虫病的控制主要依靠药物，如上述的化学药物和抗生素。值得一提的是，我国的中草药对球虫病的防治；中草药不仅具有抑杀虫体作用，而且能增强机体的免疫功能和促进生长发育的优点。中医理论究"辨证论治"，故方剂变化无穷，如聂奎用"球康"(黄柏、苦参等)显示了良好的效果。

14.5.2 住白细胞虫病的诊断与防治

1)诊断

根据临床症状(咯血、白冠、绿色水样稀便)、流行病学(蠓、蚋及发病季节)、剖检变化(出血和境界分明的米粒状结节)和实验诊断从血液查出配子体或从结节中查出裂殖体为确诊。

实验诊断：取病鸡血液做成涂片，姬姆萨染色液染色，高倍镜检，发现红、白细胞内有裂殖体及大小不等的圆形配子体，还发现游离在血浆中的紫红色圆点状的裂殖子即可确诊。

2)治疗与预防

目前对本病治疗和预防有效的药物有：磺胺二甲基嘧啶，磺胺间甲氧嘧啶，磺胺喹噁啉、乙胺嘧啶等配以TMP和DVD等。

控制住白细胞虫病的主要措施是灭蠓(蚋)，在流行感染季节对鸡舍内用2.5%的溴氢菊脂以3 000倍水稀释喷雾消毒，以杀灭库蠓、蚋等昆虫，连续一周。

14.5.3 组织滴虫病的诊断与防治

1)诊断

根据黑头、硫磺样粪便、盲肠和肝脏特征性炎症和坏死灶查出虫体(取盲肠壁上的刮取物镜检)作出诊断。实验诊断检查方法：用约40 ℃的生理盐水稀释盲肠黏膜刮下物，作悬滴标本,镜下见到呈钟摆式运动的虫体。取肝组织印片,经姬氏染色镜检,可见组织型虫体。

2)治疗与预防

本病的控制主要在于预防,主要以加强饲料的营养成分,定期消毒和给鸡驱虫,在流行地区的鸡场可选用甲硝唑、二甲硝咪唑、异丙硝哒唑和洛硝哒唑等进行预防或治疗。

14.5.4 隐孢子虫病的诊断与防治

1)诊断

根据流行病学,临床症状(水泻、脱水),病理剖检(消瘦、贫血、卡他性和纤维素炎)和粪检查出卵囊,另外,还可进行组织压处或切片查到裂殖体等建立综合诊断。实验室卵囊检查:可用饱和蔗糖漂浮法,改良抗酸染色法等。

2)治疗与预防

目前对隐孢子虫病的治疗尚无特殊药物,人们试验了几十种药物,但效果不一,包括磺胺类、抗生素、抗疟原虫药和抗球虫药。有人认为螺旋霉素、拉沙里菌素、大蒜素、对氨基水杨酸、水扬酸异戊酯、Paromomycin(巴龙霉素)等有一定效果,同时采用补液和支持疗法。

在预防上,采用严格消毒,如用10%甲醛、5%氨水进行环境消毒。在用药的同时结合其他措施如提高饲养管理水平,搞好环境卫生等进行预防。

总的来说,隐孢子虫病的控制问题至今仍未解决。

14.6 实践技能训练——病例分析

14.6.1 鸡的球虫病

梅雨季节(气温22~25 ℃),某养鸡场2周龄的2 000只肉鸡群突发食欲减退,部分鸡只出现被毛蓬乱,精神沉郁,冠及可视黏膜苍白,下痢;1~2 d后发病鸡增多,3 d后发病率50%,病死率达到22%;病鸡的饮水量增加,严重下痢、排水样稀便,并粪便带血及粪中带有纤维碎片或未消化的饲料等。

该鸡场的雏鸡舍的通风较差,平养,用自配饲料,未加抗球虫药物。

剖解病死鸡,发现病鸡两侧盲肠显著肿大,充满凝固新鲜暗红色的血液,盲肠上皮变厚或脱落。

取病鸡盲肠组织压片可见到裂殖子,漂浮法检查粪便也见有大量的球虫卵囊。

诊断结论:鸡球虫病。

14.6.2 鸡住白细胞虫病

某养殖户饲养有300多只麻花鸡,35日龄时有个别鸡出现没有见任何异常症状发生突然咯血而死,逐渐就有一些鸡出现呼吸困难、咳嗽,病鸡精神沉郁,食欲不振,下痢、粪便呈草绿色，鸡冠、肉垂颜色变淡、逐渐变为苍白色，两翅轻瘫，部分病鸡死亡前出现咳血，死后口角有血迹。

剖解病鸡可见全身器官、组织和皮下有出血斑，胸腔和腹腔内积血；血液稀薄、不易凝固，肌肉色泽苍白；在肌肉和各内脏器官，仔细观察时，可发现一些细小灰白色的粒状结节病灶；肝脏及脾脏肿大、出血，表面有灰白色小坏死点。

采取病鸡的血液进行涂片或脏器（肝、脾、肺、肾等）触片，姬姆萨染色油镜下观察发现红、白细胞内有裂殖体及大小不等的圆形配子体；对粒状结节压片查出裂殖体。

诊断结论：根据临床症状（咯血、白冠、绿色水样稀便）、流行病学（蠓、蚋及发病季节）、剖检变化（出血和境界分明的米粒状结节）和实验诊断从血液查出配子体或从结节中查出裂殖体为诊断该鸡群患住白细胞虫病。

【学习要点】

①鸡的球虫共9种，属艾美尔虫属，其中以柔嫩艾美尔球虫寄生于盲肠、致病性最强，其余种类的球虫寄生于小肠。其致病性阶段是裂体生殖和配子生殖，严重破坏小肠上皮细胞。球虫的传播为“粪口途径”。目前我国鸡球虫病大量发生的原因有多种。主要根据流行病学特点、临床症状、剖检变化和从粪便检查及肠道刮取涂片查出球虫卵囊，或肠病变组织压或切片发现球虫的裂殖体，综合得出鸡球虫病的诊断。用于防治鸡球虫病的主要药物有化学合成药和抗生素两大类。对鸡球虫病的防制主要采取药物预防、补充营养和加强饲养管理。

②鸭球虫病的病原，主要是寄生于肠道的艾美尔属、泰泽属和温扬属的球虫，以毁灭泰泽球虫致病力最强。寄生于鹅的球虫，主要是寄生于肠道的艾美尔属、泰泽属和温扬属的球虫，以寄生于肾小管上皮的截形艾美尔球虫的致病力最强。

③鸡住白细胞虫病，又称白冠病，在我国主要是由卡氏、沙氏白细胞虫寄生于鸡的白、红细胞和一些内脏器官中引起的一种疾病，由库蠓和蚋吸血传播（库蠓传播卡氏住白细胞虫，蚋传播沙氏住白细胞虫）。住白细胞虫的发育（裂殖生殖、配子生殖、孢子生殖3个阶段）需要在鸡（裂体生殖并形成配子体）和传播媒介——库蠓、蚋（雌、雄配子形成合子并进行孢子生殖）两个宿主体内完成。根据咯血、白冠（贫血）、全身性出血、绿色水样稀便等临床症状，蠓、蚋出现季节，剖检变化病鸡有出血和境界分明的米粒状结节初步诊断，从血液查出配子体或从结节中查出裂殖体可确诊。磺胺类药物是防治鸡住白细胞虫病的有效药物。

④组织滴虫病，又称黑头瘟，是火鸡组织滴虫寄生于鸡、火鸡、孔雀等鸟禽类的盲肠和肝脏的一种急性原虫病。幼禽易感性最强，成年禽类为带虫者。“粪口途径”传播，即将病原体排除在外界环境，依赖于盲肠中的异刺线虫的虫卵作为传播媒介，禽类经口感染。根据禽类出现黑头（肉冠呈紫色）、硫磺样粪便、盲肠（肿大内有干酪样凝固栓子）和肝脏特征性炎症（圆形的火山口样黄绿色坏死灶）和在坏死灶查出虫体作出诊断。硝基咪唑药物是防治组织滴虫病的有效药物。

⑤禽类隐孢子虫病是由火鸡隐孢子虫和贝氏隐孢子虫寄生在鸟禽类的消化道、呼吸道和法氏囊等的黏膜上皮细胞表面（不在细胞内）所引起的一种原虫病。隐孢子虫主要

经“粪口途径”和空气进行传播。根据流行病学，临床症状（水泻、脱水），病理剖检（消瘦、贫血、卡他性和纤维素炎）和粪检查出卵囊综合建立诊断。可选大蒜素为治疗药物。值得注意的是隐孢子虫病被认为是人兽共患病。

第15章 猪的原虫病

本章导读：猪的原虫病主要有弓形虫病、住肉孢子虫病、小袋纤毛虫病和球虫病。通过本章的学习，要求以弓形虫的生活发育史和弓形虫病流行病学为学习基点，深刻理解弓形虫病流行的规律和发生原因，重点掌握弓形虫病的诊断、药物治疗与控制和住肉孢子虫病、小袋纤毛虫病和球虫病的诊断、药物治疗与控制。

15.1 弓形虫病

弓形虫病是一种世界性分布的人兽共患原虫病。刚第弓形体可以寄生于畜禽等多种动物及人的组织细胞引起严重疾患。弓形体病流行于世界各地，在人畜等多种动物间广泛传播，且有多样的传播途径，因而造成多数动物呈隐性感染。发病的特征为：高热，呼吸困难，孕畜流产，神经症状和实质器官灶性坏死，间质性肺炎及脑膜炎。

本病病原最初由法国学者 Nicolle 及同事于 1908 年在北非的一种刚地梳趾鼠体内发现，以后世界各地都陆续在各种动物中发现。猪的弓形体病 20 世纪 50 年代被记述，在日本，20 世纪 70 年代猪的弓形体病被列为猪的重要疾病之一。我国最早是于庶恩（1955）年在兔、猫体内分离到虫体，以后又在猪体内分离到虫体，但直到 20 世纪 70 年代从所谓“猪无名高热”发现本病病原后，才引起重视。此后，猪的弓形体病陆续在全国各地发现报道。

【病原形态】 刚第弓形体（*Toxoplasma gondii*），目前仅此一种，但有株的差异，根据弓形体的不发育阶段，有 5 种不同形态，在中间宿主（家畜和人）体内有滋养体和包囊及假包囊；在终末宿主（猫）有裂殖体、配子体和卵囊。见图 15.1。

①滋养体：主要见于急性病例的组织内，如脾、淋巴结、腹水、脑脊髓液中，虫体呈香蕉形，或新月形，一端较尖，另一端钝圆，长 4 ~7 μm，最宽处 2 ~4 μm，以姬姆萨或瑞氏染色可见核呈紫红色位于虫体中部稍后，胞浆呈蓝色。

②包囊：常有组织包囊和假包囊两种：在急性病例中，滋养体进入宿主网状内细胞内就通过内二出芽生殖进行繁殖，当虫体数量增多时形成“虫体集落”，被寄生的细胞膨大并形成“假包囊”，这种“假包囊”很容易破裂并迅速释放出速殖子；在慢性病例中，由于机体的免疫反应，多在眼、骨骼肌、心肌、脑、肺、肝中形成一膜包被有数千个虫体的椭圆

形或圆形的包囊，这种包囊中的虫体称为缓殖子，包囊在宿主体内可寄生数月、数年，甚至伴宿主终生。

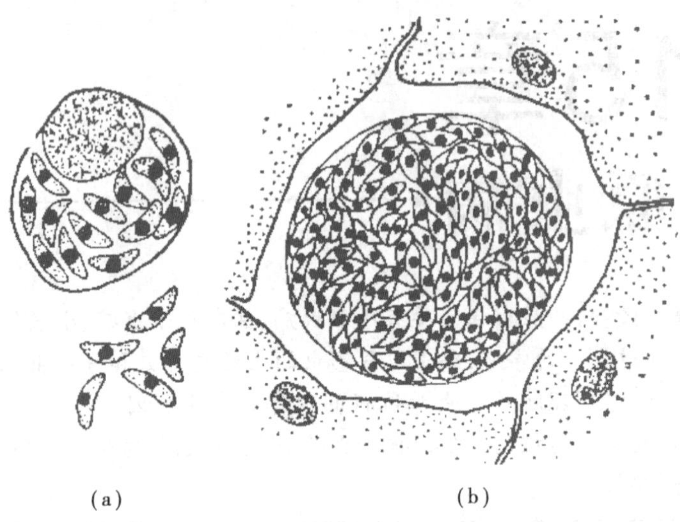

(a)　　(b)

图 15.1　刚第弓形虫的速殖子和包囊

(a)一个宿主细胞内的速殖子和游离的速殖子；(b)含有缓殖子的包囊

③裂殖体：仅见终末宿主猫的小肠绒毛上皮细胞内，圆形，内有 10～15 个香蕉状的裂殖子。

④配子体：位于猫的小肠，由雌、雄两型配子。

⑤卵囊：椭圆形，大小为 9 μm×12 μm，随猫粪排出体外，经孢子化后可见卵囊内有 2 个孢子囊，每个孢子囊内有 4 个子孢子。

【发育与传播】　由于宿主的广泛性和多种传播途径，弓形体的生活史就显得极为复杂。虽然 1908 年就发现弓形体，但直到 1971 年英国学者 Hutchiso 才阐明其生活史。见图 15.2。

(1)生活史过程

当猪及人等中间宿主吞食了终末宿主(猫)排出的卵囊或中间宿主的包囊(假包囊)及释放出的缓殖子(速殖子)，或速殖子经皮肤黏膜创伤进入或不慎种入体内，或经胎盘途径而感染。虫体侵入有核细胞形成滋养体，并反复进行内二出芽出殖破坏组织，出现假包囊，可在组织及组织液中见到大量速殖子；如宿主抵抗力增强，则出现组织包囊。当终末宿主(猫)吞食包囊或假包囊或释放出的速殖子后，虫体侵入小肠细胞内，进行多次裂体生殖，最后释放出裂殖子发育成配子体，雌、雄配子结合成合子而完成有性繁殖，合子形成卵囊，并随猫粪便排出，排出到外界的卵囊经孢子增殖发育成孢子化卵囊。

猫感染后虫体不进入肠道，而是像猪等中间宿主一样进入血液被带到全身，也可进行内二出芽生殖，引起弓形体病。

(2)弓形体生活史的特点

发育过程需两个宿主，猫为终末宿主，其他 200 种哺乳动物及禽类为中间宿主；有内生性和外生性发育期。

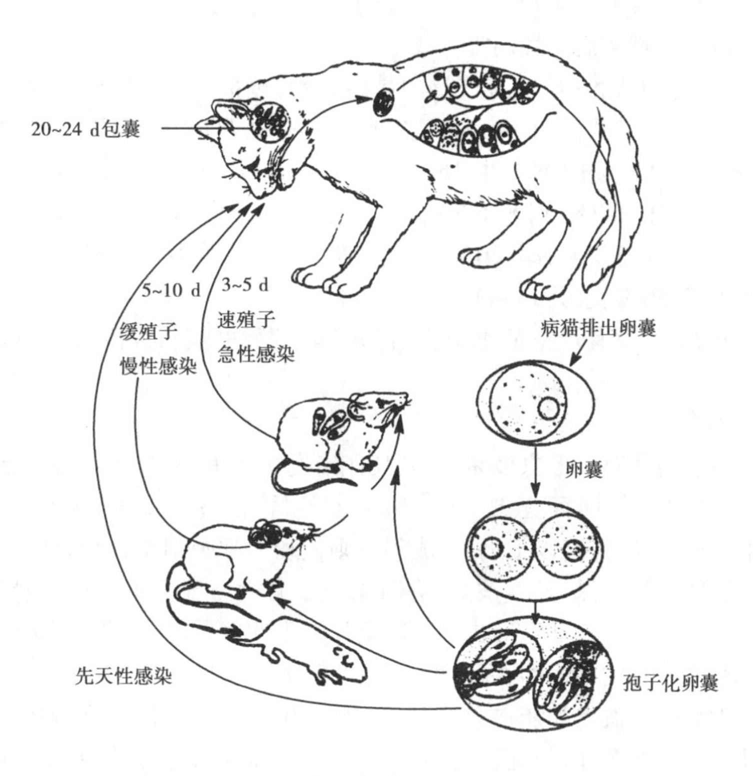

图15.2　弓形虫生活史(仿 Schmidt G D,1981)

(3)在中间宿主体内的发育

①感染阶段:猫粪便中的卵囊,猪、人等的组织包囊或假包囊及释放出的速殖子。

②感染方式和途径:有后天性的经口感染,或经皮肤黏膜创伤和先天性感染的经胎盘、子宫、产道而传播给新生代。

③肠内逸出的子孢子、缓殖子、速殖子侵入肠壁经血或淋巴到全身各器官组织之单核吞噬细胞内寄生。

④在中间宿主体内进行无性生殖,造成被寄生细胞破裂并释放速殖子,速殖子再侵入新的细胞。

⑤速殖子可在一些器官如脑、眼和骨骼肌内形成包囊,包囊在宿主体内可存活数月、数年甚至终生,在免疫功能低下时可破裂,释出缓殖子,缓殖子侵入其他细胞内发育繁殖。

(4)在终末宿主猫体内的发育

①猫捕食时食入包囊或假包囊,或者通过污染了卵囊的食物或水而感染。

②肠上皮细胞内有性生殖:子孢子→裂殖体→配子体→配子→合子→卵囊。

③肠上皮细胞外发育同中间宿主。

(5)弓形虫病的流行病学

①弓形虫病的感染源很广,猫是弓形虫病的最重要的散布源,猪及人等中间宿主也是本病的主要传染来源,在它们体内及排泄物(唾液、粪、尿、眼分泌物、乳汁)、肉、内脏淋巴结、腹水带有大量的速殖子和包囊(假包囊)。

②感染性阶段及传播途径多样:虫体的不同阶段,如卵囊、速殖子和包囊均可引起感

染,传播途径有先天性和后天性两类方式。

③弓形虫病呈世界性分布,有广泛的易感动物,包括人、畜禽、野生动物等200多种哺乳动物对弓形体有易感性,对人畜的危害性很大。据调查,在美国:人的弓形体感染率为4%~35%、犬29%、猫19%、牛16%、猪24%、绵羊29%、山羊48%;在日本:人为5%~7%、犬29%、猫68%、猪8.6%;我国各地的调查资料:人0.3%~57.6%(平均25%)、猪13.2%~61.4%(平均20%,个别高达100%)、黄牛42.81%、水牛20.83%、山羊26.9%、绵羊17.36%、家兔13.43%。

弓形虫病的流行没有严格的季节性,但夏季多发,可能与温度有关,适宜于卵囊的发育。

【症状与病变】

①猪弓形虫病:猪对弓形虫极易感,尤其仔猪发病严重,其临床表现与猪瘟相似。猪只感染后经3~7 d潜伏期后,表现高热(40~41 ℃)稽留(7~10 d),精神萎顿,食欲下降进而废绝,下痢或便秘,仔猪以下痢多,成年猪则便秘。呼吸困难,流水样或黏性鼻液,呈腹式或犬坐式呼吸,吸气深,呼气浅短,有时咳嗽。后期出现后躯麻痹,癫痫样等神经症状。皮肤上有紫红色斑块,耳壳形成痂皮甚至耳尖干性坏死,怀孕母猪流产。

病猪剖检:肺水肿是本病的特征性病变,肺色泽深呈暗红色,肺表面带金属光泽,间质增宽,有针尖大的出血点和灰白色症灶,气管内有大量泡沫和黏液,胸腔有大量积液;全身淋巴结肿大,切面多汁,外翻,并有大小不一的出血点或坏死灶;脾脏极度肿大,有坏死灶和出血点;肝肿大,有针尖大的坏死点和出血点;肾有坏死灶和出血点。胃肠黏膜肿胀,充血、出血,膀胱黏膜有出血点,胸腹腔渗出液增多。

②人的弓形虫病:主要危害儿童和免疫功能障碍的人,其症状分为先天性和后天性的。先天性的发生于妇女孕期,除危害妇女本人外,还通过胎盘等途径引起胎儿死亡或婴儿出现弓形虫病。常见的病状见婴儿出现脑水肿、脑钙化、畸形、癫痫、视网缺陷,免疫损伤和免疫抑制的病人,弓形体感染最为危险,常常是致死性的。

15.2 住肉孢子虫病

住肉孢子虫病是由住肉孢子虫在猪等动物及人肌肉中所致的疾病,引起动物宿主出现发热、水肿、失重、脱毛、流产等症状,其特征是在胃骼肌和心肌内形成包囊——米修氏囊,由于虫体寄生,局部肌肉发炎变性降低了肉品的利用价值,甚至不能食用。

【病原形态】 住肉孢子虫的包囊是1843年由Miescher氏首先在家鼠肌肉中发现而定名的,又称为米修氏囊。形状有椭圆形,纺锤形及长线形等多种形态,与肌纤维平行,大小不等。包囊由母细胞和缓殖子及其围绕的包囊壁构成,囊壁由2层组成,内壁向囊内延伸,构成许多中隔,将囊腔分成若干小室。在发育成熟的包囊,小室中包藏着许多肾形或香蕉形的缓殖子(又称为南雷氏小体)。见图15.3。

文献记载的住肉孢子虫有100余种,目前认为,寄生于猪的有3种住肉孢子虫:米氏住肉孢子虫(*Sarcocystis miescheriana*)、猪人住肉孢子虫(*S. suihominis*)和猪猫住肉孢子虫(*S. porcifelis*)。

【发育与传播】 自1972年Fayer和Rommel等阐明了住肉孢子虫的生活史后,人们才发现不同动物宿主有不同的住肉孢子虫,并且发现一种中间宿主可有一种以上的住肉孢子虫寄生,但其终末宿主不同,猪的3种住肉孢子虫的中间宿主是猪或野猪,其终末宿主是人、犬、猫等。

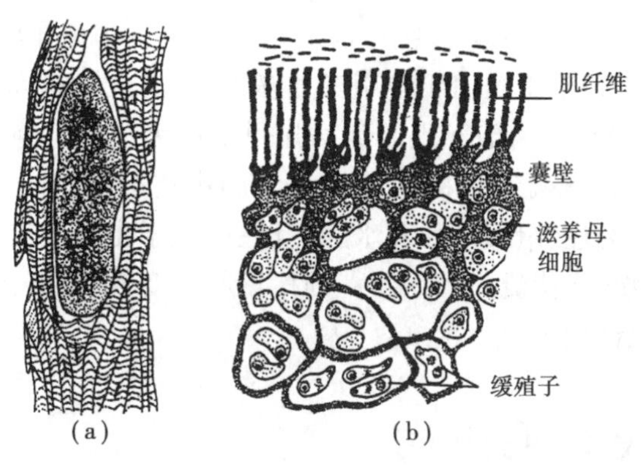

图15.3　寄生牛体内的肉孢子虫详细结构(引自赵慰先,1983)

(a)整体结构(纵切面);(b)详细结构

住肉孢子虫与弓形体一样,生活史中需两个宿主更换。终末宿主(如犬)在吞食了中间宿主的包囊之后,缓殖子逸出钻入小肠黏膜发育为大配子体(雌配子体)和小配子体(雄配子体),然后大、小配子结合为合子形成卵囊随粪便排出。中间宿主(猪)吞食卵囊后,子孢子经血液循环到达各脏器的血管内皮细胞进行2~3代裂殖生殖,产生大量裂殖子,然后裂殖子进入血流在单核细胞内增殖,最后转入心肌或骨骼肌细胞内发育为包囊。见图15.4。

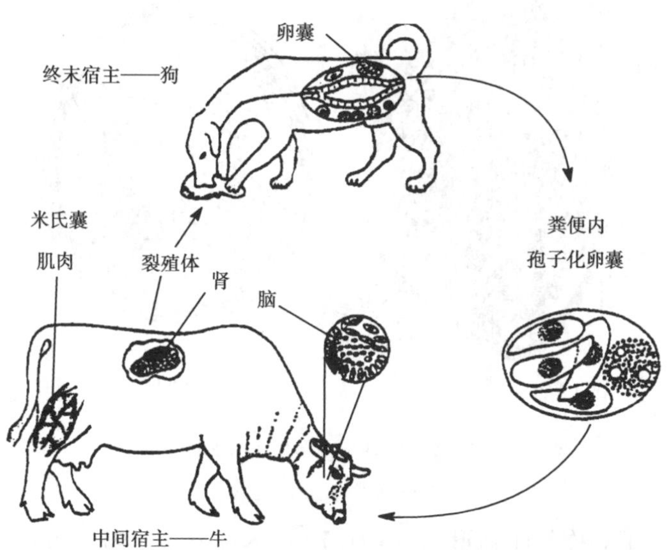

图15.4　牛枯氏住肉孢子虫生活史(引自Schmidt G D,1981)

流行病学

①本病广泛分布于世界各地,在美国商品母猪的感染率为3%~18%,野猪为32%。我国广州猪的感染率为7.76%,西安10%~30%,甘肃武威71.1%~80%,福建40%,湖南和云南8.6%~76%,内蒙古44.9%,北京18%。

②感染源：有22种犬、12种猫是住肉孢子虫的终末宿主，可长时间排出大量的孢子囊。给犬食了较少的含住肉孢子虫包囊的牛肉后，每只犬每天可排出孢子囊25 200万个，吃了感染性羊肉后，排出9 000万个孢子囊。

③住肉孢子虫是通过经口途径感染，猪是吃入被卵囊和孢子囊污染的饲草、饮水等而感染。人群感染住肉孢子虫是由于食用未煮熟的猪肉（或牛、羊肉）引起的。

【症状与病变】 对于住肉孢子虫的致病作目前尚无一致性意见，但一般认为：猪感染住肉孢子虫后，虫体在脏器组织的血管上皮细胞中进行裂体增殖和在肌肉中形成包囊，引起寄生部位发生炎症、组织坏死和水肿，且住肉孢子虫毒素有较强的毒害作用。猪多表现高热、贫血、消瘦、母猪流产等症状。剖检见肌肉变性，肌纤维肿胀疏松，肌纤维间界限模糊，后包囊形成钙化。

15.3 小袋纤毛虫病

结肠小袋纤毛虫病是由小袋科、小袋属（*Balantidium*）的结肠小袋纤毛虫主要寄生于猪和人的大肠内所引起的原虫病，猪的感染率为20%～100%。另外小袋纤毛虫还可以感染32种动物，包括人，因此，结肠小袋纤毛虫是动物性人兽共患病。

【病原形态】 结肠小袋纤毛虫（*B. coli*），主要寄生于人和猪的大肠（主要是结肠）。虫体分为滋养体和包囊两个阶段。见图15.5。

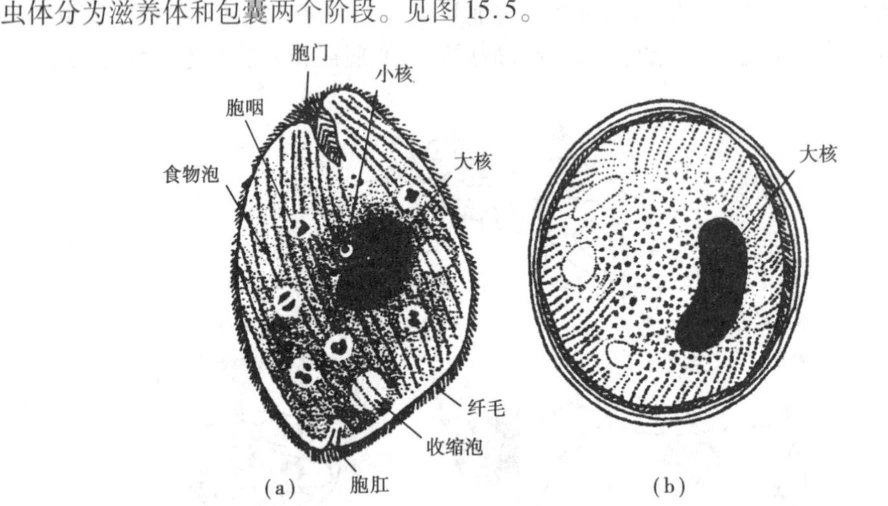

图15.5 结肠小袋纤毛虫（引自孙义临等，1981）
（a）滋养体；（b）包囊

①滋养体：为不对称的卵圆形，大小为（70～180）μm×（30～100）μm，虫体前端略尖，其腹面有一胞口，后端钝圆，有一胞肛，表膜为两层，外层有许多纤毛，虫体有大、小核各一个，体内还有食物泡和收缩泡。

②包囊：呈圆形，直径为45～65 μm，囊壁厚而透明，虫体内有一细胞核。

【发育与传播】 当宿主吞食了包囊后，囊壁被消化，虫体逸出变为滋养体，进入大肠寄生，以肠壁细胞、红细胞、白细胞等为食物，进行横二分裂法繁殖，即小核分裂，随之大核分裂，最后胞质分开，形成了两个新个体，在进行一定时期的无性繁殖后，虫体进行接后生殖,继后又进行二分裂繁殖。在遇不良环境时,分泌坚韧的囊壁包围虫体成为包囊,随粪便排出。包囊对外界环境和消毒液有较强的抵抗力,猪只等宿主的感染是因吃入包囊及其污染的食物。

猪对小袋纤毛虫最易感,特别是断奶仔猪。

本病在全世界分布,主要是在热带和亚热带地区:多发于饲养管理较差的猪场,呈地方性流行。

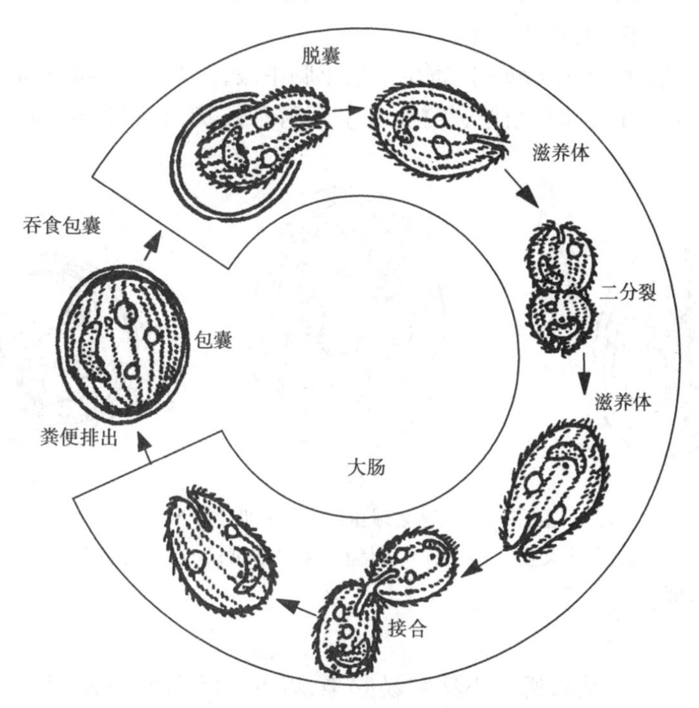

图 15.6　结肠小袋虫生活史(仿 Gardiner C H 等,1988)

【症状与病变】　一般认为,结肠小袋纤毛虫与宿主为共生,不发生损伤,但在某些条件发生改变,如食物改变、肠腔内缺乏碳水化合物,特别是糖原,小袋纤毛虫极易侵入肠黏膜,大量繁殖,并能产生一种毒素,引起肠壁的炎症。

小袋纤虫主要寄生于大肠,在盲肠与乙状结肠是常见的严重的病变部位,病变很像溶组织阿米巴病,可见黏膜有数毫米的火山口状溃疡,临床上出现猪只极度消瘦,下痢和带血、恶臭,常因脱水而死。如出现慢性病,主要表现为长期周期性腹泻,呈粥样或水样,便中有黏液,但无血和脓,腹泻与便秘交替出现。

15.4　球虫病

文献记载寄生于猪的球虫共 18 种,属于艾美尔属和等孢属,但有些种不确切,具有致病性的有 3 种:蒂氏艾美尔球虫、粗糙艾美尔球虫和猪等孢球虫。以猪等孢球虫对仔猪的致病力最强。由于人们一直忽略猪球虫病的危害,随着养猪集约化生产的发展,该病的发生越来越常见,有逐年上升的趋势,因此需给予足够的重视。

【病原形态】

①猪等孢球虫(*Isospora suis*):寄生于猪小肠、结肠。形态特点:卵囊球形,21.2 μm×19.1 μm,无卵膜孔,极帽和外残体,卵囊内两个孢子囊,椭圆形,无斯氏体,有颗粒状内残体。见图15.7(c)。

②蒂氏艾美尔球虫(*Eimeria debliecki*):寄生于猪的小肠前段。形态特点:卵囊椭圆形,225 μm×162 μm,无卵膜孔、极帽和外残体,孢子囊长椭圆形不对称,斯氏体偏一侧,内残体颗粒状数目多。见图15.7(a)。

③粗糙艾美尔球虫(*E. scabra*):寄生于猪小肠中段,形态特点:卵囊椭圆形,多数不对称,28.7 μm×21.7 μm,卵囊增厚,粗糙,并呈辐射条纹状,有卵膜孔,无极帽和外残线。见图15.7(b)。

(a)

(b)

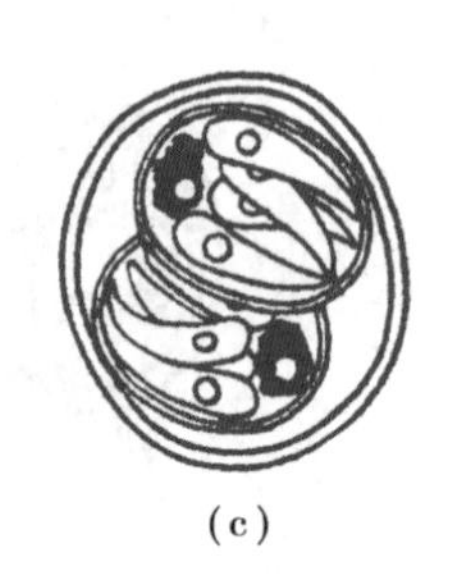
(c)

图15.7 几种猪球虫(引自左仰贤,1992)

(a)蒂氏艾美尔球虫;(b)粗糙艾美尔球虫;(c)猪等孢球虫

【发育与传播】

流行病学

①哺乳仔猪,尤其是断奶后小猪容易感染,以8~15日龄多发,此病又称"10日下痢"。成年猪多为带虫者,不表现临床症状。

②传播途径主要是经口感染,卵囊随粪便排出,且猪球虫卵囊不仅能抗干燥,还耐受几乎所有消毒剂,因此,大部分仔猪都是因感染前一窝遗留下来的卵囊而发病。可见感染率和发病率与饲养管理条件有关。

【症状与病变】 主要为小肠卡他性肠炎,严重的出现纤维素性坏死肠炎和出血性肠炎,主要引起7~14日龄仔猪发生以排黄色、灰色、恶臭、带油脂状稀薄粪便。腹泻可持续4~8 d,抗生素治疗无效。病猪常因脱水而死亡或虚弱,消瘦,生长迟缓。病死猪的空肠、回肠黏膜上有异物覆盖,肠绒毛萎缩和脱落。

15.5 猪主要原虫病的诊断与防治

15.5.1 猪弓形虫病的诊断与防治

1)诊断

主要以临床症状和病理变化的诊断为基础,但确诊必须进行病原学的诊断。

病原学诊断:病原学诊断的方法很多,包括脏器、腹水涂片染色法,集虫法,动物和鸡胚接种以及血清学方法,如色素试验(DT)、间接血凝、间接荧光抗体、ELISA 等。

2)治疗与预防

(1)**治疗药物**

对病猪的治疗药物,主要使用磺胺类药物,如磺胺嘧啶(SD)、乙胺嘧啶、SMD、磺胺-6-甲氧嘧啶(SMM)、磺胺甲氧吡嗪(SMPZ)和 SMZ,首次加倍,并配合用 TMP(药物参考本书的 19.4 部分)亦可试用氯林可霉素,11 mg/kg,肌肉注射,每日 1 次,连用 5 ~6 d。

(2)**预防措施**

①加强猪的饲养管理,禁止在牧场内养猫,扑灭场内老鼠;禁止屠宰废弃物作饲料,防止饲料、饮水被猫粪污染。

②加强检疫,发现病死的和可疑的畜尸、流产的胎儿及排出物要严格处理如深埋、焚烧;定期对猪群进行血清学检查,对检出阳性种猪隔离饲养或有计划淘汰。

③加强环境卫生与消毒,经常对圈舍、场地、用具进行消毒,如常用热水(60 ℃以上)、1% 来苏儿、0.5% 氨水、双季胺盐碘 1∶800 喷洒场地消毒(杀灭卵囊)。

④药物、疫苗预防:常用药物为长效磺胺;采用灭活疫苗预防动物弓形虫病,活疫苗已证实对绵羊等动物有效。

15.5.2　猪住肉孢子虫病的诊断与防治

1)诊断

家畜的住肉孢子虫病的生前诊断比较困难,须通过死后剖检,检查发现肌肉中有无米休氏囊便可作出确诊。目前血清学诊断方法有间接血凝试验(IHA)、酶联免疫吸附试验(ELISA)等。有人试用枯氏住肉孢子虫作抗原进行 IHA 诊断牛住肉孢子虫病,血清滴度超过 1∶162 认为是特异性的。

2)治疗与预防

目前尚无特效的药物,可试用磺胺、盐霉素、氨丙啉等抗球虫药。采取的主要预防措施有:

①加强猪肉的卫生检疫,虫体较多且肌肉有严重病变时,整个肉尸应作工业炼油或高温销毁,无病变者作高温处理后可食用。

②严禁犬、猫及其他肉食兽接近猪场,严禁用生猪肉或废弃肉类和脏器喂犬猫,并避免其粪便污染饲料和水源。

③家畜的圈、饲料、饮水处和垫草不让猫犬进入和接触,并对猫犬粪便进行处理以杀死粪中的孢子囊。

因人也可能感染住肉孢子虫病,故应注意个人的饮食卫生,不吃生的或未煮熟的肉品。

15.5.3　猪小袋纤虫病的诊断与防治

1)诊断

根据临床上水样或黏液性带血下痢,病变主要见于盲肠和结肠和炎症与坏死、溃疡并结合粪检查出其包囊而得出诊断。

2)治疗与预防

本病以预防为主,特别是处理粪便和对圈舍的消毒,注意饲料和饮水卫生以及治疗病猪,治疗药物可选丙硫咪唑,也可试用四环类、甲硝唑等。

15.5.4　猪球虫病的诊断与防治

1)诊断

根据仔猪出现食欲下降、消瘦、发育迟缓和下痢(粪便呈液体或糊状、黄白色、偶见血便)、剖检以空肠和回肠的结节病变呈黏膜坏死性炎和检出球虫卵囊作出诊断。抗生素药物对该病无治疗效果,可作为辅助诊断。

与仔猪大肠杆菌病(黄痢、白痢)相区别,仔猪黄痢常发生在7日龄内的仔猪,以1~3日龄的仔猪最多见;仔猪白痢是发生于10~30日龄的仔猪,且多见于10~20日龄的仔猪。

2)治疗与预防

(1)治疗药物

主要有氨丙啉、百球清口服液(甲苯三嗪酮)、磺胺类药物(参考本书的19.4部分)。

在使用药物治疗时,对脱水严重的病猪应结合补液治疗,并加入Vc、VB和ATP等,以增强其抵抗力,提高治愈率。

(2)预防

严格消毒:对猪舍要经常清扫,并及时收集猪粪进行堆积发酵处理,以杀灭猪球虫卵囊,并对各种用具进行定期消毒。这样,可明显降低猪球虫病的发生。

预防感染:在污染的猪场,在产前和产后15 d内的母猪饲料中,用氨丙啉等抗球虫药拌料,可防仔猪感染。

15.6　实践技能训练——病例分析

猪弓形虫病的诊断与防治

某养猪场饲养有种猪、仔猪和育肥猪,于2×××年×月××日部分仔猪和育肥猪突然出现咳嗽、体温升高、呼吸加快、食欲减退的现象,该场兽医认为是感冒引起的,使用解热药物和抗生素,治疗4 d后不见好转,猪群相继发病增加,并出现死亡6头。重病的患猪体温40.2~42 ℃,鼻流白沫,站立低头咳嗽声大,气喘,呈腹式呼吸,食欲减退或废绝,有的病猪后肢无力,走路摇摆;病猪耳、四肢内侧及腹下出现紫红色斑块状,个别怀孕母猪出现流产,速前来求诊。

发现该猪场未采取驱虫措施,猪舍污染严重,饲料放置在水泥地上,饲料堆上能看到猫和老鼠的爪印;触摸病猪腹股沟淋巴结明显肿胀。剖解病死猪,全身淋巴结髓样肿大、充血和出血或有坏死灶,切面多汁,尤以肠系膜淋巴结最为显著,有针尖到米粒大,灰白色或灰黄色坏死灶及各种大小出血点。肺脏水肿，呈灰黄色，切开肺流出大量淡黄色透明液体或胶冻样物质，气管和支气管内有大量黏液性泡沫。脾脏肿大，有出血点；肝脏肿大，表面有针尖到粟粒大小的出血点或灰白色坏死灶。肾脏变软，呈土黄色，表面有少量出血点或灰白色坏死灶，包膜不易剥落。膀胱有点状出血，胃底部出血，有溃疡灶。采取病死猪的淋巴结、肺、肝、脾、肾组织病料和部分猪的血液，带回实验室进行诊断。

将肺、肝、淋巴结作触片，自然干燥后，甲醇固定，姬氏或瑞氏染色检查。在显微镜下可见香蕉形的滋养体，其中以肺脏的检出较高。同时，用 PCR 法检测出弓形虫的特异性条带。

血液分离血清，采用 ELSA 试剂盒检测，呈阳性。

病猪用磺胺 6-甲氧嘧啶肌肉注射，按体重 0.1 g/kg，1 次/d，首次使用剂量加倍，连用 5 d。治疗 3 d 后，猪群病情基本得到控制，体温、食欲、精神状态逐渐恢复正常。

综合上述诊断该场猪患弓形虫病。

【学习要点】

①弓形虫病是严重的人兽共患病，其病原只有刚第弓形体一种，中间宿主有畜禽等多种动物及人，而终末宿主只有猫。刚第弓形体在家畜和人体内有滋养体、包囊（缓殖子）和假包囊（速殖子），猫排出卵囊。猪等中间宿主的感染途径主要有三种：一是经口感染卵囊、包囊或（假包囊）及释放出的缓殖子（速殖子），二是速殖子经皮肤黏膜创伤进入或不慎种入体内，三是经胎盘途径由母畜传播给胎儿。以临床症状、病理变化的诊断为基础，但确诊必须进行病原学的诊断。磺胺类药物是有效治疗药物，对弓形虫病的控制最好是预防，加强检疫、环境消毒、药物、疫苗预防为主要措施。

②猪的住肉孢子虫病的病原有 3 种住肉孢子虫，寄生于猪的胃骼肌和心肌，在肌肉内形成包囊（米修氏囊）。住肉孢子的发育与弓形体一样，需两个宿主，通过“粪口途径”感染。

③结肠小袋纤虫主要寄生于猪及人的大肠、盲肠内所引起的顽固性的慢性炎症。感染与传播主要是“粪口途径”，临床主要表现为长期周期性腹泻，以处理粪便，对圈舍的消毒，注意饲料和饮水卫生为主进行预防，治疗药物可选丙硫咪唑。

④猪的球虫具有致病性的有蒂氏艾美尔球虫、粗糙艾美尔球虫和猪等孢球虫 3 种，主要寄生于猪的小肠。感染与传播主要是“粪口途径”，主要危害哺乳仔猪、断奶小猪，主要临床表现为消瘦、发育迟缓和下痢。可选氨丙啉、百球清作为防治药物。

第16章 牛、羊的原虫病

本章导读:本章重点讲述牛羊的几种重要原虫病——伊氏锥虫病、巴贝斯虫病、泰勒虫病和球虫病的病原形态特征、发育、传播以及诊断与控制。要求以寄生于牛、羊的伊氏锥虫、巴贝斯虫的形态特征和致病特征为学习基点,深刻理解牛、羊其他几种原虫病的流行规律,重点掌握牛羊伊氏锥虫病、巴贝斯虫病的诊断、药物治疗与控制。

16.1 伊氏锥虫病

伊氏锥虫病(苏拉病)是由锥虫属的伊氏锥虫寄生于牛、马、骡、骆驼和犬等家畜体内引起的。热带、亚热带地区常发,发病季节和流行地区与吸血昆虫的活动一致。

【病原形态】 伊氏锥虫(*Trypanosoma evansi*),大小(18 ~ 34)μm×(1 ~ 2)μm,前端比后端尖,有宽而多皱曲的波动膜和长达6 μm的游离鞭毛。细胞核(主核)呈椭圆形,位于虫体中央;动基体呈圆形或短杆形,距虫体后端约1.5 μm。虫体核染色质颗粒多位于核的前部。在压滴血液标本中,虫体的原地运动相当活泼,而前进运动比较迟缓。在姬氏染色的血片中,核与动基体呈深红紫色,鞭毛呈红色,波动膜呈粉红色,原生质呈淡天蓝色,宿主的红细胞则呈鲜明的粉红、稍带黄色。见图16.1。

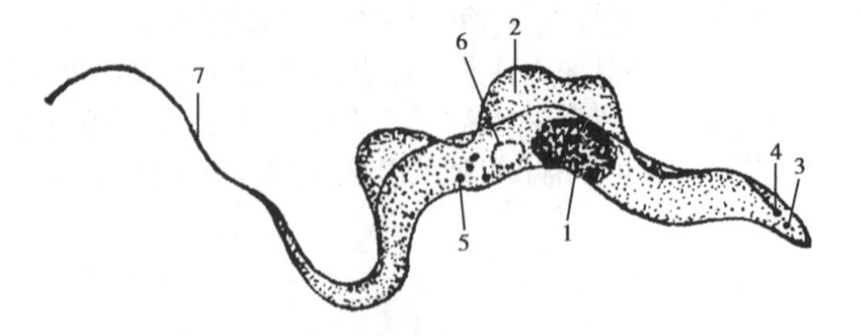

图16.1 伊氏锥虫形态模式图(引自孔繁瑶,1995)

1.核 2.波动膜 3.副基体 4.生毛体 5.颗粒 6.空泡 7.游离鞭毛

【发育与传播】 伊氏锥虫寄生在动物的造血脏器、血液及淋巴液中,以纵分裂法进行繁殖。伊氏锥虫主要由虻、螫蝇及虱蝇等吸血昆虫进行机械传播,在传播者体内不发育,且停留时间短。除吸血昆虫外,消毒不完全的手术器械也可传播本病。孕畜罹病可使胎儿感染。

【症状与病变】 伊氏锥虫主要由锥虫毒素引起发病。

牛有较强的抵抗力，急性经过者较少，多呈慢性经过或带虫状态。牛感染后，常反复发热。慢性病牛，逐渐消瘦，皮肤龟裂、脱毛，精神沉郁，四肢无力，走路摇晃，伏卧昏睡，结膜有出血点或出血斑，体表淋巴结肿胀，耳尾干枯，严重时，部分或全部干僵脱落（俗称焦尾症）。流产、死胎、泌乳减少或无乳者常见。皮下水肿和胶样浸润为本病的显著症状，其部位多为胸前、腹下。贫血：表现为血液稀薄，凝固不良；淋巴结肿大、充血；心脏肥大，心肌炎病变明显，心内、外膜有明显的粟粒大至黄豆大的出血点；肝脏肿大1.5～2.5倍，质硬而脆；脾脏肿大1.5～3倍，髓质呈软泥样；肾脏浑浊肿胀，有点状出血。

16.2　巴贝斯虫病

16.2.1　牛双芽巴贝斯虫病

牛双芽巴贝斯虫病也称牛双芽焦虫病，黄牛、水牛以及瘤牛都易感。该病在热带和亚热带地区普遍存在，是一种急性发作的季节性疾病。亚洲南部和东南部（包括印度、日本）早已报道有本病流行，我国主要发生于南方各省。欧洲的大部分地区（特别是邻近地中海的国家）以及中东、非洲等地都有此病。在北美，该病被称为“塔城热”“红尿热”，或“血红蛋白尿热”。

【病原形态】 牛双芽巴贝斯虫（*Babesia bigemina*）寄生于牛的红细胞，与牛的其他焦虫相比，是一种大形虫体，其长度大于红细胞半径。虫体呈环形、椭圆形、梨形（单个或成对）和变形虫形等不同的形状；在进行出芽生殖的过程中，还可见到三叶形的虫体。取外围血涂片，姬氏染色，虫体的原生质呈浅蓝色，边缘较深，中部淡染或不着色，呈空泡状；染色质多为两团，位于虫体边缘部。环形虫体的直径为1.4～3.2 μm，单梨形虫体长2.8～6 μm；两个梨籽形虫体以其尖端相连成锐角，是本病原体的典型虫体。绝大多数虫体位于红细胞的中部。见图16.2。

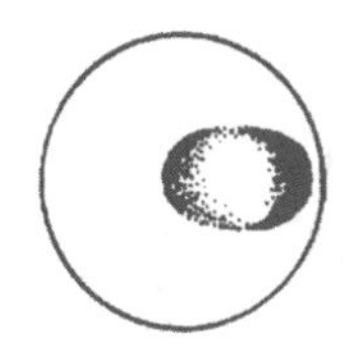

图16.2　红细胞内的双芽巴贝斯虫（仿Markov, A A.）

【发育与传播】 双芽巴贝斯虫在牛红细胞内以“成对出芽”方式繁殖。主要由蜱经卵传播，在我国主要为微小牛蜱，国外也有囊形扇头蜱和客点血蜱的报道。

【症状与病变】 一般而言，2岁以内的犊牛发病率高，但病状轻，很少死亡；成年牛发病率低，但症状重，死亡率高。双芽巴贝斯虫致病主要由毒素的刺激造成，常使宿主各器官系统与中枢神经系统遭受破坏，病畜体温升高达40～41.5 ℃、脉搏增快、呼吸困难、造血系统受损和胃肠功能失调等临床征候。另外，由于虫体对红细胞的破坏，引起溶血性贫血；红细胞破裂后释放出的血红蛋白经肝脏变为胆红素，滞留于血液中引起黄疸；如果红细胞破坏严重,则有一部分血红蛋白经肾脏随尿排出,形成血红蛋白尿(血尿)。

16.2.2 牛巴贝斯虫病

牛巴贝斯虫病也是一种世界性的血液原虫病,以急性型多见,也有高热和血尿的临床特征,其致病机制和症状均与牛双芽巴贝斯虫病相似。

【病原形态】 牛巴贝斯虫(*B. bovis*)为小型虫体,寄生在红细胞内,呈环状、椭圆形、单个或成双的梨形、边虫形和阿米巴形等,繁殖过程中出现三叶形。与牛双芽巴贝斯虫相比,该虫的代表性特点为:大部分(约80%)虫体位于红细胞边缘;梨籽形虫体的长度小于红细胞半径,大小为(1.5~2.4)μm×(0.8~1.1)μm;成双的虫体以其尖端相对形成钝角;具有一团染色质。病的初期以环形和边虫形为多,以后出现梨形虫体。见图16.3。

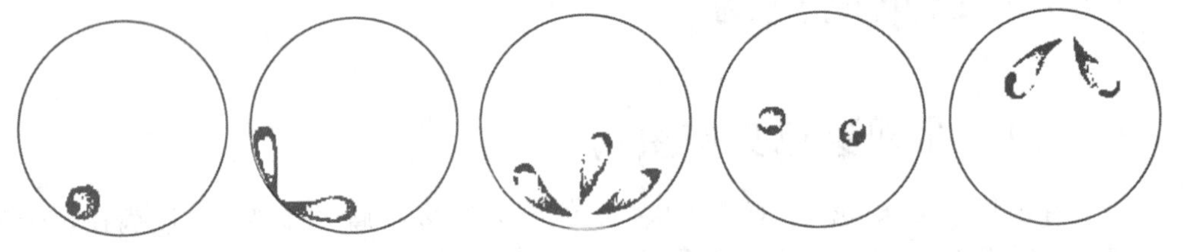

图16.3 红细胞内的牛巴贝斯虫(仿 Markov, A A.)

【发育与传播】 牛巴贝斯虫在红细胞内以出芽生殖或二分裂法进行繁殖,发育方式尚不清楚。总的认为,牛巴贝斯虫进入牛体内之后,在进入红细胞之前,有一个红细胞外的裂殖生殖阶段。已知传播本病的蜱有篦子硬蜱和全沟硬蜱,这两种蜱都是三宿主蜱,病原体可以在它们体内保存3年。蜱的各个发育阶段(幼蜱、若蜱、成蜱)都可使牛感染。本病在夏秋季节多发,发病牛多为1~7月龄的犊牛,8个月龄以上的犊牛较少发病,成年牛多为带虫者(可持续2~3年)。见图16.4。

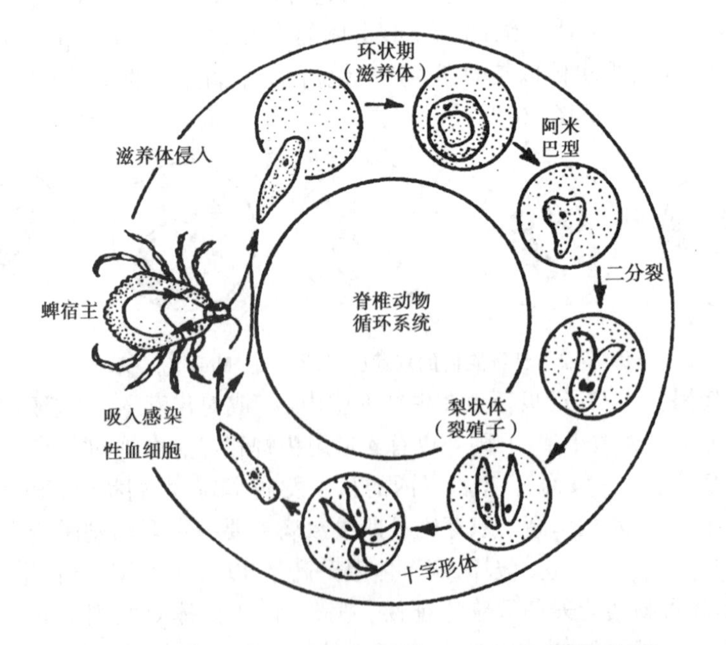

图16.4 巴贝斯虫的发育与传播(仿 Gardiner C H 等,1988)

【症状与病变】　其致病作用与牛双芽巴贝斯虫大体相同,但毒力较弱,病牛的死亡率较低。本病的潜伏期为5~10 d。病初体温升高,可达41.1 ℃,稽留热型,精神、食欲、反刍减退。有贫血、黄疸症状;病的后期,病牛极度虚弱,食欲废绝,可视黏膜苍白,小便频数,尿呈红色。急性病例,病程可持续1周。轻型病例,在血红蛋白尿出现3~4 d后,体温下降,尿色变清,病情逐渐好转;肉眼病变基本上与双芽巴贝斯虫相似,不同的是本病的脾脏病变比较严重,有时出现脾脏破裂,脾髓色暗,脾细胞突出;胃及小肠有卡他性炎症;肝发黄,肿大;各脏器组织内有不甚明显的溢血点。

16.3　泰勒虫病

16.3.1　牛环形泰勒虫病

牛环形泰勒虫病是由环形泰勒虫寄生于牛的红细胞和网状内皮系统细胞内引起的。本病流行于我国西北、华北、东北的一些省、区,是一种季节性很强的地方性流行病。

【病原形态】　环形泰勒虫(*Theileria annulata*)寄生于红细胞内的虫体称为血液型虫体(配子体),虫体小,形态多样,有圆环形、杆形、卵圆形、梨籽形、逗点形、圆点形等形状,其中以圆环形和卵圆形为主,占总数的70%~80%,染虫率达高峰时,所占比例最高。

环形泰勒虫寄生于巨噬细胞和淋巴细胞内进行裂体增殖,所形成的多核虫体称为裂殖体(或称石榴体、柯赫氏蓝体)。姬氏法染色,虫体胞浆呈淡蓝色,其中包含许多红紫色颗粒状的核。裂殖体有两种类型:一种为大裂殖体(无性生殖体),体内含有直径为0.4~1.9 μm的染色质颗粒,并产生直径为2~2.5 μm的大裂殖子;另一种为小裂殖体(有性生殖体),含有直径为0.3~0.8 μm的染色质颗粒,并产生直径为0.7~1.0 μm的小裂殖子。见图16.5。

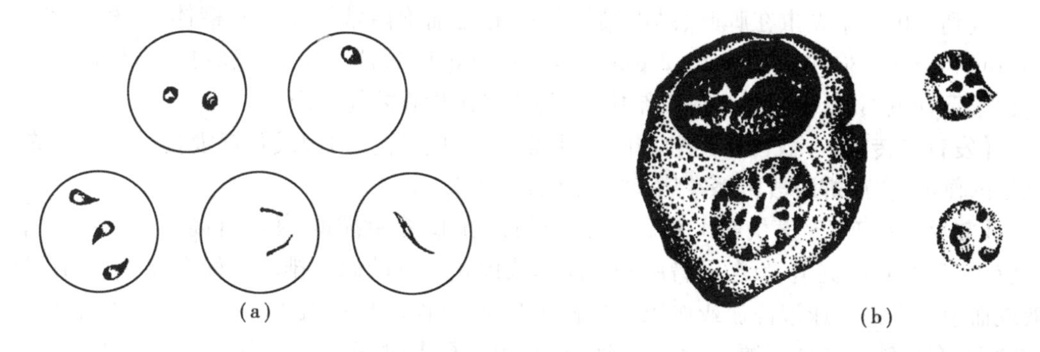

图16.5　环形泰勒虫(仿Markov,A A.)
(a)红细胞内的虫体;(b)裂殖体(石榴体)

【发育与传播】　其发育与传播过程基本与巴贝斯虫相似,但环形泰勒虫的传播者是璃眼蜱属的蜱,我国主要为残缘璃眼蜱。蜱在牛体吸血时,子孢子随蜱的唾液进入牛体,通过裂体增殖形成大裂殖体(无性型)和小裂殖体(有性型)。大、小裂殖体破裂后形成大、小裂殖子。小裂殖子进入红细胞内变为配子体(血液型虫体)。幼蜱或若蜱在病牛身上吸血时,吸入带有配子体的红细胞。配子体在蜱体内经过发育再形成子孢子。在蜱吸血时，子孢子被接种到牛体内，重新开始其在牛体内的发育和繁殖。

【症状与病变】 本病主要在舍饲条件下发生。在内蒙古西北地区本病多于6月份发生，7月份达最高潮，8月份逐渐平息。病死率16%～60%。潜伏期14～20 d，常取急性经过，多数病牛3～20 d后趋于死亡。疾病初期表现体温升高，精神不振，食欲减退，局部淋巴结肿胀为本病特征。随着时间的推移，大量细胞坏死和出血所产生的组织崩解产物以及虫体代谢产物进入血液，导致严重的毒血症，临床上呈现高热稽留（40～42 ℃），精神高度沉郁，贫血，出血等症状，严重者常在出现这些症状后5～7 d死亡。

解剖可见全身皮下、肌间、黏膜和浆膜上有大量的出血点和出血斑。全身淋巴结肿大，切面多汁，有暗红色或黄白色的结节。结节部上皮细胞坏死后形成糜烂或溃疡。皱胃病变明显，皱胃黏膜肿胀、充血，有针头至黄豆大、暗红色或黄白色的结节，具有诊断意义。脾脏肿大、质软，呈棕黄或棕红色，脾髓质软呈紫黑色泥糊状。肾脏肿大、质软，有圆形或类圆形粟粒大暗红色病灶。肝肿大、质软，呈棕黄或棕红色，有灰白或暗红色病灶。胆囊扩张，充满黏稠胆汁。

16.3.2　羊泰勒虫病

据文献记载，寄生于羊的泰勒虫有山羊泰勒虫（*T. hirci*）和绵羊泰勒虫（*T. ovis*）两种，二者血液型虫体形态相似，均能感染山羊和绵羊。山羊泰勒虫致病性强，引起的疾病称为羊恶性泰勒虫病，病死率高。我国四川、甘肃和青海等省陆续发现该病存在，地方性流行，可引起羊只大批死亡。

【病原形态】 我国羊泰勒虫病的病原为山羊泰勒虫。形态与牛环形泰勒虫相似，有椭圆形、短杆形、逗点形、圆点形等各种形态，以圆形最多。圆形虫体直径为0.6～1.6 μm。一个红细胞内一般只有一个虫体，有时可见到2～3个。红细胞染虫率0.5%～30%，最高达90%以上。裂殖体的形态与牛环形泰勒虫相似，可在淋巴结、肝、脾等的涂片中查到。山羊泰勒虫在脾脏、淋巴结涂片的淋巴细胞内常可见到石榴体，直径为8～20 μm，内含1～80个直径为1～2 μm的紫红色染色质颗粒。绵羊泰勒虫的石榴体形态与山羊泰勒虫相似，但只见于淋巴结中，而且要多次检查才能发现。

【发育与传播】 我国羊泰勒虫的传播者为青海血蜱。幼蜱或若蜱吸食了含有羊泰勒虫的血液，在成蜱阶段传播本病。本病不能经卵传播。

【症状与病变】 潜伏期4～12 d。病羊精神沉郁，食欲减退，体温升高到40～42 ℃，稽留4～7 d，呼吸促迫，反刍及胃肠蠕动减弱或停止。有的病羊排恶臭稀粥样粪，杂有黏液或血液。个别羊尿液浑浊或血尿。结膜初充血，继而出现贫血和轻度黄疸。体表淋巴结肿大，有痛感。肢体僵硬，以羔羊最明显，有的羊行走时，前肢提举困难或后肢僵硬，举步十分艰难；有的羔羊四肢发软，病程6～12 d。

病理剖解特点为尸体消瘦，血液稀薄，皮下脂肪胶冻样，有点状出血。全身淋巴结呈不同程度肿胀，切面多汁、充血，有一些淋巴结呈灰白色，有时表面可见颗粒状突起。肝、脾肿大。肾呈黄褐色、表面有结节和小点出血。皱胃黏膜上有溃疡斑，肠系膜上有少量出血点。

16.4　住肉孢子虫病

牛羊的住肉孢子虫病与猪的住肉孢子虫病非常相似，最主要的是寄生的虫种不同。

【病原形态】

寄生于牛羊的住肉孢子虫的有牛住肉孢子虫（*Sarcocystis fusiformis*）、羊住肉孢子虫（*S. tenella*）。

各种住肉孢子虫的形态结构基本相同。寄生于肌肉组织中的米修氏囊（Miesher' stube）与肌纤维平行，多呈纺锤形、卵圆形、圆柱形等，灰白或乳白。米修氏囊的囊壁由两层构成，外层较薄，为海绵状结构，其上有许多伸入肌肉组织中的花椰菜样突起；内层较厚，并向囊内延伸，将囊腔分隔成若干小室。发育成熟的孢子囊，小室中有许多个肾形、镰刀形或香蕉形的滋养体。滋养体又称雷氏小体（Rainey' scorpuscle），长 10 ~ 12 μm，宽 4 ~ 9 μm，一端微尖，一端钝圆，核偏于钝端，胞浆中有许多异染颗粒，孢子囊的中心部分无中隔和滋养体，被孢子虫毒素所充满。见图 16.6。

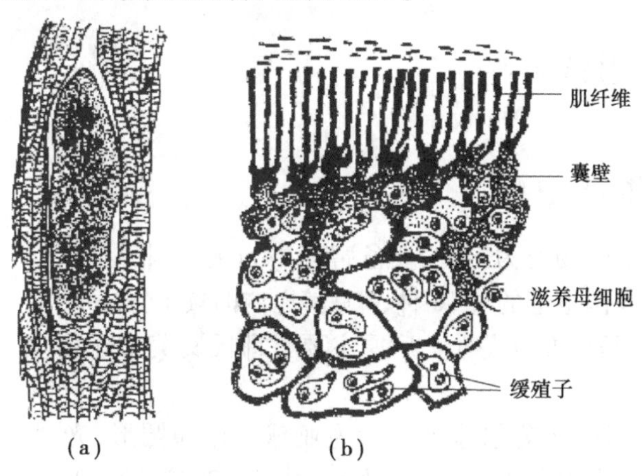

图 16.6　寄生牛体内的住肉孢子虫详细结构（引自赵慰先，1983）
（a）整体结构（纵切面）；（b）详细结构

【发育与传播】　住肉孢子虫是一种严格意义上的二宿主寄生虫，一般草食动物为中间宿主，而犬、猫等肉食动物为终末宿主。见图 16.7。

流行病学

①住肉孢子虫病流行很广，我国广州、湖南、湖北、西安、甘肃、新疆、青海等地有水牛、牦牛住肉孢子虫的报道，且感染率较高，世界各地屠宰的家畜中，牛的总感染率为 29% ~ 100%，绵羊为 28% ~ 100%。

②被带虫粪便污染的饲草和饮水等都是本病的传染源。经口途径感染是主要传播方式。

【症状与病变】　住肉孢子虫病是由住肉孢子虫寄生于肌肉中，一般无临床表现或仅有轻微症状，如食欲减退、逐渐消瘦、贫血等，严重感染时可出现消瘦、贫血、营养不良等非特异症状。宰后检验时，呈囊状的住肉孢子虫主要寄生于牛羊的肌肉组织，如心肌、舌肌、咬肌、膈肌，也可寄生于食管外膜甚至脑组织。

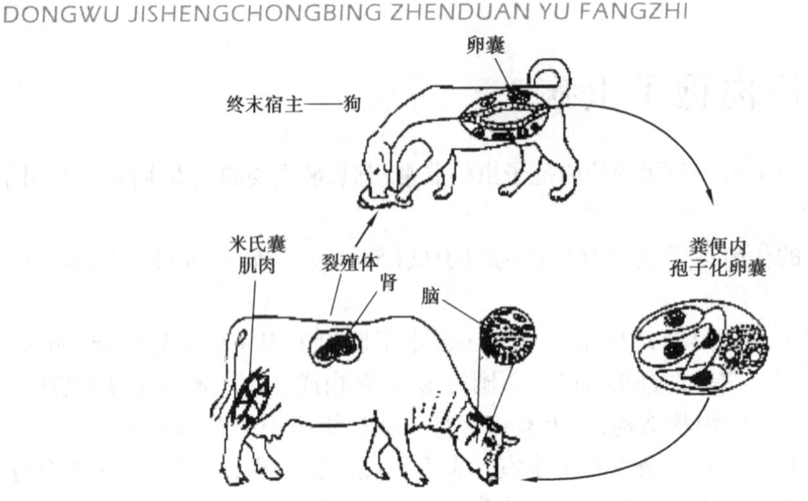

图 16.7　牛枯氏肉孢子虫生活史(引自 Schmidt G D,1981)

16.5　球虫病

16.5.1　牛球虫病

牛球虫病以出血性肠炎为主,主要危害犊牛为主,尤其易在冬季发生。全世界报道的牛球虫有 19 种,我国报道的有 16 种,6 月龄以内的犊牛发病率高,死亡率也高,老龄牛多系带虫感染,流行呈地方散发性。病原主要是邱氏艾美尔球虫(*E. zurnii*)和牛艾美尔球虫(*E. bovis*)。

【病原形态】　邱氏艾美尔球虫卵囊为亚球形或卵圆形,光滑,大小为 18 μm × 15 μm;牛艾美尔球虫卵囊为卵圆形,光滑,大小为(27 ~ 29) μm × (20 ~ 21) μm。见图 16.8。

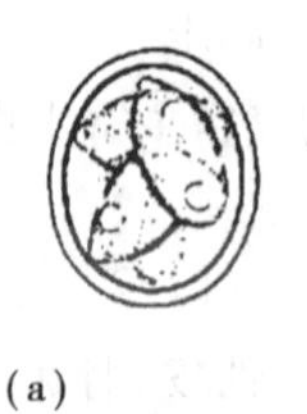
(a)

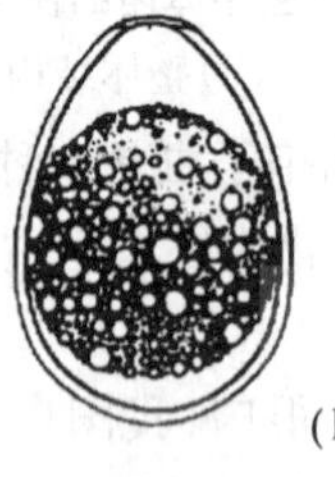
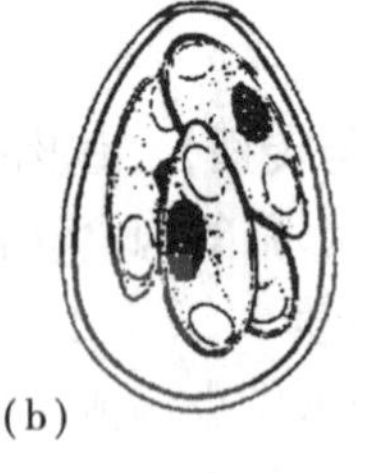
(b)

图 16.8　牛的两种艾美尔球虫(仿 Joyner 等,1966)
(a)邱氏艾美尔球虫;(b)牛艾美尔球虫

【发育与传播】　当犊牛吞食了感染性卵囊后在体内肠道上皮细胞繁殖,形成卵囊后排出体外,在体外适宜条件下又可形成孢子化卵囊,孢子化卵囊具有感染性。

【症状与病变】　潜伏期 2 ~ 3 周,有时达 1 个月。多为急性发病,病程 10 ~ 15 d,个别犊牛发病后 1 ~ 2 d 死亡。消瘦,喜躺卧,排带血的稀粪,其中混有纤维素样薄膜,有恶臭。后期,粪便呈黑色,几乎全为血液。在极度贫血和衰弱的情况下发生死亡。出血性肠炎和溃疡为特征。

16.5.2 羊球虫病

羊的球虫病又称出血性腹泻或球虫性痢疾，是羊消化道疾病的重要疾病之一，其特征是以下痢为主，病羊发生渐进性贫血和消瘦。羊球虫病呈世界性分布，各种品种的绵羊、山羊均有易感性，成年羊一般为带虫者，羔羊极易感染并导致有死亡。

【病原形态】 从动物粪便排出的球虫卵囊呈圆形或椭圆形，外有囊膜，囊内含有一个呈球状结构的原生质物体即合子。孢子化卵囊含4个孢子囊。全世界报道的绵羊球虫有14种，山羊球虫有15种，对山羊危害严重的球虫有阿尔氏艾美尔球虫、浮氏艾美尔球虫和克氏艾美尔球虫。

【发育与传播】 当羊吞食了感染性卵囊后在体内肠道上皮细胞繁殖，经无性繁殖和配子生殖后形成卵囊后排出体外。在适宜条件下，经过孢子生殖过程，即成为有感染性的卵囊。

【症状与病变】 最常见于舍饲的1~4月龄的羔羊和幼羊，因感染球虫的种类、感染强度，羊只年龄、机体抵抗力以及饲养管理条件等的不同而取急性或慢性过程。病的潜伏期为2~3周，临床症状可分温和型、急性型和最急性型三型。病羊主要表现精神不振、消瘦、贫血、下痢、粪便带血或黏液有恶臭。小肠肠黏膜上有淡白、黄色圆形或卵圆形结节，粟粒至豌豆大，常成簇分布。十二指肠和回肠有卡他性炎症。

主要病变见于消化道，突出表现为肠炎和结肠炎。在回肠和结肠有许多白色结节，存在于浆膜和黏膜表面，回盲瓣、盲肠、结肠和直肠可能出现糜烂或溃疡，黏膜下可能有出血、溃疡和坏死。

16.6 隐孢子虫病

与禽隐孢子虫病相比，除寄生的虫种不相同外，更重要的是奶牛隐孢子虫病还会引起严重的公共卫生问题，能引起人(特别是免疫功能低下者)患病，成为世界上最常见的6种腹泻病之一。隐孢子虫病现被世界卫生组织和美国疾病控制中心列入新发传染病。近年来我国牛进口数量急剧增加，牛隐孢子虫病已严重危害养牛业的发展。

【病原形态】 在牛羊动物体内寄生的主要有两种隐孢子虫，即鼠隐孢子虫和微小隐孢子虫。除此之外，近些年文献记载还有另外两种寄生牛的隐孢子虫：安氏隐孢子虫(*Cryptosporidium andersoni*)和牛隐孢子虫(*C. bovis*)。

①鼠隐孢子虫(*Cryptosporidium muris*)：大小为7.3 μm×5.6 μm，完全孢子化的卵囊呈卵圆形，卵囊壁光滑无色，无微孔和极粒，在卵囊中有4个子孢子。

②小隐孢子虫(*C. parvum*)：大小为5.0 μm×4.0 μm，卵囊近似球形，卵囊壁光滑无色。

【发育与传播】 隐孢子虫的生活史简单，为单宿主生活环，不需转换宿主就可以完成内生阶段，随犊牛粪便排出的卵囊具感染性，牛羊主要经口感染。

隐孢子虫病的流行

①1971年美国的Panciera等首次报道了牛隐孢子虫病。隐孢子虫病呈世界性分布，广泛存在于澳大利亚、美国、中南美洲、亚洲、非洲和欧洲等国家和地区。1985年周圣文

等首次在国内报道了牛隐孢子虫病。目前我国青海、甘肃、陕西、广东、河南、安徽、湖南、山东、北京、天津等多个省市自治区查出了牛隐孢子虫病。

②鼠隐孢子虫可引起中等程度的腹泻，小隐孢子虫可引起水样腹泻，主要集中发生在3周龄左右的犊牛。国外报道犊牛(4～17日龄)发病率达50%以上，国内在北京、湖南、河南等省市调查的感染率为5.3%～40%。

【症状与病变】 奶牛隐孢子虫病是由鼠隐孢子虫和小隐孢子虫寄生于牛肠道，特别小肠后端引发的疾病，临床上以腹泻为主要特征。

【学习要点】

①伊氏锥虫为单形性锥虫，其形态特点是有波动膜和游离鞭毛。主要由虻、螯蝇及虱蝇等吸血昆虫进行机械传播。

②牛双芽巴贝斯虫寄生于牛的红细胞，长度大于红细胞半径，大多数虫体位于红细胞的中部，具有两团染色质，位于虫体边缘部，典型虫体是两个梨籽形虫体以其尖端相连成锐角。主要由蜱(微小牛蜱，一宿主蜱)经卵传播(上一代蜱感染、下一代传播)。

与牛双芽巴贝斯虫相比，牛巴贝斯虫大部分虫体位于红细胞边缘，梨籽形虫体的长度小于红细胞半径，成双的虫体以其尖端相对形成钝角，具有一团染色质。传播本病的蜱有篦子硬蜱和全沟硬蜱(三宿主蜱)。

③牛环形泰勒虫具有多形性，寄生在红细胞内的虫体称为血液型虫体(配子体)，寄生于巨噬细胞和淋巴细胞内的多核虫体称为裂殖体(或称石榴体、柯赫氏蓝体)。传播者是璃眼蜱属的蜱，我国主要为残缘璃眼蜱。羊泰勒虫分山羊泰勒虫和绵羊泰勒虫两种，传播者为血蜱的成蜱。

④牛球虫病以出血性肠炎为主，主要危害犊牛。临床诊断以血便、粪便恶臭、抗生素治疗无效、直肠有特殊的出血性炎症和溃疡为依据。

⑤羊球虫病的病原：绵羊球虫有14种，山羊球虫有15种。患有球虫病的羊，通常是出现肠炎症状，常排出带血液和黏液的粪便，剖检时发现肠黏膜出血、坏死。

16.7 牛羊主要原虫病的诊断与防治

16.7.1 伊氏锥虫病的诊断与防治

1)诊断

早期临床诊断十分重要，主要看牛有无反复发热，肿脚和耳、尾干枯等症。对可疑病畜，应早晚测温，隔离观察；初诊为病畜的，应反复采血(骨髓和脊椎液也可)检查，必要时作动物接种试验，直至确诊。因条件限制无法进行实验室确诊时，可在临诊后试用特效药进行诊断性治疗，如用药后2～3 d内症状有所缓解，即可得出实际的判断。

2)治疗与预防

治疗要早，观察时间要长；不得过早使役，否则易复发。

(1)治疗药物

临床首选的药物有:拜耳205、安锥赛、血虫净(贝尼尔)、氯化氮胺菲啶盐酸盐(沙莫林)(参考本书的19.4部分)。除使用特殊药物外,还应根据病情,进行强心、补液、健胃、开脾等辅助治疗。

(2)防制措施

①时常注意观察,发现异常后尽早确诊,及时治疗;对假定健康家畜进行药物预防。

②长期外出或由疫区调入的家畜,须隔离观察20 d,确认健康后,方可混群或使役。

③改善饲养管理条件,搞好畜舍及周围环境卫生,积极灭虻、蝇等吸血昆虫。

④准备进入疫区使役的易感动物,出发前应进行药物预防注射;进入疫区后,应利用烟熏、喷药等方法减少虻、蝇叮咬。

⑤ 药物预防,常用安锥赛预防盐,注射一次有效期为3~5个月。

16.7.2　巴贝斯虫病的诊断与防治

1)诊断

临床诊断应注意特征性症状,如体温升高、呈稽留热,贫血,黄疸和血红蛋白尿,呼吸促迫并气喘等;死后诊断应注意贫血及黄疸等外观症状;流行病学分析应注意了解当地以往的发病情况及季节,寻找传播媒介——蜱。当然,检出病原才能最后确诊。

2)治疗与预防

应尽量做到早期诊断、早期治疗;同时要改善饲养条件,加强护理。治疗时除对症治疗外,还应采取一些补液、缓泻等辅助措施。

(1)治疗药物

临床主要药物有:咪唑苯脲、锥黄素(吖啶黄)、喹啉脲(阿卡普灵)、三氮咪(血虫净、贝尼尔)。

(2)预防

预防的关键在于灭蜱。

①根据流行地区(包括隐伏地区)蜱的种类、出现季节和活动规律,有计划、有组织地消灭牛体上的蜱,并逐年进行。

②保持厩舍内外的清洁,经常灭蜱。

③必要时可采用锥黄素进行药物预防。

④引进或外调牛只前,应作药物灭蜱处理;正式调运时,应避开蜱在牛体上的活动时期。

16.7.3　泰勒焦虫病的诊断与防治

1)诊断

方法同双芽巴贝斯虫。

①本病主要发生在舍饲条件下。在内蒙古西北地区多发生于6月,7月达最高潮,8月逐渐平息,病死率16%~60%。

②临床上出现高热稽留、贫血等症状。局部淋巴结肿胀，皱胃肿胀、充血、有结节具有诊断意义。

③血片镜检虫体。必要时，可作淋巴结穿刺检查石榴体。

2）治疗与预防

至今尚无特效药。预防关键是灭蜱，加强饲养管理。

早期应用有效的杀虫药，配合对症治疗，可大大降低病死率。一些可用药物有磷酸伯氨喹啉（PMQ）、三氮醚。

值得注意的是，对红细胞数、血红蛋白量显著下降的牛可进行输血，每天的输血量犊牛不少于500～2 000 ml，成年牛不少于1 500～2 000 ml，每天或隔2天输血1次，连输3～5次，直至血红蛋白稳定在25%左右不再下降为止。

16.7.4　住肉孢子虫病的诊断与防治

参考本书的15.5.2部分。

16.7.5　球虫病的诊断与防治

参考本书的14.5.1部分。

16.7.6　隐孢子虫病的诊断与防治

参考本书的14.5.4部分。

16.8　实践技能训练——病例分析

牛双芽巴贝斯虫病

1）发病情况及临床症状

某养殖场牛，以放牧饲养为主。自8月份以来，一些牛只先后发生体温升高、不愿走动、气喘、采食量下降，并有牛只出现死亡，故求诊兽医。兽医进行临床检查发现，病牛精神沉郁、明显消瘦，可视黏膜黄染，体温达40.5～42 ℃，反刍停止、粪便呈黄棕色或黑红色，尿浑浊、呈黄褐色或棕红色。兽医用青霉素、链霉素及止血剂等治疗，病状并无改善。

2）剖检变化

对病死牛剖解发现：血液稀薄如水、凝固不良，皮下组织有浆液性浸润，有不同程度的水肿和黄染，全身实质器官广泛性出血；肝脏肿大呈黄褐色、易碎，肺脏充血和水肿，脾脏明显肿胀，呈暗红色。胃肠道黏膜潮红，有小点状出血。

3）实验室诊断

采集发病牛的静脉血（加入抗凝剂）和采集发病牛尿液，带回当地兽医兽医诊断室进行检查。

静脉血制备血液涂片，自然干燥，以甲醇固定，姬姆萨氏染色，镜检发现，一些红细胞的边缘呈齿轮状、星芒状或形状不规则的多边形，部分红细胞有破裂现象；在红细胞内有大于红细胞半径的梨籽形、香蕉形、卵圆形或逗点状的虫体，典型虫体呈双梨籽形，呈尖端相连。

红细胞计数：结果是 $3.69\times10^{5}\sim4.32\times10^{6}/mm^{3}$，平均为 $1.178\times10^{6}/mm^{3}$（牛的正常值为：$(6\sim7)\times10^{12}/mm^{3}$），表现明显的贫血现象。

尿液的检查：尿色浑浊，外观呈黄褐色或暗红色。尿比重明显增加，高达 1.045～1.09，平均为 1.071 3，70%的尿液血红蛋白呈阳性。联苯胺法检查尿液中血红蛋白呈阳性（呈绿色或蓝色）。

4）用药诊断

发病牛用三氮脒按体重 1 g/300 kg 治疗，均用生理盐水配成 7%的溶液，静脉缓慢推注，每日 1 次，治疗后的病牛症状消失，镜检未见红细胞内的虫体和异物。

5）诊断结论

根据临床症状（高热、贫血和血红蛋白尿）、流行病学（蜱虫活动的季节）和实验室检查（发现红细胞内有大于红细胞半径的梨籽形虫体）诊断该病为牛的双芽巴贝斯虫病。

第17章
马的原虫病

本章导读：本章主要介绍马巴贝斯虫病，重点掌握马巴贝斯虫病的传播以及诊断与控制。

马巴贝斯虫病(又称马梨形虫病)是由驽巴贝斯虫(旧称马焦虫)和马巴贝斯虫(旧称马纳氏焦虫)寄生于马红细胞引起的血液原虫病。以高热、贫血和黄疸为主要症状。

【病原形态】 驽巴贝斯虫(*B. caballi*)为大型虫体,虫体长度大于红细胞半径。其形状为梨籽形(单个或成双)、椭圆形、环形等,偶见有变形虫虫体,典型形状为成对的梨籽形虫体以其尖端连成锐角。每个虫体内有2团染色质块。在1个红细胞内通常只有1～2个虫体,偶尔见有3个或4个。红细胞染虫率为0.5%～10%。

图17.1　红细胞内的驽巴贝斯虫(仿 Markov, A A.)

马巴贝斯虫为小型虫体,长度不超过红细胞半径。呈圆形、椭圆形、单梨形、阿米巴形、钉子形、逗点形、短杆形等多种形态。典型的形状为四个梨形虫体以尖端相连成十字形,每个虫体有1团染色质块。红细胞的染虫率达50%～60%。

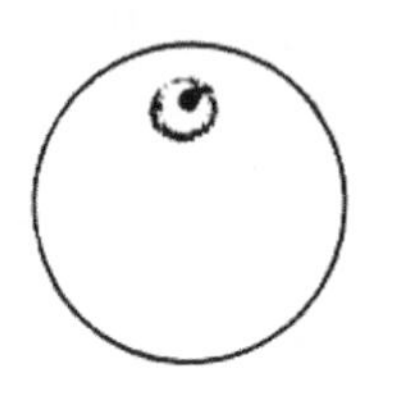

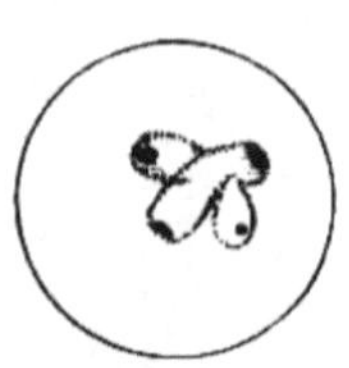

图17.2　红细胞内的马巴贝斯虫(仿 Markov, A A.)

【发育与传播】 文献记载驽巴贝斯虫的媒介蜱有3属14种,我国已查明的有草原革蜱、森林革蜱、银盾革蜱、中华革蜱;马巴贝斯虫的传播者有6种革蜱、8种璃眼蜱和4种扇头蜱。革蜱以经卵方式传播驽巴贝斯虫。试验证明次代革蜱的幼虫、若虫和成虫阶段都具有传播驽巴贝斯虫的能力。但由于革蜱为三宿主蜱,仅成虫阶段寄生于马匹等大型哺乳动物,因此,在自然条件下,次代成虫起传播作用。

虫体侵人马体后在红细胞内以二分裂法或出芽生殖法繁殖。马耐过驽巴贝斯虫后,带虫免疫可长达4年。马巴贝斯虫与驽巴贝斯虫之间无交叉免疫性。

【症状与病变】 本病的潜伏期为10~21 d。病初体温升高,精神沉郁,流泪,眼睑水肿。出现明显的贫血和黄疸,血红蛋白尿。病后期常发生便秘,干硬的粪球上附有黄色黏液。鼻腔、阴道和第三眼睑的黏膜上出现出血点。剖解见尸体消瘦、黄疸、贫血和水肿。

【诊断】 根据临床症状、流行病学资料和病理变化可做出初步诊断。马的感染可通过其血液或器官组织染色涂片检查虫体以确诊。虫体检查一般在病马发热时进行,但有时体温不高也可检出虫体。

【治疗与预防】有治疗价值的患病动物,隔离治疗。

(1)**治疗药物**

①咪唑苯脲:剂量为2 mg/kg体重,配成10%溶液,一次肌肉注射或间隔24 h再用一次。

②三氮脒:剂量为3~4 mg/kg体重,配成5%溶液深部肌肉注。可根据具体使用情况用1~3次,每次间隔24 h。有的病马注射后可能出现出汗、流涎、肌肉震颤、腹痛等副作用,一般经1 h后自行恢复。

(2)**防治措施**

搞好环境卫生,做好灭蜱工作。严重病例应扑杀。

【学习要点】

①马巴贝斯虫病的病原体有驽巴贝斯虫和马巴贝斯虫两种。驽巴贝斯虫的典型形状为成对的梨籽形虫体以其尖端连成锐角,每个虫体内有2团染色质块;马巴贝斯虫的典型形状为4个梨形虫体以尖端相连成十字形,每个虫体有1团染色质块。

②马巴贝斯虫病的主要症状为高热、贫血和黄疸。

第18章

兔、犬、猫的原虫病

本章导读：本章主要介绍兔、犬、猫球虫病的病原形态特征、发育特点，球虫病的传播以及诊断与控制措施。

18.1 兔球虫病

本病是由艾美耳科的10多种艾美耳球虫寄生于兔的肝脏和肠道引起的，是一种最常见的原虫病，它对养兔业的危害极大。4～5月龄内的幼兔对球虫的抵抗力很弱，其感染率可高达100%。患病后幼兔的死亡率可达40%～70%。耐过的家兔长期不能康复，生长发育受到严重影响。

【病原形态】 兔球虫均属艾美耳属。据文献记载共有14个种，其中除斯氏艾美耳球虫寄生于胆管上皮细胞内之外，其余各种都寄生于肠黏膜上皮细胞内，一般为混合感染。

①斯氏艾美耳球虫（*Eimeria stiedai*）：寄生于肝胆管上皮细胞，是兔球虫中致病力最强的一种，能引起严重的肝球虫病。卵囊较大，为长圆形，呈淡黄色，在卵膜孔的一端较平。大小为(26～40)μm×(16～25)μm。孢子化时间为41～51 h。潜在期为16 d。

②穿孔艾美耳球虫（*E. perforans*）：寄生于小肠上皮细胞，致病力较弱。卵囊小，呈椭圆形，无色，卵膜孔不明显。大小为(13.3～30.6)μm×(10.6～17.3)μm。孢子化时间为35～51 h。潜在期为5～6 d。

③中型艾美耳球虫（*E. media*）：寄生于空肠和十二指肠，可引起较严重的球虫病。卵囊为中等大小，短椭圆形，呈淡黄色，有卵膜孔。大小为(18.3～33.3)μm×(13.3～21.3)μm。孢子化时间为42～72 h。潜在期为6～7 d。

④大型艾美耳球虫（*E. magna*）：寄生于小肠和大肠，致病力很强。卵囊较大，卵圆形，呈淡黄色，卵膜孔明显，呈堤状突出于卵囊壁之外。大小为(26.6～41.3)μm×(17.3～29.3)μm。孢子化时间为32～48 h。潜在期为7～8 d。

⑤梨形艾美耳球虫（*E. piriformis*）：寄生于小肠和大肠。致病作用轻微。卵囊为梨形，呈淡黄色和淡褐色，有明显的卵膜孔，位于卵囊的窄端。大小为(26～32.5)μm×(14.6～19.5)μm。孢子化时间为57 h。潜在期为9～10 d。

⑥无残艾美耳球虫（*E. irresidua*）：寄生于小肠中部，致病力较强。卵囊为长圆形或卵

圆形，呈淡黄色。卵膜孔明显，卵囊内无外残体。大小为(25.3～47.8)μm×(15.9～27.9) μm。孢子化时间为72～96 h。潜在期为7 d。

⑦盲肠艾美耳球虫(*E. coecicola*)：寄生于小肠后段和盲肠，致病力不强。卵囊为卵圆形，呈淡黄色或淡褐色。大小为(25.3～39.3)μm×(14.6～21.3)μm。孢子化时间为72 h。潜在期为9 d。

⑧肠艾美耳球虫(*E. intestinalis*)：寄生于小肠(十二指肠除外)，致病力较强。卵囊为梨形，其窄端有显著的卵膜孔。孢子化卵囊内有1个明显的外残体(梨形艾美耳球虫无外残体)。大小为(24.7～31)μm×(17.8～23.3)μm。孢子化时间为24～48 h。潜在期为10 d。

⑨小型艾美耳球虫(*E. exigua*)：寄生于肠道。卵囊呈圆形或近似球形，囊壁光滑无色，卵膜孔极不明显。卵囊孢子化后无残体。大小为(13～9)μm×(10.5～11)μm。致病力尚不清楚。

⑩黄艾美耳球虫(*E. flavescens*)：寄生于小肠后部、盲肠及大肠，致病力较强。卵囊为卵圆形，囊壁光滑，呈黄色，在宽的一端有明显的卵膜孔。卵囊的大小为(25～37)μm×(14～24)μm。潜在期为8～11 d。

⑪松林艾美耳球虫(*E. matsubayashii*)：寄生于回肠。卵囊呈宽圆形，有卵膜孔和外残体。卵囊的大小为(22～29)μm×(16～22)μm。严重感染时引起回肠伪膜肠炎。孢子化时间为32～48 h。潜在期为7 d。Khesin氏(1972)对本种的确切性有疑义。

⑫新兔艾美耳球虫(*E. neoleporis*)：寄生于回肠和盲肠，具有轻度至明显的致病性。卵囊成长圆形，有卵膜孔。孢子囊有外残体。卵囊的大小为(35.6～43.8)μm×(21.9～27.4)μm。潜在期为12 d。

⑬长形艾美耳球虫(*E. elongata*)：寄生于小肠。卵囊成长椭圆形，有卵膜孔和外残体。卵囊的大小为(35～40)μm×(17～20)μm。孢子化时间为4 d。生活史和致病性不详。Levine氏(1973)认为此种与新兔艾美耳秋虫为同物异名。

⑭那格浦尔艾美耳球虫(*E. nagpurensis*)：卵囊呈桶形，两边对称，无卵膜孔和外残体。卵囊的大小为(20～27)μm×(10～15)μm，平均为23 μm×13 μm。

【发育与传播】　兔艾美耳球虫的发育基本与鸡的艾美耳球虫发育一致，也主要经过3个阶段：即裂殖生殖、配子生殖和孢子生殖阶段。但前两个阶段在胆管上皮细胞(斯氏艾美耳球虫)或肠上皮细胞(其他的球虫)内进行。

兔艾美耳球虫的传播为“粪口途径”，球虫卵囊随粪便排出，在外界发育为孢子化卵囊(具有感染性，也称感染性卵囊)，兔吞食了感染性卵囊后感染。

本病以断奶至2月龄的幼兔易感性和死亡率最高，成年兔为隐性感染，成为带虫者。因此，病兔、带虫兔以及被卵囊污染的用具、环境等都是本病的传染源。鼠类、昆虫及饲养人员都可以是本病的机械传播者。

【症状与病变】

(1)临床症状

按病程长短分为：急性，病程3～6 d；亚急性，病程1～3周，慢性，病程1～3个月。按球虫的种类和寄生的部位分为：肠型、肝型及混合型。

①混合型：病初食欲降低，后废绝。精神不好，时常伏卧，虚弱消瘦。眼鼻分泌物增

多,唾液分泌增多。腹泻或腹泻与便秘交替出现,病兔尿频或常呈排尿姿势,腹围增大,肝区触诊疼痛。结膜苍白,有时黄染。有的病兔呈神经症状,尤其是幼兔,痉挛或麻痹,由于极度衰竭而死。多数病例则在肠炎症状之下 4 ~8 d 死亡,死亡率可达90%以上。

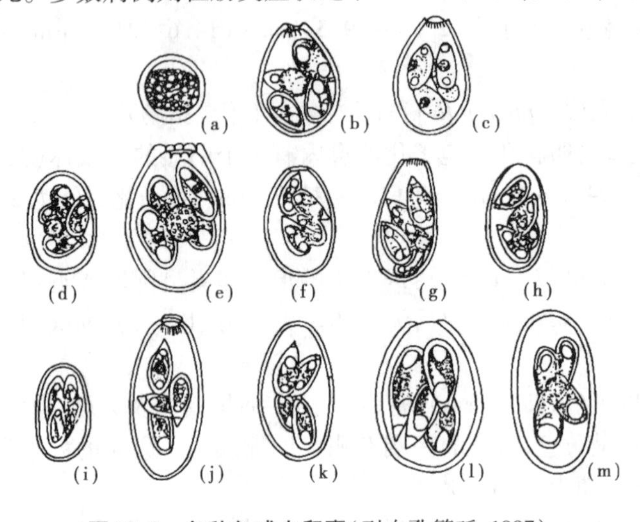

图 18.1 各种兔球虫卵囊(引自孔繁瑶,1997)

(a)小型艾美耳球虫;(b)肠艾美耳球虫;(c)梨形艾美耳球虫;
(d)穿孔艾美耳球虫;(e)大型艾美耳球虫;(f)松林艾美耳球虫;
(g)盲肠艾美耳球虫;(h)中型艾美耳球虫;(i)那格浦尔艾美耳球虫;
(j)长形艾美耳球虫;(k)斯氏艾美耳球虫;(l)无残艾美耳球虫;
(m)新兔艾美耳球虫

②肠型:多发于 20 ~60 日龄的小兔,多表现为急性。主要表现为不同程度的腹泻,从间歇性腹泻至混有黏液和血液的大量水泻,常因脱水、中毒及继发细菌感染而死。

③肝型:30 ~90 日龄的小兔多发,多为慢性经过。病兔表现厌食,虚弱,腹泻(尤其在病后期出现)或便秘,肝肿大造成腹围增大和下垂,触诊肝区疼痛,眼球紫,结膜黄染,幼兔往往出现神经症状(痉挛或麻痹),除幼兔严重感染外,很少死亡。

(2)**病理变化**

①肠型:肠壁血管充血,肠黏膜充血并有点状溢血。小肠内充满气体和大量黏液,有时肠黏膜覆盖有微红色黏液。慢性病例,肠黏膜呈淡灰色,肠黏膜上(尤其是盲肠蚓突部)有许多小而硬的白色结节(内含大量卵囊),有时可见化脓性坏死灶。

②肝型:肝常肿大,肝表面及实质内有白色或淡黄色粟粒大至豌豆大的结节性病灶,沿胆小管分布。取结节病灶压片镜检,可见到不同发育阶段的球虫,但在陈旧病灶,其内容物已转变成粉样钙化物。慢性病例,胆管和小叶间部分结缔组织增生而引起肝细胞萎缩和肝体积缩小,胆囊肿大,胆汁浓稠色暗。

18.2 犬、猫球虫病

犬、猫球虫病是由艾美耳科、等孢属(*Isospora*)的球虫引起的,寄生于犬、猫的小肠和大肠黏膜上皮细胞内,造成出血性肠炎。

【病原形态】

①犬等孢球虫(*I. canis*):寄生于犬的小肠和大肠,具有轻度至中等致病力。卵囊呈椭圆形至卵圆形,大小为(32~42)μm×(27~33)μm,囊壁光滑,无卵膜孔。孢子发育时间为4 d。

②俄亥俄等孢球虫(*I. ohioensis*):寄生于犬小肠,通常无致病性。卵囊呈椭圆形至卵圆形,大小为(20~27)μm×(15~24)μm,囊壁光滑,无卵膜孔。

③猫等孢球虫(*I. felis*):寄生于猫的小肠,有时在盲肠,主要在回肠的绒毛上皮细胞内,具有轻微的致病力。卵囊呈卵圆形,大小为(38~51)μm×(27~39)μm,囊壁光滑,无卵膜孔。孢子发育时间为72 h。潜在期为7~8 d。

④芮氏等孢球虫(*I. rivolta*):寄生于猫的小肠和大肠,具有轻微的致病力。卵囊呈椭圆形至卵圆形,大小为(21~28)μm×(18~23)μm,囊壁光滑,无卵膜孔。孢子发育时间为4 d。潜在期为6 d。

【发育与传播】　同兔球虫。

【症状与病变】　严重感染时,幼犬和幼猫感染后3~6 d,出现水泻或排出泥状粪便,有时排带黏液的血便。病者轻度发热,精神沉郁,食欲不振,消化不良,消瘦,贫血。感染3周以后,临床症状逐步消失,大多数可自然康复。整个小肠出现卡他性肠炎或出血性肠炎,但多见于回肠段尤以回肠下段最为严重,肠黏膜肥厚,黏膜上皮脱落。

18.3　兔、猫、犬球虫病的诊断与防治

1)诊断

根据临床症状、流行病学资料和病理变化可做出初步诊断。用饱和盐水漂浮法检查粪便中的卵囊,或将肠黏膜刮取物即肝脏病灶刮屑物制成涂片,镜检球虫卵囊、裂殖体或裂殖子等。如在粪便中发现大量卵囊或在病灶中发现大量各个不同发育阶段的球虫,即可确诊为兔球虫病。

2)治疗与预防

发生家兔、猫、犬球虫病时,可采用下列药物进行治疗。

(1)治疗药物

同抗鸡球虫病药物(见本书的14.5.1)。但需要注意的是:

①马杜拉霉素不能用于兔球虫病的防治。

②氨丙啉用于犬时,如出现呕吐等副作用时,应停止使用。

(2)防治措施

①家兔场及猫、犬舍应建在干燥向阳处,保持干燥、保持清洁结合通风。

②加强饲养管理,对幼兔和成年兔应分笼饲养,发病病兔立即隔离治疗;注意饲料及饮水卫生,及时清扫粪便,防止兔粪污染饲料和饮水。

③合理安排母兔的繁殖,使幼兔断奶不在梅雨季节。

④在球虫病的流行季节里,对断奶的仔兔,可在饲料中拌入药物(如杀球灵、氯苯胍、莫能霉素等),用以预防兔球虫病。在母犬下崽前10 d内可用1~2大汤匙9.6%的氨丙

啉溶液混于4.5 L水中饮用。

18.4 实践技能训练——病例分析

犬球虫病的诊治

1)发病情况及临床症状

某养犬场所养的17只2~3月龄幼犬相继出现精神沉郁,喜卧,耷头夹尾,食欲下降或废绝,渐进消瘦,拉稀并出现血便为主要症状的疾病。犬主怀疑为急性胃肠炎,养殖技术人员曾用青链霉素、病毒唑及地塞米松等进行治疗未见有好转。兽医作临床检查发现:病犬精神沉郁,被毛粗乱,可视黏膜苍白,有时有呕吐症状,体温39.0~39.4 ℃,腹泻、排带黏液稀便,有的粪便带血,恶臭难忍。

2)剖检变化

病死犬胃黏膜发炎,肠腔内充满气体和暗红色的黏液。小肠黏膜内层出现白色结节,回肠下段病变最为严重,出现糜烂和溃疡,肠内容物混有血凝块。盲肠,尤其是蚓突有大量淡黄色结节。肝脏肿大,有出血点。膀胱积有黄色混浊尿液,膀胱黏膜脱落。

3)实验室诊断

取病犬粪便用直接涂片检查,同时取适量粪便进行饱和盐水漂浮法检查。在光学显微镜下镜检发现,有大量的椭圆形或卵圆形球虫卵囊,囊壁光滑;收集球虫卵囊于2.5%重铬酸钾液中进行孵化,镜下可见淡黄色卵囊内有2个孢子囊,每个孢子囊内含有4个子孢子。

用犬瘟热和细小病毒快速诊断试纸条进行检查,结果为阴性。

4)用药诊断

使用磺胺喹恶啉进行治疗,按30 mg/kg体重给药,2次/d。同时对病犬肌肉注射维生素K1,按20 mg/次)给药,2次/d,并用5%葡萄糖生理盐水30 mL/kg、肌苷5 mg、维生素C 0.25 g静脉注射,1次/d;并加强护理。连续治疗4 d后,病犬恢复正常。

对其他犬用百球清口服液25 mg/kg,1次/d,连用7 d,进行研发。

5)诊断结论

根据临床症状(腹泻、血便)和实验室检查(从粪便中查出大量的球虫卵囊)以及抗球虫药物治疗效果,诊断为犬的(等孢)球虫病。

【学习要点】

①兔球虫病的病原有14种艾美耳球虫,其中除斯氏艾美耳球虫寄生于胆管上皮细胞内之外,其余各种都寄生于肠黏膜上皮细胞内。兔球虫病主要危害幼年兔,成年兔多为带虫者,其传播主要是“粪口途径”;兔球虫病临床上分为肠型、肝型及混合型。根据临

床症状、流行病学资料和病理变化可做出初步诊断，再用饱和盐水漂浮法检查粪便中的卵囊，或将肠黏膜刮取物即肝脏病灶刮屑物制成涂片，镜检出球虫卵囊、裂殖体或裂殖子作出确诊。注意马杜拉霉素不能用于兔球虫病的防治。

②犬、猫球虫病是由等孢球虫寄生于犬、猫的小肠和大肠黏膜上皮细胞内，引起血性肠炎。

第4篇【目标测试题】

一、名词解释

裂殖生殖　配子生殖　孢子生殖　结合生殖　石榴体　米修氏囊　白冠病　黑头瘟　苏拉病

二、选择题

1. 弓形虫卵囊内所含的孢子囊数是(　　)。
①1个　　②2个　　③3个　　④4个
2. 弓形虫的终末宿主是(　　)。
①人　　②猫　　③老鼠　　④反刍兽
3. 检查急性猪弓形虫病可在肺、肝、淋巴节涂片中发现(　　)。
①滋养体　　②裂殖体　　③包囊　　④卵囊
4. 弓形虫病治疗主要用(　　)。
①左咪唑　　②硝氯酚　　③吡喹酮　　④磺胺类
5. 猪小袋纤毛虫主要寄生在猪的(　　)。
①结肠　　②盲肠　　③直肠　　④小肠
6. 猪小袋纤毛虫在宿主体内的繁殖方式(　　)。
①内出芽生殖　　②裂殖生殖　　③孢子生殖　　④横分裂
7. 猪小袋纤毛虫病的主要典型症状(　　)。
①食欲减退　　②血痢　　③顽固性下痢　　④白痢
8. 柔嫩艾美耳球虫寄生于(　　)。
①大肠中段　　②盲肠　　③十二指肠　　④小肠中段
9. 堆型艾美耳球虫主要寄生于(　　)。
①小肠中段　　②盲肠　　③十二指肠和空肠　　④小肠中段
10. 各品种的鸡对鸡球虫均有易感性，发病率和死亡率最高的是(　　)。
①15～50　　②5～10　　③60～75　　④75～90
11. 鸡的住白细胞虫的传播者为(　　)。
①蚋或蠓　　②蜱　　③蚊子　　④苍蝇
12. 我国的巴贝斯虫病的传播媒介是(　　)。
①吸血蝇类　　②微小牛蜱　　③淡水螺　　④草螽
13. 牛巴贝斯虫寄生于(　　)。
①肝脏　　②肠道　　③红细胞　　④淋巴液
14. 伊氏锥虫寄生在动物的部位是(　　)。

①肝脏　②血液和造血器官　③肠腔　④胃

15. 伊氏锥虫的繁殖方式是(　　)。

①纵分裂法　②出芽生殖　③孢子生殖　④配子生殖

16. 伊氏锥虫的传播媒介是(　　)。

①蜱　②淡水螺　③虻及血蝇类　④草螽

17. 泰勒虫的“石榴体”阶段见于牛羊的(　　)。

①红细胞　②淋巴细胞　③中性粒细胞　④嗜酸性粒细胞

18. 犬巴贝斯虫寄生于犬的(　　)。

①红细胞　②浆细胞　③巨噬细胞　④淋巴细胞

19. 寄生于兔肝脏的艾美耳球虫是(　　)。

①兔艾美耳球虫　②斯氏艾美耳球虫　③松林艾美耳球虫　④穿孔艾美耳球虫

20. 某犊牛群发热、昏睡、食欲不振,伴有严重腹泻、脱水,剖检见肠管肿胀,充满黏液和气体,采用饱和蔗糖液漂浮法检查患牛粪便,油镜观察发现大量内含4个裸露子孢子的卵囊,该病例最可能的致病病原是(　　)。

①蛔虫　②隐孢子虫　③类圆线虫　④毛尾线虫

21. 某猪群出现食欲废绝,高热稽留,呼吸困难,体表淋巴结肿大,皮肤发绀。孕猪出现流产、死胎。取病死猪肝、肺、淋巴结及腹水抹片染色镜检见香蕉形虫体,该寄生虫病可能是(　　)。

①球虫病　②鞭虫病　③蛔虫病　④弓形虫病

22. 夏季,某养鸡场雏鸡下痢,呼吸困难,口流鲜血,鸡冠和肉垂苍白;剖检见有全身性出血,内脏器官肿大,胸肌、腿肌和心包等处有针尖至粟粒大小的白色结节。该病可能是(　　)。

①新城疫　②球虫病　③盲肠肝炎　④住白细胞虫病

23. 某养鸡场散养的1 000只肉仔鸡,30日龄起大批鸡精神萎顿,食欲减退,双翅下垂,羽毛逆立,下痢至排大量血便,1周内死亡率达30%以上。该鸡群最可能的诊断是(　　)。

①鸡蛔虫病　②鸡球虫病　③组织滴虫病　④隐孢子虫病

24. 等孢属球虫成熟卵囊中含有(　　)。

①2个孢子囊,共8个子孢子　②4个孢子囊,共8个子孢子

③2个孢子囊,共16个子孢子　④4个孢子囊,共16个子孢子

25. 组织滴虫病的典型病变主要在(　　)。

①盲肠和肝脏　②鸡冠和肉髯　③肌肉　④肾脏

三、填空题

1. 原虫的无性生殖方式主要是________、________、________和________。

2. 原虫的有性生殖方式主要是________和________。

3. 弓形虫具有________、________、________、________和________五种形态。

4. 家畜隐孢子虫病的主要临床症状是________。

5. 结肠小袋纤毛虫感染者粪便检查时，可发现__________和__________。

6. 寄生于畜禽血液内的寄生虫有__________、__________、__________、__________、__________等。

7. 常用的抗血液梨形虫药有__________、__________、__________等。

四、问答题

1. 简述鸡柔嫩艾美耳球虫病的主要症状。
2. 简述牛巴贝斯虫病主要的临床症状。
3. 简述火鸡组织滴虫病主要的病理解剖变化。
4. 简述兔球虫病的临床症状、诊断及防制措施。

第4篇【复习思考题】

1. 查阅文献，试述养鸡场球虫病的综合防控措施。
2. 弓形虫病是猪的高热病之一，结合临床实践，试述猪场弓形虫病的综合预防措施。

第4篇【知识拓展】

疟原虫病

疟原虫属于真球目、疟原虫科、疟原虫虫属，是疟疾的病原体，疟疾是一种古老且严重危害人体健康的寄生虫病，俗称“冷热病”“打摆子”“瘴气”“脾热”等，典型的临床症状表现为周期性规律性寒战、发热和出汗，同时出现严重贫血和脾肿大。疟原虫寄生于人及多种哺乳动物，少数寄生于鸟类和爬行类动物，已知有130余种。

病原：寄生于宿主的疟原虫有4种，即间日疟原虫、恶性疟原虫、三日疟原虫和卵形疟原虫，分别引起间日疟、恶性疟、三日疟和卵形疟。在中国主要有间日疟原虫，恶性疟原虫主要分布在南方的山区，其中三日疟原虫少见，卵形疟原虫罕见，仅在云南等地发现过。

发育：4种疟原虫生活史基本相同，需要人等中间宿主和终末宿主雌性按蚊两个宿主完成生活史。在中间宿主体内进行无性生殖（裂殖生殖），在终末宿主蚊体内进行有性生殖（配子生殖）和无性生殖（孢子生殖）。子孢子通过蚊子叮咬、输血或经胎盘感染中间宿主。

间日疟原虫在红细胞内，36～72 h即可完成“三期六种形态”的发育过程，即滋养体期：大、小滋养体；裂殖体期：未成熟、成熟裂体；配子体期：雌、雄配子体。对宿主发生致病的阶段为裂殖体增值期，裂殖体对红细胞的选择性较强，间日疟和卵形疟主要寄生于网织内细胞，三日疟寄生于衰老红细胞，恶性疟寄生于各自红细胞，是引起严重贫血的主要疟原虫。

在最适条件下，疟原虫在按蚊体内发育成熟所需时间：间日疟原虫约为9～10 d，恶性疟原虫约为10～12 d，三日疟原虫约为25～28 d，卵形疟原虫约为16 d。

诊断：首先根据临床症状进行诊断，人感染疟原虫病后，出现周期性的冷、热、出汗。

冷：全身颤抖、皮肤鸡皮样、面上苍白，口唇和指甲发紫，夏天盖几层棉被也感觉冷；热：面色发红，皮肤灼热，体温升至 39 ~ 40 ℃，伴有头痛、全身酸痛，小孩或严重成人出现惊厥或昏迷；汗：大汗淋漓，体温急降，乏力。实验室诊断主要是采受检者外周血液，涂片染色镜检，检出疟原虫可以确诊，也可以采取免疫学和分子技术进行诊断。

防治：消灭疟原虫必须采取治疗、灭蚊和防护三结合的综合性防治措施。包括个体预防和群体预防，预防措施有蚊媒防治和预防服药，蚊媒防治包括杀灭蚊和使用蚊帐及驱蚊剂，预防服药（乙胺嘧啶）是保护易感人群的重要措施之一。治疗可以服用氯喹、喹哌、咯萘啶、青蒿素类衍生物等药物。间日疟治疗一般采用氯喹/伯喹双四日疗法；恶性疟采用双氢青蒿素哌喹片 2 日疗法；重症恶性疟的治疗方案为青蒿琥酯静脉滴注法。

第5篇 兽医临床常用抗寄生虫药物

第19章
常用抗寄生虫药物

本章导读:本章的学习内容以常用抗寄生虫药物为主要学习内容,重点掌握抗寄生虫药物的使用范围、用法用量。

19.1 抗寄生虫药物的应用方法和注意事项

19.1.1 抗寄生虫药物的应用方法

正确的使用抗寄生虫药物是动物寄生虫病综合防制措施中重要的一环。加上目前寄生虫出现耐药株的情况日益严重,因此,合理的使用抗寄生虫药物就显得更加的关键。

1)联合用药

联合用药就是将两种或多种抗寄生虫药物按照最佳搭配方案同时或在短期内先后配合使用,以增加治疗效果,减少或消除药物的不良反应或分别治疗不同的症状及合并症。减少了单一药物的使用量,在一定程度上可以延缓产生抗药性的速度。如联合使用马杜霉素及尼卡巴嗪可大幅度提高抗球虫指数,增强抗球虫效果。

2)交替用药

交替用药就是在同一养殖场所的不同批次畜禽轮换使用化学结构不同的抗寄生虫药物。如可以在第一批鸡群使用一种抗球虫药物,当有第二批鸡群时就改用另一种与第一批所使用药物化学结构不同的抗寄生虫药物。有研究表明,化学结构相同或相似的两种或几种抗寄生虫药物之间可能存在交叉抗药性,如果长期使用这样的药物,很可能产生耐药虫株。

3)群体给药

为预防或治疗动物寄生虫病,促进畜禽生长发育,常常对动物群体施用抗寄生虫药物,主要有以下几种方式:

①混料给药:将药物均匀地混入饲料中,让动物吃饲料时能同时吃进药物。这种方法简便易行,适用于长期投药。但应注意药物必须与饲料混合均匀,并掌握饲料中药物的浓度。

②混水给药:将药物溶解于水中,让动物自由饮用。此法尤其适用于因病不能吃食,

但还能饮水的动物。应用此法应注意根据动物可能饮用的水的量来计算药量与药液浓度。对于不溶于水或在水中易被破坏变质的药物,须采用相应措施,保证疗效。

③气雾给药:将药物以气雾剂的形式喷出,使之分散成微粒,让动物经呼吸道吸入而在呼吸道发挥局部作用,或使药物经肺泡吸收进入血液而发挥全身治疗作用。本法可供室内空气消毒和杀虫之用。在选择药物时应注意所选药物应对动物呼吸道无刺激性。

④其他给药方式:群体给药还有很多方式,如药浴、砂浴及环境消毒等,在选用何种方式进行给药时一定要注意动物和药物两方面的因素,不能盲目实施。

4)穿梭用药

穿梭用药是根据寄生虫不同发病阶段采用不同疗效的药物对畜禽施用的一种给药方式,这在抗球虫药物使用上比较多见,如在球虫病高发阶段使用高效抗球虫药,在低发阶段使用低效抗球虫药,可延缓抗药性的产生。但是穿梭用药也存在使寄生虫产生多重耐药性虫株的潜在危险。

5)“成熟前”给药驱虫

对于某些蠕虫,最好能采用“成熟前驱虫”,即趁蠕虫在宿主体内还没有发育成熟的时候,用抗寄生虫药物将之驱除,可以达到“杀一去千”,有利于防止感染宿主排出病原污染畜禽生长环境,并阻止动物病程的进一步发展。

具体驱虫时间应根据寄生虫的生活史和流行病学特点及所选药物的性能来决定。如为预防牛羊的细粒棘球蚴病,根据细粒棘球绦虫在犬小肠内发育成熟最早需45 d的规律采用每月驱虫1次。

19.1.2　使用抗寄生虫药物的注意事项

1)遵循选药原则

正确选择抗寄生虫药物应遵循以下几个基本原则:

①安全:即所选药物应对宿主具较低的毒性,对宿主无“三致”(致畸、致癌、致突变)及无公害,对畜产品品质无不良影响,除此之外,还应具有较高的药物治疗指数及较大的安全范围。

②高效:即药物的疗效高,对寄生虫的各个发育阶段均具有抑杀作用。

③广谱:即所选药物具有杀灭多种寄生虫的性能,做到一药防治多种寄生虫病。

④高质:即所选药物应理化性质稳定,易于加工、运输和储存,并且经济、适口性好、使用方便。

2)用药量要准确

在寄生虫病防治过程中,药物的使用量是关键。用量不足,则达不到驱虫的效果,易诱发抗药性;用量过大,则会引起宿主中毒。为保证药量的准确,应对动物进行实际称重,根据重量与药物的比例给药。

3)保证驱虫的安全

大规模驱虫前,应先进行驱虫的预试验,在保证药物对动物安全、有效后再全群给药,对从未使用过的新药更应如此;使用药物时应根据药物的安全性,对体弱、有病、怀孕的动物分次给药或延缓给药;同时还应注意药物的禁忌和休药期等问题。

4)注意用药效果的观察

对动物用药后,动物会从粪便里排除大量的虫体、幼虫、虫卵或卵囊,可以根据动物体内虫体或虫卵减少的情况结合动物的精神、营养等情况综合评价药物的杀虫效果,如果疗效不佳,应及时改用其他的药物,避免延误治疗时机。

19.2 驱蠕虫药

19.2.1 驱吸虫药

1)丙硫咪唑(抗蠕敏 Albendazole)

用法用量:内服量,马、牛、羊 10 ~ 20 mg/kg 体重,猪 10 ~ 30 mg/kg 体重,禽 10 ~ 25 mg/kg,犬、猫、兔 10 mg/kg 体重,大熊猫 6 mg/kg 体重,鹿 10 ~ 15 mg/kg 体重。

2)吡喹酮(Praziquantel)

用法用量:牛、羊、猪 10 ~ 80 mg/kg 体重,家禽 10 ~ 20 mg/kg 体重,犬、猫 2 ~ 5 mg/kg 体重。

3)硫双二氯酚(别丁 Bithinol)

用法用量:牛:40 ~ 60 mg/kg 体重,羊、猪 75 ~ 100 mg/kg 体重,马 10 ~ 20 mg/kg,猫、鸡、鹌鹑 200 mg/kg 体重,鸭 30 ~ 50 mg/kg 体重,鹅 600 mg/kg 体重。

4)三氯苯咪唑(肝蛭净 Triclabendiazole)

用法用量:牛、羊、鹿 10 ~ 15 mg/kg 体重。

5)联胺苯醚(Diamphenethide)

用法用量:牛 75 ~ 100 mg/kg 体重,羊 80 ~ 120 mg/kg 体重,口服。

6)六氯对二甲苯(血防 846,海涛尔 Dexachioroparaxylene、Hetol)

用法用量:各种家畜均按 150 ~ 200 mg/kg 体重,对阔盘吸虫用 400 mg/kg 体重,口服。

7)三氯苯丙酰嗪(海涛林 Hetolin)

用法用量:牛 30 ~ 60 mg/kg 体重,羊 30 ~ 80 mg/kg 体重,口服。

8)羟氯柳胺(Oxycloxanide Zanile)

用法用量:有粉剂和混悬液。牛、羊 10 ~ 15 mg/kg 体重,鸭 15 mg/kg 体重。

9)氯苯碘柳胺(碘醚柳胺 Rafoxanide)

用法用量:口服量,牛 10 mg/kg 体重,羊 15 mg/kg 体重,马 3 mg/kg 体重。

10)氯碘酰胺(Clioxanide)

用法用量:牛 15 ~ 40 mg/kg 体重,羊 10 ~ 20 mg/kg 体重,内服。

11）氯氰碘柳胺钠（富基华 Closantel）

用法用量：口服：牛 5 mg/kg 体重，羊 10 mg/kg 体重；皮下注射：牛 2.5 mg/kg 体重，羊 5 mg/kg 体重。

12）硝硫氰胺（Amosconate）

用法用量：静脉注射，黄牛 2 mg/kg 体重，水牛 1.5 mg/kg 体重（极量为 0.6 f）；肌肉注射，黄牛 20～25 mg/kg 体重，水牛 15～20 mg/kg 体重。

13）溴酚磷（蛭得净 Bromphenophos）

用法用量：牛、羊 12～15 mg/kg 体重，鹿 12～16 mg/kg 体重。

19.2.2　驱绦虫药

1）氯硝柳胺（灭绦灵 Niclosamide）

用法用量：每 kg 体重一次内服，马 80～90 mg，牛 60～70 mg，羊 50～70 mg，犬、猫、兔 100 mg，鸡 50～60 mg，爬虫类 150 mg；灭钉螺时每 m^3 水或 m^2 陆地加药 2 g 喷洒。

2）羟溴柳胺（Resorantel）

用法用量：牛、羊按 65 mg/kg 体重一次内服。

3）丁萘脒（Bunamidine）

用法用量：羊、犬、猫体重 25～50 mg/kg，鸡 400 mg/kg 体重。

4）氯溴酸槟榔

用法用量：犬 1.5～2 mg/kg 体重，鸡 3 mg/kg，鹅 1～2 mg/kg 体重。

5）其他驱绦虫药

吡喹酮、别丁、血防 846、甲苯咪唑等。

19.2.3　驱线虫药

1）左旋咪唑（左咪唑 Levamisole）

用法用量：有盐酸左旋咪唑、磷酸左旋咪唑两类。各种家畜按 8～10 mg/kg 体重；家禽 25 mg/kg 体重，一次投服；肌肉注射为剂量同口服。

2）噻苯唑（噻苯咪唑 Thiabendazole TBZ）

用法用量：每 kg 体重内服量：马、牛 50～100 mg，猪、犬 50 mg，鸡 500 mg，另可以拌料饲喂，如 0.1% 浓度对鸡的寄生线虫进行预防。

3）甲苯咪唑（Mebendazole MBZ）

用法用量：每 kg 体重口服量：马 10 mg，牛、羊 10～15 mg，猪 10～20 mg，禽 30～50 mg，犬、猫 22 mg，兔 15 mg。

4）氟苯咪唑（氟甲苯咪唑 Fulbendazole FUZ）

用法用量：口服，猪 5 mg/kg 体重。预混剂，猪 30 mg/kg，连用 5～10 d，鸡 30 mg/kg，

连用 4 ~7 d,混饲。

5)苯硫咪唑(芬苯哒唑 Fenbendazole FBZ)

用法用量:每 kg 体重内服量:牛、马、羊、猪 5 ~10 mg,犬、猫 20 ~50 mg,禽 8 mg。

6)砜苯咪唑(亚砜咪唑、磺唑氨脂 Oxfendazole OFZ)

用法用量:每 kg 体重内服剂量:马 10 mg,牛 2.5 ~5 mg,羊 5 mg,猪 3 ~4.5 mg,犬 10 mg。

7)丙氧咪唑(丙氧苯咪唑 Oxibendazole OBA)

用法用量:规格为每片含 0.01 g 和 0.05 g,每 kg 体重内服量:马、牛 10 ~20 mg,羊 5 ~15 mg,猪 10 mg,家禽 20 ~40 mg。

8)丁苯咪唑(Parbendazole PBZ)

用法用量:每 kg 体重内服剂量:牛 20 ~30 mg,羊 15 ~30 mg,猪 20 ~50 mg,禽 30 mg。

9)康苯咪唑(丙噻咪唑(Cambendazole CBZ)

用法用量:每 kg 体重内服剂量:马 20 mg,牛 25 mg,猪、羊 20 ~40 mg,家禽 20 ~50 mg。

10)噻嘧啶(抗虫灵 Pyrantel)

用法用量:每 kg 体重内服量,酒石酸噻嘧啶:马 13 mg,牛、羊 25 mg,猪 22 mg,鸡75 ~100 mg;双羟萘酸噻啶:马 6.6 mg,犬 6 ~10 mg,禽 15 mg。

11)甲噻嘧啶(保康灵 Morantel)

用法用量:每 kg 体重内服量:马、牛、羊 10 mg,猪 15 mg,犬 5 mg。

12)美沙利啶(甲氧啶 Methyridine)

用法用量:每 kg 体重内服量:牛、羊、犬、禽 200 mg,猪 150 ~200 mg。也可配成 10% 灭菌水液及下注射。

13)酚噻嗪(硫化二苯胺 Phenotiazine)

用法用量:牛:20 ~50 g/(头·次),羊、猪:5 ~20 g/(头·次),鸡 0.5 ~1 g/(只·次),内服。

14)哌嗪化合物(Piperazine Compounds)

用法用量:有枸橼酸哌(驱蛔灵)和磷酸哌嗪两类;用量以枸橼酸哌嗪为标准,磷酸哌嗪应减 1/6 左右剂量。每 kg 体重内服量:马、牛 0.25 g,羊 0.25 ~0.35 g,猪 0.3 g,犬、猫 0.1 g,家禽 0.25 g。

15)阿维菌素类(Avermetins)

用法用量:目前这类药物已有多种,用量为每 kg 体重 0.2 ~0.3 mg,口服或皮下注射,埃谱利诺菌素用量为 0.5 mg。

国内的阿维菌素高品名为"虫克星",伊维菌素称"灭丁虫""害获灭"。

16)氰乙酰肼(网尾素 Cyanacethydlazide)

用法用量:每 kg 体重内服量:猪、牛、羊 15 ~17.5 mg(牛 300 kg 以上者不超过 5 g,羊

25 kg 以上者总量不超过 0.5 g,猪 50 kg 以上者不超过 1 g)。皮下注射时,用 10% 注射液,牛、羊、猪为 15 mg/kg。

17)海群生(乙胺嗪(Hetrazana)

用法用量:每 kg 体重内服量:马、牛、羊、猪、犬 50 ~ 100 mg,一日一次,连用 3 次;如在蚊活动季节,预防犬心恶丝虫可日服 6.6 mg/kg 体重。

18)哈罗松(Haloxone)

①用法用量:牛、羊、猪 35 ~ 50 mg/kg 体重,马、家禽 50 ~ 70 mg/kg 体重内服。

②应用注意:鹅极敏感,不宜使用。作用类似的药物不能同时使用;屠宰前 7 d 停药,乳牛和羊不宜使用。

19)敌敌畏缓释剂(PVC—DDVP)

用法用量:马 30 ~ 40 mg/kg 体重,猪 10 ~ 20 mg/kg 体重,一次内服。

20)其他药物

参阅驱吸虫药中丙硫咪唑、氯氰碘柳胺钠等。

19.3 杀虫药

19.3.1 有机磷类

1)敌敌畏

用法用量:对环境、圈舍、用具喷洒灭虫时使用 0.5% 的溶液;在喷洒牛体表时用 1% 浓度,但不得湿到皮肤,每头牛不能超过 30 ~ 60 ml 用量。

2)蝇毒磷(Coumaphos)

用法用量:有 20% 的乳油剂和 16% 的粉剂;混饲内服剂量:反刍兽 2 mg/kg 体重,体表浸浴、浇泼、喷洒使用 0.02% ~ 0.05% 浓度。

3)倍硫磷(Fenthion)

用法用量:背部浇泼时用 5 ~ 10 mg/kg 体重计算,用液体石蜡配成 1% ~ 2% 溶液应用;外用喷洒用 0.1% ~ 0.25% 浓度。此外,对牛每 kg 体重,5 ~ 7 mg(0.4 ~ 0.6 ml/头)肌肉注射,1 mg 口服。

4)马拉硫磷(Malathione)

①用法用量:常用 45%、70% 两种规格的乳剂,使用浓度为 0.2% ~ 0.3% 溶液。

②应用注意:性质不稳定,室外使用残效期短,一月龄内动物禁用,常与西维因、敌敌畏和杀螟粉混合使用,对蜂有剧毒,对鱼也有危害。

5)辛硫磷(Phoxin)

用法用量:常见有 50% 乳剂,喷洒浓度为 0.1%,药浴用 0.05%。

6)乐果(Rogor)

用法用量:内服:马、牛、羊 40 ~ 60 mg/kg 体重,背部浇泼 10 ~ 15 mg/kg。外用喷洒:

0.5 ~1.0 浓度。

7)氧硫磷(蜱虱敌 Oxinothiophos)

用法用量:用0.01% ~0.02%乳液药浴或喷洒。

8)二嗪农(螨净 Dimpylate)

用法用量:二嗪农液(螨净)含二嗪农25%;喷洒:牛、羊600 mg/kg,猪250 mg/kg。药浴:牛初次625 mg/kg,补充药液1 500 mg/kg;绵羊初次250 mg/kg,补充药液750 mg/kg。

19.3.2 有机氯类

1)三氯杀虫酯

①用法用量:有25% ~50%溶液和50%乳剂。用0.1% ~0.2%溶液喷洒。

②应用注意:用时鲜配鲜用。

2)杀虫脒(氯苯脒 Chorodimeforme)

①用法用量:有25%、50%溶液、50%乳剂和20%粉剂,使用浓度为0.1% ~0.2%喷洒涂布或药浴。

②应用注意:鲜配鲜用。

19.3.3 拟除虫菊酯类

1)二氯苯醚菊酯(除虫精 Permethrine)

用法用量:喷洒:灭蜱250 mg/kg,灭虱、螨220 mg/kg,灭蝇0.05% ~0.1%。

2)氰戊菊酯(速灭杀丁 Sumicidin)

①用法用量:为20%的乳油剂,灭螨:马、牛220 mg/kg,猪、羊、犬、兔、鸡80 ~200 mg/kg;灭虱及蚊、蝇、虻:各种畜禽40 ~80 mg/kg;圈舍杀虫,按每cm^3用0.03 ~0.05 ml稀释后喷雾。

②应用注意:配液时不能用超过50 ℃的水;避免与碱性物混合。

3)溴氰菊酯(敌杀死 Decis)

用法用量:常用剂型为5%乳油(倍特)。治疗浓度50 ~80 mg/kg,预防浓度30 mg/kg,进行药浴或喷淋。

4)氯氰菊酯(灭百可 Rripcord)

用法用量:10%乳剂,一般用60 mg/kg喷洒或涂布。

19.3.4 脒类

双甲脒(特敌克 Amitraza, taktic)

①用法用量:12.5%的乳剂。牛:用1 L水加本品0.179 ~0.25 ml(约179 ~250 mg/kg),羊、猪:用1 L水加0.5 ml(500 mg/kg),喷洒畜体;猪、兔:用500 mg/kg药浴

或涂擦。

②应用注意:禁用于马和鱼类;在喷洒畜体时同时喷洒圈舍。

19.3.5 氨基酸甲酯类

西维因(Sevin)

用法用量:常用2%的溶液喷洒。

19.3.6 天然类

1)除虫菊(Pyrethrum)

用法用量:粉或0.2%除虫菊煤油溶液,涂擦或喷洒。

2)升华硫(Sulfur xubimatum)

用法用量:10% ~30%的硫磺软膏,直接涂擦患部。

19.3.7 抗生素及激素样类

1)阿维菌素

同19.2.3“驱线虫药”中阿维菌素。

2)甲氧保幼素

一般使用控制蚊、蝇、虱、蚤以0.025% ~0.15%喷洒,以1 mg/kg拌饲喂牛,4.5 mg/kg拌料饲喂家禽。由于对紫外光敏感,一般不作为户外杀虫剂。

19.4 抗原虫药

19.4.1 抗血液、组织液原虫药

1)三氮脒(贝尼尔,血虫净 Triazoamidine,Berenil)

用法用量:本品现配现用,一般配成5% ~7%注射深部肌肉注射,剂量为每kg体重:黄牛3 ~7 mg,乳牛2 ~5 mg,水牛7 mg,马3 ~4 mg,羊3 ~5 mg,犬3.5 mg。

2)阿卡普林(硫酸喹啉脲 Acaprin)

用法用量:注射液,每支10 ml(0.1 g)、5 ml(0.05 g),皮下或肌肉注射;每kg体重用量:牛1 mg,马0.6 ~1 mg,羊、猪2 mg,犬0.25 mg。

3)锥黄素(黄色素 Trypaflavin)

用法用量:临配现用,配成1%注射,静脉注射,每kg体重用药量:马、牛3 ~4 mg(极量2 g/头),猪、羊3 mg(极量0.5 g/头)

4)锥蓝素(台胎蓝 Trypanum Coeruleum)

用法用量:粉针每支0.5 g,临用配成1%注射静脉注射,马、牛5 mg/kg体重。

5)双脒苯脲(咪唑苯脲 Imidocarb)

用法用量:有10%的丙二酸盐和4.5%二盐酸盐注射液,皮下或肌肉注射,牛羊1～2 mg/kg体重。

6)戊烷脒(戊氧苯脒 Pentamidin)

用法用量:肌肉注射,牛3.5～7 mg/kg体重,隔日1次,连用2次。

7)安锥赛(喹嘧胺 Ouinapyramine)

①用法用量:甲基硫酸喹嘧胺,常配成10%注射液分点皮下或肌肉注射,马、牛、骆驼5 mg/kg体重。

②喹嘧啶预防盐:临用时配成16.6%溶液,皮下注射,马、牛、骆驼0.025 ml/kg体重,2～3月注射1次。

8)那加诺(苏拉灭,萘磺苯酰脲 Suramine,Naganol)

用法用量:常用灭菌生理盐水或葡萄糖氯经钠液配成1%注射液,静脉注射。每kg体重给药量:马10～15 mg,牛15～20 mg,骆驼20～30 mg。

9)新胂拉明(九一四,Neoarsphenamine)

用法用量:临用时用灭菌生理盐水或5%葡萄糖液配制成5%～10%溶液,静脉注射,每kg体重用药量:马10～15 mg(极量6 g/匹),牛、羊10 mg(极量牛4 g/头,羊0.5 g/头)。

10)乙胺嘧啶(息疟定 Pyrimethamine)

用法用量:常与SM_2或SQ合用。0.05%乙胺嘧啶+0.05%$SM_2$0.012 5%SQ,拌饲或饮水,连用3～7 d。

11)磺胺嘧啶(Sulfadiazine SD)

用法用量:每kg体重内服量:马、牛、猪、羊、犬、鸡初次0.14～0.2 g,维持量0.07～0.1 g;兔初次0.2～0.2 g,维持注射液:2 ml(0.4 g),5 ml(1 g),10 ml(1 g)和50 ml(5 g),每kg体重肌肉或静脉量脉量:马、牛、羊、猪、鸡0.07～0.1 g,1日2次。

①增效SD片(敌菌灵):每片含SD25 mg,TMP5 mg,家禽每kg体重用量30 mg,1日2次。

②增效SD钠注射液:每支10 ml(含SD钠1 g),TMP0.2 g禽肌肉注射量0.17～0.2 ml/kg,1日1～2次;混饮浓度:1 ml加5 L饮水。

12)磺胺间甲氧嘧啶(磺胺-6-甲氧嘧啶,泰灭净,制菌磺,Sulfamonomethoxinum,SMM,DS—36)

用法用量:对住白细胞虫病和弓形体病可以采用拌料和饮水给药,鸡:预防量50～100 g/1 000 kg饲料,治疗量50～200 g/1 000 kg饲料;猪200 g/1 000 kg饲料,如单个体用药则每kg体重口服量:鸡0.05～0.71 g;猪初次0.2 g,维持0.1 g;注射剂为0.05 g/kg体重。治疗鸡、鸭鹅球虫病时可按0.05%～0.2%浓度,混饲或饮水,预防时则按0.05%～0.1%浓度,连用3～5 d。

13)磺胺间二甲氧嘧啶(磺胺-2,6-二甲氧嘧啶 Sulfadimethoxinum SDM)

用法用量:按体重内服用量为马、牛、羊、猪初次0.1 g以后0.05 g,每日1次,重者用5 d。防治住白细胞虫将此药25~50 mg/kg加乙胺嘧啶5~10 mg/kg合用。对猪弓形体病,用0.05~0.1 g/kg体重加入50 mg/内服,连用5~7 d,对家禽球虫病可胺0.025%~0.05%浓度混入饮水中,连用6 d。

19.4.2　抗滴虫药

1)甲硝咪唑(灭滴灵 Metonicloazole)

用法用量:片剂每片0.2 g、0.5 g;每kg体重内服量:牛50 mg,1日1次,连用5次;犬25 mg,1日2次,连用5次,用250~500 mg/kg连续混饲料喂家禽或兔。

2)二甲硝咪唑(达美素 Dimetridazole)

用法用量:20%甲硝咪唑预混剂:主要添加到饲料中混饲,每kg饲料中加入量:猪1 000~25 000 g(200~500 mg/kg);禽400~2 500 g(80~500 mg/kg)。

19.4.3　抗球虫药

1)聚醚类抗生素

(1)莫能霉素(**欲可胖** Monensin)

用法用量:多为预混剂(Premix),有5%、10%和20%几种规格,混于饲料中饲喂,其用量为:家禽90~110 mg/kg(即1 t饲料加入90~110 g莫能霉素),兔40~60 mg/kg,犊牛、羔羊10~30 mg/kg。

(2)盐霉素(**球虫粉,优素精** Salinomycin)

用法用量:规格有5%、10%、45%和50%的预混剂,混饲给药(拌效价计算),雏鸡60~70 mg/kg,肉鸡40~60 mg/kg,兔50 mg/kg,犊牛10~30 mg/kg,羔羊10~25 mg/kg,猪25~75 mg/kg。

(3)甲基盐霉素(**拉那星** Narasin)

用法用量:“禽安”(Monteban)为10%的甲基盐霉素的预混剂,用量为70 mg/kg;“猛安”(Maxiban)为甲基盐霉素与尼卡巴嗪等份的预混剂,用量50~90 mg/kg。

(4)拉沙里菌素(**拉沙洛西,球安** Lasalocid,Avatec)

用法用量:有25%和45%的拉沙里菌素预混剂;推荐用量,肉鸡75~125 mg/kg,雏鸡40~70 mg/kg,火鸡110 mg/kg,兔90 mg/kg,犊牛30~40 mg/kg,羔羊40~60 mg/kg。

(5)马杜拉霉素(Maduramycin)

用法用量:常为1%的预混剂,一般规定为5 mg/kg混饲,现有饮水剂型出现。

(6)山度拉霉素(Semduramycin)

用法用量:20~25 mg/kg,拌料饲喂。

(7)**海南霉素**(Hainanmycin)

用法用量:"鸡球素"是1%的海南霉素预混剂,鸡的拌料浓度为5~7.5 mg/kg,兔为20 mg/kg拌饲。

(8)**南昌霉素**(Nanchangmicin)

用法用量:常用20 mg/kg拌料饲喂。

2)硫胺类衍生物

(1)**氨丙啉**(**安保宁,安保乐** Amprolien,Amprol)

用法用量:主要为散剂,用于拌料和饮水;用量为:鸡125~250 mg/kg拌饲,或60~240 mg/kg饮水,连用7 d后,浓度减半,再用14 d;羔羊50~100 mg/kg体重,1日1次,连用4 d;犊牛25~66 mg/kg体重,1日1~2次,连用5 d,拌饲或灌服。

①AF—20(鸡宝20):鸡预防量为30 g加100 L水,连喂1~2周;治疗量30 g加水50 L水,连喂5~7 d后,转为预防量续喂1~2周。

②复方氨丙啉(加强加保乐,Amprol,plus):500 mg/kg拌料使用。

③强效氨丙啉(Pancoxin):鸡500 mg/kg拌饲。

④特强氨丙啉(Supracox):鸡用量为170 mg/kg。

(2)**硝酸二甲硫胺**(**敌灭素** Dimethialii Nitras)

用法用量:以预混剂拌料饲喂、添加浓度为62 mg/kg。

3)硝苯酰胺类

球痢灵(二硝苯甲酰胺 Dinitolmide,Zoalene)

用法用量:一般为25%的球痢灵的预混剂,拌料使用,按球痢灵:鸡125~250 mg/kg,连用3~5 d,兔30~50 mg/kg体重,每天1次,连用3~5 d。

4)二苯酰脲类

尼卡巴嗪(球虫净 Nicardazin)

①用法用量:一般以125 mg/kg拌料饲喂;"球净-25(Necoxine-25),为尼卡巴嗪(25 g)与乙氧酰胺苯甲酯(1.6 g)的预混剂,为每吨饲料中添加本品500 g(125 mg/kg)。

②应用注意:产蛋鸡和高温季节禁用,肉鸡休药期4 d。

5)吡啶类

氯羟吡啶(克球多,Clopidole)

用法用量:混饲给药浓度为125 mg/kg,兔200 mg/kg;"可爱丹"(Coydan),为25%的氯羟吡啶的预混剂,每吨料添加500~1 000 g(125~250 mg/kg),"Lerbek—20"为氯羟吡啶与苄氧喹甲酯的预混剂,每吨料中添加110 g。

6)苯乙酰嗪

(1)**地可拉唑**(**杀球灵、球佳、刻利禽**,Diclazuril)

用法用量:常为1%的预混剂,使用浓度为1~2 mg/kg,拌料使用。

(2)**甲基三嗪酮**(Toltrazuril,**百球清** Baycox)

用法用量:2.5%饮水剂,用量为1 ml的百球清加水1 000~2 500 ml(250 mg/kg~

50 mg/kg)，连用2天。

7)胍类

氯苯胍(Robenidine)

用法用量:拌料口服,用量:鸡33~60 mg/kg,兔150~300 mg/kg,牛40 mg/kg体重。

8)其他抗球虫药

(1)**常山酮**(Halofuginone)

用法用量:(速丹 Stenoral)常为0.6%的预混剂,鸡以500 g混入1 000 kg饲料。

(2)**氟嘌呤**(Arpranocid)

用法用量:鸡以60 g拌1 000 kg饲料饲喂。

(3)**抗球虫增效剂**

①抗菌增效剂

a)二甲氧苄胺嘧啶(Diaveridine DVD)

b)二甲氧甲基苄胺嘧啶(Ormetoprin OMP)

c)三甲氧苄胺嘧啶(Trimethoprin TMP)

②乙氧酰胺苯甲酯(依索巴 Ethopabate)

主要作为氨丙啉,磺胺类药物的增效剂,家禽用量为4~8 g/kg混饲。

(4)**磺胺类、呋喃类及硝基咪唑类**

①磺胺二甲嘧啶(Srlfadimidine SM_2)

用法用量:马、牛、羊、猪首次量0.14~0.2 g/kg体重,维持量0.07~0.1 g/kg体重,每日2次。混饲添加量:家禽0.02%~0.1%;混饮浓度:鸡0.1%~0.2%,限用1周;兔0.2%,连用1周。注射液:2 ml(0.4 g)、5 ml(1 g)、10 ml(2 g)、50 ml(5 g)。肌肉或静脉注射,一次量,家畜0.07~0.1 g/kg体重,每日2次。

应用注意:本品不能长期使用,如雏鸡使用0.125%浓度混饲超过15 d,则出现中毒,发生出血性死亡。

②磺胺氯吡嗪(Sulfachlorpyrazine Esb3)

用法用量:三字球虫粉(30%的磺胺氯吡嗪);鸡混饮浓度:每升水加1 g,混饲浓度每kg饲料加2 g。兔按30 mg/kg体重,混入饮水中给药,连用10 d,或50 mg/kg体重混饲给药,连用10 d。

19.4.4 抗纤毛虫药

1)丙硫咪唑(Albendazole)

用法用量:片剂投服,用量:猪、犬25 mg/kg体重给药。

2)卡巴肿(Carbarsone)

用法用量:推荐剂量为250 mg/只,口服,连用5~10 d。

第 5 篇【目标测试题】

一、名词解释

抗寄生虫药物的安全指数　穿梭用药　交替用药　群体给药　"成熟前"驱虫

二、单项选择题

1. 一种对动物的线虫和外寄生虫都具有良好杀虫效果的药物是(　　)。
   ①伊维菌素　②潮霉素　③甲基盐霉素　④海南霉素
2. 可用于治疗猪结肠小袋纤毛虫病的药物是(　　)。
   ①甲苯咪唑　②左旋咪唑　③氟苯咪唑　④丙硫咪唑
3. 治疗兔球虫病的药物是(　　)。
   ①越霉素　②潮霉素　③沙拉里菌素　④伊维菌素
4. 用于防治鸡球虫病的药物是(　　)。
   ①伊维菌素　②莫伦霉素　③丙硫咪唑　④吡喹酮
5. 治疗鸡组织滴虫病的有效药物是(　　)。
   ①丙硫咪唑　②左旋咪唑　③甲硝咪唑　④甲苯咪唑
6. 用于治疗猪弓形体的药物是(　　)。
   ①贝尼尔　②磺胺　③氯苯胍　④氨丙啉
7. 驱除家禽绦虫的药物是(　　)。
   ①甲苯咪唑　②左旋咪唑　③甲硝咪唑　④噻苯咪唑
8. 治疗鸡的白冠病的有效药物是(　　)
   ①氨丙啉　②磺胺　③尼卡巴嗪　④氯苯胍

三、填空题

1. 兽医临床常用的抗吸虫药有______、______和______等。
2. 兽医临床常用的抗绦虫药有______、______和______等。
3. 兽医临床常用的驱线虫药有______、______和______等。
4. 兽医临床常用的杀疥螨药有______、______和______等。
5. 兽医临床常用的抗血液原虫，如锥虫、梨形虫的药物有______、______和______等。
6. 兽医临床常用的抗球虫药有______、______和______等。

四、论述题

1. 简述兽医抗寄生虫药物的选用原则。
2. 简述抗寄生虫药物的应用方法。

第 5 篇【复习思考题】

1. 查阅相关资料，结合本篇所学知识，谈谈随着我国养殖业的变化，规模化养殖业发展对抗寄生虫药物的需求。

2. 查阅文献资料，分析目前我国养殖业中抗寄生虫药物的大量、长期以及不合理使用，所造成耐药性不断增强、生物利用度降低，应采取哪些措施来遏制或改善这种不利现状？

第 5 篇【知识拓展】

阿维菌素族抗寄生虫药物

一、发现历史

1973 年，日本三共株式会社（Sankyo）的科研人员发现从土壤中分离出的吸水链霉菌（*Streptomyces hygroscopieus*）的发酵产物——米白菌素（Milbemycin）具有除杀螨和昆虫的作用。随后，1975 年美国默沙东公司（Merck Sharp & Dohme）的研究人员从日本北里研究所（Kitasato Institute）在日本静冈川奈市的一个土壤样品中分离得到的阿维链霉菌（*Streptomyces avermitilis*）的发酵产物中发现了阿维菌素（Avermectin，AVM）。1981 年，该公司实现了阿维菌素的产业化，并逐渐应用在农牧业和医学领域。

由于阿维菌素的化学结构新颖，作用机制独特，以及所具有的高效、毒副作用低、安全性高和对环境影响小等优点，使这一大环酯（Macrocyelic Laetones，ML）类的阿维菌素/米白菌素族药物逐渐成为目前世界上使用最广泛的驱线虫和除杀外寄生虫药物，被誉为近 30 年来抗寄生虫药物研究的重大突破。

二、阿维菌素族药物的作用机制和抗虫谱

γ-氨基丁酸（GABA）作为一种神经递质，当神经冲动到达神经末梢时，神经末梢的细胞膜释放出 GABA，作用于次级神经元细胞膜或效应器细胞膜，产生抑制效应，完成神经冲动的传递过程。AVM 及其类似物进入寄生虫体后，表现为对 GABA 的激动作用，使神经末梢大量释放 GABA，并能促进 GABA 与次级神经元细胞膜或效应器细胞膜的结合，产生长时间、高强度的抑制效应，使寄生虫麻痹死亡。后来研究发现，AVM 可调节谷氨酸门控 Cl^- 通道，带负电荷的 Cl^- 大量流入细胞内，使膜电位保持在超极化状态，膜难以去极化，细胞难以兴奋，使虫体麻痹而死亡，达到杀虫效果。

在线虫和节肢动物体内，存在 GABA 递质，因此，AVM 能达到杀死虫体。因此，AVM 族药物对线虫纲、昆虫纲和蜘蛛纲的 12 目 73 属的寄生虫有杀灭作用，故在兽医临床上用于驱除家畜的血矛线虫、仰口线虫、毛圆线虫、丝虫、皮蝇（蛆）、虱、疥螨、痒螨、蜱等。

但由于在吸虫和绦虫体内缺少受谷氨酸控制的 Cl^- 通道和抑制性神经递质 GABA，所以 AVM 对吸虫和绦虫无效。另外，至今尚未发现在哺乳动物体内存在受谷氨酸控制的 Cl^- 通道，并且哺乳动物以 GABA 介导的神经位于中枢系统，AVM 不易通过血脑屏障进入中枢神经系统，由此可推，AVM 对哺乳动物应是比较安全的。

三、阿维菌素族的基本结构及主要种类

1. 阿维菌素族的基本结构

阿维菌素及米白菌素的基本结构为一个十六元的大环内酯环，其中 C_2-C_8 为苯并呋喃（苈），在 C_{16} 位连结一个 C_{17}-C_{25} 的螺旋缩酮单元，二者的区别在于阿维菌素在 C_{13} 位上有一个二元齐墩果糖氧化结构。因此，阿维菌素被认为是米白菌素的糖基化合物，而米白菌素则是阿维菌素的脱糖基化合物。因 C_5 位上取代基的不同，阿维菌素/米白菌素有

A、B两系列，A系列在C5位上为甲氧基($-OCH_3$)，而B系列为羟基(-OH)；在C_{22}-C_{25}位上，又因其化学键分为1、2亚类，双键的称1亚类，单键并在C_{23}位上有羟基的为2亚类，在C_{25}位上，a亚系列为异丁基($-CH(CH_3)/C_2H_5$)，b亚系列为异丙基($-CH(CH_3)_2$)。

2. 阿维菌素族药物的主要种类

1）阿维菌素(Avermectin，AVM)

AVM为阿维链霉菌的发酵产物，共有8种成分，但主要产生A2a、B1a和B2a，其中以B1a的抗虫药效最强。

2）伊维菌素(Ivermectin，IVM)

IVM是以AVM B1为前体合成的22，23-二氢AVM B1，含有80%以上的22，23-二氢AVM B1a和20%的22，23-二氢AVM B1b。伊维菌素于1987年开始由美国的默沙东制药公司生产并用于人体盘尾丝虫病的治疗。也是在养殖业使用最多的一类药物。

3）爱比菌素(Abamectin，ABM)

ABM是*S. avermitilis*的自然发酵产物，有资料报道，ABM的驱线虫效力比IVM更强，但仅只是对某些节肢动物的活性偏低。

4）多哈菌素(Doramectin，DOR)

DOR是从*S. avermitilis*突变株的发酵产物中提取的25-环己烷基AVM B1。由于它的25位的环己烷基，因而它具有更长的组织半衰期。

5）埃普利诺菌素(Eprinomeetin，EPR)

EPR是AVM族药物中最新的成员，它是通过AVM B1合成的，化学名称为4'-表乙酰氨基-4'-脱氧AVM B1。被称为“第三代AVM”，是FDA认可的可用于泌乳期奶牛的抗寄生虫药物。

6）米白菌素(Milbemycin)

Milbemycin是从*S. hygroscopicus*和*S. cyaneogriseus*的发酵产物分离出的一类抗寄生虫药物。有Milbemycin D(22，23-双氢-13-脱氧AVM B1 b糖苷)，Milbemycin A3/A4和Milbemycin oxime等有效成分。

7）莫西菌素(Moxidectin，Mox)

Mox是一种半合成的米白菌素，其前体物(23-甲肟L-F28249a米白菌素)是*S. cyaneogrisecus*的发酵产物，它被认为是用于抗IVM的寄生虫的最好替代产物。

目标测试题参考答案

第1篇

一、名词解释

寄生虫病:由寄生虫侵入动物及人体所造致病理损伤和临床病状。

内寄生虫:寄生于动物宿主的内部器官或组织内的寄生虫。

外寄生虫:可暂时或永久地生活在宿主的体表或表皮内的寄生虫。

生物源性寄生虫:寄生虫发育史中需要中间宿主才能完成由一个世代到下一个世代的这类寄生虫。

土源性寄生虫:寄生虫发育史中不需中间宿主就可完成由一个宿主到另一个宿主的转换这类寄生虫。

带虫者:感染寄生虫不表现出临床病状或临床治愈,但体内仍然存在有寄生虫并可以传播的动物。

终末宿主:寄生虫的成虫或有性繁殖阶段寄生的宿主称之为终末宿主。

中间宿主:寄生虫的幼虫或无性繁殖阶段寄生的宿主称之为中间宿主。

补充宿主:寄生虫幼虫期的后期发育幼虫阶段所寄生的宿主,又称第二中间宿主。

自身感染:这是一种特殊的寄生虫感染的方式,少数寄生虫寄生于宿主体内,其排出的虫卵或幼虫无需达外界,即在原动物宿主体内再使宿主遭受感染,如旋毛虫。

自愈现象:宿主被寄生虫感染产生特异性免疫,对再次受到同类寄生虫感染时,宿主可将先后寄生于宿主体内的寄生虫一起排出去的免疫现象。

带虫免疫:是指寄生虫感染宿主后,宿主虽可获得一定的对此寄生虫再次感染的免疫力,但对体内存在的寄生虫不能完全清除,而是保持体内有很少寄生虫的感染状态。

治疗性驱虫:采用各种驱寄生虫药物对潜在感染或已经发病的动物进行治疗,达到驱除或杀灭动物体内外寄生虫、恢复健康的目的。

预防性驱虫:根据“预防为主”原则,采用药物针对有寄生虫寄生的动物群体所进行的一种定期性的驱虫措施。

二、选择题

1. ②; 2. ①; 3. ②; 4. ③;5. ①;6. ①;7. ②;8. ③;9. ③;10. ①

三、填空题

1. 蠕虫病　外寄生虫病　原虫病

2. 机械性损伤作用　营养性损伤作用（掠夺营养）　毒素的损伤作用　带入其他病原

3. 寄生虫　易感动物　传播途径

4. 自然因素　生物因素　社会因素

5. 地方性　季节性　自然疫源性

6. 种属、阶段性　免疫保护性　多源性

7. 带虫免疫　伴随免疫　自愈现象

8. 寄生虫免疫诊断　寄生虫疫苗

9. 控制感染源　切断传播途径　保护易感动物

10. 经口感染　经皮肤感染　接触感染　经胎盘感染　自体感染

四、问答题

1. 什么叫寄生虫生活史？其生活史分哪两种类型？举例说明。了解寄生虫的生活史有什么实践意义？

寄生虫发育的整个过程被称为寄生虫的生活史。根据寄生虫在发育中是否需要中间宿主，将其生活史类型分为直接型（不需要中间宿主，如蛔虫、鞭虫、钩虫等）和间接型（需中间宿主，如旋毛虫、血吸虫、华枝睾吸虫、猪带绦虫等）。

了解寄生虫的生活史是认识寄生虫的感染、致病以及对寄生虫病的诊断及防治的重要基础。知道其生活史中的环节、侵染人畜的途径、方式、时间等，就可以针对寄生虫生活史的任意一环，打断其传播途径，以进行有效防治，有效减少寄生虫病的危害。从实际应用角度上来说，了解寄生虫生活史有利于我们对那些危害我们的寄生虫的控制。参考本书的1.2.2。

2. 寄生虫有哪些主要类型？

（1）根据寄生虫寄生时间的长短分为：暂时性寄生虫、永久性寄生虫；（2）根据寄生虫寄生部位的不同分为：外寄生虫、内寄生虫；（3）根据寄生虫对宿主的选择性分为：专性寄生虫、多宿主寄生虫；（4）根据寄生虫发育中有无中间宿主分为：土源性寄生虫、生物源性寄生虫。参考本书的1.2.4的1）。

3. 简述动物寄生虫对宿主的致病作用和危害的主要表现。

寄生虫寄生于宿主动物，以其生物学过程通过机械性的、毒素性的、营养性的及带入其他病原等方式给宿主造致伤害。其损害主要有：（1）机械性损伤作用：①虫体及幼虫的移行；②寄生虫以虫体的头棘、吻突、吸盘等附着器官对附着的组织产生损伤；③细胞内的寄生原虫，以其无性生殖（尤以裂体生殖）破坏宿主细胞。（2）营养性损伤作用（掠夺营养）：①寄生虫吸取动物宿主血液、组织液；②食取组织；③竞争性夺取宿主的营养物质。（3）毒素的损伤作用。（4）带入其他病原。参考本书的1.2.6的1）。

4. 简述寄生虫病对畜牧业生产的危害及公共卫生意义（对人类社会的危害）。

动物寄生虫病主要表现在引起动物死亡、降低其生产性能和对人类社会的危害。（1）对畜牧业的危害：①致畜禽大批死亡；②致生产能力下降（动物产品的量、质、使役力、生长发育。（2）人兽共患寄生虫病对人的危害。参考本书的2.2.1和2.2.2。

5. 动物寄生虫病的传播和流行条件有哪些？影响寄生虫病传播的因素是什么？

动物寄生虫病的传播和流行条件，即是寄生虫病的流行三个基本要素：①寄生虫，某种寄生虫病的流行一定有该种寄生虫的存在，而且这种病原必须在数量和毒力上达到一定的程度，方可导致宿主的发病并在宿主群体内流行；②易感动物，即对某一寄生虫有易感性的动物；③传播途径，即寄生虫到达易感动物所经过的途径。

影响寄生虫病传播的因素有自然因素（包括气候、雨水、日照时间和地理位置）、生物因素（传播媒介和中间宿主）和社会因素（经济水平、教育、科学、生活习惯等）。参考本书的2.3.1。

6. 简述动物寄生虫侵入动物体的途径与方式（感染途径）。

寄生虫侵入宿主动物主要有5条途径：(1)经口感染；(2)经皮肤感染；(3)接触感染；(4)经胎盘感染；(5)自体感染。参考本书的2.3.2。

7. 什么是人兽共患性寄生虫病？你学过的寄生虫中哪些属于人兽共患性寄生虫？

据世界卫生组织和粮农组织（WHO/FAO）专家组作出的定义：人兽共患病（Zoonoses）是指那些在人和脊椎动物之间自然传播的疾病或感染。因此，人兽共患寄生虫病是在人类和兽类之间由共同的寄生虫引起自然传播，在流行病学上又相关联的寄生虫病或感染。

在学过的寄生虫中属于人兽共患性寄生虫有：日本血吸虫、华枝睾吸虫、姜片吸虫、片形吸虫、双腔吸虫、并殖吸虫、猪带绦虫、牛带绦虫、猪囊虫（囊尾蚴）、棘球蚴、脑多头蚴、旋毛虫、梨形虫、弓形虫、住肉孢子虫、隐孢子虫、小袋纤毛虫。参考本书的2.4。

8. 试述动物寄生虫病的诊断原则和方法。

动物寄生虫病的诊断原则是及早和准确。动物寄生虫病的诊断方法有流行病学资料、临床症状观察、病理解剖变化、实验室病原检查、药物治疗性诊断、免疫学诊断和分子生物学诊断等。在兽医临床上，除了临床症状观察、病理解剖变化外，还应结合病原体检查，以及免疫学诊断和分子生物学诊断等进行综合考虑。参考本书的4.1。

9. 试述动物寄生虫病的综合防制措施。

寄生虫病有不同的流行特点和传播方式，防制措施也有所差异，但总的来说，寄生虫病的流行都必须具备传染源、易感动物和传播途径三个环节。因此，对动物寄生虫病的防制，应遵循“预防为主，防重于治”原则，开展(1)控制感染源；(2)切断传播途径；(3)保护易感动物。其防制措施有：(1)药物防治；(2)杀灭中间宿主和传播虫媒（①改变孳生环境；②物理方法；③化学方法；④生物方法）；(3)加强饲养管理（①注意饲料和饮水卫生；②注意圈舍和环境卫生；③安全放牧；④分群饲养；⑤ 改变不良饲养方式；(4)健全兽医卫生检疫制度；(5)加强免疫接种；(6)生物防治。参考本书的4.2。

第2篇

一、名词解释

蠕虫：蠕虫是指借助肌肉的收缩而使身体作蠕形运动的一类多细胞无脊椎动物。在动物分类上，包括了扁形动物门、线形动物门和棘头动物门所属的各种寄生虫。

蠕虫病：由蠕虫引起的动物疾病称为动物蠕虫病。

囊蚴：囊蚴是吸虫的发育阶段之一，由尾蚴通过其附着物或在第二中间宿主体内形成包囊后发育而成,体呈圆形或卵圆形。有的吸虫发育史中具有囊蚴阶段,如肝片吸虫;有的吸虫生活史中无囊蚴阶段,如日本血吸虫。

尾蚴:尾蚴是吸虫的发育阶段之一,不同种类吸虫尾蚴形态不完全一致。尾蚴能在水中活跃地运动,小部分吸虫的尾蚴直接经皮肤钻入终末宿主体内,移行到寄生部位,大部分种类吸虫的尾蚴会形成囊蚴。

尾蚴性皮炎:由裂体科吸虫的尾蚴进入易感动物或非易感动物皮下所引起的炎症。

日本血吸虫病:日本血吸虫病是由分体科、分体属的日本分体吸虫寄生在人畜门静脉系统(肠系膜静脉系统)的一种危害严重的人兽共患病。

肝片形吸虫:是属于片形科,片形属的吸虫,主要寄生牛、羊等动物及人的肝胆管内。

卵生:线虫的生殖方式之一,雌、雄线虫交配后,雌虫产出虫卵。

卵胎生:线虫的生殖方式之一,雌、雄线虫交配后,雌虫产出含有幼虫的虫卵。

胎生:线虫的生殖方式之一,雌雄虫交配后,雌虫产出幼虫。

感染性虫卵:感染性虫卵是一些寄生线虫在外界环境中发育的可侵袭(感染)畜禽的阶段,如猪蛔虫虫卵在外界环境中发育为感染性虫卵才可感染猪。

感染性幼虫:感染性幼虫是一些寄生线虫在外界环境中发育的可侵袭(感染)畜禽的阶段,如肝片吸虫的囊蚴,捻转血矛线虫的3期幼虫,均可称为感染性幼虫。

旋毛虫病:由旋毛虫寄生,主要是旋毛虫幼虫寄生于动物及人的肌肉中所引起的以肌肉严重损伤和运动功能障碍的一类疾病。

幼虫移行症:一些寄生于动物体的蠕虫的幼虫在人体皮肤及各器官中移行或为机体组织包围而引起的疾病。

猪蛔虫病:猪蛔虫病是由蛔科、蛔属的猪蛔虫寄生于猪小肠所引起的一种线虫病。

中绦期:绦虫的幼虫时期。

囊尾蚴:圆叶目绦虫的幼虫寄生在中间宿主——脊椎动物体内,称为囊尾蚴。如猪带绦虫幼虫寄生于人、猪各部横纹肌及心脏、脑、眼等器官中,称为猪囊尾蚴。

绦虫蚴病:绦虫的幼虫所致中间宿主的疾病,即中绦期虫体致中间宿主的疾病,中绦期虫体多寄生在宿主的脏器,如肝、肺、腹腔、肠系膜等外及脑等重要内容,引起重要病变。

棘球蚴病:棘球蚴病又称包虫病,由带科的细粒棘球绦虫的中绦期幼虫——棘球蚴寄生于羊、牛、马、猪和人的肝、肺等器官中引起的一种严重的人兽共患寄生虫病。

猪囊尾蚴病:猪囊尾蚴病俗称囊虫病,是猪带绦虫的幼虫即猪囊尾蚴寄生人、猪各组织所致的疾病。

脑多头蚴病:俗称脑包虫病,是由带科的多头绦虫的幼虫——脑多头蚴(俗称脑包虫)大脑、延脑和脊髓等处引起的寄生虫病。

孟氏裂头蚴:孟氏迭宫绦虫的裂头蚴又名孟氏裂头蚴,寄生于蛙、蛇、鸟类和一些哺乳动物包括人的肌肉、皮下组织、胸腹腔等处。

二、选择题

1. ④;2. ①;3. ②;4. ③;5. ④;6. ③;7. ④;8. ②;9. ③;10. ①;11. ④;12. ①;13. ①;14. ④;15. ①;16. ④;17. ③;18. ③;19. ③;20. ②;21. ①;22. ③;23. ①;24. ④;25. ①;26. ④;27. ②;28. ③;29. ③;30. ③;31. ①;32. ①;33. ③;34. ③;35. ②;36. ②;37. ②;

38. ①;39. ①;40. ③;41. ③;42. ③;43. ④;44. ④;45. ①; 46. ②;47. ①;48. ③;49. ③;50. ②;51. ①;52. ②;53. ②;54. ②;55. ②;56. ②;57. ④;58. ③;59. ①;60. ②。

三、填空题

1. 胞蚴　雷蚴　尾蚴

2. 土源性蠕虫　生物源性蠕虫　嗜酸性

3. 线虫　绦虫　吸虫

4. 门静脉系统(肠系膜静脉系统)　钉螺　尾蚴　尾蚴入侵引起尾蚴性皮炎　童虫在体内移行造成器官及血管发炎　成虫机械损伤和夺取营养　虫卵沉积堵塞血管及引起免疫病理损伤　虫卵沉积　肝脏　肠道

5. 胰阔盘吸虫　腔阔盘吸虫　枝睾阔盘吸虫

6. 肝片吸虫/大片吸虫　双腔吸虫病　华枝睾吸虫

7. 直肠、输卵管、腔上囊和泄殖腔　输卵管炎、病禽产畸形蛋

8. 胆囊和胆管内　淡水螺　淡水鱼和虾

9. 扁卷螺　水生植物

10. 瘤胃、真胃、小肠和胆管壁　囊蚴

11. 东方双腔吸虫/中华双腔吸虫　胆管和胆囊内　胆管炎、肝硬变、代谢障碍　陆地螺类　蚂蚁

12. 肝脏胆管中　肝炎和胆管炎　椎实螺　囊蚴

13. 后圆线虫　蚯蚓

14. 免疫调节

15. 腰鼓　卵塞

16. 大肠　猪鞭虫病

17. 气管和支气管　羔羊

18. 四　小肠　瓣状

19. 蚯蚓　火鸡组织滴虫

20. 小肠　深灰

21. 犊牛新蛔虫/牛弓首蛔虫　　小肠　5　肠炎、腹泻、腹部膨大

22. 肝脏和肺脏　椭圆形、黄褐色,四层卵壳,最外层呈花边状　1 000

23. 蛔虫　卫氏并殖吸虫

24. 肠道　肠旋毛虫　横纹肌　肌旋毛虫

25. 脑多头蚴　神经症状,转圈运动

26. 食道口线虫　毛首线虫

27. 小肠　蚂蚁

28. 小肠　扩展莫尼茨绦虫　贝氏莫尼茨绦　腹泻、消瘦、神经症状　地螨　梨形器

29. 猫和犬　剑水蚤　蛇类和蛙类

30. 假叶

31. 多头绦虫　小肠

32. 包虫病　犬科动物小肠　细粒棘球绦虫　肝脏、肺脏等脏器

33. 猪囊虫　人　各部横纹肌及心脏、脑、眼等器官

34. 成虫　小肠　幼虫　肌肉

35. 牛肉绦虫/肥胖带绦虫/无钩绦虫　牛囊尾蚴　黄牛、牦牛　人

四、问答题

1. 论述羊莫尼茨绦虫病的主要症状及防控方法。

(1)羊莫尼茨绦虫病的主要症状：莫尼茨绦虫常引起幼畜发病，病初表现精神不振、消瘦、粪便变软，后腹泻、粪中含黏液和孕节，逐渐症状加剧，动物严重消瘦。有时有神经症状，如无目的的运动、步样蹒跚，时有震颤。神经型的莫尼茨绦虫病羊往往以死亡告终。

(2)防控方法：①药物治疗：可用氯硝柳胺、丙硫咪唑和吡喹酮等药物进行治疗；②防制措施：鉴于幼畜在早春放牧一开始即遭感染，所以，应在放牧后4～5周进行“成虫期前驱虫”，第一次驱虫后2～3周，最好再进行第二次驱虫。参考本书的7.3.1和7.8。

2. 试述牛羊片形吸虫的生活史，并据此制订出防制片形吸虫病的措施。

(1)生活史：片形吸虫的中间宿主为多种淡水螺。虫卵在适宜的温度(25～26 ℃)、氧气和水分及光线条件下孵化出毛蚴，毛蚴在水中游动时遇到中间宿主即钻入其体内，进行无性繁殖，发育为胞蚴、母雷蚴、子雷蚴和尾蚴几个阶段，最后尾蚴逸出螺体，尾蚴在水中游动，在水中或附着在水生植物上脱掉尾部，形成囊蚴。终末宿主饮水或吃草时，连同囊蚴一起吞食而被感染。囊蚴在十二指肠脱囊，童虫有三条途径达到肝脏胆管。

(2)防制措施：预防措施：①预防性定期驱虫：根据流行区的具体情况确定驱虫的时间和次数；②生物发酵处理粪便：对于驱虫后的家畜粪便可应用堆积发酵法杀死其中的病原，以免污染环境；③消灭中间宿主椎实螺：改造低洼地，化学灭螺等；④不在低洼、潮湿、多囊蚴的地方放牧；⑤保证饮水和饲草卫生。治疗措施：根据药源和具体情况使用丙硫咪唑(抗蠕敏)、吡喹酮或三氯苯唑等进行治疗。参考本书的6.2.4和6.6。

3. 试述猪蛔虫的生活史，猪蛔虫病的临床特点及流行原因，诊断方法与防制措施。

(1)猪蛔虫的生活史：①猪蛔虫的发育不需要中间宿主：虫卵在外界发育为感染性虫卵；②感染性虫卵被猪吞食后在小肠内孵化，幼虫到肝脏内进行第二次蜕化成第3期幼虫并到达肺泡，在此进行第三次蜕化为第4期幼虫并经支气管到达咽部，再次返回小肠；③在小肠内发育为成虫。

(2)临床症状：消化紊乱、食欲不振、咳嗽、消瘦、贫血、被毛粗乱等症状，有的病猪生长发育长期受阻，变为僵猪。有时病猪表现疝痛，有的可能发生肠破裂而死亡。成虫也常钻入胆道，引起胆道阻塞，导致猪出现腹痛、黄疸等症状，甚至可引起死亡。

(3)流行原因：①蛔虫生活史简单；②繁殖力强产卵数多；③虫卵对外界环境的抵抗力强。

(4)诊断：①根据临床症状和流行特点进行初步诊断；②粪便检查，发现蛔虫卵；③剖检在猪肠道发现虫体为确诊。

(5)防制措施：①治疗：左旋咪唑、伊维菌素、枸橼酸派嗪(驱蛔灵)等进行驱虫；②预防：定期驱虫；保持饲料和饮水清洁，饲料防止被污染；保持猪食和运动场干净；粪便的无害化处理。参考本书的8.3.1和8.10。

4. 试述猪旋毛虫病的流行特点、诊断方法和防制措施。

(1)猪旋毛虫病的流行特点：①分布广泛；②宿主众多，包括肉食兽、杂食兽、啮齿类

60多种动物和人都可感染,因此形成的感染源多,尤其是鼠类;③猪主要是经口感染;④旋毛虫幼虫包囊在外界对不良因素有很强的抵抗力。

(2)诊断方法:猪旋毛虫病的生前临床诊断比较困难;①猪严重感染时,因肌肉肿胀出现咀嚼、吞咽困难,前肩部肿胀明显;②尸体剖解,肉眼观察有无针尖大小的结节,显微镜下有无旋毛虫包囊;③免疫诊断方法,如皮内试验、玻片沉淀反应、酶联免疫吸附试验、皂土絮状试验等。

(3)防制措施:①加强动物卫生检疫,必须严格按动物卫生法及"肉品检验规程"对病猪肉进行处理;②对病猪可用丙硫咪唑治疗;③加强猪的饲养管理,不要饲喂含有幼虫包囊的肉屑、杂碎或有鼠粪的饲料。参考本书的8.2和8.10。

5. 试述棘球蚴的发育史,棘球蚴病的流行特点、诊断方法和防制措施。

(1)发育史:需要一个中间宿主和一个终宿主;中间宿主主要为牛、羊等反刍动物,人也可作为中间宿主;终末宿主为犬科动物。寄生于犬科动物小肠的细粒棘球绦虫成熟后,虫卵或孕节随犬粪便大量排出,被猪、牛及羊等经口感染后,六钩蚴逸出进入血液循环,大部分停留在肝内,一部分到达肺寄生,少数到其他脏器,经5~6个月发育为成熟的棘球蚴。

(2)流行特点:①犬及野生狼、狐狸等在草场排出粪便造成病原大量散播;②对死亡动物有病变的肝脏、肺脏任意丢弃以及野生反刍动物病死后引起犬及野生狼、狐狸的感染。

(3)诊断方法:动物的生前诊断较难。①根据流行病学资料,该地区有无本病的发生;②临床症状:消瘦、贫血、恶病质等毒性症状;③尸体剖解:肝脏、肺脏有无包虫;④血清免疫学诊断:如皮内变态反应、IHA和ELISA等方法。

(4)防制措施:治疗:对患病动物可选用丙硫咪唑、吡喹酮治疗。防制措施:①禁止用感染棘球蚴的动物肝、肺等组织器官喂犬;②对犬应定期用药驱虫;③在流行区注意人与犬等动物接触,加工狼、狐狸等毛皮时应严防感染;④在牧区注意野生反刍动物及野犬、狼、狐狸。参考本书的7.2.4和7.8。

6. 试述猪肺丝虫的发育史,肺丝虫病的流行特点、诊断方法与防制措施。

(1)发育史:①间接发育,需以蚯蚓作为中间宿主;②雌虫在气管和支气管中产卵,随黏液被咽下进入消化道而随粪便排到外界;③虫卵或所孵出的第1期幼虫被蚯蚓吞食,发育至感染性幼虫。当猪吞食了带有感染性幼虫的蚯蚓遭受感染。感染性幼虫在小肠内被释放出来,钻入肠系膜淋巴结中,随血流进入肺脏,再到支气管和气管发育为成虫。

(2)流行特点:①蚯蚓是唯一的中间宿主;②本病多发于温暖多雨季节,尤其是在雨后多发;③本病在我国各地呈地方性流行,对幼猪的危害很大。

(3)诊断方法:①根据流行病学资料:多雨季节多发,有中间宿主蚯蚓出没等;②临床症状:发育不良、消瘦、咳嗽等症状;③尸体剖解:膈叶腹面边缘有楔状肺气肿区,切开肺脏病变部位后,从支气管内流出白色丝状虫体和黏液。

(4)防制措施:①治疗:用左咪唑、甲苯咪唑、氟苯咪唑和硫苯咪唑(芬苯哒唑)等药物驱虫;②预防:猪舍、运动场应保持干燥,防止蚯蚓出现在养殖区,及时清扫粪便,并将粪便堆积发酵,对放牧猪在夏秋季用抗线虫药定期驱虫具有较好的预防效果。参考本书的8.7.3和8.10。

7. 根据姜片吸虫的发育史及猪姜片吸虫病流行特征，拟订一种猪场姜片吸虫病的“净化”措施。

(1)姜片吸虫发育史及流行特征:①虫卵随终末宿主粪便排出体外，在外界有水环境中发育为毛蚴，毛蚴在水中遇中间宿主扁卷螺钻入体内发育为胞蚴、母雷蚴、子雷蚴及尾蚴;②尾蚴离开螺体后在水生植物茎叶上形成囊蚴，猪吞食了含囊蚴的水生植物而感染，囊蚴在十二指肠发育为成虫;③我国的扁卷螺数量多，分布广;④凡有猪、人粪便施肥，以水生植物直接喂猪，有扁卷螺孳生的情况均有本病流行。

(2)猪场的猪姜片吸虫病的“净化”措施:①首先诊断本病除据流行病学和临床症状外，还应用直接涂片和沉淀发检获虫卵才能确诊;②发现有本病后，应进行积极的治疗，一般用吡喹酮、硫双氯酚等药物;③加强预防:(a)定期驱虫:在流行区，每年应在春、秋两季进行;(b)加强粪便管理:每天清除猪舍粪便，并堆肥发酵处理;(c)用各种适宜的方法杀灭扁卷螺;(d)加强饲养管理:改变生食水生植物及饮用生水的习惯，水生植物要无害化处理后才能喂食。参考本书的6.2.2和6.6。

8. 试述牛羊血矛线虫病的生活史特点、临床症状和防制方法。

(1)生活史特点:捻转血矛线虫寄生于反刍动物的第四胃，虫卵随粪便排到外界发育为第3期感染性幼虫。感染性幼虫带有鞘膜，在干燥环境中，可借休眠状态生存一年半。感染性幼虫被牛羊摄食后，在瘤胃内脱鞘，之后到真胃，钻入黏膜的上皮突起之间寄生。感染后第18 d，虫体已发育成熟。成虫游离在胃腔内。感染后18~21 d，宿主粪便中出现虫卵。

(2)临床症状:本病最重要的特征是贫血和衰弱。急性型的以肥羔羊突然死亡为特征。死羊眼结膜苍白，高度贫血。亚急性型的特征是显著的贫血，患羊眼结膜苍白，下颌间和下腹部水肿;身体衰弱，被毛粗乱，放牧时落群，甚至卧地不起;下痢与便秘交替。

(3)防治方法:①治疗:可用左咪唑，丙硫咪唑，噻苯唑或伊维菌素等药物驱虫;②预防:(a)预防性驱虫，可根据当地的流行病学资料作出规划，一般春秋季各进行一次药物驱虫;(b)注意放牧和饮水卫生:应避免在低湿的地点放牧，不要在清晨、傍晚或雨后放牧，尽量避开幼虫活动的那些时间，在牧区建立固定的清洁的饮水地点;有计划地实行轮牧;加强饲养，合理补充精料，增强畜体的抗病力;对粪便集中在适当地点进行生物热处理，消灭虫卵和幼虫。参考本书的8.4.1和8.10。

9. 论述日本血吸虫的生活史，流行病学特点及其对人和动物所产生的致病作用。

生活史:成虫寄生于人和动物的门静脉和肠系膜静脉内，雌雄交配后，在血管内产卵，虫卵一部分随血流到肝脏，大部分逆血流到肠黏膜下层静脉末稍，沉积到肠壁;虫卵肠壁经坏死组织随粪便排出外界，在适宜温度和湿度条件下，虫卵孵出的毛蚴钻入钉螺体内，发育成母胞蚴—子胞蚴—尾蚴，尾蚴成熟后离开钉螺，在水中游动，可经皮肤、口或者胎盘感染人畜，在宿主体内的肠系膜静脉内寄生，之后发育为成虫。

流行病学特点:传染源为日本血吸虫寄生的动物和人。传播途径包括以下三个环节:带虫卵的粪便入水;钉螺的存在、孳生;动物和人接触疫水。易感动物包括牛、羊等多种动物和人。日本血吸虫病的流行地理分布和钉螺的地理分布相一致，有一定的地方性。

日本血吸虫对人和动物宿主所产生的致病作用:(1)尾蚴入侵引起的尾蚴性皮炎;

(2)童虫在体内移行时,其分泌与代谢产物以及死亡崩解产物,引起经过的器官血管发炎,发生毛细血管栓塞、破裂、出血;(3)成虫机械损伤引起的静脉管炎,肝淤血及肝硬化,脾肿大,腹水;(4)虫卵沉积堵塞血管及虫卵所引起的肠组织坏死、溃疡。参考本书的6.2.1和6.6。

10.某一大型猪场,可能发生了猪肺丝虫病,蛔虫病和鞭虫病,请问你如何确诊并提出防制方案?

(1)诊断依据:病猪的临床症状主要有:消瘦、咳嗽、拉稀等;饲养条件:尤其是圈舍和饲料来源,如卫生条件差,排出的粪尿直接施肥水草,而这些水草又生喂生猪。

(2)实验室检查:主要从粪便中检查出特征性虫卵。蛔虫卵:黄褐色,椭圆形,外层为波状的蛋白质膜,内有一整块原生质团块;鞭虫卵:黄色,腰鼓形,两端有一栓塞构造。肺丝虫卵:灰白色,椭圆形,外壳上有粗糙不平,内有一幼虫。剖解时找到虫体也可确诊。

(3)防制措施:①预防性定期驱虫;②饲料和饮水清洁,尽量做好猪场各项饲养管理和卫生防疫工作,增强猪只的抗病力;③保持猪舍和运动场清洁:猪舍通风,阳光充足,勤打扫、冲洗,勤换垫草,减少虫卵污染;④无害化处理猪粪和垫草;⑤引入猪只应先隔离饲养,以确定有无本虫寄生;⑥用左旋咪唑、丙硫咪唑等药物治疗。参考本书的8.3.1,8.7.3,8.4.6 和8.10。

第3篇

一、名词解释

变态:节肢动物在从卵发育到成虫的过程中,各阶段的虫体在形态及生活习性上有明显变化,这种变化被称为变态。

滞育:节肢动物为渡过不良环境而采取的一种休眠措施。如草原革蜱的雌虫,它在秋季附于宿主体表,但并不吸血,直到来年春季才开始吸食。

完全变态:在节肢动物发育过程中,自卵以后有幼虫、蛹和成虫3个时期,而这3个时期的虫体形态和生活习性彼此有别。如双翅目昆虫蚊、蝇、虻、蠓、蚋等。

不完全变态:节肢动物在发育过程中自卵以后有幼虫,若虫和成虫3个时期,它们的形态和生活习性都很相似,只是大小不同、生殖器官成熟度不同。如蜱螨和虱目的昆虫。

一宿主蜱:蜱在一个宿主上完成幼虫至成虫的发育,成虫吸饱血后才离开宿主落地产卵,称为一宿主蜱。如微小牛蜱。

二宿主蜱:有的幼蜱和若蜱在同一宿主上吸血,若蜱饱血后落地,蜕变为成蜱,成蜱再寻找另一宿主吸血,饱血后落地产卵,称为二宿主蜱。如残缘璃眼蜱。

三宿主蜱:有的幼蜱、若蜱和成蜱分别在3个不同的宿主上吸血,饱血后都需要落地产卵称为三宿主蜱。如硬蜱属、血蜱属等所有种。

蜱瘫痪:蜱分泌一种神经毒素,能抑制肌神经接头处乙酰胆碱的释放活动,造成运动性纤维的传导障碍,引起急性上行性的肌萎缩性麻痹,称为"蜱瘫痪"。

羊鼻蝇蛆(脑蛆)病:羊狂蝇蛆病的俗称,是由羊狂蝇的幼虫寄生于羊的鼻腔及其附近的腔窦中引起的疾病。

生物学传播媒介:某些原体在传播者体内有发育或繁殖过程,传播者称为生物学传播媒介。

二、选择题

1. ①;2. ①;3. ②;4. ②;5. ①;6. ④;7. ②;8. ③;9. ②;10. ①。

三、填空题

1. 变态　蜕皮　滞育
2. 完全变态　不完全变态
3. 一宿主蜱　二宿主蜱　三宿主蜱
4. 卵　幼虫　若虫　成虫
5. 双甲脒　伊维菌素　敌百虫
6. 疥螨
7. 螨净　双甲脒　伊维菌素
8. 伊维菌素　蝇毒磷　双甲脒
9. 菊酯杀虫剂
10. 皮蝇蛆病　鼻蝇蛆病　胃蝇蛆病
11. 真皮层　皮肤表面　毛囊和皮脂腺

四、问答题

1. 试述外寄生虫病对动物宿主的危害。

外寄生虫病对动物宿主的危害主要表现在两个方面:(1)直接危害:如蚊、螨等寄生于畜禽体内或体表,通过叮咬、吸血、吸取营养物质,影响宿主生产性能和产品质量,引起宿主生长缓慢,发育不良,甚至死亡;并且一部分外寄生虫寄生于畜禽体内或体表能使畜禽发生特异疾病,如疥螨能引起疥螨病,羊鼻蝇幼虫寄生于羊的鼻腔及其附近的腔窦内能引起羊鼻蝇蛆病。(2)间接危害:节肢动物是许多种寄生原虫、病毒、细菌等病原传播媒介,其传播方式有机械性传播和生物性传播两种。参考本书的10.2。

2. 分类列举治疗动物外寄生虫病的药物。

对蜱、螨:采用双甲脒、敌百虫、采用伊维菌素等;对蝇蛆、虱蚤:伊维菌素,蝇毒灵、敌敌畏缓释剂、溴氰菊酯等。参考本书的11.2.3;11.3.6;12.1.4;12.2.4 和19.3。

3. 简述猪疥螨病的症状和检测方法。

猪疥螨病的主要症状表现:患部剧痒,被毛脱落,渗出液增加,粘成石灰色痂皮,皮肤呈现皱褶或龟裂。

其临床检测方法:取患部皮肤与健康皮肤交界处的痂皮,刮至皮肤轻微出血为止,将刮取物的皮屑置于载玻片,滴加适量的5%氢氧化钠或煤油,加盖玻片并稍用力搓动,使病料破碎、镜检。参考本书的11.3.1 和11.3.6。

第4篇

一、名词解释

裂殖生殖:也称复分裂。细胞核和其他基本细胞器先后分裂数次,而后细胞质分裂,同时产生大量子代细胞。

配子生殖:也称有性生殖。裂殖生殖过程最后一代裂殖子分化形成雌、雄配子体,其进一步发育形成雌、雄配子,雄配子进入雌配子体内受精形成合子的过程。

孢子生殖:卵囊内卵囊质分裂形成孢子囊、子孢子的过程称为孢子生殖,也叫孢子化。

结合生殖：两上原虫个体一时性地结合在一起，互相交换核质，然后分离，形成带有新核的独立个体，如纤毛虫。

石榴体：或称裂殖体、柯赫氏蓝体环形泰勒虫在网状内皮系统细胞内进行裂体增殖所形成的多核虫体，虫体胞浆呈淡蓝色。

米修氏囊：寄生在动物和人肌纤维内的肉孢子虫包囊。

白冠病：又称鸡住白细胞虫病，是由吸血昆虫库蠓和蚋传播的住白细胞虫寄生于鸡的白细胞（主要是单核细胞）、红细胞和一些内脏器官中引起的一种血孢子虫病，以贫血、绿便、咯血、全身性出血、粒状结节为特征的一种疾病。

黑头瘟：火鸡组织滴虫寄生于鸡、火鸡、孔雀等鸟禽类的盲肠和肝脏引起的一种急性原虫病。因病禽肉冠呈紫色，故又称黑头瘟。

苏拉病：是由伊氏锥虫寄生于牛、马、骡、骆驼和犬等家畜的血浆和造血器官内所引起的一种原虫病。

二、选择题

1. ②；2. ②；3. ①；4. ④；5. ①；6. ④；7. ③；8. ②；9. ③；10. ①；11. ①；12. ②；13. ③；14. ②；15. ①；16. ③；17. ②；18. ①；19. ②；20. ②；21. ④；22. ④；23. ②；24. ①；25. ①。

三、填空题

1. 二分裂　裂殖生殖　孢子生殖　出芽生殖
2. 结合生殖　配子生殖
3. 速殖子　包囊　裂殖体　配子体　卵囊
4. 腹泻
5. 滋养体　包囊
6. 弓形虫　锥虫　巴贝斯虫　泰勒虫　住白细胞虫
7. 三氮脒（贝尼尔、血虫净）　锥黄素　硫酸喹啉脲

四、问答题

1. 简述鸡柔嫩艾美耳球虫病的主要症状。

病鸡病初食欲下降，饮水增多，轻度下痢，之后病鸡出现严重下痢，血便，甚至鲜血样粪便。病鸡拥挤成堆，闭眼缩颈，羽毛松乱，翅膀下垂，严重者死亡。参考本书的14.1.2。

2. 简述牛巴贝斯虫病主要的临床症状。

患牛体温升高，达40～42 ℃，稽留热或驰张热，精神沉郁，食欲减退，反刍停止。呼吸困难，脉搏加快，贫血、黄疸，可视黏膜苍白、黄染，血红蛋白尿，便秘或腹泻，粪棕黄或黑褐色，带黏液，有恶臭，急性病例多在4～8 d内死亡。参考本书的16.2.2。

3. 简述火鸡组织滴虫病主要的病理解剖变化。

病禽盲肠肿大（多呈单侧性），盲肠黏膜增厚、出血、坏死，盲肠腔内充满干酪样物（成硬固的肠芯）。肝肿大，有灰黄色、圆形的变性灶，病灶中央凹陷，周边隆起，散发或密布。后期出现腹膜炎，灰白色坏死物将腹腔脏器粘连。参考本书的14.3。

4. 简述兔球虫病的临床症状、诊断及防治措施。

临床症状：按球虫的种类和寄生的部位分为：肠型、肝型及混合型。

①肠型：表现为不同程度的腹泻，从间歇性腹泻至混有黏液和血液的大量水泻，常因

脱水、中毒及继发细菌感染而死。

②肝型:病兔表现厌食,虚弱,腹泻或便秘,肝肿大造成腹围增大和下垂,触诊肝区疼痛,眼球紫,结膜黄染。

③混合型:病初食欲降低,精神不佳,时常伏卧,虚弱消瘦。眼鼻分泌物增多,唾液分泌增多。腹泻与便秘交替出现,病兔尿频或常呈排尿姿势,腹围增大,肝区触诊疼痛。结膜苍白,有时黄染。

诊断:根据临床症状、流行病学资料和病理变化可做出初步诊断。用饱和盐水漂浮法检查粪便,如在粪便中发现大量卵囊或在病灶中发现大量各个不同发育阶段的球虫,即可确诊。

防治措施:保持饲养环境和笼舍的卫生;幼兔和成年兔应分笼饲养,发病病兔立即隔离治疗;注意饲料及饮水卫生,及时清扫粪便;合理安排母兔的繁殖,使幼兔断奶不在多雨季节;对断奶的仔兔,可在饲料中拌入药物,预防兔球虫病发生。参考本书的18.1。

第5篇

一、名词解释

抗寄生虫药物的安全指数:抗寄生虫药物的最小中毒量与最小有效量的比值。

穿梭用药:是根据寄生虫不同发病阶段采用不同疗效的药物对畜禽施用的一种给药方式。

交替用药:是在同一养殖场所的不同批次畜禽轮换使用化学结构不同的抗寄生虫药物。

群体给药:为预防或治疗动物寄生虫病,常常对动物群体施用抗寄生虫药物,主要有混料给药和混水给药。

“成熟前”驱虫:在趁寄生蠕虫在动物宿主体内还没有发育成熟的时候,用抗寄生虫药物将之驱除,达到防止寄生蠕虫排出病原污染畜禽生长环境,并阻止动物病程的进一步发展。

二、单项选择题

1. ①;2. ④;3. ③;4. ②;5. ③;6. ②;7. ①;8. ②。

三、填空题

1. 吡喹酮　丙硫咪唑　氯氰碘柳胺钠

2. 吡喹酮　氯硝柳胺(灭绦灵)　甲苯咪唑

3. 左旋咪唑　伊维菌素　丙硫咪唑

4. 伊维菌素　溴氰菊酯　双甲脒

5. 三氮脒　那加诺　咪唑苯脲

6. 莫能霉素　地可拉唑　磺胺及磺胺增效剂

四、问答题

1. 简述兽医抗寄生虫药物的选用原则。

正确选择抗寄生虫药物应遵循以下几个基本原则:①安全性高,即所选药物应对宿主具较低的毒性,对宿主无“三致”(致畸、致癌、致突变)及无公害,对畜产品品质无不良影响;②高效,即药物的疗效高;③广谱,即所选药物具有杀灭多种寄生虫的性能;④高质,即所选药物应理化性质稳定、使用方便。参考本书的19.1.2。

2. 简述抗寄生虫药物的应用方法。

正确的使用抗寄生虫药物是动物寄生虫病综合防制措施中重要的一环。加上目前寄生虫出现耐药株的情况日益严重,因此,合理的使用抗寄生虫药物就显得更加的关键。目前,抗寄生虫药物的应用方法主要有:(1)联合用药;(2)交替用药;(3)群体给药(①混料给药;②混水给药;③气雾给药;④其他给药方式);(4)穿梭用药等方法。参考本书的19.1.1。

参考文献

[1] 孔繁瑶. 家畜寄生虫学[M]. 3 版. 北京:中国农业大学出版社,2010.
[2] 赵辉元. 畜禽寄生虫与防制学[M]. 长春:吉林科学技术出版社,1996.
[3] 唐仲璋. 人畜线虫学[M]. 北京:科学出版社,1987.
[4] 于恩庶,等. 中国人兽共患病学[M]. 2 版. 福州:福建科学技术出版社,1996.
[5] 周述龙,林建银,蒋明森. 血吸虫学[M]. 2 版. 北京:科学出版社,2001.
[6] 于恩庶. 中国弓形虫病[M]. 深圳:亚洲医药出版社,2000.
[7] 索勋,李国清. 鸡球虫病学[M]. 北京:中国农业大学出版社,1998.
[8] 赵辉元. 人兽共患寄生虫病学[M]. 长春:东北朝鲜民族教育出版社,1998.
[9] 邓旭明,曾忠良,孙志良,聂奎. 兽医药理学[M]. 长春:吉林人民出版社,2001.
[10] 杨光友. 动物寄生虫病学[M]. 成都:四川科学技术出版社,2000.